ANÁLISIS
DE VARIABLE
COMPLEJA

Teoría, aplicaciones y 100 problemas resueltos

JUAN MATÍAS SEPULCRE MARTÍNEZ

PROFESOR TITULAR DEL DEPARTAMENTO DE MATEMÁTICAS DE LA UNIVERSIDAD DE ALICANTE
Y SECRETARIO DE LA REAL SOCIEDAD MATEMÁTICA ESPAÑOLA

ANÁLISIS DE VARIABLE COMPLEJA

Teoría, aplicaciones y 100 problemas resueltos

EDICIONES PIRÁMIDE

Primera edición: septiembre, 2025

Maquetación: autor
Diseño de cubierta: Anaí Miguel

© Juan Matías Sepulcre Martínez, 2025
© Ediciones Pirámide (Grupo Anaya, S. A.), 2025
Valentín Beato, 21. 28037 Madrid
www.edicionespiramide.es

PAPEL DE FIBRA
CERTIFICADA

ISBN: 978-84-368-5078-9
Depósito legal: M. 7.916-2025
Impreso en España - Printed in Spain

Índice general

Introducción

Le plus court chemin entre deux vérités dans le domaine réel
passe par le domaine complexe, Jacques Hadamard (1865-1963)

Los números complejos fueron durante muchos años motivo de polémicas y controversias entre los miembros de la comunidad científica. Tras su aparición en escena, fueron inicialmente considerados como *números imposibles*, tolerados únicamente en un limitado dominio algebraico por su utilidad para resolver ecuaciones cúbicas. En este sentido, los números complejos hacen sus primeras tímidas apariciones, con cierta seriedad, en los trabajos de Girolamo Cardano (1501-1576) y Rafael Bombelli (1526-1572), relacionados precisamente con el cálculo de las raíces de la ecuación de tercer grado. Así, desde el siglo XVI hasta finales del siglo XVIII estos números fueron usados con cierto recelo y desconfianza, hasta el punto que, cuando aparecían en la resolución de un problema, con bastante frecuencia se interpretaba que tal problema no presentaba solución, ya que resultaba difícil concebir cualquier realidad física que correspondiese con ellos.

Además del adjetivo *imposibles* ampliamente usado por diversos autores, otros términos utilizados en la época anterior a su aceptación para describir o referirse a los números complejos fueron *sofisticados*, *sin sentido*, *inexplicables* o *incomprensibles*, descripciones utilizadas respectivamente por autores tan conocidos como Cardano, Neper, Girard o Huygens. En relación a esta misma incomprensión e incredulidad, podemos también destacar las siguientes frases traducidas de sus lenguas originales:

A pesar de que podamos pensar que la ecuación $x^3 - 6x^2 + 13x - 10 = 0$ *tiene tres raíces, únicamente una de ellas es real, la cual es 2, y las otras dos... son simplemente imaginarias* (R. Descartes, 1637 [16, pág. 47]).

Los números imaginarios son un excelente y maravilloso refugio del espíritu santo, una especie de anfibio entre el ser y el no ser (G. W. Leibniz, 1702 [20, pág. 56]).

Estos números no son nada, ni menos que nada, la cual cosa necesariamente los hace imaginarios o imposibles (L. Euler, 1730 [26, pág. 163]).

La resolución de la paradoja de $\sqrt{-1}$ fue muy poderosa, inesperada y bella, por lo que únicamente la palabra milagro parece adecuada para describirla (J. Stillwell, 1989 [45, pág. 188]).

Debido también a la creciente evidencia de su utilidad, la percepción de este nuevo conjunto numérico fue cambiando poco a poco, y con el tiempo los números complejos acabaron por ser comúnmente aceptados. Sin embargo, es importante mencionar que no fueron bien comprendidos o reconocidos hasta épocas relativamente recientes en las que se interpretaron geométricamente (véase por ejemplo [12, Capítulo 1], donde se muestra una breve historia del nacimiento de los números complejos).

Una vez superado este proceso de aceptación, la variable compleja rápidamente alcanzó un gran éxito a lo largo del siglo XIX. Los esfuerzos de Augustin-Louis Cauchy (1789-1857), Karl Weierstrass (1815-1897) o Bernhard Riemann (1826-1866), junto con Carl Friedrich Gauss (1777-1855), que influyó enormemente en el proceso de aceptación de los números complejos, llevaron a estos cuatro autores a ser considerados por muchos historiadores de la ciencia como los fundadores de la teoría moderna de funciones de variable compleja.

Basándose en el trabajo sobre la teoría de funciones de Joseph-Louis Lagrange (1736-1813), fue Cauchy quien comenzó el estudio riguroso de la teoría de funciones de variable compleja, por lo que no es de extrañar que sea un verdadero protagonista de muchos de los resultados expuestos en este manual. De forma independiente, conviene hacer notar que Riemann desarrolló sus planteamientos, también en esta área, dentro de un marco fuertemente intuitivo y geométrico, lo que se se enmarca en el llamado *método de descubrimiento* [39]. Asimismo, Weierstrass contribuyó en particular en el campo de la variable compleja a través de un enfoque marcado en el programa de *aritmetización del análisis* que se dio en el siglo XIX, por lo que su trabajo se caracterizó por la presentación rigurosa y el cuidadoso desarrollo de su teoría, independiente de toda referencia a la intuición geométrica [40].

La potencia de los resultados de la teoría de funciones de variable compleja es tremendamente elevada. Tal teoría se ve además ensalzada por la belleza de sus demostraciones y por la precisión con la que encajan todas y cada una de sus partes esenciales. La frase de Jacques Hadamard insertada al inicio de la introducción, que se podría interpretar como que el camino más corto entre dos verdades del análisis real pasa con frecuencia por el análisis complejo, también nos da una idea de la potencia de la teoría que trataremos en este manual.

A partir de la preceptiva introducción del cuerpo de los números complejos, el objetivo principal de este manual es que el lector comprenda e interiorice los elementos básicos de la teoría de funciones de una variable compleja, y en particular que le proporcione un primer y sólido contacto con la derivación e integración complejas, que, junto a las técnicas de series de potencias y productos infinitos, constituyen unas herramientas muy eficaces para el tratamiento de muchos problemas tanto de índole matemática (en sus distintas ramas) como del campo de la física y las ingenierías.

A raíz de ello, estas páginas incluyen también aplicaciones del análisis de la variable compleja a otras áreas y campos de conocimiento como la física. De hecho, el índice terminológico recoge un apartado exclusivo sobre aplicaciones a la física para localizar rápidamente las páginas en las que se ha insertado algún resultado o comentario específico encuadrado en esta temática. Cabe comentar que, en este terreno, en los años 1960 algunos importantes autores consideraron la aparición de los números complejos como el último descubrimiento más importante para el campo de la física (véase por ejemplo [24, pág. 90]).

Como ya se señaló anteriormente, los números complejos no fueron comúnmente aceptados hasta épocas recientes. Nada hay de extraño en ello si pensamos que los números negativos tampoco fueron plenamente aceptados hasta finales del siglo XVII. Precisamente, un enfoque intuitivo para visualizar los números negativos se realizó con la ayuda de la recta real. Si consideramos los números reales como vectores dotados de magnitud (su valor absoluto) y sentido (dependiendo del signo), entonces las operaciones básicas de la aritmética son fácilmente imaginables. En particular, la multiplicación de un número complejo por el número negativo -1 desemboca en un cambio de sentido en el vector representante de tal número complejo.

Para el siguiente razonamiento, inspirado en [46], tomemos por convenio que los números positivos son los que apuntan hacia el norte y los negativos los que miran al sur. Mientras que únicamente en la recta real nos podemos mover hacia el norte o hacia el sur (a través del -1), de forma más general la multiplicación por la unidad imaginaria i, símbolo introducido en la literatura por Leonhard Euler (1707-1783) para manejar $\sqrt{-1}$ (en el sentido $i^2 = -1$), nos proporciona otras posibilidades. En efecto, si estamos mirando hacia el norte, la multiplicación por i nos repercute en un giro de izquierdas hacia el oeste. Una nueva multiplicación por i nos lleva ahora hacia el sur, cuya unidad es -1. De esta manera, $i \cdot i = -1$, lo que nos proporciona en efecto una definición plausible de la unidad imaginaria i. Continuando con este proceso, si multiplicásemos de nuevo por i llegaríamos a la unidad del este, es decir, $i^3 = -i$, y una nueva multiplicación por i nos devolvería al norte, $i^4 = 1$. En definitiva, con la introducción de la unidad imaginaria hemos pasado de la dicotomía sur-norte de la recta real al descubrimiento de los otros dos puntos cardinales este-oeste. Esto podría ser generalizado aún más estableciendo otras direcciones en nuestra particular brújula.

Al respecto también de la unidad imaginaria, su presencia en el terreno de la física se hace notar por ejemplo en la importante ecuación de Schrödinger para describir la evolución temporal de una partícula subatómica masiva de naturaleza ondulatoria y no relativista.

Respecto a la estructura de este manual, la parte principal está dividida en cinco capítulos que incluyen todos los contenidos esenciales o importantes en una primera asignatura universitaria vinculada al estudio de la variable compleja. Por tanto, el manual puede ser utilizado para el estudio y práctica de las nociones y resultados vinculados a la variable compleja que podemos encontrar actualmente en asignaturas del Grado en Matemáticas, Grado en Física, doble grado en Física y Matemáticas, otros dobles grados vinculados con las matemáticas y la física, y otros grados universitarios de la rama de ingeniería. Los contenidos propios de análisis matemático (en particular, todo lo vinculado al estudio de funciones de una y varias variables reales) y los rudimentos de álgebra y geometría lineal que se estudian con anterioridad constituyen el punto de partida para afrontar correctamente el estudio de la variable compleja.

Tras esta introducción, y también como antesala de los cinco capítulos teóricos centrales (que comienzan con una motivación inicial), se ha incluido un apartado referente a la notación principal, en forma de recuadros con título y explicación de la misma, que se utilizará a lo largo de todo el texto. La mayor parte de la notación empleada es la usual en la mayoría de los manuales de variable compleja.

En el capítulo 1 se introduce, por una parte, las definiciones, operaciones y resultados básicos en torno al cuerpo de los números complejos y, por otra parte, las nociones y propiedades básicas relativas a la derivación compleja, introduciendo en particular las funciones holomorfas (también llamadas o identificadas como analíticas o regulares). Este desarrollo desemboca finalmente en el estudio sistemático de algunas de las principales funciones elementales, como los casos de las funciones exponencial, logarítmicas, potencias, trigonométricas e hiperbólicas.

En el capítulo 2 se realiza un tratamiento sistemático de la integración compleja en el que se presentan las versiones local y global de la teoría integral de Cauchy, estableciendo previamente los necesarios preliminares topológicos, junto con las nociones y resultados iniciales de la integración sobre caminos. De esta forma, a partir de las distintas formulaciones de los llamados teoremas de Cauchy, se analizarán las condiciones sobre el camino, la función y el dominio con tal de poder asegurar la existencia de primitiva de una función o, equivalentemente, que la integral de esa función sobre cualquier curva cerrada contenida en un dominio sea igual a 0. En particular, prestaremos atención a las versiones homológica y homotópica del teorema de Cauchy. Finalmente, en este capítulo aparecen también resultados de aplicación tan interesantes y relevantes como el principio de reflexión de Schwarz, el teorema de Liouville, el teorema fundamental del álgebra, el principio del módulo máximo, el lema de Schwarz o la fórmula integral de Poisson.

Una vez introducidas las nociones y resultados básicos de la convergencia (en sus distintas versiones) de series de números complejos, en el capítulo 3 se estudia el teorema de Taylor en el caso complejo y su recíproco, que nos conduce a identificar las funciones holomorfas como aquellas representables localmente en series de potencias. Posteriormente se abordan los principios de identidad y de prolongación analítica, resultados muy relevantes y bastante sorprendentes si los enfocáramos desde el punto de vista del análisis de una variable real. Finalmente, el estudio de las series de Laurent nos ayuda a comprender y analizar el comportamiento de las funciones holomorfas (o

analíticas) en todo el plano complejo, excepto en algunos puntos llamados singularidades. En este sentido, el teorema de clasificación de singularidades nos identifica, a
través del análisis del límite de la función, los distintos casos de singularidades aisladas
que se pueden producir.

Otra de las herramientas más potentes y misteriosas del análisis complejo está
ligada al cálculo de residuos derivado de la teoría de Cauchy, lo que se trata en el
capítulo 4. El importante teorema de los residuos nos proporciona una gran cantidad
de aplicaciones y consecuencias de gran alcance. Podemos destacar especialmente su
utilización en el cálculo de integrales reales, en particular y de forma muy recurrente en
las integrales impropias $\int_{-\infty}^{\infty} f(x)\, dx$ de una función continua sobre los números reales.
Otras consecuencias que se estudiarán en este capítulo son el principio del argumento
y el teorema de Rouché, que resultan muy apropiados para poder afrontar el cálculo
del número de ceros de una función en una determinada región, y los teoremas de
la aplicación abierta e inversa, que nos ayudan a explorar de forma más intensa las
propiedades de las funciones analíticas.

El capítulo 5 tiene por objetivo la consecución de representaciones en forma de
productos de las funciones enteras o analíticas en todo el plano complejo. Los teoremas
de factorización de Weierstrass y de Hadamard, con los productos de Weierstrass, el
exponente de convergencia y el orden de crecimiento como hilos conductores, son las
piezas fundamentales de este capítulo.

Al final de cada uno de los capítulos aparece un buen listado de ejercicios o problemas de carácter teórico-práctico en los que se establecen las bases para la manipulación
correcta de las nociones y resultados básicos previamente introducidos. Su resolución
está expuesta en un capítulo final dedicado exclusivamente a mostrar las soluciones de
los 100 problemas enunciados a lo largo de estos cinco capítulos.

Tras las definiciones, comentarios y resultados iniciales, muchos de ellos enunciados
en forma de lemas, la mayor parte de los resultados básicos de cada capítulo se enuncian
como proposiciones o teoremas, seguidos por ejemplos ilustrativos y consecuencias en
forma de corolarios. La práctica totalidad de los resultados importantes llevan asociados
una etiqueta (a modo de título) que los identifica claramente y los hace más visibles
para localizar resultados anteriores. Además, algunas notas, observaciones y gráficos
ilustrativos sobre las nociones y resultados mostrados pueden resultar particularmente
interesantes para el lector.

Cabe comentar que el índice alfabético que se muestra al final del manual puede
ayudar al lector a localizar rápidamente cualquier término o resultado que aparezca a
lo largo del texto. Igualmente, el índice de figuras (52 en total) muestra las páginas
en las que el lector puede localizar los gráficos de elaboración propia insertados por el
autor.

Además, se han añadido tres apéndices: el primero de ellos contiene una visión gráfica muy atractiva sobre la forma de enfocar la representación compleja de las funciones

complejas de variable compleja y las correspondencias multivaluadas que aparecen de forma natural en este contexto de trabajo; el segundo versa sobre la esfera de Riemann, a modo de representación geométrica de los números complejos extendidos (incluyendo el punto del infinito); finalmente, el tercero trata sobre la llamada esfera de Bloch, cuyos puntos pueden ser interpretados como los posibles estados cuánticos de un qubit, que es la unidad de información básica en el modelo de computación cuántica.

Existen numerosas publicaciones espléndidas, y recursos de distinta índole, sobre la variable compleja, cuya lectura y análisis es también recomendada por el autor del libro. En el apartado de bibliografía, al final del libro, se proporciona una lista sobre algunos de estos manuales que, junto con la labor didáctica realizada por los profesores de variable compleja con los que el autor ha tenido contacto en su carrera universitaria, han servido además de inspiración de este manual. En realidad, esta publicación surge como fruto de la experiencia del autor como profesor e investigador en esta materia a lo largo de varios cursos académicos, en los que ha tratado de transmitir conocimientos a sus estudiantes de la mejor manera posible. Con el paso del tiempo el autor ha ido mejorando el texto, gracias por ejemplo a la inserción de ciertos detalles incluidos en los razonamientos necesarios para afrontar las demostraciones. De hecho, la elección de gráficos, ejemplos, observaciones y notas concretas incluidas en cada apartado teórico ha sido realizada precisamente para que el estudiante no pierda el hilo de las explicaciones y sea consciente de más detalles ligados a los resultados tratados, procurando disminuir los posibles problemas de comprensión.

Además, los ejercicios y problemas de cada capítulo están elegidos para que su resolución constituya un avance en el aprendizaje de los contenidos propios de cada uno de ellos y, al mismo tiempo, permita disponer de una colección adecuada para la práctica del estudiante. En particular, uno de los problemas de cada capítulo incluye varias cuestiones de verdadero/falso para razonar y justificar la respuesta en base a los resultados teóricos del propio capítulo (y también como continuación de los capítulos anteriores).

Cabe comentar que algunos contenidos concretos expuestos en este libro, como el caso de los resultados vinculados con los productos infinitos o con los apéndices, no suelen aparecer en muchos manuales de características similares, a pesar de que son temas de trabajo que se complementan muy bien con los capítulos anteriores. A este respecto, algunos másteres universitarios vinculados con las matemáticas y la física también podrían utilizar este manual a modo de complemento de partida para algunas explicaciones concretas relacionadas con esta temática.

Al autor le gustaría dedicar el libro a su madre, por ser un auténtico ejemplo de entrega y dedicación a su familia. ¡Va por ti, mamá!

Notación

A lo largo del texto se empleará generalmente la notación que resumimos en los siguientes recuadros y que corresponde a la simbología usual de la mayoría de textos sobre la materia. Además de la propia notación en torno al cuerpo de los números complejos $\mathbb{C}$, en estos recuadros aparece también la definición y/o expresión que da lugar al concepto en cuestión (que por supuesto será también definido en el correspondiente apartado del manual).

Parte real e imaginaria de un número complejo

Si $z = x + iy$, entonces $\operatorname{Re} z = x$ y $\operatorname{Im} z = y$.

Parte real e imaginaria de una función compleja

Si $z = x + iy$, cada función $f : U \subset \mathbb{C} \mapsto \mathbb{C}$ tiene asociada una componente real y otra imaginaria que son funciones reales de x e y (con $x + iy \in U$), y que denotaremos respectivamente por $\operatorname{Re} f(z) = u(x, y)$ y $\operatorname{Im} f(z) = v(x, y)$.

Representaciones de un número complejo

- $z = (x, y)$ (notación en coordenadas cartesianas).
- $z = x + iy$ (notación binómica).
- $z = r(\cos\theta + i\operatorname{sen}\theta)$ (notación en forma trigonométrica).
- $z = r_\theta$ (notación en forma polar).
- $z = re^{i\theta}$ (notación en forma exponencial).

$\mathbb{C}$ ampliado

$$\hat{\mathbb{C}} := \mathbb{C} \cup \{\infty\}.$$

Semiplano superior e inferior

La siguiente notación también se utilizará:

$$\mathbb{H} = \{z \in \mathbb{C} : \operatorname{Im} z > 0\}.$$
$$\mathbb{L} = \{z \in \mathbb{C} : \operatorname{Im} z < 0\}.$$
$$\mathbb{C}^{+} = \{z \in \mathbb{C} : \operatorname{Im} z > 0\}.$$
$$\mathbb{C}^{-} = \{z \in \mathbb{C} : \operatorname{Im} z < 0\}.$$

Conjugado de un número complejo

Si $x, y \in \mathbb{R}$, entonces $\overline{x + iy} = x - iy$.

Módulo de un número complejo

Si $z = x + iy$, entonces $|z| = \sqrt{x^2 + y^2}$.

Argumento(s) de un número complejo

Un argumento de un número complejo $z \neq 0$ viene dado por el cálculo del ángulo que forma el semieje positivo de abscisas con la semirrecta de origen 0 conteniendo el afijo de z. Se expresa normalmente en radianes y el conjunto de todos los posibles valores (incluyendo las vueltas de 2π) se representará por

$$\arg z.$$

Eligiendo $\arg z$ de manera que sea $-\pi < \arg z \leq \pi$ se obtiene el valor principal del argumento que se denotará normalmente por

$$\operatorname{Arg} z.$$

Inverso de un número complejo

Si $z \neq 0$ es un número complejo, entonces su inverso se denotará por z^{-1}.

Logaritmo(s) de un número complejo

Los logaritmos de números complejos se definen como inversos de la función exponencial:

$$w = \log z \iff z = e^w, \ z \neq 0.$$

Si $z \neq 0$, entonces el logaritmo principal de z (o rama principal del logaritmo) viene definido por

$$\operatorname{Log} z := \ln|z| + i \operatorname{Arg} z.$$

Otras ramas del logaritmo vienen dadas por

$$\log_{\theta_0} z := \ln|z| + i\theta, \ \text{con } \theta_0 < \theta \leq \theta_0 + 2\pi$$

para algún $\theta_0 \in \mathbb{R}$.

Distancia entre dos números complejos

Si $z_1 = x_1 + iy_1$ y $z_2 = x_2 + iy_2$, la distancia entre z_1 y z_2 se define por

$$\operatorname{dist}(z_1, z_2) := |z_1 - z_2| = \sqrt{(x_1 - x_2)^2 + (y_1 - y_2)^2}.$$

Disco abierto, disco cerrado, círculo

- Círculo de centro z_0 y radio R:
  $$C(z_0, R) := \{z \in \mathbb{C} : |z - z_0| = R\}.$$
- Disco abierto de centro z_0 y radio R:
  $$D(z_0, R) := \{z \in \mathbb{C} : |z - z_0| < R\}.$$
- Disco cerrado de centro z_0 y radio R:
  $$\overline{D}(z_0, R) := \{z \in \mathbb{C} : |z - z_0| \leq R\}.$$

Funciones exponencial, trigonométricas e hiperbólicas

- $\exp z = e^x(\cos y + i \operatorname{sen} y)$, $z = x + iy$ (función exponencial compleja). Las notaciones $\exp z$ y e^z serán utilizadas indistintamente.

- $\cos z = \dfrac{e^{iz} + e^{-iz}}{2}$ (coseno);

- $\operatorname{sen} z = \dfrac{e^{iz} - e^{-iz}}{2i}$ (seno);

- $\tan z = \dfrac{\operatorname{sen} z}{\cos z}$ (tangente);

- $\operatorname{cotg} z = \dfrac{\cos z}{\operatorname{sen} z}$ (cotangente);

- $\sec z = \dfrac{1}{\cos z}$ (secante);

- $\operatorname{cosec} z = \dfrac{1}{\operatorname{sen} z}$ (cosecante);

- $\operatorname{senh} z = \dfrac{e^z - e^{-z}}{2}$ (seno hiperbólico);

- $\cosh z = \dfrac{e^z + e^{-z}}{2}$ (coseno hiperbólico);

- $\tanh z = \dfrac{\operatorname{senh} z}{\cosh z}$ (tangente hiperbólica).

Conjunto de ceros y multiplicidad

- El conjunto de ceros de una función $f : U \subset \mathbb{C} \to \mathbb{C}$ vendrá indicado por

$$Z(f) = \{z \in U : f(z) = 0\}.$$

- Si f es holomorfa en z_0, entonces f tiene un cero en z_0 de orden $m \geq 1$ ($m \in \mathbb{N}$) cuando $f(z) = \sum_{n \geq 0} a_n(z - z_0)^n$ con $a_0 = a_1 = \ldots = a_{m-1} = 0$ y $a_m \neq 0$. La multiplicidad asociada al cero z_0 será denotada por $m(z_0)$.

(Misma notación empleada para los polos de una función meromorfa.)

Residuo de una función en una singularidad

Si z_0 es una singularidad aislada de una función f, entonces el residuo de f en z_0 se denotará por $\text{Res}(f, z_0)$.

Factores canónicos o elementales

Los factores canónicos o elementales vienen dados por
$$E_0(z) = 1 - z,$$
$$E_m(z) = (1 - z) \exp\left(z + \frac{z^2}{2} + \ldots + \frac{z^m}{m}\right), \; m \in \mathbb{N}.$$

Transformación fraccionaria lineal o de Möbius

La transformación fraccionaria lineal o de Möbius viene dada por $T(z) = \dfrac{az + b}{cz + d}$, con $ad - bc \neq 0$.

Núcleos de Poisson y Cauchy

- Núcleo de Poisson:
$$P_r(x) = \frac{R^2 - r^2}{R^2 + r^2 - 2rR\cos x},$$
siendo $0 \leq r < R$ y $x \in \mathbb{R}$.

- Núcleo de Cauchy:
$$Q_z(t) = \frac{Re^{it} + z}{Re^{it} - z},$$
siendo $z \in D(0, R)$ y $t \in \mathbb{R}$.

Función módulo máximo

Sea $r > 0$ y f una función definida al menos en $\{z \in \mathbb{C} : |z| = r\}$. Entonces

$$M_f(r) = \text{máx}\{|f(z)| : |z| = r\}.$$

Orden de una función entera

Sea $f : \mathbb{C} \to \mathbb{C}$ una función entera no constante. Consideremos

$$\lambda_1 = \limsup_{r \to \infty} \frac{\ln(\ln M_f(r))}{\ln r}$$

y

$$\lambda_2 = \inf\{a \geq 0 : \exists r > 0 \text{ tal que } |f(z)| \leq e^{|z|^a}$$
$$\forall z \in \mathbb{C} \setminus B(0, r)\}.$$

El orden (u orden de crecimiento) de f será denotado por $\lambda := \lambda_1 = \lambda_2$.

Exponente de convergencia

Sea $\{a_n\}_{n \geq 1}$ una sucesión de números complejos no nulos con $\lim\limits_{n \to \infty} |a_n| = \infty$. El exponente de convergencia asociado a la sucesión $\{a_n\}_{n \geq 1}$ viene dado por

$$\mu = \inf\{k > 0 : \textstyle\sum_{n \geq 1} \frac{1}{|a_n|^k} < \infty\}.$$

Radio de convergencia

Dada una serie de potencias $\displaystyle\sum_{n \geq 0} a_n(z - z_0)^n$, el radio de convergencia asociado a ella viene dado por

$$r = \left(\limsup_{n \to \infty} |a_n|^{1/n}\right)^{-1}.$$

Notación topológica

Sea A un conjunto del plano complejo.

-El interior de A es denotado por
$$\text{int } A.$$
-La frontera de A es denotada por
$$\text{Fr } A.$$
-La clausura de A es denotada por
$$\overline{A}.$$

Curva, camino y traza

• Una curva es una aplicación continua $\gamma : [a, b] \rightarrow \mathbb{C}$, con $a < b$, tal que a un número real t le corresponde el número complejo $\gamma(t) = x(t) + iy(t)$, donde $x(t)$ e $y(t)$ son funciones reales y continuas en $[a, b]$.

• Llamaremos camino a una curva diferenciable con continuidad a trozos, y ciclo a una suma de la forma $\gamma = a_1\gamma_1 + \ldots + a_n\gamma_n$, con $a_j \in \mathbb{Z}$ y γ_j camino cerrado para $j = 1, \ldots, n$. En general, la notación empleada para curvas, caminos y ciclos será γ.

• La traza o trayectoria de la curva, $\gamma([a, b]) = \{\gamma(t) : a \leq t \leq b\}$, será representada por γ^*.

Segmento y poligonal

Denotaremos por $[z_1, z_2]$ el camino determinado por el segmento que une los puntos z_1 y z_2. Si en lugar de dos puntos tuviésemos n puntos, denotaremos por $[z_1, z_2, \ldots, z_n]$ la poligonal formada por tales puntos.

Índice de un punto respecto de un camino

Sea γ un camino cerrado y $z_0 \notin \gamma^*$. El índice de z_0 respecto del camino γ vendrá dado por
$$n(\gamma, z_0) = \frac{1}{2\pi i} \int_\gamma \frac{dz}{z - z_0}.$$

Funciones Gamma de Euler y Zeta de Riemann

- La función gamma de Euler:
$$\Gamma(z) = \frac{1}{e^{\gamma z} z \prod_{n=1}^{\infty} \left(1 + \frac{z}{n}\right) e^{-\frac{z}{n}}},$$

donde $\gamma = \lim_{n \to \infty} \left(\sum_{k=1}^{n} \frac{1}{k} - \ln n\right)$ es la constante de Euler-Mascheroni.

- La función zeta de Riemann:
$$\zeta(z) = \sum_{n \geq 1} \frac{1}{n^z} \text{ si } \operatorname{Re} z > 1.$$

Números primos y contador de primos

Se indica por p_n el n-ésimo primo: $p_1 = 2$, $p_2 = 3$, $p_3 = 5$...

$\pi(x)$ denota la cantidad de números primos menores o iguales a x (con $x > 0$).

Capítulo 1

El cuerpo de los números complejos. Funciones complejas elementales

El carácter bidimensional de los números complejos confiere un rol protagonista a las descripciones geométricas de los objetos involucrados en este contexto. Precisamente, este carácter explica, en parte, el destacado papel de la topología del plano en el análisis de variable compleja. En la primera parte de este capítulo estudiaremos la estructura algebraica y geométrica de los números complejos. Al respecto, se supondrá que el lector está familiarizado con el sistema de los números reales (algunos manuales básicos en este sentido son [9, 17, 43]).

En la segunda parte del capítulo consideraremos las funciones complejas de variable compleja. Sobre esta clase de funciones expondremos los conceptos de límite y continuidad, e introduciremos el concepto de función holomorfa, cuyo papel será clave en todo el desarrollo posterior. Finalmente, extenderemos al caso complejo las principales funciones elementales, tales como la exponencial, la logarítmica, la función potencia, las trigonométricas y las hiperbólicas, y estudiaremos las propiedades básicas de cada una de ellas.

Además de los ejemplos, ejercicios y problemas planteados en este capítulo, se recomienda la realización de otros problemas no rutinarios de números complejos como los que se exponen en la referencia [12], elaborada por el autor de este manual junto con el profesor J. M. Conde.

1.1 Primeras nociones

Los números complejos constituyen un sistema más amplio que el de los números reales, en el que se consigue que toda ecuación polinomial con coeficientes complejos admita todas sus soluciones en el propio conjunto. A diferencia del cuerpo de los números reales, este hecho da lugar a calificar el conjunto de los números complejos como un cuerpo algebraicamente cerrado.

Definición 1.1 (Conjunto de los números complejos) *Se define el conjunto de los números complejos, denotado por* $\mathbb{C}$, *como el conjunto de todos los pares ordenados* (x, y) *de números reales dotados de las operaciones suma* $(+)$ *y producto* $(\cdot)$, *definidas por*

$$(a, b) + (c, d) = (a + c, b + d) \quad y \quad (a, b) \cdot (c, d) = (ac - bd, ad + bc).$$

Si $z = (x, y)$ *(notación en coordenadas cartesianas), llamamos parte real del número complejo* z *a la cantidad* x, *y lo denotamos como* $\operatorname{Re} z = x$, *y llamamos parte imaginaria de* z *a la cantidad* $\operatorname{Im} z = y$.

A la vista de la definición dada, deducimos que cualquier número complejo puede representarse en el plano bidimensional. Se suelen identificar los pares $(x, 0)$ con los números reales x. El conjunto de los números complejos contiene, por tanto, a los números reales como subconjunto. Los números complejos de la forma $(0, y)$ se llaman números imaginarios puros. Así, si denotamos por $i = (0, 1)$, entonces $(x, y) = x + iy$ (o también $(x, y) = x + yi$) y, por tanto, la descripción del conjunto de los números complejos dada en la definición 1.1 puede ser reescrita en su *forma binómica* como

$$\mathbb{C} = \{z = x + iy : x, y \in \mathbb{R}\},$$

con las operaciones binómicas usuales entre dos números complejos $z_1 = a + bi$ y $z_2 = c + di$ dadas por

$$z_1 + z_2 = (a + c) + (b + d)i$$

y

$$z_1 \cdot z_2 = ac - bd + (ad + bc)i.$$

Se recomienda también al lector que lea los párrafos correspondientes a la introducción de este mismo manual donde se expone un enfoque intuitivo, basado en [46], para introducir los números complejos.

El número complejo i introducido anteriormente, cuya notación fue incorporada por Leonhard Euler en 1779, se denomina a veces *la unidad imaginaria* y satisface $i^2 = -1$.

Siempre que se escriba una igualdad del tipo $z = x + iy$, y no se especifique lo contrario, entenderemos que x e y son reales. También, dado que $\mathbb{C}$ no tiene orden, cuando entre dos variables escribamos una relación del tipo $>, <, \geq, \leq \ldots$, entenderemos que se trata de variables reales.

Varias propiedades de la suma y del producto de números complejos coinciden con las de los números reales y, de hecho, algunas de ellas se deducen precisamente por el hecho de que los números reales las satisfacen. Así, las leyes conmutativa, asociativa y distributiva son un ejemplo de ello. Por tanto, de acuerdo con la ley conmutativa del producto tenemos $iy = yi$, y consecuentemente está permitido escribir

$$z = x + yi \quad \text{o} \quad z = x + iy.$$

Además, el elemento neutro para la suma es $0 + 0i$ y el elemento simétrico (u opuesto) a $a + bi$ es $-a - bi$, que además es único y nos sirve para definir la resta de dos números complejos $z_1 = a + bi$ y $z_2 = c + di$, dada por

$$z_1 - z_2 = (a - c) + (b - d)i.$$

El elemento unidad para el producto viene dado por $1 + 0i$ y el elemento inverso de un número complejo $a + bi$ no nulo es $\dfrac{a}{a^2 + b^2} - \dfrac{b}{a^2 + b^2}i$. Finalmente, la división de z_1 por un número complejo no nulo z_2 se define mediante el producto de z_1 por el elemento inverso de z_2.

En definitiva, los números complejos se multiplican como si se tratara de expresiones reales, teniendo en cuenta que $i^2 = -1$. Usualmente, la división de números complejos se efectúa multiplicando el dividendo y el divisor por el conjugado del divisor, que se obtiene cambiando de signo la parte imaginaria:

$$\frac{a + bi}{c + di} = \frac{a + bi}{c + di} \cdot \frac{c - di}{c - di} = \frac{ac + bd + (bc - ad)i}{c^2 - (di)^2} = \frac{ac + bd}{c^2 + d^2} + \frac{bc - ad}{c^2 + d^2}i.$$

Ejemplos 1.1

1. *Si $z_1 = 2 + 3i$ y $z_2 = 4 + 5i$, entonces*

$$z_1 \cdot z_2 = (2 + 3i) \cdot (4 + 5i) = 8 + 10i + 12i + 15i^2 = -7 + 22i.$$

2. *Si $z_1 = -3 + i$ y $z_2 = 2 + 3i$, entonces*

$$\frac{z_1}{z_2} = \frac{-3 + i}{2 + 3i} = \frac{-3 + i}{2 + 3i} \cdot \frac{2 - 3i}{2 - 3i} = \frac{-6 + 3 + (9 + 2)i}{2^2 - (3i)^2} = \frac{-3 + 11i}{13} = \frac{-3}{13} + \frac{11}{13}i.$$

3. *Si $z_1 = 1 - 3i$ y $z_2 = 1 + i$, entonces*

$$\frac{1}{z_1} \cdot \frac{1}{z_2} = \frac{1}{1 - 3i} \cdot \frac{1}{1 + i} = \frac{1}{4 - 2i} = \frac{4 + 2i}{(4 - 2i)(4 + 2i)} = \frac{4 + 2i}{20} = \frac{1}{5} + \frac{1}{10}i.$$

Para concluir esta sección, notemos también que $\operatorname{Im}(iz) = \operatorname{Re} z$ y $\operatorname{Re}(iz) = -\operatorname{Im} z$.

1.2 Conjugado, módulo y argumento

Como se señaló anteriormente, cualquier número complejo puede representarse en el llamado plano xy, llamado también, a estos propósitos, plano complejo. Así, $z = x + iy$ puede pensarse como el segmento dirigido, o vector, que va desde el origen hasta el punto (x, y) y la suma de dos números complejos es equivalente a la ley del paralelogramo referida a vectores.

Definición 1.2 (Conjugado de un número complejo) *Definimos el conjugado de un número complejo $z = x + iy$, y lo denotamos por $\overline{z}$, como $\overline{z} := x - iy$.*

La conjugación también se puede utilizar para definir la parte real e imaginaria:

$$\mathrm{Re}\, z = \frac{z + \overline{z}}{2}, \qquad \mathrm{Im}\, z = \frac{z - \overline{z}}{2i}.$$

Geométricamente, el conjugado de un número complejo $z = x + iy$ es el vector resultante de reflejar el punto (x, y) en la recta real.

Definición 1.3 (Módulo de un número complejo) *Se llama módulo de un número complejo $z = x + iy$, y lo denotamos por $|z|$, a la cantidad*

$$|z| := \sqrt{x^2 + y^2}.$$

Geométricamente, el módulo del número complejo $z = x + iy$ es la distancia entre el origen y el punto (x, y), es decir, la longitud del vector que representa a z.

Más generalmente, la distancia entre dos números complejos $z_1 = x_1 + iy_1$ y $z_2 = x_2 + iy_2$ se define por

$$\mathrm{dist}(z_1, z_2) := |z_1 - z_2| = \sqrt{(x_1 - x_2)^2 + (y_1 - y_2)^2}$$

y, obviamente, equivale a la distancia euclídea entre dos puntos del plano, denotada usualmente por $d((x_1, y_1), (x_2, y_2))$.

También, los números complejos z correspondientes a los puntos del círculo de centro z_0 y radio $R > 0$, denotado por $C(z_0, R)$, satisfacen la igualdad $|z - z_0| = R$, y viceversa. Asociado a un círculo de centro z_0 y radio R, encontramos el disco abierto formado por sus puntos interiores, dados por la condición $\{z \in \mathbb{C} : |z - z_0| < R\}$ y denotado por $D(z_0, R)$, y el disco cerrado dado por la condición $\{z \in \mathbb{C} : |z - z_0| \leq R\}$ y denotado por $\overline{D}(z_0, R)$.

Conviene notar que $\mathbb{C}$ como espacio métrico es igual a $\mathbb{R} \times \mathbb{R}$. Sin embargo, hay enormes diferencias entre ambos, por lo que a estructura algebraica se refiere. Así, $\mathbb{C}$ es un cuerpo y $\mathbb{R}^2$ es un espacio vectorial que, por ejemplo, no permite la división entre vectores.

Además, es importante remarcar que una sucesión $\{z_n\}_{n\geq1}$ de números complejos tiende a 0 si, y solo si, $\{|z_n|\}_{n\geq1}$ tiende a 0. Equivalentemente, $\{z_n\}_{n\geq1}$ tiende a 0 si, y solo si, $\{x_n\}_{n\geq1}$ y $\{y_n\}_{n\geq1}$ tienden a 0, siendo $x_n = \operatorname{Re} z_n$ e $y_n = \operatorname{Im} z_n$ para cada $n = 1, 2....$

Algunas de las propiedades básicas (y, por tanto, importantes) en torno a la conjugación y el módulo son las siguientes:

i) $\overline{\overline{z}} = z$;

ii) $\overline{z_1 + z_2} = \overline{z_1} + \overline{z_2}$;

iii) $\overline{z_1 - z_2} = \overline{z_1} - \overline{z_2}$;

iv) $\overline{z_1 \cdot z_2} = \overline{z_1} \cdot \overline{z_2}$;

v) $\overline{\left(\dfrac{z_1}{z_2}\right)} = \dfrac{\overline{z_1}}{\overline{z_2}}$ $(z_2 \neq 0)$;

vi) $|\overline{z}| = |z|$;

vii) $z \cdot \overline{z} = |z|^2$ $\left(z^{-1} = \dfrac{\overline{z}}{|z|^2}, z \neq 0\right)$;

viii) $|z|^2 = (\operatorname{Re} z)^2 + (\operatorname{Im} z)^2$;

ix) $\operatorname{Re} z \leq |\operatorname{Re} z| \leq |z|$;

x) $\operatorname{Im} z \leq |\operatorname{Im} z| \leq |z|$;

xi) $|z_1 \cdot z_2| = |z_1||z_2|$;

xii) $\left|\dfrac{z_1}{z_2}\right| = \dfrac{|z_1|}{|z_2|}$ $(z_2 \neq 0)$;

xiii) $|z_1 + z_2| \leq |z_1| + |z_2|$;

xiv) $|z_1 + z_2| \geq ||z_1| - |z_2||$ $(|z_1 - z_2| \geq ||z_1| - |z_2||)$.

Se anima al lector a probar formalmente las propiedades indicadas anteriormente (véase el ejercicio 1.5 al final de este capítulo), incluyendo las dos últimas, que, respectivamente, reciben el nombre de *desigualdad triangular* y *desigualdad triangular inversa*.

Ejemplo 1.2 (Raíces de polinomios) *Sea* $P(z) = a_n z^n + a_{n-1} z^{n-1} + \ldots + a_1 z + a_0$, $z \in \mathbb{C}$, *un polinomio con coeficientes* $a_0, a_1, \ldots, a_n$ *reales. Si* $\alpha = a + bi$ *es tal que* $P(\alpha) = 0$, *entonces claramente se tiene que* $P(\overline{\alpha}) = \overline{P(\alpha)} = 0$ *y, por tanto, las raíces*

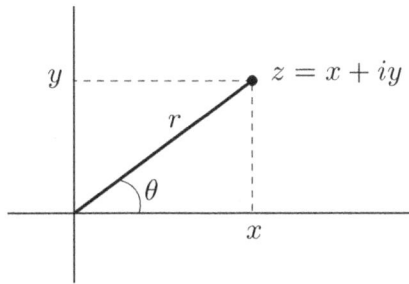

Figura 1.1: Representación geométrica de $z = x + iy \in \mathbb{C}$, de módulo r y ángulo asociado θ

complejas de un polinomio real se presentan siempre por pares conjugados (véase tam-bién la nota 2.15).

La correspondencia geométrica establecida con el plano, junto con la figura 1.1 (asociada a los valores $r > 0$ y $\theta \in \mathbb{R}$), sugiere las relaciones

$$x = r \cos\theta, \ \ y = r \operatorname{sen}\theta,$$

y conducen de manera natural a representar $z = x + iy$ en las formas

$$z = |z|(\cos\theta + i \operatorname{sen}\theta) \tag{1.1}$$

o

$$|z|_\theta,$$

que reciben respectivamente el nombre de *forma trigonométrica* y *forma polar* del número complejo $z \neq 0$. El valor θ se puede hacer corresponder con el ángulo que forma el semieje positivo de abscisas con la recta que contiene el vector determinado por z (y queda determinado únicamente salvo posibles múltiplos de 2π).

Relacionada con la anterior, otra forma no elemental de representar un número complejo $z \neq 0$ es acudir a la expresión $re^{i\theta}$, donde r representa el módulo y θ el argumento de z. La fundamentación rigurosa de esta forma de expresar un número complejo, que recibe el nombre de *forma exponencial*, se basa en la definición de la función exponencial del análisis complejo que trataremos en la sección 1.4.1.

Como se ha señalado anteriormente, también debido a la periodicidad del seno y coseno, el valor de θ está determinado salvo posibles múltiplos de 2π. Así, cualquier θ que verifique (1.1) será llamado *argumento* de $z \in \mathbb{C} \setminus \{0\}$. Veamos a continuación la definición concreta de argumento y argumento principal de un número complejo no nulo.

Definición 1.4 (Argumento de un número complejo. Argumento principal)
Un argumento de un número complejo $z = a + bi \neq 0$ viene dado por el ángulo que forma el semieje positivo de abscisas con la semirrecta de origen 0 conteniendo el afi-jo de z. El conjunto de todos los argumentos de z (incluyendo las vueltas de 2π) se representa por $\arg z$, *y se expresa normalmente en radianes.*

Eligiendo el valor θ de $\arg z$ *satisfaciendo $-\pi < \theta \leq \pi$ se obtiene el llamado valor principal del argumento, que se denota por* $\operatorname{Arg} z$.

Por tanto, si $z = a + bi \neq 0$, entonces de manera operativa tenemos que

$$
\operatorname{Arg} z = \begin{cases}
\dfrac{\pi}{2} & \text{si } a = 0, b > 0 \\[2mm]
-\dfrac{\pi}{2} & \text{si } a = 0, b < 0 \\[2mm]
\arctan\left(\dfrac{b}{a}\right) & \text{si } a, b > 0 \\[2mm]
-\arctan\left(\dfrac{-b}{a}\right) & \text{si } a > 0, b < 0 \\[2mm]
-\arctan\left(\dfrac{b}{-a}\right) + \pi & \text{si } a < 0, b > 0 \\[2mm]
\arctan\left(\dfrac{b}{a}\right) - \pi & \text{si } a, b < 0 \\[2mm]
0 & \text{si } a > 0, b = 0 \\[2mm]
\pi & \text{si } a < 0, b = 0
\end{cases}.
$$

Naturalmente, las relaciones de arriba podrían ser simplificadas teniendo en cuenta que la función $\arctan x$ es impar.

Ejemplo 1.3 *Consideremos los números complejos $z_1 = 2 + 5i$, $z_2 = 2 - 5i$, $z_3 = -2 + 5i$ y $z_4 = -2 - 5i$. Entonces*

$$
\operatorname{Arg} z_1 = \arctan\frac{5}{2}, \ \operatorname{Arg} z_2 = -\arctan\frac{5}{2}, \ \operatorname{Arg} z_3 = -\arctan\frac{5}{2} + \pi, \ \operatorname{Arg} z_4 = \arctan\frac{5}{2} - \pi.
$$

Dados dos números complejos z y w expresados en su forma trigonométrica o exponencial, $z = |z|(\cos\theta + i\operatorname{sen}\theta) = re^{i\theta}$ y $w = |w|(\cos\phi + i\operatorname{sen}\phi) = se^{i\phi}$ ($r \geq 0$, $\theta, \phi \in \mathbb{R}$), se puede probar fácilmente que

$$
z^{-1} = |z|^{-1}(\cos\theta - i\operatorname{sen}\theta) = r^{-1}e^{-i\theta}
$$

y

$$
zw = |z||w|(\cos(\theta + \phi) + i\operatorname{sen}(\theta + \phi)) = rs\, e^{i(\theta + \phi)}.
$$

En particular,

$$
(re^{i\theta})^n = z^n = |z|^n(\cos(n\theta) + i\operatorname{sen}(n\theta)) = r^n e^{in\theta}, \ n \in \mathbb{Z}.
$$

De esta forma, en términos geométricos, el producto de dos números complejos de módulos respectivos r y s y argumentos respectivos θ y ϕ da lugar a otro número complejo de módulo igual al producto $r \cdot s$ y con $\theta + \phi$ como uno de sus argumentos. En particular, la multiplicación por $i = e^{i\frac{\pi}{2}}$ nos proporciona un giro de $\frac{\pi}{2}$ radianes en sentido positivo (o antihorario), ya que si $z = re^{i\theta}$ ($r \geq 0$, $\theta \in \mathbb{R}$) entonces $z \cdot i = re^{i\theta}e^{i\frac{\pi}{2}} = re^{i\left(\theta + \frac{\pi}{2}\right)}$ (véase también el ejemplo 4.21.3 sobre la aplicación giro o rotación).

Una implicación de las propiedades anteriores es la llamada *fórmula de Moivre*, dada por

$$(\cos\theta + i\operatorname{sen}\theta)^n = \cos(n\theta) + i\operatorname{sen}(n\theta),$$

y válida para cualquier número real θ y cualquier entero n.

Observación 1.1 (Argumento principal de un producto o cociente)

Dado $z \in \mathbb{C} \setminus \{0\}$, es importante observar que $\arg z = \{\operatorname{Arg} z + 2\pi k, \ k \in \mathbb{Z}\}$ y que no es cierto siempre que $\operatorname{Arg}(z^{-1}) = -\operatorname{Arg} z$ o que $\operatorname{Arg}(zw) = \operatorname{Arg}(z) + \operatorname{Arg}(w)$. Por ejemplo $\operatorname{Arg}(-1/3) = \pi \neq -\operatorname{Arg}(-3)$ y $\operatorname{Arg}(-1) = \pi \neq \operatorname{Arg}(-i) + \operatorname{Arg}(-i)$. Sin embargo, como conjuntos, sí que se cumple que $\arg(z^{-1}) = -\arg z$ y $\arg(zw) = \arg(z) + \arg(w)$.

Una importante consecuencia de la fórmula de Moivre consiste en la radicación de un número complejo. Las *raíces n-ésimas* de un número complejo $z \neq 0$ son números complejos que tienen como módulo la raíz n-ésima de su módulo y como argumento $\dfrac{\operatorname{Arg} z + 2k\pi}{n}$, $k = 0, 1, \ldots, n-1$.

Proposición 1.1 (Raíces n-ésimas) *Sea $z \in \mathbb{C} \setminus \{0\}$ y $n \in \mathbb{N}$. Entonces z tiene n raíces n-ésimas diferentes, que vienen dadas en forma trigonométrica como*

$$\sqrt[n]{|z|}\left(\cos\left(\frac{\operatorname{Arg} z + 2k\pi}{n}\right) + i\operatorname{sen}\left(\frac{\operatorname{Arg} z + 2k\pi}{n}\right)\right), \quad k = 0, 1, \ldots, n-1.$$

Prueba. Tomemos la expresión $z = |z|(\cos\theta + i\operatorname{sen}\theta)$, con $\theta = \operatorname{Arg} z$. Se trata de encontrar todos los números complejos $w = |w|(\cos\phi + i\operatorname{sen}\phi)$ que satisfagan $w^n = z$. Utilizando la fórmula de Moivre, esta ecuación equivale a

$$|w|^n(\cos(n\phi) + i\operatorname{sen}(n\phi)) = |z|(\cos\theta + i\operatorname{sen}\theta),$$

de la cual derivamos las relaciones $|w|^n = |z|$, $\cos(n\phi) = \cos\theta$ y $\operatorname{sen}(n\phi) = \operatorname{sen}\theta$. La primera condición nos proporciona

$$|w| = \sqrt[n]{|z|},$$

mientras que las otras dos se satisfacen únicamente si $n\phi = \theta + 2k\pi$ para algún entero k, es decir,

$$\phi = \frac{\theta + 2k\pi}{n} \text{ para algún entero } k.$$

Si tomamos $k = 0, 1, \ldots, n-1$, obtenemos n raíces distintas de z. Cualquier otra elección de k nos lleva a duplicar alguna de estas raíces y, por tanto, el resultado sigue. $\qquad\square$

Conviene hacer notar que el símbolo $\sqrt[n]{z}$, que en otras referencias usuales se utiliza para denotar al conjunto formado por todas las raíces n-ésimas de $z \neq 0$, es un abuso de notación, pues por coherencia con el caso más habitual de $z > 0$ ese símbolo se debería utilizar únicamente para la raíz n-ésima principal (la de argumento $\frac{\operatorname{Arg} z}{n}$).

A la vista de los argumentos obtenidos, si representamos las n raíces n-ésimas de un número complejo y unimos los afijos de cada una de ellas, obtenemos un polígono regular de n lados.

Ejemplos 1.4

1. **(Raíces cúbicas de la unidad):** *Las raíces cúbicas de 1 vienen dadas por los puntos* $z_0 = 1$, $z_1 = 1_{2\pi/3} = -\frac{1}{2} + \frac{\sqrt{3}}{2}i$ *y* $z_2 = 1_{4\pi/3} = -\frac{1}{2} - \frac{\sqrt{3}}{2}i$, *que conforman los vértices de un triángulo equilátero.*

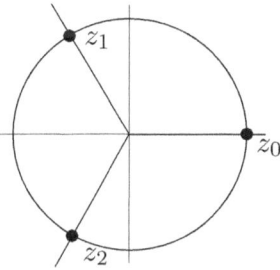

Figura 1.2: Afijos de las raíces cúbicas de 1

2. **(Raíces cuartas de -1):** *Las raíces cuartas de -1 vienen dadas por los puntos* $z_0 = 1_{\pi/4} = \frac{\sqrt{2}}{2} + \frac{\sqrt{2}}{2}i$, $z_1 = 1_{3\pi/4} = -\frac{\sqrt{2}}{2} + \frac{\sqrt{2}}{2}i$, $z_2 = 1_{5\pi/4} = -\frac{\sqrt{2}}{2} - \frac{\sqrt{2}}{2}i$ *y* $z_3 = 1_{7\pi/4} = \frac{\sqrt{2}}{2} - \frac{\sqrt{2}}{2}i$, *que conforman los vértices de un cuadrado.*

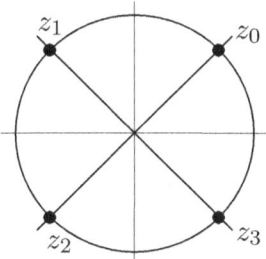

Figura 1.3: Afijos de las raíces cuartas de -1

1.3   Continuidad y holomorfía de funciones complejas de variable compleja

Sea S un conjunto arbitrario de números complejos. Si a cada número complejo z en S le podemos hacer corresponder otro número complejo w (dependiente de z), diremos que w es una *función* de la variable compleja z en el conjunto S y escribimos $w = f(z)$. Consideraremos que el término función hace referencia al de una función uniforme, en el sentido que a cada valor de z en el conjunto en cuestión le hace corresponder uno y solo un valor. La mayor parte de las proposiciones sobre correspondencias multivaluadas o multiformes (no uniformes), tales como $z^{1/2}$, pueden ser estudiadas mediante funciones uniformes. Abusando del lenguaje (pues no son auténticas funciones o aplicaciones), las correspondencias multivaluadas también aparecen en la literatura con el nombre de funciones multivaluadas o multiforme (entendiendo que se hace corresponder a cada z todas sus imágenes).

Utilizaremos la notación $z = x+iy$, $x, y \in \mathbb{R}$. Cada función compleja f tiene asociada una componente real y otra imaginaria, que son funciones reales de las variables x e y, y las denotaremos respectivamente de ahora en adelante por $\operatorname{Re} f(z) = u(x,y)$ y $\operatorname{Im} f(z) = v(x,y)$.

Definición 1.5 (Límite puntual) *Dada una función compleja f definida en los puntos de un cierto entorno de $z_0 \in \mathbb{C}$, la expresión $\lim\limits_{z \to z_0} f(z) = w_0 \in \mathbb{C}$ denota el límite de $f(z)$ cuando z tiende a z_0 y significa que, dado $\varepsilon > 0$, existe $\delta > 0$ tal que $|f(z)-w_0| < \varepsilon$ siempre que $|z - z_0| < \delta$ (con valores de z en el dominio de la función).*

La mayoría de las propiedades de los límites (y de la continuidad) que ya conocemos de etapas de formación anteriores se conservan debido a que el límite de una función f en un punto $z_0 = x_0 + iy_0$ existe si, y solo si, existen los límites de las partes real $u(x,y)$ e imaginaria $v(x,y)$ cuando x e y tienden a x_0 e y_0 respectivamente. En particular, el límite de una función compleja de variable compleja en un punto, si existe, es único. Véase también el ejercicio 1.22 en el que se manejan propiedades sobre la aritmética de los límites de funciones y la existencia del límite de la función módulo (justificado por la desigualdad triangular inversa).

Análogamente se definen los límites infinitos y en el infinito.

Definición 1.6 (Límites infinitos y límites en el infinito) *Dada una función compleja f definida en los puntos de un cierto entorno de $z_0 \in \mathbb{C}$, pondremos $\lim\limits_{z \to z_0} f(z) = \infty$ (o $\lim\limits_{z \to z_0} |f(z)| = \infty$) cuando para todo $M > 0$ existe $\delta > 0$ tal que si $|z - z_0| < \delta$ entonces $|f(z)| > M$.*

Si $f(z)$ está definida para valores de $|z|$ arbitrariamente grandes, pondremos $\lim_{z \to \infty} f(z) = w_0$ (o $\lim_{|z| \to \infty} f(z) = w_0$), con $w_0 \in \mathbb{C}$, cuando para todo $\varepsilon > 0$ existe $N > 0$ tal que si $|z| > N$ entonces $|f(z) - w_0| < \varepsilon$.

Finalmente, pondremos $\lim_{z \to \infty} f(z) = \infty$ ($\lim_{z \to \infty} |f(z)| = \infty$ o $\lim_{|z| \to \infty} |f(z)| = \infty$) cuando para todo $M > 0$ existe $N > 0$ tal que si $|z| > N$ entonces $|f(z)| > M$.

La definición de continuidad de una función que presentamos a continuación es la extensión natural del caso de funciones reales de variable real.

Definición 1.7 (Continuidad de una función) *Sea $f : S \to \mathbb{C}$ una función definida en un conjunto arbitrario $S \subset \mathbb{C}$ y $z_0 \in S$. Diremos que f es continua en z_0 cuando para todo $\varepsilon > 0$ existe $\delta > 0$ tal que si $|z - z_0| < \delta$ (con $z \in S$) entonces $|f(z) - f(z_0)| < \varepsilon$. Diremos que f es continua en S cuando f es continua en cada punto $z \in S$.*

Geométricamente, la continuidad en un punto z_0 significa que los valores de $f(z)$ en cada punto z *suficientemente cerca* de z_0 están todos dentro de un entorno arbitrariamente pequeño de $f(z_0)$.

Definición 1.8 (Derivabilidad de una función en un punto) *Sea $U \subset \mathbb{C}$ un conjunto abierto, $f : U \to \mathbb{C}$ una función definida en U y $z_0 \in U$. Diremos que f es derivable en z_0 (o diferenciable en z_0), y su derivada es $f'(z_0)$, si existe el límite*

$$f'(z_0) = \lim_{h \to 0, h \in \mathbb{C}} \frac{f(z_0 + h) - f(z_0)}{h} \quad \left(= \lim_{z \to z_0} \frac{f(z) - f(z_0)}{z - z_0} \right).$$

Nota 1.1 *A pesar del hecho de que la expresión del límite que da lugar a la derivada $f'(z_0)$ es idéntica en forma a la derivada de una función real, debemos notar que $f'(z_0)$ involucra un límite análogo al de dos variables reales, en el sentido de que para que exista $f'(z_0)$ el límite debe existir independientemente de la dirección en la cual $h \in \mathbb{C}$ se aproxima a 0 (recordemos que, para una función de una variable real, es suficiente que existan los límites laterales por la derecha y por la izquierda, y que ambos sean iguales).*

Por otra parte, la nomenclatura de diferenciable se justifica por el hecho de que la condición de existencia del límite $\lambda = \lim_{h \to 0, h \in \mathbb{C}} \frac{f(z_0+h) - f(z_0)}{h}$ es equivalente a escribir $f(z_0 + h) = f(z_0) + \lambda h + \theta(h)$, donde $\lim_{h \to 0, h \in \mathbb{C}} \frac{\theta(h)}{h} = 0$, lo que nos recuerda al concepto de diferenciabilidad para funciones reales de variable real, que en nuestro contexto recibe el nombre de función diferenciable compleja en z_0.

Con la definición anterior, y por analogía al caso de las funciones reales de variable real, se satisfacen las siguientes reglas formales de derivación (véase también el teorema 4.6 sobre la derivada de la función inversa):

- $(\alpha f + \beta g)'(z_0) = \alpha f'(z_0) + \beta y'(z_0)$, donde $\alpha, \beta \in \mathbb{C}$ y f, g son derivables en z_0;

- $(fg)'(z_0) = f'(z_0)g(z_0) + f(z_0)g'(z_0)$, donde f, g son derivables en z_0;

- $\left(\dfrac{f}{g}\right)'(z_0) = \dfrac{f'(z_0)g(z_0) - f(z_0)g'(z_0)}{g(z_0)^2}$, si $g(z_0) \neq 0$ y f, g son derivables en z_0;

- $(g \circ f)'(z_0) = g'(f(z_0))f'(z_0)$, donde f es derivable en z_0 y g es derivable en $f(z_0)$.

Proposición 1.2 (Derivabilidad implica continuidad) *Si f es una función derivable en z_0, entonces f es continua en z_0.*

Prueba. Dado que f es derivable en z_0, tenemos que

$$\lim_{h \to 0}(f(z_0 + h) - f(z_0)) = \lim_{h \to 0}\left(\frac{f(z_0 + h) - f(z_0)}{h} \cdot h\right) = f'(z_0) \cdot 0 = 0.$$

$\square$

Definición 1.9 (Holomorfía) *Diremos que f es holomorfa en un abierto $U \subset \mathbb{C}$ si es derivable en todos los puntos de U. También diremos que f es holomorfa en un conjunto cualquiera $S \subset \mathbb{C}$ si es holomorfa en un abierto $U \supseteq S$.*

En particular, de la definición anterior se extrae que una función es holomorfa en un punto z_0 si es derivable en todos los puntos de un entorno de z_0. De hecho, una función es holomorfa en un conjunto arbitrario de su dominio si cualquier punto de este conjunto admite un entorno abierto sobre el cual la función es holomorfa.

La holomorfía es a menudo referida como *analiticidad* debido a que, como veremos más adelante, una función holomorfa se puede expandir localmente en forma de serie de potencias (convergente). De hecho, los términos *holomorfa*, *analítica* y *regular* son muchas veces utilizados indistintamente para indicar la holomorfía.

Definición 1.10 (Función entera) *Diremos que una función $f : \mathbb{C} \to \mathbb{C}$ es entera si es holomorfa en todo $\mathbb{C}$.*

Ejemplos 1.5

1. $f(z) = z^n$, $n \in \mathbb{N} \cup \{0\}$, *es holomorfa en $\mathbb{C}$ (entera):*

$$\lim_{h \to 0} \frac{(z+h)^n - z^n}{h} = \lim_{h \to 0} \frac{z^n + \binom{n}{1}z^{n-1}h + \ldots + h^n - z^n}{h} = nz^{n-1}.$$

   (La demostración algebraica de la fórmula del binomio es idéntica a la del caso real $z, h \in \mathbb{R}$).

2. *Toda función polinómica $P(z) = a_n z^n + a_{n-1} z^{n-1} + \ldots + a_1 z + a_0$ es entera (holomorfa en $\mathbb{C}$) y $P'(z_0) = na_n z_0^{n-1} + (n-1)a_{n-1}z_0^{n-2} + \ldots + a_1$.*

3. *Todas las funciones racionales $\dfrac{P(z)}{Q(z)}$, donde $P(z)$ y $Q(z)$ son polinomios, son holomorfas en cualquier conjunto que no contenga a los ceros de $Q(z)$. Además, $\left(\dfrac{P}{Q}\right)'(z_0) = \dfrac{P'(z_0)Q(z_0) - P(z_0)Q'(z_0)}{Q(z_0)^2}$. Esta propiedad se puede generalizar al cociente de dos funciones holomorfas.*

4. *$f(z) = \overline{z}$ no es derivable en ningún $z_0 \in \mathbb{C}$ y, por tanto, no es holomorfa en $\mathbb{C}$. En efecto, si $z_0 \in \mathbb{C}$, entonces*

$$\lim_{h \to 0} \frac{f(z_0 + h) - f(z_0)}{h} = \lim_{h \to 0} \frac{\overline{z_0} + \overline{h} - \overline{z_0}}{h} = \lim_{h \to 0} \frac{\overline{h}}{h},$$

   que vale 1 por ejemplo si $h > 0$ y vale -1 si h es imaginario puro. Por otro lado, es fácil ver que sí es continua en cualquier punto de $\mathbb{C}$.

5. *$g(z) = \operatorname{Re} z$ y $h(z) = \operatorname{Im} z$ no son derivables en ningún $z_0 \in \mathbb{C}$. En efecto, si $z_0 \in \mathbb{C}$, entonces*

$$\lim_{h \to 0} \frac{f(z_0 + h) - f(z_0)}{h} = \lim_{h \to 0} \frac{\operatorname{Re} z_0 + \operatorname{Re} h - \operatorname{Re} z_0}{h} = \lim_{h \to 0} \frac{\operatorname{Re} h}{h},$$

   que vale 1 si h es real y vale 0 si h es imaginario puro.

En general, las funciones complejas no constantes que toman valores únicamente reales no verificarán la propiedad de holomorfía. Este hecho será contrastado más adelante, una vez analizadas las condiciones necesarias para que una función sea holomorfa en un abierto del plano complejo.

Teorema 1.1 (Condiciones necesarias de holomorfía) *Sea $f : U \to \mathbb{C}$ una función holomorfa en un conjunto abierto $U \subset \mathbb{C}$ (con $f(z) = u(x, y) + iv(x, y)$, $z = x + iy$). Si $x_0 + iy_0$ es un punto arbitrario de U, entonces todas las parciales primeras de u y v existen en (x_0, y_0) y se satisfacen las igualdades*

$$\frac{\partial u}{\partial x}(x_0, y_0) = \frac{\partial v}{\partial y}(x_0, y_0), \quad \frac{\partial u}{\partial y}(x_0, y_0) = -\frac{\partial v}{\partial x}(x_0, y_0).$$

Además,

$$f'(z_0) = \frac{\partial u}{\partial x}(x_0, y_0) + i\frac{\partial v}{\partial x}(x_0, y_0) = \frac{\partial v}{\partial y}(x_0, y_0) - i\frac{\partial u}{\partial y}(x_0, y_0).$$

Prueba. Dado que f es holomorfa en U, sabemos que f es derivable en cualquier punto $z_0 = x_0 + iy_0 \in U$, es decir, se cumple que

$$\lim_{h \to 0} \frac{f(z_0 + h) - f(z_0)}{h} = f'(z_0).$$

Si tomamos $h = k \in \mathbb{R}$, tenemos que

$$
\begin{aligned}
f'(z_0) = \lim_{k \to 0} \frac{f(z_0 + k) - f(z_0)}{k} &= \\
&= \lim_{k \to 0} \frac{u(x_0 + k, y_0) + v(x_0 + k, y_0)i - u(x_0, y_0) - v(v_0, y_0)i}{k} = \\
&= \lim_{k \to 0} \frac{u(x_0 + k, y_0) - u(x_0, y_0)}{k} + i \lim_{k \to 0} \frac{v(x_0 + k, y_0) - v(x_0, y_0)}{k} = \\
&= \frac{\partial u}{\partial x}(x_0, y_0) + i\frac{\partial v}{\partial x}(x_0, y_0).
\end{aligned}
\tag{1.2}
$$

Por otra parte, si $h = ki$, con $k \in \mathbb{R}$, entonces

$$
\begin{aligned}
f'(z_0) = \lim_{k \to 0} \frac{f(z_0 + ki) - f(z_0)}{ki} &= \\
&= \lim_{k \to 0} \frac{u(x_0, y_0 + k) + v(x_0, y_0 + k)i - u(x_0, y_0) - v(v_0, y_0)i}{ki} = \\
&= \lim_{k \to 0} \frac{u(x_0, y_0 + k) - u(x_0, y_0)}{ki} + \lim_{k \to 0} \frac{v(x_0, y_0 + k) - v(x_0, y_0)}{ki}i = \\
&= -i\frac{\partial u}{\partial y}(x_0, y_0) + \frac{\partial v}{\partial y}(x_0, y_0).
\end{aligned}
\tag{1.3}
$$

Así, si igualamos (1.2) y (1.3), obtenemos

$$\frac{\partial u}{\partial x}(x_0, y_0) = \frac{\partial v}{\partial y}(x_0, y_0)$$

y

$$\frac{\partial u}{\partial y}(x_0, y_0) = -\frac{\partial v}{\partial x}(x_0, y_0).$$

$\square$

Definición 1.11 (Condiciones de Cauchy-Riemann) *Las igualdades*

$$\frac{\partial u}{\partial x}(x, y) = \frac{\partial v}{\partial y}(x, y), \quad \frac{\partial u}{\partial y}(x, y) = -\frac{\partial v}{\partial x}(x, y)$$

se conocen con el nombre de ecuaciones o condiciones de Cauchy-Riemann y en ocasiones se denotarán por C-R.

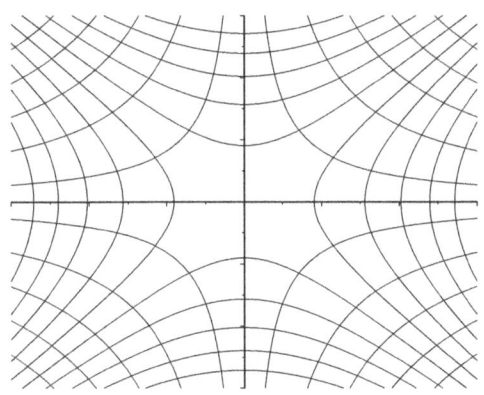

Figura 1.4: Curvas de nivel asociadas a las partes real e imaginaria de la función holomorfa $f(x + iy) = (x + iy)^2 = x^2 - y^2 + 2xyi$

Observación 1.2 (Interpretación geométrica de las condiciones de C-R)
Si $f(z) = u(x, y) + iv(x, y)$ es una función holomorfa en un conjunto abierto $U \subset \mathbb{C}$, la interpretación geométrica de las condiciones de Cauchy-Riemann viene dada por el hecho de que los gradientes de u y v son perpendiculares (si son ambos no nulos), esto es

$$\nabla u \cdot \nabla v = \frac{\partial u}{\partial x}\frac{\partial v}{\partial x} + \frac{\partial u}{\partial y}\frac{\partial v}{\partial y} = 0.$$

Así, el vector $\nabla v = \left(\frac{\partial v}{\partial x}, \frac{\partial v}{\partial y}\right)$ se puede obtener a partir de $\nabla u = \left(\frac{\partial u}{\partial x}, \frac{\partial u}{\partial y}\right)$ rotándolo $\frac{\pi}{2}$ radianes en el sentido contrario a las agujas del reloj, lo que significa en notación compleja que

$$\left(\frac{\partial u}{\partial x}(x, y) + i\frac{\partial u}{\partial y}(x, y)\right) \cdot e^{i\frac{\pi}{2}} = \left(\frac{\partial v}{\partial x}(x, y) + i\frac{\partial v}{\partial y}(x, y)\right).$$

Además, dado que el gradiente siempre es perpendicular a las curvas de nivel, la propiedad que se satisface es que las curvas $v = cte$ y $u = cte$ (es decir, las curvas de nivel $\{(x, y) \in \mathbb{R}^2 : x + iy \in U, \ v(x, y) = cte\}$ y $\{(x, y) \in \mathbb{R}^2 : x + iy \in U, \ u(x, y) = cte\}$) son familias ortogonales de curvas (véase la figura 1.4).

Observación 1.3 (Interpretación física de las condiciones C-R)

Las condiciones de Cauchy-Riemann aparecen también en el contexto de los campos vectoriales que describen el flujo de un fluido (como sustancia no viscosa en estado líquido o gaseoso). Consideremos un fluido bidimensional cuya velocidad en cada punto (x, y) se describe mediante el vector $\mathbf{w}(x, y) = (u(x, y), v(x, y))$ (llamado campo vectorial velocidad). Si el fluido es irrotacional (sin remolinos, sin inducir rotación o, técnicamente, sin velocidad angular respecto a cada punto del espacio) se cumple que el rotacional de $\mathbf{w}$ es 0, esto es $\nabla \times \mathbf{w} = 0$, lo que implica que $\frac{\partial v}{\partial x} - \frac{\partial u}{\partial y} = 0$. Por otra parte, si el fluido es incompresible (lo que repercute en que no sufre compresiones ni expansiones o, equivalentemente, que la densidad del fluido permanece constante con el tiempo o con variaciones despreciables) se cumple que la divergencia de $\mathbf{w}$ es 0, es decir $\frac{\partial u}{\partial x} + \frac{\partial v}{\partial y} = 0$.

Finalmente, si consideremos la función $g(z) = U(x, y) + iV(x, y)$ $(z = x + iy)$, con $U(x, y) = u(x, y)$ y $V(x, y) = -v(x, y)$ (es decir, g es la compleja conjugada de la función $f = u(x, y) + iv(x, y)$), entonces las igualdades anteriores toman la forma exacta de las condiciones C-R: $\frac{\partial U}{\partial x} = \frac{\partial V}{\partial y}$, $\frac{\partial U}{\partial y} = -\frac{\partial V}{\partial x}$. En definitiva, si un fluido bidimensional es irrotacional e incomprensible, su campo vectorial velocidad $\mathbf{w}(x, y) = (u(x, y), v(x, y))$ es tal que la función $g(z) = u(x, y) - iv(x, y)$ $(z = x + iy)$ satisface las condiciones de Cauchy-Riemann. De hecho, las complejas conjugadas de las funciones holomorfas proporcionan ejemplos de fluidos bidimensionales irrotacionales e incomprensibles. A este mismo respecto, véase también la observación 2.4.

Nota 1.2 (La derivada de Wirtinger)

El hecho de que una función holomorfa satisfaga las condiciones de Cauchy-Riemann es equivalente a que $\frac{\partial f}{\partial \bar{z}} = 0$, donde $\frac{\partial f}{\partial \bar{z}} := \frac{1}{2} \left(\frac{\partial f}{\partial x} + i \frac{\partial f}{\partial y} \right)$ se conoce con el nombre de derivada de Wirtinger de f con respecto a $\bar{z}$. En efecto, observemos que

$$\frac{1}{2} \left(\frac{\partial f}{\partial x} + i \frac{\partial f}{\partial y} \right) = \frac{1}{2} \left(\frac{\partial u}{\partial x} + i \frac{\partial v}{\partial x} + i \left(\frac{\partial u}{\partial y} + i \frac{\partial v}{\partial y} \right) \right) = \frac{1}{2} \left(\frac{\partial u}{\partial x} - \frac{\partial v}{\partial y} + i \left(\frac{\partial v}{\partial x} + \frac{\partial u}{\partial y} \right) \right).$$

Nota 1.3 (El operador $\frac{\partial}{\partial z}$) *Si f es una función holomorfa en z_0, recordemos que el teorema 1.1 nos aseguraba que*

$$f'(z_0) = \frac{\partial u}{\partial x}(x_0, y_0) + i\frac{\partial v}{\partial x}(x_0, y_0) = \frac{\partial v}{\partial y}(x_0, y_0) - i\frac{\partial u}{\partial y}(x_0, y_0).$$

Esta igualdad también se puede expresar en términos del operador

$$\frac{\partial}{\partial z} := \frac{1}{2}\left(\frac{\partial}{\partial x} - i\frac{\partial}{\partial y}\right).$$

De hecho, dado que $f'(z_0) = \frac{\partial f}{\partial x}(z_0) = -i\frac{\partial f}{\partial y}(z_0)$, se tiene que

$$\frac{\partial f}{\partial z}(z_0) = \frac{1}{2}\left(\frac{\partial f}{\partial x}(z_0) - i\frac{\partial f}{\partial y}(z_0)\right) = f'(z_0).$$

Esto significa que la definición 1.8 de derivada compleja es para funciones holomorfas la misma como la dada por el operador $\frac{\partial}{\partial z}$.

En virtud de las ecuaciones de Cauchy-Riemann, a continuación proporcionaremos algunas condiciones suficientes para que una función holomorfa en un conjunto abierto $U \subset \mathbb{C}$ sea constante en U.

Corolario 1.1 (Obtención de funciones holomorfas constantes)
Sea $f : U \to \mathbb{C}$ una función holomorfa en un conjunto abierto $U \subset \mathbb{C}$. Si f verifica alguna de estas condiciones:

a) $f(z)$ es real (o imaginario puro) para cada $z \in U$;

b) $\overline{f}$ es holomorfa en U;

c) $|f|$ es constante en U,

entonces f es constante en U.

Prueba. Sea $f(x+iy) = u(x, y) + iv(x, y)$ una función holomorfa en el conjunto abierto $U \subset \mathbb{C}$. Por el teorema 1.1, sabemos que se satisfacen las ecuaciones de Cauchy-Riemann para todo punto $(x, y) \in \mathbb{R}^2$ tal que $z = x + iy \in U$:

$$\frac{\partial u}{\partial x}(x, y) = \frac{\partial v}{\partial y}(x, y), \quad \frac{\partial u}{\partial y}(x, y) = -\frac{\partial v}{\partial x}(x, y). \tag{1.4}$$

a) Si $v(x, y) = 0 \; \forall (x, y) \in \mathbb{R}^2$ tal que $x + iy \in U$, por las condiciones de Cauchy-Riemann (1.4) se tiene que $\dfrac{\partial u}{\partial x}(x, y) = \dfrac{\partial u}{\partial y}(x, y) = 0 \; \forall (x, y) \in \mathbb{R}^2$ tal que $x + iy \in U$, lo que nos conduce a que $u(x, y)$ y, por tanto, f es constante en U. El caso $u(x, y) = 0, \; \forall (x, y) \in \mathbb{R}^2$ tal que $x + iy \subset U$, es análogo.

b) Si $\overline{f(z)} = u(x, y) - iv(x, y)$ es holomorfa en U, las condiciones de Cauchy-Riemann aseguran que

$$\frac{\partial u}{\partial x}(x, y) = -\frac{\partial v}{\partial y}(x, y), \quad \frac{\partial u}{\partial y}(x, y) = \frac{\partial v}{\partial x}(x, y). \tag{1.5}$$

Por tanto, de (1.4) y (1.5), llegamos a $\dfrac{\partial u}{\partial x}(x, y) = \dfrac{\partial u}{\partial y}(x, y) = \dfrac{\partial v}{\partial x}(x, y) = \dfrac{\partial v}{\partial y}(x, y) = 0 \; \forall (x, y) \in \mathbb{R}^2$ tal que $x + iy \in U$ y, consecuentemente, f es constante en U.

c) Si $|f|$ es constante en U, tomaremos $|f(z)| = c \neq 0 \; \forall z \in U$ (si $c = 0$ es trivial). Observar que, dado que $|f(z)| \neq 0 \; \forall z \in U$, la función f no se anula en U y, por tanto, teniendo en cuenta que $f(z)\overline{f(z)} = |f(z)|^2 = c^2 \; \forall z \in U$, se tiene que $\overline{f(z)} = \dfrac{c^2}{f(z)}$ es holomorfa en U. Así, usando lo ya probado en b) llegamos al resultado.

$\square$

Nota 1.4 *De la misma forma que derivabilidad en un punto no implica holomorfía en ese punto, conviene notar que el hecho de que las condiciones de Cauchy-Riemann se satisfagan en algún punto no conlleva que la función deba ser holomorfa en dicho punto. Por ejemplo, si $z = x + iy \in \mathbb{C}$, la función $f(z) = |z|^2 = x^2 + y^2$ es derivable y satisface C-R en el origen, pero f no es holomorfa en $z = 0$ debido a que no es derivable en ningún punto $z_0 \neq 0$. En efecto, si $h = h_1 + ih_2$, con $h_1, h_2 \in \mathbb{R}$, entonces*

$$\lim_{h \to 0} \frac{f(z_0 + h) - f(z_0)}{h} = \lim_{h \to 0} \frac{|z_0 + h|^2 - |z_0|^2}{h} =$$
$$= \lim_{h \to 0} \frac{(x_0 + h_1)^2 + (y_0 + h_2)^2 - x_0^2 - y_0^2}{h} = \lim_{h \to 0} \frac{|h|^2 + 2(x_0 h_1 + y_0 h_2)}{h},$$

por lo que el límite no existe (si $h_2 = 0$ el resultado es $2x_0$, y si $h_1 = 0$ el resultado es $-2iy_0$).

Mostraremos a continuación condiciones suficientes para que una función compleja sea derivable (observemos que no se trata directamente de un recíproco del teorema 1.1 debido a que se añaden condiciones extra sobre las primeras parciales de $u(x,y)$ y $v(x,y)$).

Teorema 1.2 (Condiciones suficientes de derivabilidad) *Consideremos una función $f : U \to \mathbb{C}$ definida en un conjunto abierto $U \subset \mathbb{C}$ (con $f(z) = u(x,y) + iv(x,y)$, $z = x + iy$), y sea $z_0 = x_0 + iy_0 \in U$. Supongamos que existen las parciales primeras de $u(x,y)$ y $v(x,y)$ en un entorno del punto (x_0, y_0) y que son continuas en (x_0, y_0). Si se verifican las ecuaciones de Cauchy-Riemann en (x_0, y_0), entonces f es derivable en $z_0 = x_0 + iy_0$.*

Prueba. Dado que $u(x,y)$ y $v(x,y)$ presenta parciales primeras continuas en (x_0, y_0) y existen en un entorno suyo, entonces son también diferenciables en (x_0, y_0) (véase [4, Teorema 12.11]). Por tanto, si tomamos $h = a + bi$ con $a, b \in \mathbb{R}$, entonces

$$u(x_0 + a, y_0 + b) - u(x_0, y_0) = \frac{\partial u}{\partial x}(x_0, y_0)a + \frac{\partial u}{\partial y}(x_0, y_0)b + o(h)$$

y

$$v(x_0 + a, y_0 + b) - v(x_0, y_0) = \frac{\partial v}{\partial x}(x_0, y_0)a + \frac{\partial v}{\partial y}(x_0, y_0)b + o(h),$$

donde $\lim\limits_{h \to 0} \dfrac{o(h)}{h} = 0$. En consecuencia,

$$\lim_{h \to 0} \frac{f(z_0 + h) - f(z_0)}{h} =$$

$$= \lim_{h \to 0} \frac{u(x_0 + a, y_0 + b) - u(x_0, y_0) + (v(x_0 + a, y_0 + b) - v(x_0, y_0))i}{h} =$$

$$= \lim_{h \to 0} \frac{\frac{\partial u}{\partial x}(x_0, y_0)a + \frac{\partial u}{\partial y}(x_0, y_0)b + \frac{\partial v}{\partial x}(x_0, y_0)ai + \frac{\partial v}{\partial y}(x_0, y_0)bi + o(h)}{h} \overset{\text{C-R}}{=}$$

$$= \lim_{h \to 0} \frac{\frac{\partial u}{\partial x}(x_0, y_0)(a + ib) + \frac{\partial u}{\partial y}(x_0, y_0)(b - ai) + o(h)}{h} =$$

$$= \lim_{h \to 0} \frac{\frac{\partial u}{\partial x}(x_0, y_0)h - \frac{\partial u}{\partial y}(x_0, y_0)hi + o(h)}{h} =$$

$$= \lim_{h \to 0} \left(\frac{\partial u}{\partial x}(x_0, y_0) - \frac{\partial u}{\partial y}(x_0, y_0)i + \frac{o(h)}{h} \right) =$$

$$= \frac{\partial u}{\partial x}(x_0, y_0) - \frac{\partial u}{\partial y}(x_0, y_0)i.$$

y, por tanto, f es derivable en $z_0 = x_0 + iy_0$ y su derivada viene dada por

$$f'(z_0) = \frac{\partial u}{\partial x}(x_0, y_0) - \frac{\partial u}{\partial y}(x_0, y_0)i = \frac{\partial v}{\partial y}(x_0, y_0) + \frac{\partial v}{\partial x}(x_0, y_0)i. \tag{1.6}$$

$\square$

Observación 1.4 (Condiciones suficientes de holomorfía) *Si $f : U \to \mathbb{C}$ satisface las hipótesis iniciales del teorema anterior para cualquier punto del conjunto abierto U, podemos afirmar que las condiciones de Cauchy-Riemann constituyen condiciones necesarias y suficientes para que f sea holomorfa.*

Ejemplo 1.6 (Derivabilidad de la función exponencial) *Las funciones $u(x, y) = e^x \cos y$ y $v(x, y) = e^x \operatorname{sen} y$ satisfacen las condiciones del teorema anterior en todos los puntos (incluyendo las condiciones C-R). En consecuencia, de acuerdo con (1.6), la derivada de la función $f(z) = e^x \cos y + ie^x \operatorname{sen} y$ viene dada por $f'(z) = f(z)$. Más adelante pondremos $f(z) = e^x e^{iy} = e^z$ (véase la definición de la función exponencial).*

Conforme a las condiciones del teorema 1.2, consideremos la transformación de coordenadas

$$x = r \cos \theta, \ y = r \operatorname{sen} \theta$$

y $z_0 = x_0 + y_0 i = r_0 e^{i\theta_0} \neq 0$. Entonces se puede probar que las condiciones C-R

$$\frac{\partial u}{\partial x}(x_0, y_0) = \frac{\partial v}{\partial y}(x_0, y_0), \ \ \frac{\partial u}{\partial y}(x_0, y_0) = -\frac{\partial v}{\partial x}(x_0, y_0)$$

son equivalentes a

$$\frac{\partial u}{\partial r}(r_0, \theta_0) = \frac{1}{r_0}\frac{\partial v}{\partial \theta}(r_0, \theta_0), \ \ \frac{1}{r_0}\frac{\partial u}{\partial \theta}(r_0, \theta_0) = -\frac{\partial v}{\partial r}(r_0, \theta_0). \tag{1.7}$$

Además, el método usado anteriormente para probar el teorema 1.2 puede emplearse aquí para deducir la holomorfía y la forma que presenta la derivada (1.6) en función de las nuevas coordenadas:

$$f'(z_0) = \frac{\partial u}{\partial x}(x_0, y_0) + i\frac{\partial v}{\partial x}(x_0, y_0) = \left(\frac{\partial u}{\partial r}(r_0, \theta_0) + i\frac{\partial v}{\partial r}(r_0, \theta_0)\right)(\cos \theta_0 - i \operatorname{sen} \theta_0). \tag{1.8}$$

La prueba de los resultados anteriores se deja al lector como tarea (véase el ejercicio 1.23).

Definición 1.12 (Condiciones de C-R en coordenadas polares) *Las ecuaciones (1.7) reciben el nombre de ecuaciones de Cauchy-Riemann en coordenadas polares.*

En la última parte de esta sección manejaremos el concepto de función armónica.

Definición 1.13 (Función armónica) *Se dice que $u(x,y): \mathbb{R}^2 \to \mathbb{R}$ es armónica en un dominio $D \subset \mathbb{R}^2$ si tiene derivadas parciales segundas continuas en todo punto de D y satisface la ecuación de Laplace $\dfrac{\partial^2 u}{\partial x^2} + \dfrac{\partial^2 u}{\partial y^2} = 0$ en todo punto de D.*

Para una función armónica, automáticamente las funciones u, $\frac{\partial u}{\partial x}$ y $\frac{\partial u}{\partial y}$ son continuas en D y, por tanto, se verifica $\dfrac{\partial^2 u}{\partial x \partial y} = \dfrac{\partial^2 u}{\partial y \partial x}$ (véase [4, Teorema 12.13]).

Más adelante veremos que cuando una función es holomorfa entonces las derivadas parciales de sus partes real e imaginaria existen y son funciones continuas de x e y (corolario 2.7). Así, a partir de las condiciones de Cauchy-Riemann, deduciremos que las partes real e imaginaria de una función holomorfa en un dominio D son funciones armónicas en D. La siguiente proposición que probaremos será justamente un recíproco parcial de este resultado, en el sentido que una función armónica es localmente la parte real de una función holomorfa.

Definición 1.14 (Conjugada armónica) *Si $u(x,y)$ y $v(x,y)$ son dos funciones reales armónicas en algún dominio $D \subset \mathbb{R}^2$ y satisfacen las ecuaciones de Cauchy-Riemann en D, entonces diremos que $v(x,y): D \to \mathbb{R}$ es una conjugada armónica de la función $u(x,y): D \to \mathbb{R}$.*

Por lo visto anteriormente, la existencia de una conjugada armónica $v(x,y)$ de una función armónica $u(x,y)$, con $(x,y) \in D$, conlleva que la función compleja $f(x+iy) = u(x,y) + iv(x,y)$ es holomorfa en $\{x+iy \in \mathbb{C}: (x,y) \in D\}$.

Ejemplo 1.7 *Consideremos la función $u(x,y) = y^3 - 3x^2 y$, que es armónica en $\mathbb{R}^2$ ya que $\frac{\partial^2 u}{\partial x^2}(x,y) + \frac{\partial^2 u}{\partial y^2}(x,y) = -6y + 6y = 0$ para todo $(x,y) \in \mathbb{R}^2$. Para calcular una posible armónica conjugada v de u se debe cumplir en particular que $\frac{\partial v}{\partial y} = -6xy$, esto es, $v(x,y) = -3xy^2 + \phi(x)$ para una cierta función $\phi(x)$. Ahora, a tenor de la segunda ecuación de Cauchy-Riemann, se tiene que $-3y^2 + \phi'(x) = -3y^2 + 3x^2$, por lo que $\phi(x) = x^3 + C$ con $C \in \mathbb{R}$. Por tanto, las conjugadas armónicas de u son de la forma $v(x,y) = -3xy^2 + x^3 + C$, con $C \in \mathbb{R}$. En particular, la conjugada armónica $v(x,y)$ que satisface la igualdad $v(0,0) = 0$ es $v(x,y) = -3xy^2 + x^3$ y la función*

$$f(z) = u(x,y) + iv(x,y) = (y^3 - 3x^2 y) + i(-3xy^2 + x^3) = (y - ix)^3 = (-i(x+iy))^3 = iz^3,$$

con $z = x + iy$, es entera (holomorfa en todo $\mathbb{C}$).

Proposición 1.3 (Existencia de conjugada armónica) *Sea $u(x, y) : D \to \mathbb{R}$ una función armónica en un conjunto $D \subset \mathbb{R}^2$ y consideremos R una región rectangular contenida en D. Entonces la existencia de una conjugada armónica $v(x, y)$ de $u(x, y)$ en R está asegurada. Es decir, existe una función armónica $v(x, y)$ tal que $f(x + iy) = u(x, y) + iv(x, y)$ es holomorfa en $\{x + iy \in \mathbb{C} : (x, y) \in R\}$.*

Prueba. Consideremos la expresión diferencial $P(x, y)dx + Q(x, y)dy$, donde $P(x, y) = -\frac{\partial u}{\partial y}$ y $Q(x, y) = \frac{\partial u}{\partial x}$. Dado que $u(x, y)$ es armónica en D, las funciones $P(x, y)$ y $Q(x, y)$ tienen derivadas parciales continuas en D y $\frac{\partial P}{\partial y} = \frac{\partial Q}{\partial x}$ se satisface en D. Por tanto, $P(x, y)dx + Q(x, y)dy$ es una diferencial exacta (véase [50, Teorema 16.4]). Si tomamos una región rectangular $R \subset D$, esto significa que existe una función $v : R \to \mathbb{R}$ tal que $dv(x, y) = P(x, y)dx + Q(x, y)dy$ en R o, equivalentemente,

$$\frac{\partial v}{\partial x}(x, y) = P(x, y) = -\frac{\partial u}{\partial y}(x, y), \quad \frac{\partial v}{\partial y}(x, y) = Q(x, y) = \frac{\partial u}{\partial x}(x, y), \ (x, y) \in R.$$

Además, observemos que v es armónica en R a tenor de que

$$\frac{\partial^2 v}{\partial x^2}(x, y) + \frac{\partial^2 v}{\partial y^2}(x, y) = -\frac{\partial^2 u}{\partial x \partial y}(x, y) + \frac{\partial^2 u}{\partial y \partial x}(x, y) = 0, \ (x, y) \in R.$$

$\square$

La proposición anterior sigue siendo válida en el caso más general de que R sea una región simplemente conexa, que intuitivamente la podemos visualizar como carente de cortes o agujeros (véase la definición 2.6 y una demostración en [7, Teorema 4.9.14]). Sin embargo, no podemos asegurar nada en el caso de que R no sea un conjunto simplemente conexo (véase el ejercicio 1.27 al final del capítulo).

Nota 1.5 *En general, las funciones armónicas aparecen en múltiples aplicaciones dentro de diversos campos, como son el potencial electrostático, el flujo de fluidos o problemas relacionados con la transmisión del calor. Véase por ejemplo la observación 2.4 o la nota 2.18. La relación existente entre las funciones armónicas y las funciones holomorfas hace que la teoría de funciones complejas sea de gran utilidad en la resolución de estos problemas.*

1.4   Algunas funciones elementales

En este apartado expondremos y analizaremos las funciones exponencial, logarítmicas, potencia, trigonométricas e hiperbólicas.

1.4.1 Función exponencial

Definición 1.15 (Función exponencial compleja) *Se define la función exponencial compleja de un número* $z = x + iy \in \mathbb{C}$ *como*

$$\exp z = e^x(\cos y + i \operatorname{sen} y).$$

Las notaciones $\exp z$ *y* e^z *serán utilizadas indistintamente.*

Nota 1.6 *La definición anterior surge motivada por las siguientes consideraciones. Recordemos que el desarrollo en serie de Taylor de* e^t, *para t real, es*

$$e^t = 1 + t + \frac{t^2}{2!} + \frac{t^3}{3!} + \frac{t^4}{4!} + \dots.$$

Si informalmente sustituimos t por iy nos queda

$$e^{iy} = 1 + iy - \frac{y^2}{2!} - i\frac{y^3}{3!} + \frac{y^4}{4!} + \dots =$$
$$= \left(1 - \frac{y^2}{2!} + \frac{y^4}{4!} - \frac{y^6}{6!} + \dots\right) + i\left(y - \frac{y^3}{3!} + \frac{y^5}{5!} - \frac{y^7}{7!} + \dots\right).$$

Así, del desarrollo anterior surge la interpretación $e^{iy} = \cos y + i \operatorname{sen} y$. *Finalmente, dado que* $e^{s+t} = e^s e^t$ *para reales s y t, es inevitable pensar en la definición*

$$\exp z = e^{x+iy} = e^x e^{iy} = e^x(\cos y + i \operatorname{sen} y).$$

De forma más rigurosa, si queremos extender la definición de $f(x) = e^x$ *(que cumple* $f'(x) = e^x$*),* $x \in \mathbb{R}$*, al caso complejo, hemos de exigir que* $f(x + i0) = e^x \ \forall x \in \mathbb{R}$*. Además, resulta natural imponer que f sea entera y* $f'(z) = f(z)$*. En este sentido, la función* $f(x + iy) = e^x(\cos y + i \operatorname{sen} y)$ *es entera y* $f'(z) = f(z)$ *(véase el ejemplo 1.6) y, de hecho, es la única función que satisface tales condiciones [11, ejer. 17, pág. 77]. En particular, cuando z es imaginario puro, esta expresión nos lleva a la fórmula de Euler (que también da lugar a la forma exponencial de un número complejo), dada por*

$$e^{i\theta} = \cos\theta + i \operatorname{sen}\theta.$$

Precisamente, Euler también da nombre a la identidad $e^{i\pi} + 1 = 0$*, que en ocasiones se califica como la expresión más elegante de las matemáticas.*

Observaciones 1.5 (Algunas propiedades de la función exponencial)

i) La definición de la función exponencial compleja hace obvio que $e^z \neq 0$ *para cada complejo z. Además,* $|e^z| = e^{\operatorname{Re} z}$ *y un argumento de* e^z *es* $\operatorname{Im} z$*. También de la definición se deduce que* $\overline{e^z} = e^{\bar{z}}$*. Además, la fórmula de Moivre implica directamente que* $(e^z)^n = e^{nz}$ *para cada entero n y* $e^{z+w} = e^z e^w$*.*

ii) Como ya se indicó en la nota anterior, la función exponencial es una función holomorfa en todo $\mathbb{C}$ tal como se deduce del ejemplo 1.6.

iii) Si x es real, sabemos que $e^x = 1$ si, y solo si, $x = 0$. En el caso $z = x + iy$, $e^z = 1$ es equivalente a $\begin{cases} e^x \cos y = 1 \\ e^x \operatorname{sen} y = 0 \end{cases}$. Por tanto, de la segunda ecuación deducimos que $y = n\pi$, $n \in \mathbb{Z}$, lo que nos lleva a $x = 0$. Así, $z_k = 2\pi k i$, $k \in \mathbb{Z}$, son las soluciones de $e^z = 1$.

iv) Sabemos que si $z = x$ es real, $\lim\limits_{z \to \infty} e^z = \lim\limits_{x \to \infty} e^x = \infty$. Ahora, si $z_k = 2\pi k i$ ($k \geq 1$ entero) entonces $z_k \to \infty$ (en el sentido $|z_k| \to \infty$) y $e^{z_k} = 1$. Por tanto, podemos afirmar que $\lim\limits_{z \to \infty} e^z$ no existe.

Nota 1.7 Para cada $k \in \mathbb{Z}$, la función exponencial compleja aplica biyectivamente la banda $B_k = \{x + iy : (2k - 1)\pi < y \leq (2k + 1)\pi\}$ sobre $\mathbb{C} \setminus \{0\}$:

Veamos primeramente que la función exponencial es inyectiva: si tomamos z_1 y z_2 en B_k verificando $e^{z_1} = e^{z_2}$ entonces $e^{z_1 - z_2} = 1$, es decir, $z_1 - z_2 = 2\pi k i$, lo que nos conduce a $k = 0$ y, por tanto, a $z_1 = z_2$, ya que en B_k la parte imaginaria de cualquier par de números complejos no puede diferir en un valor mayor o igual a 2π. Además, si $z = x + iy$ entonces $e^z = e^x(\cos y + i \operatorname{sen} y) \neq 0$.

Veamos ahora que si $w_0 \in \mathbb{C} \setminus \{0\}$ existe $z_0 = x_0 + iy_0 \in B_k$ tal que $e^{z_0} = w_0$. En efecto, si tomamos $x_0 = \ln |w_0|$ e $y_0 = \operatorname{Arg} w_0 + 2\pi k$ (con $k \in \mathbb{Z}$) entonces $-\pi + 2\pi k < y_0 \leq \pi + 2\pi k$, $z_0 \in B_k$ y $e^{z_0} = w_0$.

Esta propiedad nos hace inferir que tendremos tantas antiimágenes (logaritmos) como valores de k tengamos, es decir, infinitos.

Ejemplo 1.8 Resolvamos la ecuación $\operatorname{sen} z = 2$. Esto es equivalente a resolver

$$\frac{e^{iz} - e^{-iz}}{2i} = 2,$$

es decir,

$$e^{iz} - e^{-iz} - 4i = 0.$$

Ahora multiplicamos por e^{iz} y nos queda

$$e^{2iz} - 4ie^{iz} - 1 = 0.$$

Así, obtenemos que

$$e^{iz} = 2i \pm \sqrt{-3} = (2 \pm \sqrt{3})i.$$

Por tanto, atendiendo al desarrollo realizado en la nota anterior, las soluciones de la ecuación satisfacen

$$iz_1 = \ln(2 + \sqrt{3}) + i(\frac{\pi}{2} + 2\pi k), \ k \in \mathbb{Z}$$

y

$$iz_2 = \ln(2 - \sqrt{3}) + i(\frac{\pi}{2} + 2\pi k), \ k \in \mathbb{Z}.$$

Es decir, infinitas soluciones dependiendo en la banda que trabajemos. Consecuentemente,

$$z_1 = \frac{\pi}{2} + 2\pi k - i\ln(2 + \sqrt{3}), \ k \in \mathbb{Z}$$

y

$$z_2 = \frac{\pi}{2} + 2\pi k - i\ln(2 - \sqrt{3}), \ k \in \mathbb{Z}.$$

La función exponencial compleja se utiliza ampliamente en distintos contextos. En particular, las *transformadas de Fourier* o de *Laplace* ([25, pág. 390]) se definen a través de integrales que involucran exponentes complejos, lo que permite vincular su estudio con las propiedades de funciones analíticas. Véase también el ejercicio 1.33 sobre las series de Fourier de una función real periódica y continua.

1.4.2 Funciones logarítmicas

A partir de la nota 1.7 ya estamos en disposición de definir logaritmos de números complejos como inversos de la función exponencial (en realidad para que sea función, como especificamos abajo, restringido a cada banda $B_k = \{x + iy : \ (2k-1)\pi < y \le (2k+1)\pi\}$, $k \in \mathbb{Z}$).

$$w = \log z \ \Leftrightarrow \ z = e^w, \ z \in \mathbb{C} \setminus \{0\}.$$

En el caso real $e^s = t$, con $t > 0$, esta ecuación se satisface en un único valor real de s. En el caso complejo hay infinitos valores w para los cuales $e^w = z$, siendo z un número complejo distinto de 0. Por ejemplo, ya hemos visto que $e^w = 1$ se satisface para $w = 2\pi k i$, $k = 0, \pm 1, \ldots$ Así, cada uno de estos valores se podría calificar como un logaritmo complejo de 1. Para que sea univaluada (una auténtica función) tendremos que elegir un intervalo de argumentos de longitud 2π, lo que nos lleva a la siguiente definición.

Definición 1.16 (Logaritmo principal) *Sea $z \in \mathbb{C} \setminus \{0\}$, entonces el logaritmo principal de z (o rama principal del logaritmo), denotado por $\mathrm{Log}\, z$, viene definido por*

$$\mathrm{Log}\, z := \ln |z| + i \operatorname{Arg} z.$$

Con esta definición, si z es un número real positivo entonces $\operatorname{Log} z = \ln z$. Además, dado que cualquier logaritmo w de z satisface $e^w = z = e^{\operatorname{Log} z}$, entonces se cumple

$$w = \operatorname{Log} z + 2k\pi i = \ln|z| + i(\operatorname{Arg} z + 2k\pi) \tag{1.9}$$

para algún entero k.

Definición 1.17 (Conjunto de logaritmos) *Cualquier número complejo del tipo (1.9) es un logaritmo de z. Denotaremos por $\log z$ el conjunto de todos los logaritmos de $z \in \mathbb{C} \setminus \{0\}$.*

Ejemplo 1.9 *El conjunto de logaritmos de -1 es $\{(2k+1)\pi i \, : \, k = 0, \pm 1, \ldots\}$ y $\operatorname{Log}(-1) = \pi i$.*

Observación 1.6 *El conjunto de logaritmos del producto se compone de todas las posibles sumas de logaritmos del primero con logaritmos del segundo. Sin embargo, es importante observar que no es cierto siempre que $\operatorname{Log}(z_1 \cdot z_2) = \operatorname{Log} z_1 + \operatorname{Log} z_2$ o que $\operatorname{Log}\left(\dfrac{z_1}{z_2}\right) = \operatorname{Log} z_1 - \operatorname{Log} z_2$. Por ejemplo*

$$\operatorname{Log}(-i) = -\frac{\pi}{2}i \neq \frac{3\pi}{2}i = \pi i + \frac{\pi}{2}i = \operatorname{Log}(-1) + \operatorname{Log} i$$

y

$$\operatorname{Log}(-1) = \pi i \neq -\pi i = -\frac{\pi}{2}i - \frac{\pi}{2}i = \operatorname{Log}(-i) + \operatorname{Log}(i).$$

Nota 1.8 *El logaritmo principal $\operatorname{Log} z$ no es una función continua en $(-\infty, 0)$. En efecto, si $z_0 \in (-\infty, 0)$ y tomamos $h^+ = ti$ y $h^- = -ti$ con $t > 0$, entonces*

$$\lim_{h^+ \to 0} \operatorname{Log}(z_0 + h^+) = \ln|z| + i\pi$$

y

$$\lim_{h^- \to 0} \operatorname{Log}(z_0 + h^-) = \ln|z| + i(-\pi).$$

Por tanto, $\operatorname{Log} z$ tampoco es una función holomorfa en $(-\infty, 0)$ de acuerdo con la proposición 1.2.

Veamos si en el resto del plano el logaritmo principal cumple la propiedad de holomorfía.

Proposición 1.4 (Dominio de holomorfía del logaritmo principal) *$\operatorname{Log} z$ es una función holomorfa en $\mathbb{C} \setminus (-\infty, 0]$. Además se satisface $(\operatorname{Log} z)' = \dfrac{1}{z}$.*

Prueba. Sea $z = re^{i\theta} \in \mathbb{C} \setminus (-\infty, 0]$. Dado que $\operatorname{Log} z = \ln|z| + i\theta$, con $-\pi < \theta \le \pi$, denotemos $u(r,\theta) = \ln r$ y $v(r,\theta) = \theta$. Entonces existen las parciales de u y v y son continuas en $r > 0$ y θ (con $-\pi < \theta < \pi$). Así, $\frac{\partial u}{\partial r} = \frac{1}{r}$ y $\frac{\partial v}{\partial \theta} = 1$ y, por tanto, $\frac{\partial u}{\partial r} = \frac{1}{r} \frac{\partial v}{\partial \theta}$. También, trivialmente se cumple que $\frac{\partial u}{\partial \theta} = -r \frac{\partial v}{\partial r}$. Consecuentemente se cumplen las ecuaciones de Cauchy-Riemann en coordenadas polares (véase (1.7)) y el mismo método usado para probar el teorema 1.2 nos conduce a la holomorfía de $\operatorname{Log} z$ en $\mathbb{C} \setminus (-\infty, 0]$. Del mismo modo, si $z \in \mathbb{C} \setminus (-\infty, 0]$, de acuerdo con (1.8) se tiene que

$$(\operatorname{Log} z)' = \left(\frac{\partial u}{\partial r} + i\frac{\partial v}{\partial r}\right)(\cos\theta - i\operatorname{sen}\theta) =$$

$$= \left(\frac{1}{r} + 0\right)(\cos\theta - i\operatorname{sen}\theta) =$$

$$= \frac{1}{r}\frac{\overline{z}}{r} = \frac{\overline{z}z}{r^2 z} = \frac{r^2}{r^2 z} = \frac{1}{z}.$$

$\square$

Observación 1.7 *Sea θ_0 un número real. Si definimos*

$$\log_{\theta_0} z := \ln r + i\theta, \quad z = re^{i\theta}, \ r > 0, \ \theta_0 < \theta \le \theta_0 + 2\pi,$$

entonces $\operatorname{Log} z = \log_{-\pi} z$ y las propiedades anteriores pueden ser generalizadas para cualquier logaritmo $\log_{\theta_0}$ cuyo dominio de holomorfía no incluya el rayo $\{z \in \mathbb{C} : \arg z = \theta_0\}$.

Además, se satisfacen las siguientes dos importantes propiedades:

i) $e^{\log_{\theta_0} z} = z \ \forall z \in \mathbb{C} \setminus \{0\}$, *lo que se deduce claramente de las definiciones involucradas.*

ii) $\log_{\theta_0} e^z = z \ \forall z \in \{x + iy : \theta_0 < y \le \theta_0 + 2\pi\}$. *En efecto, si $z = re^{i\theta}$, entonces dado que $\theta_0 < r\operatorname{sen}\theta \le \theta_0 + 2\pi$ y por las definiciones dadas se verifica que*

$$\log_{\theta_0} e^z = \log_{\theta_0}(e^{r\cos\theta + ir\operatorname{sen}\theta}) = \ln(e^{r\cos\theta}) + ir\operatorname{sen}\theta = r\cos\theta + ir\operatorname{sen}\theta = re^{i\theta} = z.$$

1.4.3 Funciones potencia

A continuación manejaremos funciones potencia y exponenciales. Distinguiremos los casos en los que la variable, usualmente denotada por z, aparece en la base (véase la definición 1.18) y en el exponente (véase la definición 1.19).

Definición 1.18 (Potencia de exponente arbitrario) *Sea $z \in \mathbb{C} \setminus \{0\}$ y $\alpha \in \mathbb{C}$. Tomaremos por definición z^α, llamada la potencia de exponente arbitrario, como el conjunto de todos los valores dados por*

$$z^\alpha := e^{\alpha \log z},$$

donde $\log z$ representa el conjunto de todos los logaritmos de z.

Nota 1.9 (El caso del exponente real y entero) *Cuando α es real, la fórmula anterior se reduce a*

$$z^\alpha = e^{\alpha(\ln|z|+i\operatorname{Arg}z+2\pi ki)} = |z|^\alpha e^{i\alpha\operatorname{Arg}z}e^{i2\pi k\alpha} = |z|^\alpha e^{i2\pi k\alpha}\left(\cos(\alpha\operatorname{Arg}z)+i\operatorname{sen}(\alpha\operatorname{Arg}z)\right)$$

$$= |z|^\alpha\left(\cos(\alpha\arg z)+i\operatorname{sen}(\alpha\arg z)\right),$$

donde $\operatorname{Arg}z$ es el argumento principal de z y $\arg z$ es cualquier argumento de z (con $k \in \mathbb{Z}$). Por tanto, deducimos que solamente en el caso que α sea un número entero, estas igualdades entre conjuntos se reducen a verdaderas igualdades entre dos números (ya que $\alpha\arg z = \alpha\operatorname{Arg}z + 2\pi k\alpha = \alpha\operatorname{Arg}z + 2\pi m$, con $m = k\alpha \in \mathbb{Z}$). De hecho, cuando n es un entero positivo, la función $f(z) = z^n$ transforma la región angular $\{(r,\theta): r \geq 0, 0 \leq \theta \leq \frac{\pi}{n}\}$ en el semiplano superior.

Observación 1.8 (Ramas de la función potencia) *El estudio analítico de las funciones multiforme (en las que un elemento z del dominio puede tener asociado más de un valor en la imagen) exige, por lo general, representar la función multiforme por medio de funciones uniformes. Así, la función multiforme z^α definida anteriormente se convierte en uniforme en el momento que fijemos el logaritmo $\log_{\theta_0} z = \ln|z| + i\theta$, $\theta_0 < \theta \leq \theta_0 + 2\pi$ para algún θ_0 real. De hecho, así definida, esta función es también holomorfa en el dominio $\{z = re^{i\theta} \in \mathbb{C}: r > 0$ y $\theta_0 < \theta < \theta_0 + 2\pi\}$. La rama principal se obtiene cuando $\theta_0 = -\pi$.*

Definición 1.19 (Función exponencial general) *Sea $a \in \mathbb{C} \setminus \{0\}$. Tomaremos por definición a^z, llamada función exponencial general, como el conjunto de todos los valores dados por*

$$a^z := \exp(z \log a),$$

donde $\log w$ representa el conjunto de todos los logaritmos de $w \neq 0$.

Observación 1.9 (Ramas de la función exponencial general) *Si queremos obtener una rama uniforme determinada de a^z, es decir, para que a^z sea una auténtica función, es suficiente fijar uno de los valores de $\log a = \operatorname{Log}a + 2\pi ki$, $k \in \mathbb{Z}$. Así, las funciones*

$$\exp(z\operatorname{Log}a), \ \exp(z(\operatorname{Log}a + 2\pi i)), \ \exp(z(\operatorname{Log}a - 2\pi i)), \ldots$$

son las distintas ramas uniformes de a^z, que además son funciones enteras. La rama principal se obtiene cuando $k = 0$, es decir, con la función $\exp(z\operatorname{Log}a)$.

Ejemplo 1.10 *La función multiforme* $f(z) = z^{\frac{1}{2}}$ *viene definida por* $e^{\frac{1}{2}\log z}$ *para valores* $z \in \mathbb{C} \setminus \{0\}$. *Tomando* $z = re^{i\theta}$, $r > 0$, $-\pi < \theta \leq \pi$, *la llamada rama principal de* $z^{\frac{1}{2}}$ *es*

$$f_1(z) = e^{\frac{1}{2}(\ln r + i\theta)} = \sqrt{r}e^{\frac{\theta}{2}i}.$$

El rayo $\arg z = \pi$ *es el corte de la rama anterior. Otra rama con el mismo corte, con* $r > 0$ *y* $-\pi < \theta \leq \pi$, *viene dada por*

$$-f_1(z) = \sqrt{r}e^{\frac{(\theta + 2\pi)}{2}i}.$$

Los valores $\pm f_1(z)$ *representan la totalidad de valores de* $f(z)$ *en todos los puntos, excluyendo* $z = 0$. *Recordemos que* f_1 *no es continua en el rayo* $\arg z = \pi$.

Por supuesto, existen más ramas de f *que podemos elegir como queramos. Cualquier rayo que arranque desde el origen podría usarse como corte de rama. Por ejemplo, para* $r > 0$ *y* $0 < \theta \leq 2\pi$, *tenemos las ramas*

$$f_2(z) = \sqrt{r}e^{\frac{\theta}{2}i}$$

y

$$-f_2(z) = \sqrt{r}e^{\frac{(\theta + 2\pi)}{2}i}$$

ambas con el mismo corte de rama $\arg z = 0$. *En este caso* f_2 *no es continua en el rayo* $\arg z = 0$.

En general, dado $\alpha \in \mathbb{R}$, *una rama con* $\arg z = \alpha$ *como corte viene dada por las condiciones*

$$\sqrt{r}e^{\frac{\theta}{2}i}, \quad r > 0, \alpha < \theta \leq \alpha + 2\pi.$$

Ejemplo 1.11 *Sea* $z = re^{i\theta} \neq 0$, *con* $-\pi < \theta \leq \pi$. *Entonces la llamada rama principal de* $z^{\frac{2}{3}}$ *es*

$$e^{\frac{2}{3}\operatorname{Log} z} = e^{\frac{2}{3}\ln|z|}e^{i\theta\frac{2}{3}} = |z|^{\frac{2}{3}}e^{i\theta\frac{2}{3}},$$

que es holomorfa en el dominio dado por $r > 0$ *y* $-\pi < \theta < \pi$.

Ejemplo 1.12 (El caso de la función exponencial) *De acuerdo con la definición 1.19, la función exponencial general* e^z *toma los valores* $\exp(z \log e)$, *es decir, las ramas* $\exp(z(1 + 2\pi ki))$, $k \in \mathbb{Z}$. *Por tanto, únicamente uno de los valores de* e^z *coincide con la función exponencial* $\exp z$ *(véase la definición 1.15), justamente la rama principal. A pesar de ello, emplearemos también la misma notación* e^z *para denotar a su rama principal.*

Observación 1.10 (Las funciones $f(z) = z^n$, **con** $n \in \mathbb{N}$**)** *Tal como se comentó en la observación 1.8, siendo $\alpha \in \mathbb{C}$, la potencia z^α se convierte en una función uniforme si se fija una rama de la forma $e^{\alpha \log_{\theta_0} z}$ con $\theta_0 \in \mathbb{R}$. De hecho, esta función es holomorfa en el dominio $\{z = re^{i\theta} : r > 0 \ y \ \theta_0 < \theta < \theta_0 + 2\pi\}$. Mediante la definición dada de potencia, parecería que las funciones z^n, con $n \in \mathbb{N}$, no fuesen holomorfas en todo $\mathbb{C}$ salvo que les quitemos una rama (dada por el logaritmo). Sin embargo, si tomamos por ejemplo z^n como*

$$z^n = \begin{cases} e^{n \operatorname{Log} z} & si \ z \in \mathbb{C} \setminus (-\infty, 0] \\ x^n & si \ z = x \in (-\infty, 0] \end{cases},$$

entonces esta función es continua y holomorfa en todo $\mathbb{C}$ (observar también que ya se comentó en la nota 1.9 que z^n, con $n \in \mathbb{Z}$, no era un conjunto sino un número).

Dados dos números complejos fijos actuando de base y exponente respectivamente, mostraremos algunos ejemplos de cálculo de potencias.

Ejemplos 1.13

1. *Por definición, $i^{-2i} = e^{-2i \log i} = e^{-2i \left(\frac{\pi}{2} + 2\pi k \right) i} = e^{\pi + 4\pi k}$, $k \in \mathbb{Z}$. Por tanto, i^{-2i} se compone de los infinitos valores $e^{\pi + 4\pi k}$ para $k \in \mathbb{Z}$.*

2. *Por definición, $2^i = e^{i \log 2} = e^{i \ln 2} e^{-2\pi k}$ para $k \in \mathbb{Z}$.*

3. *De nuevo, por definición, se tiene que $(-1)^{\frac{1}{\pi}} = e^{\frac{1}{\pi} \log(-1)} = e^{\frac{\pi + 2\pi k}{\pi} i} = e^{(2k+1)i}$, $k \in \mathbb{Z}$.*

1.4.4   Funciones trigonométricas e hiperbólicas

De la definición de función exponencial tenemos que $e^{it} = \cos t + i \operatorname{sen} t$ y $e^{-it} = \cos t - i \operatorname{sen} t$. Por tanto, para todo número real t se deduce que

$$\frac{e^{it} + e^{-it}}{2} = \cos t, \quad \frac{e^{it} - e^{-it}}{2i} = \operatorname{sen} t$$

que, junto con las nociones que ya sabemos en el caso real, motiva las siguientes definiciones de las principales funciones trigonométricas.

Definición 1.20 (Funciones trigonométricas) *Siendo $z \in \mathbb{C}$, las funciones coseno, seno, tangente, cotangente, secante y cosecante vienen definidas respectivamente en sus dominios por*

- $\cos z = \dfrac{e^{iz} + e^{-iz}}{2}$;
- $\operatorname{sen} z = \dfrac{e^{iz} - e^{-iz}}{2i}$;
- $\tan z = \dfrac{\operatorname{sen} z}{\cos z}$;
- $\operatorname{cotg} z = \dfrac{\cos z}{\operatorname{sen} z}$;
- $\sec z = \dfrac{1}{\cos z}$;
- $\operatorname{cosec} z = \dfrac{1}{\operatorname{sen} z}$.

Observación 1.11 *Las funciones coseno y seno son claramente holomorfas en todo* $\mathbb{C}$ *por ser combinaciones lineales de funciones enteras. El resto de funciones trigonométricas son holomorfas en sus dominios. Además, las propiedades sobre el carácter periódico de estas funciones se mantienen respecto al caso real.*

Por otra parte, las principales funciones hiperbólicas las definimos del mismo modo que en el caso real.

Definición 1.21 (Funciones hiperbólicas) *Sea* $z \in \mathbb{C}$. *Las funciones seno, coseno y tangente hiperbólica están definidas respectivamente como*

$$\bullet\, \text{senh}\, z = \frac{e^z - e^{-z}}{2}; \quad \bullet\, \cosh z = \frac{e^z + e^{-z}}{2}; \quad \bullet\, \tanh z = \frac{\text{senh}\, z}{\cosh z}.$$

Además de algunas de las propiedades que ya se verifican en el caso real (como las identidades $\text{sen}^2 z + \cos^2 z = 1$, $\cosh^2 z - \text{senh}^2 z = 1$, las fórmulas del coseno o seno de la suma y las expresiones de las derivadas, que se deducen fácilmente en los ejemplos 3.8), no resulta muy dificultoso probar las siguientes propiedades y relaciones existentes entre las funciones trigonométricas e hiperbólicas.

Nota 1.10 (Propiedades de las funciones trigonométricas e hiperbólicas)

i) $\overline{\cos z} = \cos \overline{z}$;   *ii)* $\overline{\text{sen}\, z} = \text{sen}\, \overline{z}$;

iii) $\cos z = 0 \leftrightarrow z = (2n+1)\frac{\pi}{2}$, $n \in \mathbb{Z}$;   *iv)* $\text{sen}\, z = 0 \leftrightarrow z = n\pi$, $n \in \mathbb{Z}$;

v) $\text{senh}\, z = 0 \leftrightarrow z = n\pi i$, $n \in \mathbb{Z}$;   *vi)* $\cosh z = 0 \leftrightarrow z = (2n+1)\frac{\pi}{2}i, n \in \mathbb{Z}$;

vii) $\cosh z = \cos(iz)$;   *viii)* $\text{senh}\, z = -i\,\text{sen}(iz)$;

ix) $\cos z = \cos x \cosh y - i\, \text{sen}\, x\, \text{senh}\, y$;   *x)* $\text{sen}\, z = \text{sen}\, x \cosh y + i\cos x\, \text{senh}\, y$;

xi) $|\cos z| \geq |\cos x|$, *donde* $z = x + iy$;   *xii)* $|\text{sen}\, z| \geq |\text{sen}\, x|$, *donde* $z = x + iy$.

Además, algunas de las funciones elementales arriba mencionadas presentan la siguiente representación en desarrollo en serie, tal como se justificará en el capítulo 3 (véase la observación 3.3), que pasamos ya a mostrar.

$$e^z = \sum_{j=0}^{\infty} \frac{z^j}{j!}, \quad \text{sen}\, z = \sum_{j=0}^{\infty} \frac{(-1)^j z^{2j+1}}{(2j+1)!}, \quad \cos z = \sum_{j=0}^{\infty} \frac{(-1)^j z^{2j}}{(2j)!},$$

$$\text{senh}\, z = \sum_{j=0}^{\infty} \frac{z^{2j+1}}{(2j+1)!}, \quad \cosh z = \sum_{j=0}^{\infty} \frac{z^{2j}}{(2j)!}.$$

Por otra parte, dejamos al lector comprobar que las inversas de las funciones trigonométricas e hiperbólicas pueden ser calculadas y expresadas en términos logarítmicos, dando lugar a funciones multiformes (véase el ejercicio 1.24).

1.5   Problemas

Ejercicio 1.1 *Realizar las operaciones que se indican:*

$$a)\,\frac{1}{i}; \quad b)\,\frac{1-i}{1+i}; \quad c)\,\frac{2}{1-3i}; \quad d)\,(1+i\sqrt{3})^3; \quad e)\,\mathrm{Im}\left((1+i)^{100}\right).$$

Ejercicio 1.2 *Hallar los módulos y argumentos de los siguientes números complejos:*

$$a)\,9i; \quad b)\,-3; \quad c)\,1+i; \quad d)\,-1-i; \quad e)\,2+5i; \quad f)\,2-5i; \quad g)\,-2+5i;$$

$$h)\,-2-5i; \quad i)\,bi \ (b\in\mathbb{R}\setminus\{0\}).$$

Ejercicio 1.3

a) *Calcular* $(2+i)(3+i)$ *y probar que* $\dfrac{\pi}{4}=\arctan\dfrac{1}{2}+\arctan\dfrac{1}{3}$.

b) *Calcular* $(5-i)^4(1+i)$ *y probar que* $\dfrac{\pi}{4}=4\arctan\dfrac{1}{5}-\arctan\dfrac{1}{239}$.

Ejercicio 1.4

a) *En el contexto de las propiedades de las ondas luminosas, la perturbación óptica se puede aproximar por una suma de ondas senoidales que vienen dadas en la forma* $A\cos(wt+\alpha)$, $t\in\mathbb{R}$, *donde las constantes reales que intervienen son: A la amplitud,* $\frac{w}{2\pi}$ *la frecuencia y* α *el corrimiento de fase de la onda. Probar que la suma de ondas senoidales con la misma frecuencia satisface la propiedad*

$$A_1\cos(wt+\alpha_1)+\ldots+A_n\cos(wt+\alpha_n)=A\cos(wt+\alpha),$$

donde A y α *surgen de la igualdad* $A_1e^{i\alpha_1}+\ldots+A_ne^{i\alpha_n}=Ae^{i\alpha}$.

b) *A la onda asociada a una partícula se le llama función de ondas y se suele denotar mediante* ψ. *En el caso de una dimensión espacial, la función de onda toma la forma* $\psi(x,t)$, *donde x es el espacio y t el tiempo. En el caso de una partícula libre (que se interpreta como aquella que no está sometida a ninguna fuerza o no está sujeta a la acción de ningún potencial), la función de onda (que se obtiene resolviendo la ecuación de Schrödinger) que describe su evolución es de la forma* $\psi(x,t)=Ae^{i(kx-wt)}$, *donde las constantes reales que intervienen son: A la amplitud,* $\frac{w}{2\pi}$ *la frecuencia y k es el llamado vector de onda. Comprobar que* $\psi(x,t)$ *satisface la expresión*

$$\frac{\partial^2\psi(x,t)}{\partial x^2}=\frac{1}{c^2}\frac{\partial^2\psi(x,t)}{\partial t^2},$$

para $c\in\mathbb{R}$ *satisfaciendo* $w=ck$.

Ejercicio 1.5 *Probar formalmente las propiedades i)-xiv) de la página 19, sobre la conjugación y el módulo de números complejos.*

Ejercicio 1.6 *Hallar todos los valores correspondientes a:*

   a) Las raíces cúbicas de $8i$.

   b) Las raíces sextas de -8.

   c) Las raíces cuadradas de $\sqrt{8} - \sqrt{8}i$.

   d) Las raíces cúbicas de $-2 + 2i$.

Ejercicio 1.7 *Derivar de la fórmula de Moivre las siguientes igualdades:*

$$a)\ \cos(2\theta) = \cos^2\theta - \operatorname{sen}^2\theta; \qquad\qquad b)\ \operatorname{sen}(2\theta) = 2\operatorname{sen}\theta\cos\theta;$$

$$c)\ \cos(3\theta) = \cos^3\theta - 3\cos\theta\operatorname{sen}^2\theta; \qquad d)\ \operatorname{sen}(3\theta) = 3\cos^2\theta\operatorname{sen}\theta - \operatorname{sen}^3\theta.$$

Ejercicio 1.8 *Probar que la ecuación $z^3 + 3z + 5 = 0$ tiene sus raíces fuera del círculo unidad.*

Ejercicio 1.9 *Sea n un número natural mayor o igual que 2.*

   a) Probar que las raíces n-ésimas de la unidad son $\alpha, \alpha^2, \ldots, \alpha^n$, donde $\alpha = e^{\frac{2\pi i}{n}}$.

   b) Probar que las raíces n-ésimas de la unidad distintas de 1 satisfacen la ecuación $1 + z + \ldots + z^{n-1} = 0$. Deducir de ello que la suma de las raíces n-ésimas de la unidad es 0.

   c) Probar que el producto de las raíces n-ésimas de la unidad es ± 1 según la paridad de n.

   d) Sea $w \in \mathbb{C}$ tal que $w^7 = 1$ con $w \neq 1$. Calcular el valor de la expresión

$$\frac{w}{1 + w^2} + \frac{w^2}{1 + w^4} + \frac{w^3}{1 + w^6}.$$

Ejercicio 1.10 *Los números complejos z y w cumplen $z^{13} = w$, $w^{11} = z$ y su parte imaginaria es $\operatorname{sen}\left(\frac{m\pi}{n}\right)$ para valores positivos m y n coprimos con $m < n$. Hallar n.*

Ejercicio 1.11 *Hallar el número de pares ordenados (a, b) tales que $(a+bi)^{2024} = a - bi$ con a y b reales.*

Ejercicio 1.12 *Calcular $\min\left\{\dfrac{\operatorname{Im}(z^5)}{(\operatorname{Im} z)^5} : z \in \mathbb{C} \setminus \mathbb{R}\right\}$ y dar los valores en los que se alcanza.*

Ejercicio 1.13

a) *Sea* $x = 1 + i\sqrt{3}$, $y = 1 - i\sqrt{3}$ *y* $z = 2$. *Probar que se cumple* $x^p + y^p = z^p$ *para cualquier número primo* $p > 5$. *(Ayuda: utilizar que si* $p > 3$ *es primo entonces* $p = 6k \pm 1$, $k \in \mathbb{N}$*).*

b) *Sea* $n \in \mathbb{Z} \setminus \{0\}$, *y consideremos la siguiente elección:* $x = 2e^{i\frac{\pi}{3n}}$, $y = 2e^{-i\frac{\pi}{3n}}$ *y* $z = 2$. *Comprobar que se cumple* $x^n + y^n = z^n$.

Ejercicio 1.14 *Determinar geométricamente los siguientes conjuntos:*

    i) $\{z \in \mathbb{C} : |z - 2i + 4| = 5\}$;   *ii)* $\{z \in \mathbb{C} : |z - 2i + 4| \leq 5\}$;

   iii) $\{z \in \mathbb{C} : |z - 2i + 4| > 5\}$;   *iv)* $\{z \in \mathbb{C} : |z + 2| + |z - 2| = 5\}$;

    v) $\{z \in \mathbb{C} : |z - 2| - |z + 2| = 3\}$;   *vi)* $\{z \in \mathbb{C} : |z| + \operatorname{Re} z \leq 1\}$;

   vii) $\{z \in \mathbb{C} : \operatorname{Re} z \geq \operatorname{Im} z\}$;   *viii)* $\{z \in \mathbb{C} : |z - 1| + |z + i| = 2\}$.

Ejercicio 1.15 *Dados* $z_1, z_2 \in \mathbb{C}$, *probar la ley del paralelogramo:*

$$|z_1 + z_2|^2 + |z_1 - z_2|^2 = 2(|z_1|^2 + |z_2|^2).$$

Ejercicio 1.16 *Sean* z_1 *y* z_2 *dos números complejos no nulos. Probar las siguientes propiedades:*

a) $\operatorname{Re}(z_1\overline{z_2}) = |z_1||z_2|$ *si, y solo si,* $\operatorname{Arg} z_1 = \operatorname{Arg} z_2$.

b) $|z_1 + z_2| = |z_1| + |z_2|$ *si, y solo si,* $\operatorname{Arg} z_1 = \operatorname{Arg} z_2$.

c) $|z_1 - z_2| = ||z_1| - |z_2||$ *si, y solo si,* $\operatorname{Arg} z_1 = \operatorname{Arg} z_2$.

d) $(1 + \overline{z_1}z_2)(1 + z_1\overline{z_2}) - (z_1 + z_2)(\overline{z_1} + \overline{z_2}) = (1 - z_1\overline{z_1})(1 - z_2\overline{z_2})$.

e) *Suponiendo que* $|z_1| < 1$ *y* $|z_2| < 1$, *entonces* $|z_1 + z_2| < |1 + \overline{z_1}z_2|$.

Ejercicio 1.17 *Localizar el engaño en los siguientes razonamientos erróneos pero persuasivos:*

    i) $1 = \sqrt{1} = \sqrt{(-1) \cdot (-1)} = \sqrt{-1} \cdot \sqrt{-1} = i \cdot i = i^2 = -1$.

   ii)   *Dado que* $\frac{-1}{1} = \frac{1}{-1}$, *tenemos que* $\sqrt{\frac{-1}{1}} = \sqrt{\frac{1}{-1}}$, *por lo que*

$$\frac{\sqrt{-1}}{\sqrt{1}} = \frac{\sqrt{1}}{\sqrt{-1}}$$

o, equivalentemente,

$$\frac{i}{1} = \frac{1}{i}.$$

Esto implica que $i^2 = 1$, esto es, $-1 = 1$.

iii) Sea $x > 0$, entonces

$$x = e^{\ln x} = e^{2\pi i \frac{\ln x}{2\pi i}} = \left(e^{2\pi i}\right)^{\frac{\ln x}{2\pi i}} = 1^{\frac{\ln x}{2\pi i}} = 1.$$

La última igualdad viene dada por el hecho de que $1^z = 1$ para cualquier $z \in \mathbb{C}$, ya que

$$1^z = \left(e^0\right)^z = e^{0 \cdot z} = 1.$$

iv) Fijemos $n \in \mathbb{Z}$. Dado que $e^{1+2\pi i n} = e \cdot e^{2\pi i n} = e$, tenemos que $\left(e^{1+2\pi i n}\right)^{1+2\pi i n} = e$. Por tanto, $e^{1+4\pi i n - 4\pi^2 n^2} = e$, lo que conlleva que $e \cdot e^{4\pi i} \cdot e^{-4\pi^2 n^2} = e$, esto es, $e^{-4\pi^2 n^2} = 1$.

Ejercicio 1.18 *Determinar todas las soluciones de las siguientes ecuaciones (con la variable $z \in \mathbb{C}$):*

a) $\overline{z} = z^{n-1}$, con $n \in \mathbb{N} \setminus \{2\}$.

b) $\operatorname{sen} z + \cos z = i\sqrt{2}$.

Ejercicio 1.19 *Sean z_1, z_2 y z_3 números complejos distintos dos a dos que satisfacen $\frac{z_2 - z_1}{z_3 - z_1} = \frac{z_1 - z_3}{z_2 - z_3}$. Probar que $|z_2 - z_1| = |z_3 - z_1| = |z_2 - z_3|$.*

Ejercicio 1.20 *Sea $z \in \mathbb{C}$, $z \neq 0$.*

a) Demostrar que $z + \dfrac{1}{z}$ es real si, y solo si, $\operatorname{Im} z = 0$ o $|z| = 1$.

b) Dado $\alpha \in \mathbb{C}$ con $|\alpha| \neq 1$, probar que $\left|\dfrac{z-\alpha}{1-\overline{\alpha}z}\right| = 1$ si, y solo si, $|z| = 1$.

Ejercicio 1.21 *Sea $p > 0$, $p \neq 1$. Probar que el lugar geométrico que forman los puntos $z \in \mathbb{C}$ que verifiquen*

$$\left|\frac{1 - z}{1 + z}\right| = p$$

es un círculo. ¿Cuál es el lugar geométrico para $p = 1$?

Ejercicio 1.22 *Sean $f, g : S \to \mathbb{C}$ dos funciones continuas en $z_0 \in S \subset \mathbb{C}$, y sean $\lambda, \mu \in \mathbb{C}$. Probar formalmente que:*

    i) $(\lambda f + \mu g)(z) := \lambda f(z) + \mu g(z)$, $z \in S$, *es continua en z_0.*

    ii) $(f \cdot g)(z) := f(z)g(z)$, $z \in S$, *es continua en z_0.*

    iii) Si $g(z_0) \neq 0$, $\left(\dfrac{f}{g}\right)(z) := \dfrac{f(z)}{g(z)}$ está definida en un entorno de z_0 y es continua en z_0.

    iv) $|f|(z) := |f(z)|$, $z \in S$, *es continua en z_0.*

Ejercicio 1.23 *Conforme a las condiciones del teorema 1.2, consideremos la transformación de coordenadas*

$$x = r \cos\theta, \ \ y = r \,\mathrm{sen}\,\theta$$

y $z_0 = x_0 + y_0 i = r_0 e^{i\theta_0} \neq 0$. Probar que la veracidad de las condiciones de Cauchy-Riemann en coordenadas polares,

$$\frac{\partial u}{\partial r}(r_0, \theta_0) = \frac{1}{r_0}\frac{\partial v}{\partial \theta}(r_0, \theta_0), \quad \frac{1}{r_0}\frac{\partial u}{\partial \theta}(r_0, \theta_0) = -\frac{\partial v}{\partial r}(r_0, \theta_0),$$

es equivalente a la veracidad de las condiciones C-R en coordenadas cartesianas

$$\frac{\partial u}{\partial x}(x_0, y_0) = \frac{\partial v}{\partial y}(x_0, y_0), \quad \frac{\partial u}{\partial y}(x_0, y_0) = -\frac{\partial v}{\partial x}(x_0, y_0).$$

Probar además que

$$f'(z_0) = \frac{\partial u}{\partial x}(x_0, y_0) + i\frac{\partial v}{\partial x}(x_0, y_0) = \left(\frac{\partial u}{\partial r}(r_0, \theta_0) + i\frac{\partial v}{\partial r}(r_0, \theta_0)\right)(\cos\theta_0 - i\,\mathrm{sen}\,\theta_0).$$

Ejercicio 1.24

    a) Demostrar que todos los valores de las inversas de las funciones coseno, seno y tangente (funciones multiforme con infinitos valores) vienen dados respectivamente por

$$\cos^{-1} z = -i\log(z + (z^2 - 1)^{1/2}), \quad \mathrm{sen}^{-1} z = -i\log(iz + (1 - z^2)^{1/2}),$$

$$\tan^{-1} z = \frac{i}{2}\log\left(\frac{i + z}{i - z}\right).$$

    b) Si en la expresión de la inversa del seno tomamos la rama principal del logaritmo, probar que

$$\left(\ln(1 + \sqrt{2})\right)^2 + (\mathrm{arc\,sen}(-i))^2 = 0.$$

Ejercicio 1.25 *Determinar la región del plano complejo en la que la función* $f(z) = \mathrm{Log}(\mathrm{senh}\, z)$ *es holomorfa.*

Ejercicio 1.26 *Sea* $u(x,y) = \frac{x}{x^2+y^2} + x$. *Comprobar que es armónica en* $\mathbb{R}^2 \setminus \{(0,0)\}$ *y determinar su conjugada armónica* $v(x,y)$ *tal que* $v(1,0) = 0$. *Hallar la función holomorfa* $f(z) = u(x,y) + iv(x,y)$ *en función de la variable* $z = x + iy$.

Ejercicio 1.27 *Sea* $u(x,y) = \ln(x^2 + y^2)$.

   i) *Comprobar que* u *es armónica en* $D = \{(x,y) \in \mathbb{R}^2 : (x,y) \neq (0,0)\}$ *(conjunto no simplemente conexo).*

   ii) *Comprobar que* u *es la parte real de cualquier logaritmo complejo* $\log(x+iy)$, *con* $(x,y) \neq (0,0)$. *¿Qué podemos afirmar sobre las posibles conjugadas armónicas de* u? *¿Sobre qué dominios podemos garantizar la existencia de conjugadas armónicas de* u?

Ejercicio 1.28 *Encontrar todas las funciones enteras* $f(z) = u(x,y) + iv(x,y)$, *expresadas en función de* $z = x + iy$, *tal que* $u(x,y)$ *sea función únicamente del producto* xy.

Ejercicio 1.29 *Sea* $f : U \to \mathbb{C}$ *una función holomorfa en un conjunto abierto* U. *Probar que*
$$\det(Jf(z)) = |f'(z)|^2 \; \forall z \in U,$$
donde $\det(Jf(z)) = \begin{pmatrix} \dfrac{\partial u}{\partial x} & \dfrac{\partial u}{\partial y} \\ \dfrac{\partial v}{\partial x} & \dfrac{\partial v}{\partial y} \end{pmatrix}$ *es llamado el jacobiano de* f, *con* $\mathrm{Re}\, f(x+iy) = u(x,y)$ *y* $\mathrm{Im}\, f(x+iy) = v(x,y)$ *(*$z = x + iy$*).*

Ejercicio 1.30 *En ingeniería eléctrica, un circuito RLC es aquel en el que una fuente de tensión alternante en el tiempo* (t) *se conecta en serie con tres elementos: una resistencia* (R), *una inductancia* (L) *y un condensador* (C). *Por conservación de energía se sabe que la suma de las caídas de voltajes a través de los tres elementos anteriores debe ser igual a la tensión aplicada, es decir,* $RQ' + LQ'' + \frac{Q}{C} = V$, *donde* $I = Q'$ *es la corriente,* Q *es la carga circulando por el circuito y* V *es la tensión, que en una fuente alternante (AC) se supone de la forma* $V = V_0 \cos(wt)$ *(siendo* V_0 *el voltaje pico y* w *la frecuencia angular).*

i) Si en la relación anterior sustituimos V por $\mathcal{V} = V_0 e^{iwt}$ (llamador fasor de V), Q por $\mathcal{Q} = Q e^{iwt}$ (llamado fasor de Q) y reemplazamos cada derivada por un factor multiplicativo iw (esto es, Q' por $iw\mathcal{Q}$ y Q'' por $(iw)^2\mathcal{Q}$), probar la ley de Ohm expresada en fasores consistente en afirmar que

$$iw\mathcal{Q} = \frac{\mathcal{V}}{R + iwL - \frac{i}{wC}}.$$

(El miembro de la izquierda se denomina fasor de corriente y el denominador Z de la fracción se denomina impedancia.)

ii) Probar que la corriente física satisface $I = \operatorname{Re}\mathcal{I} = \dfrac{V_0}{\sqrt{R^2 + \left(wL - \frac{1}{wC}\right)^2}}\cos(wt - \phi)$, donde ϕ es un argumento de Z e $\mathcal{I} = iw\mathcal{Q}$.

Ejercicio 1.31 *Sea $z_T(t) = e^{2\pi i t}$, $t > 0$, la posición de la Tierra en el plano cuyo centro de coordenadas lo representa el Sol y donde se ha tomado la distancia Tierra-Sol igual a 1 unidad astronómica (a efectos de simplificación se ha tomado una órbita circular, aunque en realidad es elíptica con una pequeña excentricidad). Sea ahora $z_P(t) = r e^{\frac{2\pi i t}{\tau}}$, $t > 0$, la posición de un cierto planeta P, donde r es la distancia al Sol (entendida como distancia media en unidades astronómicas) y τ es el periodo del planeta P en años terrestres (el tiempo que tarda P en dar una vuelta completa alrededor del sol). Utilizar la tercera ley de Kepler (entendida como que el cuadrado del período orbital de un planeta es proporcional al cubo de la distancia media desde el Sol) para probar que la distancia física relativa entre la Tierra y el planeta P, denotada por $\rho(t)$, satisface*

$$z_P(t) - z_T(t) = \rho(t) e^{i\theta(t)}, \ t \in [0, 2\pi),$$

donde $\theta(t)$ puede poseer algún máximo o mínimo local (y, por tanto, no es una función monótona creciente respecto al tiempo t). La interpretación de este hecho es que el planeta parece avanzar y retroceder si lo observamos desde la Tierra.

Ejercicio 1.32 *Consideremos el sistema de ecuaciones diferenciales lineales homogéneos con coeficientes constantes dado por*

$$\begin{cases} x_1'(t) = a_1 x_1 + b_1 x_2 \\ x_2'(t) = a_2 x_1 + b_2 x_2 \end{cases},$$

donde $x_j(t)$ son funciones derivables de variable real t y $a_j, b_j \in \mathbb{R}$ para cada $j = 1, 2$, y sea $A = \begin{pmatrix} a_1 & b_1 \\ a_2 & b_2 \end{pmatrix}$. Consideremos $\lambda = \alpha + i\beta \in \mathbb{C}$ un valor propio o autovalor de A, lo que conlleva la existencia de $c_1, c_2 \in \mathbb{C}$, con $(c_1, c_2) \neq (0, 0)$, tal que $A \cdot \begin{pmatrix} c_1 \\ c_2 \end{pmatrix} = \lambda \begin{pmatrix} c_1 \\ c_2 \end{pmatrix}$.

a) Probar que $\overline{\lambda}$ es también un valor propio de A.

b) Probar que $\begin{cases} w_1(t) = e^{\alpha t}\left(\text{Re}(c_1)\cos(\beta t) - \text{Im}(c_1)\,\text{sen}(\beta t)\right) \\ w_2(t) = e^{\alpha t}\left(\text{Re}(c_2)\cos(\beta t) - \text{Im}(c_2)\,\text{sen}(\beta t)\right) \end{cases}$ *y*

$\begin{cases} w_3(t) = e^{\alpha t}\left(\text{Re}(c_1)\,\text{sen}(\beta t) + \text{Im}(c_1)\cos(\beta t)\right) \\ w_4(t) = e^{\alpha t}\left(\text{Re}(c_2)\,\text{sen}(\beta t) + \text{Im}(c_2)\cos(\beta t)\right) \end{cases}$ *son soluciones del sistema.*

Ejercicio 1.33 *Supongamos que $\frac{a_0}{2} + \sum_{n\geq 1}\left(a_n\cos\left(\frac{n\pi x}{L}\right) + b_n\,\text{sen}\left(\frac{n\pi x}{L}\right)\right)$ (con a_0, a_n y b_n, $n = 1, 2, \ldots$, los coeficientes de Fourier) es la serie de Fourier de una función $f : \mathbb{R} \to \mathbb{R}$ continua y periódica de periodo $2L$. Comprobar que tal serie de Fourier se puede expresar como $\sum_{n=-\infty}^{\infty} c_n e^{i\frac{n\pi x}{L}}$ para ciertos $c_n \in \mathbb{C}$.*

Ejercicio 1.34 *¿Verdadero o falso? Justificar la respuesta.*

a) La expresión i^i únicamente admite el valor $e^{-\frac{\pi}{2}}$.

b) La función $f(x+iy) = (x+iy)(x^2+y^2)$ es derivable en la circunferencia unidad.

c) La función $g(z) = \frac{9z^2}{\overline{z}-i}$ no es holomorfa en ningún punto del plano complejo.

d) No es cierto que $|\text{sen}\,z| \leq 1$ y $|\cos z| \leq 1$ para cualquier z.

e) Dado $n \in \mathbb{N}$, las soluciones de la ecuación $\prod_{k=1}^{n}\left(\cos(kx) + i\,\text{sen}(kx)\right) = 1$, con $x \in \mathbb{R}$, son de la forma $\frac{4k\pi}{n(n+1)}$, $k \in \mathbb{Z}$.

f) La función $h(z) = \begin{cases} (1+i)\dfrac{\text{Im}(z^2)}{|z^2|} & \text{si } z \neq 0 \\ 0 & \text{si } z = 0 \end{cases}$ satisface las condiciones de Cauchy-Riemann en el punto $z_0 = 0$.

g) La función h del apartado anterior es derivable en $z_0 = 0$.

h) Sea $f(z) = u(x,y) + iv(x,y)$ ($z = x+iy \in \mathbb{C}$) una función entera tal que $u = \text{Re}\,f$ únicamente depende de la variable x. Entonces f es un polinomio complejo de grado menor o igual que 1.

i) Una solución de la ecuación $\cos z = 2$ es $z = 2\pi - i\ln(2 + \sqrt{3})$.

j) La función $f(z) = |x \cdot y|^{1/2}$ (con $z = x+iy$) es holomorfa en $z = 0$.

k) $\text{sen}(i\overline{z}) = \overline{\text{sen}(iz)}$ si, y solo si, $z = k\pi i$, $k \in \mathbb{Z}$.

l) $\tan(x+iy) = \dfrac{\text{sen}(2x)}{\cos(2x)+\cosh(2y)} + i\dfrac{\text{senh}(2y)}{\cos(2x)+\cosh(2y)}$ para todo $x, y \in \mathbb{R}$ tal que $x+iy$ pertenece al dominio de la función tangente.

Capítulo 2

Integración compleja

Las integrales complejas constituyen una herramienta muy importante en el estudio de las funciones complejas de variable compleja. Un primer caso particular se produce cuando manejamos una función compleja acotada definida en un intervalo $[a, b] \subset \mathbb{R}$, con $a < b$. Una tal función acotada $f : [a, b] \to \mathbb{C}$ se dice que es *integrable Riemann* en el intervalo $[a, b]$ si sus componentes $u(t) = \operatorname{Re} f(t)$ y $v(t) = \operatorname{Im} f(t)$ son integrables Riemann en $[a, b]$ (en el sentido usual ya conocido de etapas de formación anteriores, pues en este caso se manejan funciones reales de variable real), en cuyo caso la integral definida de la función compleja $f(t) = u(t) + iv(t)$ de una variable real t sobre el intervalo $\{t \in \mathbb{R} : a \le t \le b\}$ se define como

$$\int_a^b f(t)\, dt := \int_a^b u(t)\, dt + i \int_a^b v(t)\, dt.$$

Por ejemplo, las integrales de la derecha existen cuando $u(t)$ y $v(t)$ son funciones continuas a trozos en el intervalo $\{t \in \mathbb{R} : a \le t \le b\}$ (véase el teorema de caracterización de Lebesgue [1, Sección 7.6]). La integración en sentido impropio (también sobre intervalos no acotados) se maneja de forma análoga al caso ya conocido. Las reglas básicas y usuales de linealidad y aditividad son fáciles de verificar sin más que recordar las correspondientes al caso conocido de las funciones reales de variable real. De hecho, los teoremas fundamentales del cálculo y sus consecuencias, como la regla de Barrow, cambio de variable o integración por partes, siguen siendo válidos.

En este capítulo abordaremos la integración sobre caminos del plano complejo, estableciendo adecuadamente las condiciones que requeriremos sobre las funciones y las curvas objeto de estudio. Profundizaremos en los teoremas de Cauchy, que nos expresan condiciones en las que se puede asegurar la existencia de primitiva de una función o, equivalentemente, que la integral sobre cualquier curva cerrada contenida en un dominio sea 0. En el *teorema (o los teoremas) de Cauchy*, cuya designación realmente aglutina una gran cantidad de teoremas debido a la gran variedad de formulaciones que este resultado admite, se persigue la búsqueda de condiciones sobre el camino, otras veces sobre la función y finalmente sobre el dominio. Finalmente, como consecuencia de esta teoría de integración, veremos algunas aplicaciones importantes como el *teorema de Liouville* o el *principio del módulo máximo*, entre otros resultados.

2.1 Preliminares topológicos

A lo largo de este capítulo haremos uso de algunas nociones propias de la topología del plano complejo $\mathbb{C}$. Por lo general, trabajaremos con conjuntos abiertos. En cualquier caso, si A es un conjunto del plano complejo, denotaremos por $\operatorname{Int} A$ al interior de A, por $\overline{A}$ la clausura de A y por $\operatorname{Fr} A$ la frontera de A. Además, H denotará el semiplano superior $\{z \in \mathbb{C} : \operatorname{Im} z \geq 0\}$ y L al semiplano inferior $\{z \in \mathbb{C} : \operatorname{Im} z \leq 0\}$. Igualmente, $\mathbb{C}^+$ denotará el semiplano superior abierto $\{z \in \mathbb{C} : \operatorname{Im} z > 0\}$ y $\mathbb{C}^-$ denotará el semiplano inferior abierto $\{z \in \mathbb{C} : \operatorname{Im} z < 0\}$. Notemos que toda esta simbología ha sido también expuesta en el apartado inicial del manual correspondiente a la notación.

A modo de recordatorio, tengamos en cuenta que, por el teorema de Bolzano-Weierstrass [43, pág. 451], todo conjunto infinito y acotado del plano tiene algún punto de acumulación. Además, consideraremos que la distancia entre dos conjuntos cerrados del plano (al menos uno de ellos compacto) viene definida como el mínimo valor que se obtiene al considerar todas las posibles distancias euclídeas entre dos puntos de ambos conjuntos [13, pág. 28].

Definición 2.1 (Entorno perforado) *Llamaremos entorno perforado de un punto $z_0 \in \mathbb{C}$ a un abierto de la forma $\{z \in \mathbb{C} : 0 < |z - z_0| < \varepsilon\}$, con $\varepsilon > 0$.*

Definición 2.2 (Conjunto conexo)

  a) Diremos que dos conjuntos A y B del plano complejo están separados si $\overline{A} \cap B = A \cap \overline{B} = \emptyset$.

  b) Diremos que un conjunto del plano es conexo si no puede ser escrito como unión de dos subconjuntos no vacíos y separados.

Es evidente que si dos conjuntos A y B están separados, entonces son disjuntos (pero el recíproco no es cierto). En particular, si un conjunto D es unión disjunta de dos conjuntos no vacíos abiertos o cerrados (en $\mathbb{C}$), entonces D es claramente no conexo. De hecho, el único subconjunto no vacío de un conjunto conexo D que es simultáneamente abierto y cerrado respecto de D es el propio conjunto D [14, pág. 64].

Definición 2.3 (Conjunto poligonalmente conexo) *Diremos que un conjunto $P \subset \mathbb{C}$ es poligonalmente conexo si cada par de puntos de P pueden ser unidos mediante una poligonal (unión finita de segmentos cerrados) contenida en P.*

La conexidad poligonal es un caso especial de la conexidad por caminos (o arco-conexidad), en la que es posible unir dos puntos cualquiera del conjunto mediante un camino sin salirnos del conjunto (la noción concreta que manejaremos de camino será definida más adelante).

Definición 2.4 (Conjunto estrellado) *Un conjunto E es estrellado si existe un punto $a \in E$ tal que $[a, z] \subset E$ para cada $z \in E$. Cuando es conveniente subrayar el papel privilegiado de a, suele decirse que el conjunto E es estrellado respecto de a.*

Definición 2.5 (Conjunto convexo) *Un conjunto $C \subset \mathbb{C}$ es convexo si para cada par de puntos $a, b \in C$ el segmento que los une está en C.*

Claramente, cualquier conjunto convexo es también un conjunto estrellado (a veces se trabaja más cómodo con conjuntos convexos). Además, los conjuntos estrellados son también poligonalmente conexos.

Proposición 2.1 (Equivalencia entre conexidad y conexidad poligonal)
Sea U un conjunto abierto de $\mathbb{C}$. Entonces U es conexo si, y solo si, U es poligonalmente conexo.

Prueba. En primer lugar, si U es poligonalmente conexo, entonces es arcoconexo y, por tanto, U es conexo (no podemos expresar U como unión de dos conjuntos separados). Recíprocamente, supongamos que U es conexo y fijemos $a \in U$. Definamos $U_1 := \{z \in U : \text{existe una poligonal en } U \text{ que une } a \text{ y } z\}$ y $U_2 := U \setminus U_1$. Sea ahora $z_1 \in U_1$ y consideremos un disco abierto $D(z_1, r_1) \subset U$ para un cierto $r_1 > 0$ (existe por ser U abierto), entonces $D(z_1, r_1) \subset U_1$, ya que la poligonal existente de a a z_1 puede extenderse claramente a cualquier $w_1 \in D(z_1, r)$. Por tanto, U_1 es abierto. De forma similar, si $z_2 \in U_2$ y consideramos un disco abierto $D(z_2, r_2) \subset U$ entonces $D(z_2, r_2) \subset U_2$, ya que si algún $w_2 \in D(z_2, r_2)$ no perteneciera a U_2, estaría en U_1, y claramente llegaríamos a que z_2 está en U_1. Por tanto, U_2 es también abierto. Consecuentemente, U_1 y U_2 son conjuntos abiertos disjuntos, $U_1 \neq \emptyset$ (ya que $a \in U_1$) y, dado que U es conexo, concluimos que $U_2 = \emptyset$, es decir, $U = U_1$ y, por tanto, U es poligonalmente conexo. $\qquad\square$

Una noción que será muy importante a lo largo de este capítulo es la de conjunto simplemente conexo. Hay distintas formas de presentar este concepto, y la mayoría requiere de nociones que aún no han sido introducidas en este manual (aunque las veremos más adelante). Desde un punto de vista intuitivo, un conjunto $S \subset \mathbb{C}$ es simplemente conexo cuando su interior carece de cortes y agujeros. Si S es un conjunto abierto y conexo, esta condición equivale a que $\hat{\mathbb{C}} \setminus S$ es conexo, donde $\hat{\mathbb{C}} := \mathbb{C} \cup \{\infty\}$ es el plano complejo extendido. En el caso particular de que S es un conjunto acotado de $\mathbb{C}$, no es necesario tomar el complementario con respecto al plano complejo extendido (véase [44, Apéndice B, Teorema 1.2]). Más formalmente, podemos dar la siguiente definición (que utiliza el concepto de curva de la definición 2.7).

Definición 2.6 (Conjunto simplemente conexo) *Un conjunto $S \subset \mathbb{C}$ es simplemente conexo si cada curva cerrada simple (sin autointersecciones) en S puede contraerse dentro del conjunto hasta ser un punto (técnicamente, diremos que cada curva cerrada simple es homotópica a un punto).*

Por ejemplo, el disco $D(0,1) = \{z \in \mathbb{C} : |z| < 1\}$ y, más generalmente, cualquier conjunto convexo es simplemente conexo, mientras que la corona circular $\{z \in \mathbb{C} : 1 < |z| < 2\}$ no es un conjunto simplemente conexo. El disco perforado $D(0,1) \setminus \{0\} = \{z \in \mathbb{C} : 0 < |z| < 1\}$ o todo el plano complejo excepto el origen $A = \mathbb{C} \setminus \{0\}$ tampoco son conjuntos simplemente conexos (observemos que $\mathbb{C} \setminus A = \{0\}$ es conexo, pero $\hat{\mathbb{C}} \setminus A = \{0, \infty\}$ no es conexo en $\hat{\mathbb{C}}$). Conviene hacer hincapié en que una banda vertical de la forma $B = \{z \in \mathbb{C} : a < \operatorname{Re} z < b\}$, con $a < b$ números reales, es un conjunto convexo y simplemente conexo que satisface $\mathbb{C} \setminus B = \{z \in \mathbb{C} : \operatorname{Re} z \le a\} \cup \{z \in \mathbb{C} : \operatorname{Re} z \ge b\}$ (conjunto no conexo en $\mathbb{C}$) y $\hat{\mathbb{C}} \setminus B = \{z \in \mathbb{C} : \operatorname{Re} z \le a\} \cup \{z \in \mathbb{C} : \operatorname{Re} z \ge b\} \cup \{\infty\}$ (conjunto conexo en $\hat{\mathbb{C}}$).

Anteriormente ya hemos expuesto que si U es un conjunto abierto del plano, entonces U es conexo si, y solo si, dos puntos cualesquiera de U se pueden unir mediante un camino sin salirnos del conjunto. En cambio, no hay relación directa entre la conexidad y la propiedad de ser simplemente conexo. Por ejemplo, $U_1 = D(0,1) \setminus \{0\}$ es un abierto conexo que no es simplemente conexo, y $U_2 = \mathbb{C} \setminus \{z \in \mathbb{C} : \operatorname{Im} z = 0\}$ es un abierto simplemente conexo que claramente no es conexo.

2.2 Integración sobre caminos. Primeros resultados

Cuando se integra una función $f(x)$ de una variable real x entre dos puntos del eje real, no es necesario especificar un camino debido a que la variable x únicamente se mueve a lo largo de dicho eje. Sin embargo, cuando se trata de integrar una función $f(z)$ de variable compleja z entre dos puntos del plano complejo, lógicamente hay que especificar un camino, curva o trayectoria entre ambos puntos. En esta sección definiremos integrales de funciones complejas de una variable compleja sobre curvas del plano complejo, por lo cual introduciremos primeramente clases de curvas adecuadas para el estudio de tales integrales.

Definición 2.7 (Curva) *Llamaremos curva a una aplicación continua $\gamma : [a,b] \to \mathbb{C}$, con $a < b$, tal que a un número real t le corresponde el número complejo $\gamma(t) = x(t) + iy(t)$, donde $x(t)$ e $y(t)$ son funciones reales y continuas en $[a,b]$. La traza o trayectoria de la curva, $\gamma([a,b]) = \{\gamma(t) : a \le t \le b\}$, será representado por γ^**

(en ocasiones el término curva también se emplea para referirse realmente a su traza, como lugar geométrico). Cuando $\gamma(a) = \gamma(b)$ se dice que la curva es cerrada.

Cuando digamos que γ es una curva en un abierto U, realmente se quiere decir que $\gamma^* \subset U$. Cuando manejemos expresiones de la forma $\gamma(t) = x(t) + iy(t)$, donde $x(t)$ e $y(t)$ son funciones reales y continuas en $[a, b]$, diremos que es una *parametrización* de γ^*. Observemos que, por ser $\gamma(t)$ una función continua, la traza es un subconjunto compacto del plano complejo.

Definición 2.8 (Curva o arco simple) *Sea $\gamma : [a, b] \to \mathbb{C}$ una curva. Si $\gamma(t) \neq \gamma(s)$ para todo $t \neq s$ excepto, a lo sumo, $\gamma(a) = \gamma(b)$, la curva será llamada un arco simple o arco simple de Jordan, es decir, la curva no pasa por un mismo punto dos veces. Asimismo, una curva es cerrada simple o curva de Jordan si es el arco simple es cerrado.*

Una curva de Jordan divide al plano complejo en dos subconjuntos abiertos y conexos, uno acotado (el interior de la traza) y el otro no acotado (el exterior a la traza). Este resultado, que es intuitivamente evidente, aunque tiene una demostración no tan fácil, se conoce por el teorema de la curva de Jordan [30, pág. 111].

Definición 2.9 (Camino) *Una curva $\gamma : [a, b] \to \mathbb{C}$ es diferenciable cuando γ es derivable (esto es, su parte real y su parte imaginaria son derivables) en todo punto de $[a, b]$ (derivable por la derecha en a y por la izquierda en b). Una curva $\gamma : [a, b] \to \mathbb{C}$ es suave, diferenciable con continuidad o de clase $\mathcal{C}^1[a, b]$ cuando γ es derivable en todo punto de $[a, b]$ (derivable por la derecha en a y por la izquierda en b) y presenta derivada primera continua. Además, una curva $\gamma : [a, b] \to \mathbb{C}$ se dice suave a trozos o diferenciable con continuidad a trozos cuando $[a, b]$ se puede descomponer en un número finito de intervalos sobre los que γ es diferenciable con continuidad, es decir, la derivada existe y es continua, excepto a lo sumo para una cantidad finita de puntos de $[a, b]$. Finalmente, llamaremos camino a una curva suave a trozos (o diferenciable con continuidad a trozos).*

Cualquier poligonal y arco de circunferencia o elipse constituye un ejemplo de camino. Además, la noción dada de camino hace que incluyamos los casos de curvas rectificables (aquellas curvas parametrizadas en la forma $\gamma(t) = x(t) + iy(t)$, $t \in [a, b]$, para las que existe $\sup_P \left\{ \sum_{j=1}^{n} \sqrt{(x(t_j) - x(t_{j-1}))^2 + (y(t_j) - y(t_{j-1}))^2} \right\}$, con P en el conjunto de posibles particiones del intervalo $[a, b]$). De esta forma, la longitud de la traza de estas curvas γ^* se puede calcular como $L(\gamma) = \int_a^b |\gamma'(t)|\, dt = \int_a^b \sqrt{x'(t)^2 + y'(t)^2}\, dt$ (véase por ejemplo [2, págs. 104-105]).

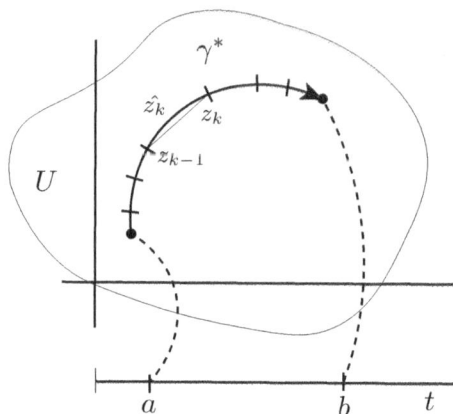

Figura 2.1: Sobre la noción de integral compleja como límite de sumas integrales

Generalizando la idea de integral de una función real sobre un segmento de la recta real, la noción de integral compleja de una función compleja a lo largo de un camino del plano complejo surge como límite de sumas de Riemann (pero reemplazando los números reales por números complejos). Así, dado un camino γ y una función $f : U \to \mathbb{C}$ definida en $\gamma^* \subset U$, dividamos el camino en $n \in \mathbb{N}$ partes (arcos o segmentos de curva), mediante los puntos $z_0, z_1, \ldots, z_n$ (a modo de partición), y construyamos las sumas integrales $S_n = \sum_{k=1}^{n} f(\hat{z}_k)(z_k - z_{k-1})$, donde $\hat{z}_k$ es un punto arbitrario del segmento de curva comprendido entre z_{k-1} y z_k. Si existe el límite de las sumas S_n cuando $\text{máx}_k |z_k - z_{k-1}| \to 0$, independientemente del tipo de partición efectuado e independientemente de la forma en la que se escogen los puntos $\hat{z}_k$, entonces tal límite representa la integral de f a lo largo de γ. Esta perspectiva es la que motiva la siguiente definición para el caso de funciones complejas que son continuas en γ^*.

Definición 2.10 (Integral de una función compleja a lo largo de un camino)
Sea $\gamma : [a,b] \to \mathbb{C}$ un camino y f una función continua en γ^*. Definimos la integral compleja de f a lo largo de γ por

$$\int_{\gamma} f(z)\, dz := \int_{a}^{b} f(\gamma(t))\gamma'(t)\, dt.$$

Cuando no se diga nada se supondrá que el sentido de recorrido sobre un camino cerrado será el positivo, es decir, el contrario al de las agujas del reloj.

Observación 2.1 *En el caso que γ sea diferenciable con continuidad a trozos, es decir, la derivada existe y es continua excepto a lo sumo para una cantidad finita de puntos $t_1 < t_2 < \ldots < t_{n-1}$ de $[a,b]$, observar que, en la definición 2.10, la integral de la* *derecha existe. Técnicamente, se puede considerar una partición $P = \{a = t_0 < t_1 < t_2 < \ldots < t_{n-1} < t_n = b\}$ del intervalo $[a, b]$, se llama γ_k al intervalo $[t_{k-1}, t_k]$ para $1 \leq k \leq n$ y entonces*

$$\int_\gamma f(z)\, dz = \int_{\gamma_1} f(z)\, dz + \int_{\gamma_2} f(z)\, dz + \ldots + \int_{\gamma_n} f(z)\, dz.$$

Las integrales (simples, dobles o triples) de funciones reales de una o dos variables reales se suelen interpretar en términos de área o volumen. Sin embargo, no es posible dar una interpretación análoga geométrica o física para las integrales en el campo complejo. De hecho, observemos que la integral compleja a lo largo de un camino da lugar a un número complejo, y su definición tampoco coincide con la noción de integral de línea de un campo vectorial a lo largo de un camino (en la que aparece un producto escalar).

Nota 2.1 (Interpretación física de las integrales sobre caminos) *Dado un camino $\gamma : [a, b] \to \mathbb{C}$, consideremos $f(z) = u(x, y) + iv(x, y)$ $(z = x + iy)$ una función continua en γ^*. Si identificamos $\gamma(t) = x(t) + iy(t) \in \mathbb{C}$ (por lo que $\gamma'(t) = x'(t) + iy'(t)$) con $(x(t), y(t)) \in \mathbb{R}^2$, $t \in [a, b]$, observemos que*

$$\int_\gamma f(z)\, dz := \int_a^b f(\gamma(t))\gamma'(t)\, dt = \int_a^b (u(\gamma(t)) + iv(\gamma(t)))(x'(t) + iy'(t))dt =$$

$$= \int_a^b \left(u(\gamma(t))x'(t) - v(\gamma(t))y'(t) \right) dt + i \int_a^b \left(u(\gamma(t))y'(t) + v(\gamma(t))x'(t) \right) dt.$$

De esta forma, si tomamos el campo $\mathbf{f}(x, y) = (u(x, y), -v(x, y))$, obtenemos que

$$\int_\gamma f(z)\, dz = \int_a^b \mathbf{f}(\gamma(t)) \cdot (x'(t), y'(t))\, dt + i \int_a^b \mathbf{f}(\gamma(t)) \cdot (y'(t), -x'(t))\, dt.$$

(En esta ocasión sí que aparecen productos escalares). En el contexto de la física, la primera integral en cuestión (la parte real de la integral compleja) representa el trabajo realizado sobre un objeto o partícula que se mueve en el campo de fuerzas $\mathbf{f}$ para transportarla del punto $P = \gamma(a)$ al punto $Q = \gamma(b)$ a lo largo del recorrido de γ (o la circulación de $\mathbf{f}$). La parte imaginaria o segunda integral (en la que $(y'(t), -x'(t))$ es el vector normal de $(x'(t), y'(t))$) representa el flujo saliente del campo $\mathbf{f}$ a través de la curva (véase [29, Capítulo 11]).

Ejemplos 2.1

1. Para calcular $\displaystyle\int_\gamma \overline{z}\,dz$, donde γ es el camino que va desde el punto $1+i$ hasta $2+4i$ siguiendo la parábola $y = x^2$, utilizaremos la parametrización $\gamma : [1,2] \to \mathbb{C}$ tal que $\gamma(t) = t + it^2$. Así,

$$\int_\gamma \overline{z}\,dz = \int_1^2 (t - t^2 i)(1 + 2ti)\,dt = \int_1^2 \left((t + 2t^3) + t^2 i\right)\,dt = 9 + \frac{7}{3}i.$$

2. Para evaluar $\displaystyle\int_\gamma \frac{1}{z}\,dz$, donde γ representa el círculo de centro el origen y radio 2, utilizaremos la parametrización $\gamma(t) = 2e^{it}$ para $0 \le t \le 2\pi$. De esta forma, $\gamma'(t) = 2ie^{it}$ y

$$\int_\gamma \frac{1}{z}\,dz = \int_0^{2\pi} \frac{2ie^{it}}{2e^{it}}\,dt = i\int_0^{2\pi} dt = 2\pi i.$$

Denotaremos por $[z_1, z_2]$ al camino determinado por el segmento que une los puntos z_1 y z_2. Recordemos que cualquier segmento se puede parametrizar mediante $\gamma : [0,1] \to \mathbb{C}$ tal que $\gamma(t) = (1-t)z_1 + tz_2$ para $t \in [0,1]$. Si en lugar de 2 puntos tuviésemos en general n puntos (con $n \ge 2$), denotaremos por $\Gamma = [z_1, z_2, \ldots, z_n]$ a la poligonal formada por tales puntos. En tal caso,

$$\int_\Gamma f(z)\,dz = \sum_{k=1}^{n-1} \int_{[z_k, z_{k+1}]} f(z)\,dz.$$

Ejemplos 2.2

1. Para calcular $\displaystyle\int_\gamma y\,dz$, donde $\gamma = [-i, 1+2i]$, utilizaremos la parametrización $\gamma : [0,1] \to \mathbb{C}$ tal que $\gamma(t) = (1-t)(-i) + t(1+2i) = t + (3t-1)i$, $t \in [0,1]$. Así,

$$\int_\gamma y\,dz = \int_0^1 (3t-1)(1+3i)\,dt = (1+3i)\left(3\frac{t^2}{2} - t\right)\Bigg]_0^1 = \frac{1+3i}{2}.$$

2. Para calcular $\displaystyle\int_\gamma (x^2 + iy)\,dz$, donde γ es la poligonal $[-i, 2+5i, 5i]$, consideraremos la suma de las integrales $\displaystyle\int_{[-i, 2+5i]} (x^2 + iy)\,dz$ y $\displaystyle\int_{[2+5i, 5i]} (x^2 + iy)\,dz$, con $t \in [0,1]$. De esta forma, utilizaremos las parametrizaciones $\gamma_1, \gamma_2 : [0,1] \to \mathbb{C}$ tales que

$\gamma_1(t) = (1-t)(-i)+t(2+5i) = 2t+(6t-1)i$ y $\gamma_2(t) = (1-t)(2+5i)+t5i = 2-2t+5i$.
Así,

$$\int_{[-i,2+5i]} (x^2 + iy)\, dz = \int_0^1 \left((2t)^2 + i(6t-1)\right)(2+6i)\, dt =$$

$$= \int_0^1 \left(8t^2 - 36t + 6 + (12t - 2 + 24t^2)\right)\, dt = -\frac{28}{3} + 12i$$

y

$$\int_{[2+5i,5i]} (x^2 + iy)\, dz = \int_0^1 \left((2 - 2t)^2 + 5i\right)(-2)\, dt =$$

$$= \int_0^1 \left(-8 - 8t^2 + 16t - 10i\right)\, dt = -\frac{8}{3} - 10i.$$

Por tanto,

$$\int_\gamma (x^2 + iy)\, dz = -\frac{28}{3} + 12i - \frac{8}{3} - 10i = -12 + 2i.$$

3. $\displaystyle\int_{[z_1,z_2]} z^n\, dz = \frac{z_2^{n+1} - z_1^{n+1}}{n + 1}$ *para $n \geq 0$. En efecto,*

$$\int_{[z_1,z_2]} z^n\, dz = \int_0^1 \left((1 - t)z_1 + tz_2\right)^n (z_2 - z_1)\, dt =$$

$$= \frac{\left((1 - t)z_1 + tz_2\right)^{n+1}}{n + 1}\Bigg]_0^1 = \frac{z_2^{n+1} - z_1^{n+1}}{n + 1}.$$

Con la definición dada de integral compleja a lo largo de un camino (y el desarrollo realizado en la nota 2.1 con las partes real e imaginaria de tal integral) se cumplen las propiedades básicas de linealidad, aditividad y otras que procedemos a resumir a continuación, y cuya prueba dejamos al lector.

Proposición 2.2 (Propiedades básicas de integrabilidad) *Sea $\gamma : [a, b] \to \mathbb{C}$ un camino, y consideremos dos funciones f y g continuas en γ^*. Entonces se cumplen las siguientes propiedades:*

i) *La integral sobre un camino es invariante bajo una parametrización; es decir, si $\gamma : [a, b] \to \mathbb{C}$ y $\sigma : [c, d] \to \mathbb{C}$ son equivalentes (lo que significa que existe una biyección $\alpha : [a, b] \to [c, d]$ de clase $\mathcal{C}^1$ con $\alpha'(t) > 0 \; \forall t \in (a, b)$, $\alpha(a) = c$, $\alpha(b) = d$ y tal que $\sigma \circ \alpha = \gamma$), entonces $\displaystyle\int_\gamma f(z)\, dz = \int_\sigma f(z)\, dz$;*

ii) $\displaystyle\int_\gamma (f(z)+g(z))\,dz = \int_\gamma f(z)\,dz + \int_\gamma g(z)\,dz;$

iii) $\displaystyle\int_\gamma cf(z)\,dz = c\int_\gamma f(z)\,dz \quad \forall c\in\mathbb{C};$

iv) $\displaystyle\int_{-\gamma} f(z)\,dz = -\int_\gamma f(z)\,dz,$ *donde* $-\gamma$ *es el camino opuesto a* γ *definido por* $(-\gamma)(t):=\gamma(b+a-t)$ *para* $t\in[a,b];$

v) *Si* β *es otro camino tal que* $\gamma+\beta$ *está definido (el punto inicial de* β *coincide con el punto final de* γ*) y la función* f *es también continua en* $(\gamma+\beta)^*$ *(en particular también en* β^**), entonces* $\displaystyle\int_{\gamma+\beta} f(z)\,dz = \int_\gamma f(z)\,dz + \int_\beta f(z)\,dz.$

Una propiedad adicional que demostraremos a continuación nos proporciona una cota para el módulo de la integral compleja sobre un camino, que será utilizada en muchos razonamientos posteriores.

Proposición 2.3 (Acotación del módulo de la integral sobre un camino)
Sea $\gamma:[a,b]\to\mathbb{C}$ *un camino y* f *una función continua en* γ^*. *Entonces*

$$\left|\int_\gamma f(z)\,dz\right| \le M_f(\gamma)L(\gamma),$$

siendo $M_f(\gamma):=\text{máx}\{|f(z)|:z\in\gamma^*\}$ *y* $L(\gamma)$ *la longitud de* γ.

Prueba. Por la definición de integral dada anteriormente, tenemos que

$$\left|\int_\gamma f(z)\,dz\right| = \left|\int_a^b f(\gamma(t))\gamma'(t)\,dt\right| \le \int_a^b |f(\gamma(t))\gamma'(t)|\,dt =$$

$$= \int_a^b |f(\gamma(t))||\gamma'(t)|\,dt \le \int_a^b M_f(\gamma)|\gamma'(t)|\,dt =$$

$$= M_f(\gamma)\int_a^b |\gamma'(t)|\,dt = M_f(\gamma)L(\gamma).$$

$\square$

A modo de ejemplo, veamos una aplicación del resultado anterior.

Ejemplo 2.3 *Si* $\gamma(t) = 2e^{it}$ *para* $-\dfrac{\pi}{6} \leq t \leq \dfrac{\pi}{6}$, *entonces* $\left| \displaystyle\int_\gamma \dfrac{1}{z^3 + 1}\, dz \right| \leq \dfrac{2\pi}{21}$. *En efecto, dado que* $|z^3 + 1| \geq |z|^3 - 1 = 7$ *para* $z \in \gamma^*$ *y* $L(\gamma) = \dfrac{2\pi}{3}$, *entonces por la proposición 2.3 tenemos que*

$$\left| \int_\gamma \frac{1}{z^3 + 1}\, dz \right| \leq \frac{1}{7} \cdot \frac{2\pi}{3} = \frac{2\pi}{21}.$$

A continuación introduciremos el concepto de primitiva de una función compleja.

Definición 2.11 (Función primitiva) *Sea* $f : U \to \mathbb{C}$ *una función definida en un conjunto abierto* U. *Diremos que* $F : U \to \mathbb{C}$ *es una primitiva de* f *en* U *si* F *es holomorfa en* U *y* $F'(z) = f(z)$ *para todo* $z \in U$.

Es obvio que cuando F es una primitiva de una función prefijada f en un abierto U, entonces las funciones de la forma $F(z) + c$, con $c \in \mathbb{C}$, son también primitivas de f en el conjunto U.

Ejemplo 2.4 *De acuerdo con la proposición 1.4, la función* $f : \mathbb{C} \setminus (-\infty, 0] \to \mathbb{C}$ *definida por* $f(z) = \frac{1}{z}$ *tiene por primitiva la función* $\mathrm{Log}\, z$. *En general, utilizando la observación 1.7, la función* $f : \mathbb{C} \setminus L_0 \to \mathbb{C}$ *definida por* $f(z) = \frac{1}{z}$, *donde* L_0 *es un rayo que parte del origen con argumento* θ_0, *tiene por primitiva la función* $\log_{\theta_0} z$, *ya que cumple que es holomorfa en* $\mathbb{C} \setminus L_0$ *y* $(\log_{\theta_0} z)' = \frac{1}{z}$.

Aunque el valor de una integral a lo largo de un camino, desde un punto fijo z_1 hasta otro punto fijo z_2, depende por lo general del camino elegido, hay ciertas funciones cuyas integrales son independientes del camino. En este sentido, el siguiente teorema es una extensión de la regla de Barrow que simplifica el cálculo de muchas integrales de este tipo.

Teorema 2.1 (Extensión del segundo teorema fundamental del cálculo)
Supongamos que $f : U \to \mathbb{C}$ *es una función continua en un conjunto abierto* $U \subset \mathbb{C}$ *y que* F *es una primitiva de* f *en* U. *Si* $\gamma : [a, b] \to U$ *es un camino en* U, *entonces*

$$\int_\gamma f(z)\, dz = F(z) \Big]_{\gamma(a)}^{\gamma(b)}.$$

En particular, bajo las hipótesis anteriores tenemos que

$$\int_\gamma f(z)\, dz = 0$$

para cualquier camino γ *cerrado en* U.

Prueba. Definamos $G(t) := F(\gamma(t))$, $t \in [a,b]$, que constituye una función continua en $[a,b]$. Además, excepto a lo sumo para una cantidad finita de puntos $t_1, t_2, \ldots, t_{n-1}$ de $[a,b]$, tenemos que $G'(t) = F'(\gamma(t))\gamma'(t) = f(\gamma(t))\gamma'(t)$. Así, por el segundo teorema fundamental del cálculo (véase [28, Teorema 4.58]), tenemos que

$$\int_\gamma f(z)\,dz = \int_a^b f(\gamma(t))\gamma'(t)\,dt = G(b) - G(a) = F(\gamma(b)) - F(\gamma(a)) = F(z)\Big]_{\gamma(a)}^{\gamma(b)}.$$

Por tanto, se tiene que $\int_\gamma f(z)\,dz = 0$ para cualquier camino cerrado en U, ya que $\gamma(a) = \gamma(b)$. $\qquad\square$

Corolario 2.1 (Funciones constantes) *Supongamos que $f : U \to \mathbb{C}$ es una función holomorfa en un conjunto abierto y conexo U y además $f'(z) = 0$ para todo $z \in U$. Entonces f es constante en U.*

Prueba. Sean z_1 y z_2 en U. Dado que U es conexo, podemos encontrar un camino poligonal $\gamma : [a,b] \to U$ tal que $\gamma(a) = z_1$ y $\gamma(b) = z_2$ [7, Teorema 1.2.3]. Entonces, por el teorema anterior, el cual podemos aplicar porque claramente f' es continua en U (al ser constante), tenemos que

$$0 = \int_\gamma f'(z)\,dz = f(z_2) - f(z_1).$$

Por tanto, f es constante en U. $\qquad\square$

Ejemplo 2.5 *Si γ representa cualquier camino que conecte los puntos 0 y $1+i$, por el teorema anterior tenemos que*

$$\int_\gamma z^2\,dz = \frac{z^3}{3}\Big]_0^{1+i} = \frac{1}{3}(1+i)^3 = \frac{2}{3}(-1+i).$$

Ejemplo 2.6 *Si $P : \mathbb{C} \to \mathbb{C}$ es un polinomio y γ es cualquier camino cerrado, entonces* $\int_\gamma P(z)\,dz = 0$.

Ejemplo 2.7 *Consideremos la función $f(z) = \frac{1}{z}$, $z \in \mathbb{C} \setminus \{0\}$, y γ el arco de elipse parametrizado por $\gamma(t) = \cos t + i3\,\mathrm{sen}\,t$ con $-\frac{\pi}{2} \le t \le \frac{\pi}{2}$. Dado que f es una función continua en $\mathbb{C} \setminus \{0\}$ y $F(z) = \mathrm{Log}\,z$ es una primitiva de f en el conjunto abierto $U = \mathbb{C} \setminus \{z \in \mathbb{C} : \mathrm{Re}\,z \le 0, \mathrm{Im}\,z = 0\}$, entonces por el teorema 2.1 se tiene que*

$$\int_\gamma f(z)\,dz = \mathrm{Log}\left(\gamma\left(\frac{\pi}{2}\right)\right) - \mathrm{Log}\left(\gamma\left(-\frac{\pi}{2}\right)\right) = \mathrm{Log}(3i) - \mathrm{Log}(-3i) = \pi i.$$

El siguiente resultado nos proporciona condiciones bajo las cuales el valor de la integral es independiente del camino.

Teorema 2.2 (Independencia del camino) *Supongamos que* $f : U \to \mathbb{C}$ *es una función continua en un conjunto abierto y conexo* U. *Las siguientes propiedades son equivalentes:*

a) $\int_{\gamma} f(z) \, dz$ *es independiente del camino, es decir, las integrales de* f *a lo largo de caminos que unen dos puntos fijos* z_1 *y* z_2 *tienen todas el mismo valor.*

b) $\int_{\gamma} f(z) \, dz = 0$ *para cualquier camino cerrado* γ *en* U.

c) f *admite una primitiva en* U.

Prueba.

- Claramente a) es equivalente a b). En efecto, esta equivalencia se basa en el hecho de que si γ_1 y γ_2 son dos caminos en U que unen z_1 y z_2 (dos puntos de U), entonces $\gamma = \gamma_1 + (-\gamma_2)$ es un camino cerrado y

$$\int_{\gamma} f(z) \, dz = \int_{\gamma_1 - \gamma_2} f(z) \, dz = \int_{\gamma_1} f(z) \, dz - \int_{\gamma_2} f(z) \, dz.$$

- c) $\Rightarrow$ a) por el teorema 2.1.

- Veamos a) $\Rightarrow$ c). Fijemos $z_0 \in U$ y consideremos γ_z un camino en U que una z_0 con z (U es conexo), siendo z otro punto de U. Definir $F(z) := \int_{\gamma_z} f(s) ds$ (observar que hemos tomado s como variable de integración) y notar que, por hipótesis, $F(z)$ no depende del camino γ_z que una z_0 con z. Veamos que la función F es holomorfa y $F'(z) = f(z)$ para cada $z \in U$. En efecto, dado que U es abierto, podemos tomar $w \in U$ suficientemente próximo a z, con $w \neq z$. Entonces, si consideramos γ como el camino cerrado que une z_0 consigo mismo pasando por γ_z, $[z, w]$ y $-\gamma_w$ (véase la figura 2.2), utilizando b) (que ya hemos probado que es equivalente a a)), por hipótesis se cumple que $\int_{\gamma} f(z) \, dz = 0$ o, equivalentemente,

$$\int_{\gamma_z} f(z) \, dz + \int_{[z,w]} f(z) \, dz + \int_{-\gamma_w} f(z) \, dz = 0.$$

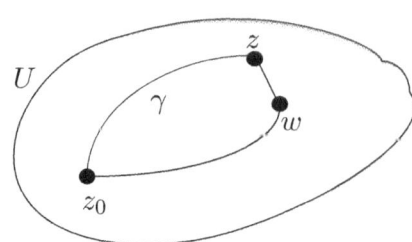

Figura 2.2: Representación del camino cerrado γ de la prueba del teorema 2.2

Por tanto, se tiene que

$$F(w) - F(z) = \int_{\gamma_w} f(s)ds - \int_{\gamma_z} f(s)ds = \int_{[z,w]} f(s)ds,$$

donde $[z,w]$ es el segmento que une z con w. Ahora, al ser $\displaystyle\int_{[z,w]} ds = w - z$, se tiene que

$$f(z) = \frac{f(z)}{w-z} \int_{[z,w]} ds = \frac{1}{w-z} \int_{[z,w]} f(z)ds$$

y obtenemos que

$$\frac{F(w) - F(z)}{w - z} - f(z) = \frac{1}{w-z} \int_{[z,w]} (f(s) - f(z))ds. \tag{2.1}$$

Por otra parte, dado que f es continua en z, fijado $\varepsilon > 0$ existe $\delta > 0$, tal que $|f(z) - f(s)| < \varepsilon$ siempre que $|z - s| < \delta$. Así, si tomamos $w \in U$ tal que $|w - z| < \delta$, a partir de (2.1) se tiene que

$$\left| \frac{F(w) - F(z)}{w - z} - f(z) \right| < \varepsilon$$

o equivalentemente

$$\lim_{w \to z} \frac{F(w) - F(z)}{w - z} - f(z) = 0,$$

lo que prueba que $F'(z) = f(z)$.

$\square$

Nota 2.2 *El teorema anterior no afirma que alguna de esas propiedades sea válida para una función $f : U \to \mathbb{C}$ definida en un cierto dominio abierto y conexo U. Lo que afirma el resultado anterior es que las tres propiedades son simultáneamente válidas o falsas. El ejemplo 2.1.2, muy ilustrativo, nos sirve para mostrar que estas propiedades no son siempre ciertas, ya que se trata de una función $f(z) = \frac{1}{z}$ continua en el abierto y conexo $U = \mathbb{C} \setminus \{0\}$ y un camino cerrado γ (el círculo de centro el origen y radio 2) contenido en U, que proporciona una integral no nula.*

Nota 2.3 *Observar también que, bajo las condiciones del teorema anterior, y si alguna de las propiedades equivalentes es cierta, la demostración realizada también nos permite afirmar que la función $F(z) := \displaystyle\int_{\gamma_z} f(s)\, ds$, $z \in U$, es holomorfa en el conjunto abierto U, donde γ_z es un camino en U que une z_0 con z, siendo $z_0 \in U$ un punto prefijado.*

Nota 2.4 (Sobre la independencia del camino) *Una propiedad importante de las integrales de línea para el caso de campos vectoriales es la vinculada con la independencia de la curva de integración elegida para unir dos puntos prefijados, lo que se cumple para los llamados campos conservativos (los que admiten función potencial). El principio físico que hay detrás de estos campos (véase también la nota 2.1) es que el trabajo realizado cuando una partícula recorre la trayectoria de la curva sometida al campo de fuerzas es igual a la diferencia del potencial del campo entre los extremos de la trayectoria. En el caso de la integral compleja, el valor también depende generalmente de la curva de integración (véase por ejemplo el ejercicio 2.2.b) de este mismo capítulo). Sin embargo, al estilo del caso de las integrales de línea, el teorema 2.2 afirma que la independencia del camino se puede caracterizar a través de la existencia de una primitiva del integrando continuo f en el conjunto U (esto es una función holomorfa $F(x + iy) = U(x, y) + iV(x, y)$ con $F'(z) = f(z)$ para todo $z \in U$). Además, atendiendo a (1.6), se cumple que $F'(z) = \frac{\partial U}{\partial x}(x, y) - i\frac{\partial U}{\partial y}(x, y) = f(z)$. Por tanto, $\overline{F'(z)} = \frac{\partial U}{\partial x}(x, y) + i\frac{\partial U}{\partial y}(x, y) = u(x, y) - iv(x, y)$ y deducimos que $\triangle U = \mathbf{f}$, con $\mathbf{f}(x, y) = (u(x, y), -v(x, y))$.*

En electrostática, si $\mathbf{f}$ es un campo eléctrico (representando la distribución de carga) que se puede derivar del gradiente de una función U de clase $\mathcal{C}^1$, entonces se dice que $\mathbf{f}$ es conservativo y que U es el potencial escalar (eléctrico) de $\mathbf{f}$. Si las derivadas parciales de segundo orden de U son continuas, entonces sus derivadas parciales cruzadas son iguales y el rotacional del gradiente de U es 0, es decir, $\nabla \times \mathbf{f} = 0$, lo que representa la propiedad de campo conservativo irrotacional. Además, las curvas $U(x, y) = cte$ se denominan equipotenciales (o isotermas en problemas de conducción del calor) y, de lo afirmado con anterioridad, deducimos que el movimiento de una carga a lo largo de una curva equipotencial no requiere trabajo asociado. Por otro lado, las curvas $V(x, y) = cte$ reciben el nombre de líneas de flujo y marcan el camino que recorre una carga inmersa *en el campo* **f**. *Por lo que se comentó en la observación 1.2, los dos conjuntos de curvas (equipotenciales y líneas de flujo) son perpendiculares entre sí.*

2.3   Teoremas de Cauchy para determinados tipos de regiones

En esta sección desarrollaremos los teoremas de Cauchy que se aplican a determinados tipos de caminos cerrados (como los determinados por los triángulos o rectángulos) o a cualquier camino cerrado pero contenido en algún tipo de región específica (como conjuntos convexos o, más generalmente, conjuntos estrellados), que desembocan en un resultado que se aplica a nivel local cuando la función es holomorfa en un conjunto abierto arbitrario.

Conviene notar que Cauchy enunció y demostró en la primera mitad del siglo XIX, haciendo uso del teorema de Green, una versión inicial de su teorema en la que se requería la continuidad de la derivada de la función holomorfa considerada. E. Goursat (1858-1936) mejoró esta versión al demostrar que la condición de continuidad sobre la derivada se podía omitir.

Comenzaremos por estudiar una primera versión de este importante resultado para el caso específico de triángulos (considerado aquí como el polígono completo, no solo la poligonal), lo que nos llevará más adelante a generalizarlo.

Teorema 2.3 (Teorema de Cauchy para triángulos) *Sea $f : U \to \mathbb{C}$ una función holomorfa en un conjunto abierto $U \subset \mathbb{C}$. Para cualquier triángulo Δ ($\Delta = \operatorname{int}(\Delta) \cup \operatorname{Fr}(\Delta)$) contenido en U se tiene que $\int_\Gamma f(z)\, dz = 0$, donde $\Gamma = \operatorname{Fr}(\Delta)$.*

Prueba. Sea Γ la frontera de un triángulo Δ en U y denotemos por a, b, c a los puntos medios de cada lado. Si unimos mediante segmentos estos puntos, descomponemos Δ en cuatro triángulos de interiores $V_{0,j}$ y fronteras $\Gamma_{0,j}$ con $j = 1, 2, 3, 4$ (véase la figura 2.3). A este respecto, notar que $L(\Gamma_{0,j}) = \frac{1}{2} L(\Gamma)$, $j = 1, 2, 3, 4$ (ya que el segmento que conecta los puntos medios de dos lados de un triángulo es paralelo al tercer lado y su longitud coincide con la mitad de la distancia entre los vértices del lado restante). Entonces, teniendo en cuenta que el recorrido sobre cada triángulo es el contrario al de las agujas del reloj, se tiene que

$$\int_\Gamma f(z)\, dz = \sum_{j=1}^{4} \int_{\Gamma_{0,j}} f(z)\, dz$$

y, tomando módulos,

$$\left| \int_\Gamma f(z)\, dz \right| \le 4 \left| \int_{\Gamma_1} f(z)\, dz \right|,$$

donde Γ_1 es el triángulo que proporciona el máximo en valor absoluto de las cuatro integrales involucradas.

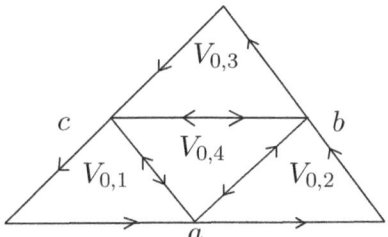

Figura 2.3: Descomposición del triángulo Δ de la prueba del teorema 2.3

Ahora, sobre Γ_1 se efectúa la división en cuatro triángulos de interiores $V_{1,j}$ y fronteras $\Gamma_{1,j}$, con $j = 1, 2, 3, 4$, y se tiene que

$$\left| \int_{\Gamma_1} f(z)\, dz \right| = \left| \sum_{j=1}^{4} \int_{\Gamma_{1,j}} f(z)\, dz \right| \leq 4 \left| \int_{\Gamma_2} f(z)\, dz \right|,$$

donde Γ_2 es el triángulo que proporciona el máximo en valor absoluto de las cuatro integrales involucradas. De esta forma, reiterando el proceso, se llega a

$$\left| \int_{\Gamma} f(z)\, dz \right| \leq 4^n \left| \int_{\Gamma_n} f(z)\, dz \right|, \ n = 1, 2, \dots$$

y los triángulos $\overline{V_n} = V_n \cup \Gamma_n$ forman una sucesión contractiva de compactos $(\overline{V_n} \supset \overline{V_{n+1}})$ cuyo diámetro –máxima distancia entre dos puntos del conjunto– tiende a 0. Por tanto, aplicando el teorema de intersección de Cantor [13, Teorema 3.7], tenemos que $\bigcap_{n=1}^{\infty} \overline{V_n} = \{z_0\}$ para algún $z_0 \in U$. Dado que f es holomorfa en U, sabemos que existe $f'(z_0) = \lim\limits_{z \to z_0} \dfrac{f(z) - f(z_0)}{z - z_0}$ o, equivalentemente, para cualquier $\varepsilon > 0$ existe $\delta > 0$ tal que $\left| \dfrac{f(z) - f(z_0)}{z - z_0} - f'(z_0) \right| < \varepsilon$ si $0 < |z - z_0| < \delta$. Así, para cada $z \in U$, podemos definir

$$g(z) := f(z) - f(z_0) - (z - z_0)f'(z_0)$$

y, claramente, $\forall \varepsilon > 0 \ \exists \delta > 0$ tal que

$$|g(z)| \leq \varepsilon |z - z_0| \text{ si } |z - z_0| < \delta. \tag{2.2}$$

También, dado $\delta > 0$ existe $n \in \mathbb{N}$ tal que $\overline{V_n} \subset D(z_0, \delta)$ y podemos escribir

$$\int_{\Gamma_n} f(z)\, dz = \int_{\Gamma_n} (f(z_0) + (z - z_0)f'(z_0))\, dz + \int_{\Gamma_n} g(z)\, dz.$$

Observar que, por el ejemplo 2.2.3, si tomamos la poligonal $\Gamma_n = [z_1, z_2, z_3, z_1]$ tenemos que

$$\int_{\Gamma_n} z\, dz = \frac{z_2^2 - z_1^2}{2} + \frac{z_3^2 - z_2^2}{2} + \frac{z_1^2 - z_3^2}{2} = 0$$

y

$$\int_{\Gamma_n} c\, dz = 0 \;\; \forall c \in \mathbb{C}.$$

Por tanto,

$$\int_{\Gamma_n} f(z)\, dz = \int_{\Gamma_n} g(z)\, dz$$

y, tomando módulos,

$$\left| \int_{\Gamma_n} f(z)\, dz \right| = \left| \int_{\Gamma_n} g(z)\, dz \right| \leq \text{máx}\{|g(z)| : z \in \Gamma_n\} L(\Gamma_n).$$

Así, para todo $\varepsilon > 0$, por (2.2) llegamos a

$$\left| \int_{\Gamma_n} f(z)\, dz \right| \leq \text{máx}\{\varepsilon|z - z_0| : z \in \Gamma_n\} L(\Gamma_n) \leq \varepsilon (L(\Gamma_n))^2 \leq \varepsilon \left(\frac{1}{2^n} L(\Gamma) \right)^2.$$

(La segunda desigualdad se puede obtener como consecuencia de que el diámetro de un triángulo es el mayor de sus lados). Consecuentemente, para todo $\varepsilon > 0$, tenemos que

$$\left| \int_{\Gamma} f(z)\, dz \right| \leq 4^n \varepsilon \left(\frac{1}{2^n} L(\Gamma) \right)^2 = \varepsilon (L(\Gamma))^2,$$

lo que implica que

$$\int_{\Gamma} f(z)\, dz = 0.$$

$\square$

El teorema que acabamos de probar se puede generalizar a regiones estrelladas y a caminos cerrados cualesquiera contenidos en tales regiones.

Teorema 2.4 (Teorema de Cauchy para regiones estrelladas)
Consideremos $f : U \to \mathbb{C}$ una función holomorfa en un conjunto estrellado y abierto $U \subset \mathbb{C}$. Entonces $\int_{\gamma} f(z)\,dz = 0$ para cualquier camino cerrado γ contenido en U.

Prueba. Sea $a \in U$ tal que $[a, u] \subset U$ para cada $u \in U$. Definamos $F(z) = \int_{[a,z]} f(w)\,dw$, con $z \in U$, y veamos si $F'(z_1) = f(z_1)$ para cualquier $z_1 \in U$. Sea $z \in U$, $z \neq z_1$, $z \neq a$, entonces

$$\frac{F(z) - F(z_1)}{z - z_1} = \frac{1}{z - z_1}\left(\int_{[a,z]} f(w)\,dw - \int_{[a,z_1]} f(w)\,dw \right). \tag{2.3}$$

Ahora, si hacemos Γ la frontera del triángulo de vértices a, z_1, z, observar que, por el teorema de Cauchy para triángulos (teorema 2.3), $\int_{\Gamma} f(z)\,dz = 0$ o, equivalentemente, $\int_{[a,z_1]} f(z)\,dz + \int_{[z_1,z]} f(z)\,dz + \int_{[z,a]} f(z)\,dz = 0$. Por tanto, (2.3) es equivalente a

$$\frac{F(z) - F(z_1)}{z - z_1} = \frac{1}{z - z_1} \int_{[z_1,z]} f(w)\,dw,$$

por lo que

$$\left| \frac{F(z) - F(z_1)}{z - z_1} - f(z_1) \right| = \left| \frac{1}{z - z_1} \int_{[z_1,z]} f(w)\,dw - \frac{1}{z - z_1} \int_{[z_1,z]} f(z_1)\,dw \right| =$$

$$= \frac{1}{|z - z_1|} \left| \int_{[z_1,z]} (f(w) - f(z_1))\,dw \right| \leq \text{máx}\{|f(w) - f(z_1)| : w \in [z_1, z]\}.$$

Así, cuando $z \to z_1$, llegamos a $\dfrac{F(z) - F(z_1)}{z - z_1} \to f(z_1)$, lo que prueba que $f(z)$ tiene una primitiva en U. Finalmente, del teorema 2.1, se deduce que $\int_{\gamma} f(z)\,dz = 0$ para cualquier camino cerrado γ contenido en U. $\qquad\square$

En particular, de este último teorema se obtiene como corolario un resultado conocido para rectángulos que también se hubiese podido utilizar inicialmente como base para demostrar resultados más generales como el de las regiones estrelladas.

Corolario 2.2 (Teorema de Cauchy para rectángulos) *Sea* $f : U \to \mathbb{C}$ *una función holomorfa en un conjunto abierto* $U \subset \mathbb{C}$. *Para cualquier rectángulo* R *contenido* $(R = \mathrm{int}(R) \cup \mathrm{Fr}(R))$ *en* U *se cumple que* $\displaystyle\int_{\mathrm{Fr}(R)} f(z)\, dz = 0$.

Una versión práctica de los resultados anteriores se puede resumir en el siguiente corolario.

Corolario 2.3 (Teorema local de Cauchy) *Sea* $f : D(z_0, r) \to \mathbb{C}$ *una función holomorfa en un disco abierto* $D(z_0, r)$ *para algún* $z_0 \in \mathbb{C}$ *y* $r > 0$. *Entonces* $\displaystyle\int_{\gamma} f(z)\, dz = 0$ *para cada* γ *camino cerrado en* $D(z_0, r)$.

La palabra local hace referencia a la restricción de trabajar en un disco. Si $f(z)$ es una función holomorfa en un conjunto abierto arbitrario U, el teorema puede claramente ser aplicado localmente en U [30, Teorema 1.5, pág. 148].

Por otra parte, el requerimiento de holomorfía que aparece en el teorema de Cauchy para triángulos y, en general, para regiones estrelladas puede ser relajado en el siguiente sentido sin que ello afecte al resultado.

Teorema 2.5 (Teorema de Cauchy extendido para triángulos) *Sea* $f : U \to \mathbb{C}$ *una función continua en un conjunto abierto* $U \subset \mathbb{C}$ *y holomorfa en* $U \setminus \{z_0\}$ *para algún* $z_0 \in U$. *Para cualquier triángulo* Δ ($\Delta = \mathrm{Int}(\Delta) \cup \mathrm{Fr}(\Delta)$) *contenido en* U *se tiene que* $\displaystyle\int_{\Gamma} f(z)\, dz = 0$, *donde* $\Gamma = \mathrm{Fr}(\Delta)$.

Prueba. Sea Δ un triángulo contenido en U. Si $z_0 \notin \mathrm{Int}(\Delta) \cup \mathrm{Fr}(\Delta)$, entonces el teorema de Cauchy para triángulos finaliza la prueba. Así, consideraremos tres casos (véase la figura 2.4):

- Caso 1: z_0 es un vértice del triángulo Δ.

  Sea Γ' la frontera de un triángulo Δ' con la misma base que Δ y el vértice z_0' cercano a z_0. Tomando $U' = U \setminus \{z_0\}$ y aplicando el teorema de Cauchy para triángulos (para este U'), se tiene que $\displaystyle\int_{\Gamma'} f(z)\, dz = 0$. Ahora bien, $\displaystyle\int_{\Gamma'} f(z)\, dz$ converge a $\displaystyle\int_{\Gamma} f(z)\, dz$ cuando $z_0' \to z_0$, ya que $f(z)$ es uniformemente continua en el compacto formado por el interior y el borde del triángulo Γ. Luego, $\displaystyle\int_{\Gamma} f(z)\, dz = 0$.

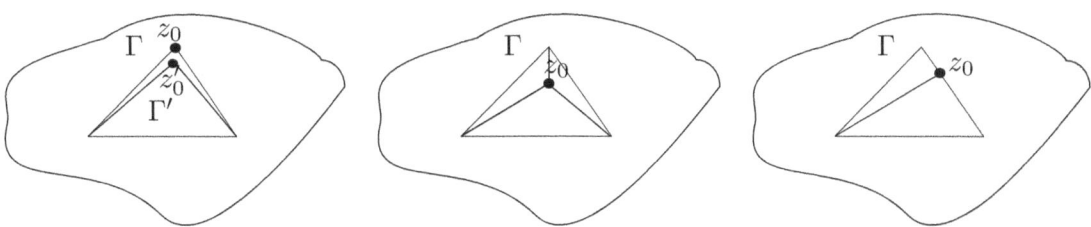

Figura 2.4: Representación de los tres casos dados en la prueba del teorema 2.5

- Caso 2: z_0 es un punto interior del triángulo Δ.

  En tal caso, aplicamos el caso 1 a cada uno de los tres triángulos que se forman uniendo los vértices de Γ con z_0 y se obtiene el resultado.

- Caso 3: z_0 está en uno de los lados del triángulo Δ.

  En tal caso, aplicamos el caso 1 a cada uno de los dos triángulos que se forman uniendo el vértice de Γ opuesto a z_0 con z_0, y se obtiene el resultado.

  $\square$

Teorema 2.6 (Teorema de Cauchy extendido para regiones estrelladas)
Sea $f : U \to \mathbb{C}$ una función continua en un conjunto abierto y estrellado $U \subset \mathbb{C}$ y holomorfa en $U \setminus \{z_0\}$ para algún $z_0 \in U$. Entonces f tiene una primitiva en U y $\displaystyle\int_\gamma f(z)\,dz = 0$ para cualquier camino cerrado γ contenido en U.

Prueba. La prueba es idéntica a la del teorema 2.4 pero utilizando finalmente el teorema de Cauchy extendido para triángulos en lugar del teorema de Cauchy para triángulos. $\square$

Dado que cualquier conjunto convexo es también estrellado, obtenemos de forma inmediata el siguiente corolario.

Corolario 2.4 (Teorema de Cauchy para conjuntos convexos) *Sea U un conjunto convexo y $f : U \to \mathbb{C}$ una función continua en todo U y holomorfa en $U \setminus \{z_0\}$ para algún $z_0 \in U$. Entonces $\displaystyle\int_\gamma f(z)\,dz = 0$ para cualquier γ camino cerrado en U.*

Nota 2.5 *Más adelante (véase el corolario 2.8) veremos que si una función f es continua en un abierto U y holomorfa en $U\setminus\{z_0\}$ para algún $z_0 \in U$, entonces necesariamente f será también holomorfa en z_0.*

Corolario 2.5 (Holomorfía bajo el signo integral) *Sea $U \subset \mathbb{C}$ un conjunto convexo y $f : U \to \mathbb{C}$ una función holomorfa en U. Entonces la función $F(z) := \int_{\gamma_z} f(s)\, ds$, $z \in U$, es holomorfa en U y $F'(z) = f(z)$ para todo $z \in U$, donde γ_z es un camino en U que une z_0 con z, siendo $z_0 \in U$ un punto prefijado.*

Prueba. El resultado es consecuencia de la nota 2.3 y el corolario 2.4. $\square$

Nota 2.6 *El corolario anterior se puede generalizar posteriormente con la ayuda del teorema 2.13.*

2.4   Fórmula integral de Cauchy para el círculo

En este capítulo probaremos que, bajo determinadas condiciones, los valores de una función holomorfa f interiores a un camino cerrado están completamente determinados por los valores de f sobre el camino. A continuación estableceremos este resultado para el caso en que el camino cerrado sea un círculo, lo que presenta grandes aplicaciones prácticas.

Teorema 2.7 (Fórmula integral de Cauchy para el círculo) *Sea $f : U \to \mathbb{C}$ una función holomorfa en un conjunto abierto U que contiene a un disco $\overline{D}(z_0, r)$ para algún $z_0 \in \mathbb{C}$ y $r > 0$. Entonces para cualquier $z \in D(z_0, r)$ se tiene que*

$$f(z) = \frac{1}{2\pi i} \int_C \frac{f(w)}{w - z}\, dw,$$

donde $C := C(z_0, r) = \{ z \in \mathbb{C} : |z - z_0| = r \}$.

Prueba. Sea $V = D(z_0, s)$ tal que $\overline{D}(z_0, r) \subset V \subset U$. Fijemos $z \in D(z_0, r)$ y consideremos $t > 0$ suficientemente pequeño para que $D(z, t) \subset D(z_0, r)$. Entonces podemos considerar las dos curvas cerradas C_1 y C_2 que se muestran en la figura 2.5.

Dado que C_1 está contenido en un conjunto estrellado V_1 (véase la figura 2.5) en el cual $g(w) := \dfrac{f(w)}{w - z}$, $w \in V_1$, es holomorfa, en virtud del teorema de Cauchy para regiones estrelladas (teorema 2.4) se tiene que

$$\int_{C_1} \frac{f(w)}{w - z}\, dw = 0. \tag{2.4}$$

Análogamente se demuestra que

$$\int_{C_2} \frac{f(w)}{w - z}\, dw = 0. \tag{2.5}$$

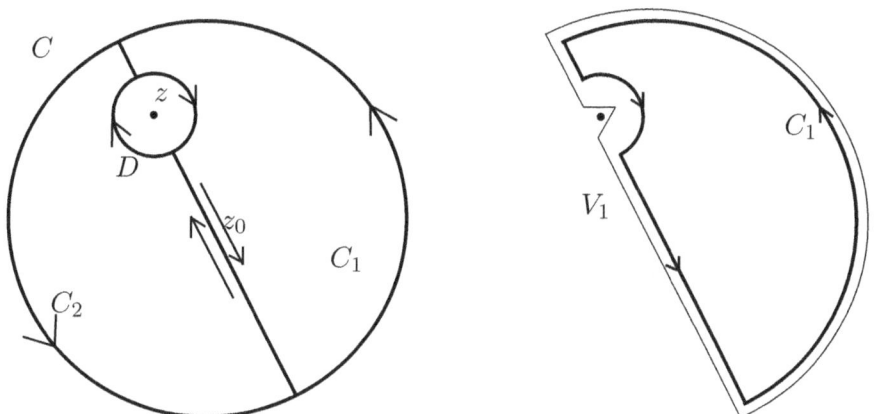

Figura 2.5: Curvas cerradas C_1 y C_2 involucradas en la prueba del teorema 2.7

Ahora, descomponiendo las integrales (2.4) y (2.5) y teniendo en cuenta que la suma de las integrales a lo largo de los segmentos rectilíneos comunes a C_1 y C_2 se anulan (por el sentido que presentan), se tiene que

$$0 = \int_{C_1} \frac{f(w)}{w-z}\, dw + \int_{C_2} \frac{f(w)}{w-z}\, dw = \int_C \frac{f(w)}{w-z}\, dw - \int_D \frac{f(w)}{w-z}\, dw$$

donde $C := C(z_0, r) = \{z \in \mathbb{C} : |z - z_0| = r\}$ y $D = C(z, t) = \{w \in \mathbb{C} : |w - z| = t\}$ (y las integrales sobre C y D están recorridas en sentido antihorario). Por tanto,

$$\int_C \frac{f(w)}{w-z}\, dw = \int_D \frac{f(w)}{w-z}\, dw.$$

En consecuencia,

$$\int_C \frac{f(w)}{w-z}\, dw = f(z) \int_D \frac{1}{w-z}\, dw + \int_D \frac{f(w) - f(z)}{w-z}\, dw. \tag{2.6}$$

La primera integral del segundo miembro de (2.6) se puede calcular como

$$\int_D \frac{1}{w-z}\, dw = \int_0^{2\pi} \frac{it e^{ix}}{t e^{ix}}\, dx = 2\pi i. \tag{2.7}$$

Por lo que respecta a la segunda integral, observar que como $f(w)$ es continua en z, dado $\varepsilon > 0$ existe $\delta > 0$ tal que $|f(w) - f(z)| < \varepsilon$ siempre que $|w - z| < \delta$. Por tanto, si tomamos $0 < t < \delta$, entonces por la proposición 2.3 tenemos que

$$\left| \int_D \frac{f(w) - f(z)}{w-z}\, dw \right| \leq 2\pi\varepsilon. \tag{2.8}$$

Así, teniendo en cuenta (2.6), (2.7) y (2.8), llegamos a que

$$\left| \int_C \frac{f(w)}{w-z}\, dw - 2\pi i f(z) \right| \leq 2\pi\varepsilon$$

y, como ε es arbitrario, queda demostrado el resultado. $\qquad\square$

Corolario 2.6 *Sea $z_0 \in \mathbb{C}$, $r > 0$ y $C := C(z_0, r) = \{z \in \mathbb{C} : |z - z_0| = r\}$. Entonces*

$$\int_C \frac{dw}{w-z} = \begin{cases} 2\pi i & \text{si } |z - z_0| < r \ (z \text{ pertenece a } D(z_0, r)) \\ 0 & \text{si } |z - z_0| > r \ (z \text{ es un punto exterior de } D(z_0, r)) \end{cases}.$$

Prueba. Si z pertenece a $D(z_0, r) = \{z \in \mathbb{C} : |z - z_0| < r\}$ entonces por la fórmula integral del círculo (tomando la función constante $f(z) = 1$) tenemos que $\displaystyle\int_C \frac{dw}{w-z} = 1$. Si z es un punto exterior de $D(z_0, r)$, tomaremos $U = D(z_0, s)$, con $r < s$ y tal que $z \notin U$, y aplicaremos el teorema de Cauchy para conjuntos convexos (corolario 2.4) con el abierto U y la función $f(w) = \dfrac{1}{w-z}$ (holomorfa en U), lo que nos da como resultado

$$\int_C f(w)\, dw = \int_C \frac{dw}{w-z} = 0. \qquad\square$$

Ejemplos 2.8 *Mediante la fórmula integral para el círculo, ahora podemos calcular directamente las siguientes integrales en las que tomaremos $f(z) = e^z$, que es holomorfa en todo $\mathbb{C}$:*

a) $\displaystyle\int_{C(0,2)} \frac{e^z}{z}\, dz = 2\pi i f(0) = 2\pi i.$

b) $\displaystyle\int_{C(0,1000000)} \frac{e^z}{z}\, dz = 2\pi i f(0) = 2\pi i.$

c) $\displaystyle\int_{C(0,2)} \frac{e^z}{1-z}\, dz = -\int_{C(0,2)} \frac{e^z}{z-1}\, dz = -2\pi i f(1) = -2\pi i\, e.$

d) *Sea $0 < a < b$,* $\displaystyle\int_{C(0,b)} \frac{e^z}{z+ai}\, dz = 2\pi i f(-ai) = 2\pi i e^{-ia}.$

Ejemplo 2.9 *Sea $a > 1$ y consideremos $C = C(a, a) = \{z \in \mathbb{C} : |z - a| = a\}$. Para calcular $\displaystyle\int_C \frac{z}{z^4-1}\, dz$ tomamos la función*

$$f(z) = \frac{z(z-1)}{z^4-1} = \frac{z}{(z+1)(z-i)(z+i)},$$

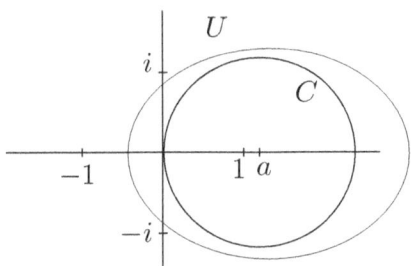

Figura 2.6: Gráfico correspondiente al ejemplo 2.9

que es holomorfa en un abierto U que contenga C y deje fuera a $-1, i$ y $-i$ (véase la figura 2.6). Por tanto, dado que $f(1) = \dfrac{\pi}{4}$, tenemos que

$$\int_C \frac{z}{z^4 - 1}\, dz = \int_C \frac{f(z)}{z - 1}\, dz = 2\pi i f(1) = \frac{\pi}{2} i.$$

Ejemplo 2.10 *Sea $0 < a < b$ y consideremos $C = C(0, b) = \{z \in \mathbb{C} : |z| = b\}$. Para calcular $\displaystyle\int_C \frac{e^z}{z^2 + a^2}\, dz$, dado que las dos raíces del denominador (ia y $-ia$) están en el interior de C, descomponemos el integrando de la siguiente forma*

$$\frac{e^z}{z^2 + a^2} = \frac{\frac{e^z}{2ai}}{z - ia} - \frac{\frac{e^z}{2ai}}{z + ia}.$$

Así,

$$\int_C \frac{e^z}{z^2 + a^2}\, dz = \frac{1}{2ai}\left(\int_C \frac{e^z}{z - ia}\, dz - \int_C \frac{e^z}{z + ia}\, dz\right) = \frac{2\pi i}{2ai}\left(e^{ia} - e^{-ia}\right) = 2\pi i \frac{\operatorname{sen} a}{a}.$$

2.5 Holomorfía de las derivadas

A continuación extenderemos el teorema 2.7 en el siguiente sentido.

Teorema 2.8 (Fórmula integral de Cauchy para el círculo de las derivadas)
Sea $f : U \to \mathbb{C}$ una función holomorfa en un conjunto abierto U que contiene a un disco $\overline{D}(z_0, r)$ para algún $z_0 \in \mathbb{C}$ y $r > 0$. Entonces para cualquier $z \in D(z_0, r)$ existen las derivadas de cualquier orden de f en z y se tiene, para cada $n \in \mathbb{N}$, que

$$f^{(n)}(z) = \frac{n!}{2\pi i}\int_C \frac{f(w)}{(w - z)^{n+1}}\, dw,$$

donde $C := C(z_0, r) = \{z \in \mathbb{C} : |z - z_0| = r\}$.

Prueba. Sea $z \in D(z_0, r)$. Probaremos en primer lugar que $f'(z)$ existe y su valor viene dado por $f'(z) = \dfrac{1}{2\pi i} \displaystyle\int_C \dfrac{f(w)}{(w-z)^2}\, dw$. En efecto, dado $h \neq 0$ suficientemente pequeño, por la fórmula integral de Cauchy para el círculo, se tiene que $f(z) = \dfrac{1}{2\pi i} \displaystyle\int_C \dfrac{f(w)}{w-z}\, dw$ y $f(z+h) = \dfrac{1}{2\pi i} \displaystyle\int_C \dfrac{f(w)}{w-(z+h)}\, dw$. Por tanto,

$$\frac{f(z+h)-f(z)}{h} - \frac{1}{2\pi i}\int_C \frac{f(w)}{(w-z)^2}\, dw =$$

$$= \frac{1}{2\pi i h}\int_C f(w)\left(\frac{1}{w-(z+h)} - \frac{1}{w-z} - \frac{h}{(w-z)^2}\right) dw =$$

$$= \frac{1}{2\pi i h}\int_C \frac{f(w)h^2}{(w-z-h)(w-z)^2}\, dw = \frac{h}{2\pi i}\int_C \frac{f(w)}{(w-z-h)(w-z)^2}\, dw.$$

Ahora, dado que $|f(w)|$ está acotada en C (por ser $f(w)$ continua y C compacto) y $\dfrac{1}{|w-z-h||w-z|^2}$ está acotado para h suficientemente pequeño (pues $w \in C(z_0, r)$ y $z \in D(z_0, r)$), es claro que $\dfrac{h}{2\pi i}\displaystyle\int_C \dfrac{f(w)}{(w-z-h)(w-z)^2}\, dw$ tiende a 0 cuando $h \to 0$ y, por tanto, queda probada la fórmula para $n = 1$ (notar que la existencia de $f'(z)$ estaba asegurada de antemano por la hipótesis de holomorfía de f). Ahora, repitiendo el proceso anterior, demostraremos la existencia de $f''(z)$ y la validez de la fórmula para $n = 2$. En efecto, utilizando la fórmula ya probada en el caso $n = 1$, observar que

$$\frac{f'(z+h)-f'(z)}{h} - \frac{2!}{2\pi i}\int_C \frac{f(w)}{(w-z)^3}\, dw =$$

$$= \frac{1}{2\pi i h}\int_C f(w)\left(\frac{1}{(w-(z+h))^2} - \frac{1}{(w-z)^2} - \frac{2h}{(w-z)^3}\right) dw =$$

$$= \frac{1}{2\pi i h}\int_C f(w)\left(\frac{3h^2(w-z)-2h^3}{(w-(z+h))^2(w-z)^3}\right) dw,$$

que, como antes, tiende a 0 cuando $h \to 0$, lo que conduce a la fórmula en el caso $n = 2$. Finalmente, empleando el mismo procedimiento se puede demostrar por inducción la fórmula en el caso general, ya que si la suponemos cierta para $n = k$ entonces

$$\frac{f^{(k)}(z+h)-f^{(k)}(z)}{h} - \frac{(k+1)!}{2\pi i}\int_C \frac{f(w)}{(w-z)^{k+2}}\, dw =$$

$$= \frac{k!}{2\pi i h}\int_C f(w)\left(\frac{1}{(w-(z+h))^{k+1}} - \frac{1}{(w-z)^{k+1}} - \frac{(k+1)h}{(w-z)^{k+2}}\right) dw =$$

$$= \frac{k!}{2\pi i h} \int_C f(w) \left(\frac{h^2 \left(-\binom{k+1}{2} + (k+1)\binom{k+1}{1} \right) (w-z)^k +}{(w-(z+h))^{k+1}(w-z)^{k+2}} \right.$$

$$\left. \frac{+h^3 \left(\binom{k+1}{3} - (k+1)\binom{k+1}{2} \right) (w-z)^{k-1} + \ldots - h^{k+2}(k+1)}{(w-(z+h))^{k+1}(w-z)^{k+2}} \right) dw,$$

que tiende igualmente a 0. $\qquad\qquad\qquad\qquad\qquad\qquad\qquad\qquad\qquad\square$

Nota 2.7 *El argumento utilizado para demostrar el teorema anterior permite también demostrar igualmente que si γ es un camino cerrado y $g(z)$ es una función continua en γ^*, entonces $F(z) := \int_\gamma \frac{g(w)}{w-z} dw$ definida sobre $\mathbb{C} \setminus \gamma^*$ tiene derivadas de todos los órdenes en $\mathbb{C} \setminus \gamma^*$ y para cada $n \in \mathbb{N}$ se tiene que $F^{(n)}(z) = n! \int_\gamma \frac{g(w)}{(w-z)^{n+1}} dw$ $\forall z \in \mathbb{C} \setminus \gamma^*$.*

Ejemplos 2.11

1. *Sea $a \in \mathbb{C}$ tal que $|a| < 1$ y consideremos $C = C(0,1) = \{z \in \mathbb{C} : |z| = 1\}$. Para calcular $\int_C \frac{ze^z}{(z-a)^3} dz$ tomamos $f(z) = ze^z$ que es holomorfa en $\mathbb{C}$. Por tanto, dado que $f''(a) = 2e^a + ae^a$, tenemos que*

$$\int_C \frac{ze^z}{(z-a)^3} dz = \frac{2\pi i}{2!} f''(a) = \pi i e^a (2+a).$$

2. *Consideremos $C = C(1,1) = \{z \in \mathbb{C} : |z-1| = 1\}$. Para calcular $\int_C \frac{\text{sen}(\pi z)}{(z^2-1)^2} dz$, observar que $(z^2-1)^2 = (z-1)^2(z+1)^2$ y que $f(z) = \frac{\text{sen}(\pi z)}{(z+1)^2}$ es holomorfa por ejemplo en $D(1, 3/2)$. Así*

$$\int_C \frac{\text{sen}(\pi z)}{(z^2-1)^2} dz = \int_C \frac{f(z)}{(z-1)^2} dz = 2\pi i f'(1) = 2\pi i \left(-\frac{\pi}{4} \right) = -\frac{\pi^2}{2} i.$$

Teorema 2.9 (Holomorfía de las derivadas) *Sea f una función compleja holomorfa en un punto (esto es, holomorfa en un entorno que contiene al punto). Entonces sus derivadas de todos los órdenes son también funciones holomorfas en ese punto. Además, si f tiene primitiva en un abierto U entonces f es holomorfa en U.*

Prueba. Si f es holomorfa en un punto z_0, existe un disco $D(z_0, r)$ para algún $r > 0$ tal que f es holomorfa en $D(z_0, r)$. Así pues, utilizando el teorema anterior, f es indefinidamente derivable en cualquier punto del disco y, en particular, f' tiene derivada en todo punto de $D(z_0, r)$, lo que muestra que f' es holomorfa en tal conjunto. Aplicando este mismo resultado a la función f' en lugar de a f se tiene que f'' es también holomorfa en $D(z_0, r)$. De manera general, la holomorfía de $f^{(k)}$ en $D(z_0, r)$ implica la de $f^{(k+1)}$ en el mismo conjunto. Ahora es fácil demostrar por inducción que todas las derivadas existen en $D(z_0, r)$ y son holomorfas.

Por otra parte, si f tiene primitiva en U entonces existe una función F holomorfa en U tal que $F'(z) = f(z) \ \forall z \in U$. Así, por lo anterior, existe $F''(z) = f'(z)$ para cada $z \in U$ y, por tanto, f es holomorfa en U. $\qquad\qquad\square$

Observación 2.2 *Como hemos probado, las funciones holomorfas tienen la muy notable propiedad de admitir un número infinito de derivadas sucesivas, siendo todas ellas también holomorfas. Es evidente que la propiedad análoga para el caso de funciones reales de variable real no se cumple, como en el caso* $f(x) = \begin{cases} x^{n+1} & \text{si } x > 0 \\ 0 & \text{si } x \leq 0 \end{cases}$, $n \in \mathbb{N}$, *que admite* n *derivadas con continuidad, pero no más.*

En la sección 1.3 del capítulo 1, al introducir las funciones armónicas, ya avanzamos que cuando una función es holomorfa entonces las derivadas parciales de sus partes real e imaginaria existen y son funciones continuas, propiedad que ya podemos probar.

Corolario 2.7 (Derivadas parciales continuas de las partes real e imaginaria)
Si una función $f(z) = u(x, y) + iv(x, y)$ *(con* $z = x + iy$*) es holomorfa en un punto* $z_0 = x_0 + iy_0$*, sus funciones componentes* $u(x, y)$ *y* $v(x, y)$ *tienen derivadas parciales continuas de todo orden en* (x_0, y_0)*.*

Prueba. Si f es holomorfa en $z_0 = x_0 + iy_0 \in \mathbb{C}$, de acuerdo con el resultado anterior, las derivadas de f son también holomorfas en z_0 y, por tanto, continuas en tal punto. Ahora, dado que

$$f'(z_0) = \frac{\partial u}{\partial x}(x_0, y_0) - i\frac{\partial u}{\partial y}(x_0, y_0) = \frac{\partial v}{\partial y}(x_0, y_0) + i\frac{\partial v}{\partial x}(x_0, y_0)$$

(véase la demostración del teorema 1.2), podemos concluir que las derivadas parciales de primer orden de $u(x, y)$ y $v(x, y)$ son continuas en ese punto. Más aún, dado que f'' es holomorfa y continua en z_0 y

$$f''(z_0) = \frac{\partial^2 u}{\partial x^2}(x_0, y_0) - i\frac{\partial^2 u}{\partial y \partial x}(x_0, y_0) = \frac{\partial^2 v}{\partial y \partial x}(x_0, y_0) + i\frac{\partial^2 v}{\partial x^2}(x_0, y_0),$$

también podemos concluir que las derivadas parciales de segundo orden de $u(x, y)$ y $v(x, y)$ son continuas en (x_0, y_0), y así sucesivamente. $\qquad\square$

Observación 2.3 (Armonicidad de las partes real e imaginaria) *A partir del resultado anterior y de las condiciones de Cauchy-Riemann, se deduce claramente que las partes real e imaginaria de una función holomorfa en un dominio D son funciones armónicas en D.*

Observación 2.4 (Interpretación física de las condiciones C-R (bis))
Sea $f(z) = u(x, y) + iv(x, y)$ $(z = x + iy)$ una función holomorfa en $\mathbb{C}$. Notemos que la armonicidad de u o v es equivalente al hecho de que la divergencia del gradiente de u o v sea 0. Al respecto de la observación anterior (y de la observación 1.3), si u se toma como un potencial de velocidad (es decir, el gradiente de u representa el vector velocidad del fluido en cada punto del plano), una interpretación física estándar de las ecuaciones de Cauchy-Riemann, $\frac{\partial u}{\partial x} = \frac{\partial v}{\partial y}$ y $\frac{\partial u}{\partial y} = -\frac{\partial v}{\partial x}$, es que u representa un potencial de velocidad de un flujo de fluido estable incompresible en el plano (es decir, la divergencia del gradiente es 0), y v es su función de corriente. De hecho, dado que los gradientes de u y v son perpendiculares por la observación 1.2 (y sabemos que el gradiente siempre es perpendicular a las curvas de nivel), el gradiente de u o vector de velocidad, que se suele suponer no nulo o sin puntos de estancamiento, debe apuntar a lo largo de las curvas de nivel de v (tales curvas, por las que las partículas del fluido se mueven, también se llaman líneas de corriente).

Además, tal como ya avanzamos en la nota 2.5, en realidad la condición de posible no holomorfía en un punto que aparece en los teoremas de Cauchy extendidos para regiones estrelladas no es factible.

Corolario 2.8 *Sea $f : U \to \mathbb{C}$ una función continua en un abierto U y holomorfa en $U \setminus \{z_0\}$ para algún $z_0 \in U$. Entonces f es holomorfa en U.*

Prueba. Consideremos $V = D(z_0, r)$ con $r > 0$ tal que $V \subset U$. Si aplicamos el teorema de Cauchy para conjuntos convexos (corolario 2.4) se tiene que $\int_\gamma f(z)\, dz = 0$ para todo γ camino cerrado en V. Ahora, por el teorema de independencia del camino (teorema 2.2), deducimos que f tiene primitiva en V. Finalmente, aplicando el teorema 2.9, llegamos a que f es holomorfa en V y, por tanto, en U. $\qquad\square$

2.6 Teoría general de Cauchy

Los teoremas de Cauchy expuestos en la sección 2.3 aglutinan muchos dominios y resultan ser suficientes en muchas circunstancias. Sin embargo, nuestro propósito en esta sección es profundizar en este resultado con tal de obtener las condiciones precisas que se requieren para que el teorema local de Cauchy pueda ser extendido a dominios más generales.

2.6.1   Índice de un punto respecto de un camino cerrado

Comenzaremos este apartado definiendo el concepto de índice de un punto respecto a un camino, que jugará un papel muy importante para acometer el principal objetivo de esta sección.

Definición 2.12 (Índice de un punto respecto de un camino cerrado)
Sea γ un camino cerrado y $z_0 \notin \gamma^*$. Se define el índice de z_0 respecto del camino γ, y se denota por $n(\gamma, z_0)$, por

$$n(\gamma, z_0) = \frac{1}{2\pi i} \int_\gamma \frac{dz}{z - z_0}.$$

Geométricamente, $n(\gamma, z_0)$ representa el número de vueltas completas (en sentido antihorario) que da un camino cerrado γ alrededor de z_0, teniendo en cuenta que las vueltas en sentido opuesto se cancelan. Por convenio, se toma $n(\gamma, \infty) = 0$.

Observación 2.5 *Para justificar intuitivamente el comentario anterior, observar que si γ_1 es una circunferencia de centro z_0 y radio $r > 0$ recorrida n veces en sentido antihorario, entonces $\gamma_1(t) = z_0 + re^{it}$, $0 \leq t \leq 2\pi n$ y*

$$\frac{1}{2\pi i} \int_{\gamma_1} \frac{dz}{z - z_0} = \frac{1}{2\pi i} \int_0^{2\pi n} \frac{ire^{it}}{re^{it}} \, dt = n.$$

Análogamente, si γ_2 es la circunferencia de centro z_0 y radio $r > 0$ recorrida n veces en sentido horario, entonces

$$\frac{1}{2\pi i} \int_{\gamma_2} \frac{dz}{z - z_0} = -n.$$

Observar también que si z_0 es un punto exterior a una circunferencia γ, por el corolario 2.6 se tiene que

$$\frac{1}{2\pi i} \int_\gamma \frac{dz}{z - z_0} = 0.$$

Esto sugiere por tanto que $n(\gamma, z_0)$ sea el número de vueltas en sentido positivo que da γ alrededor de z_0 (véase la figura 2.7).

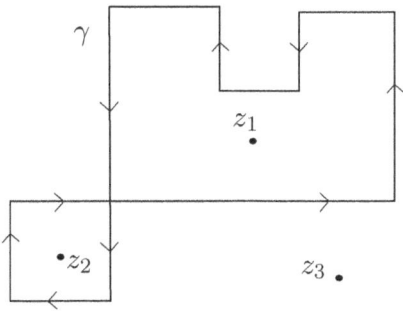

Figura 2.7: Ilustración del índice: $n(\gamma, z_1) = 1$, $n(\gamma, z_2) = -1$, $n(\gamma, z_3) = 0$

Nota 2.8 (Índice de un punto respecto de una curva cerrada)

Más generalmente se puede definir el índice para curvas cerradas no necesariamente caminos [7, pág. 43]. Sea $\gamma : [a, b] \to \mathbb{C}$ una curva cerrada y $z_0 \notin \gamma^*$, entonces se puede definir el índice de z_0 respecto de la curva γ, y se denota igualmente por $n(\gamma, z_0)$, por

$$n(\gamma, z_0) = \frac{\theta_{z_0}(b) - \theta_{z_0}(a)}{2\pi},$$

donde θ_{z_0} es un argumento continuo de $\gamma - z_0$ sobre el intervalo $[a, b]$, es decir, $\theta_{z_0} : [a, b] \to \mathbb{R}$ es continua en $[a, b]$ y $\gamma(t) - z_0 = |\gamma(t) - z_0| e^{i\theta_{z_0}(t)} \; \forall t \in [a, b]$.

Para nuestros propósitos será suficiente manejar esta definición para caminos cerrados, que naturalmente coincide en este caso con la dada en la definición 2.12.

Veamos las principales propiedades que verifica el índice.

Proposición 2.4 (Propiedades del índice) *Sea $\gamma : [a, b] \to \mathbb{C}$ un camino cerrado y $z_0 \notin \gamma^*$. Se cumple que:*

i) *El índice $n(\gamma, z_0)$ es un número entero;*

ii) *$n(\gamma, z_0) = n(\gamma - z_0, 0)$;*

iii) *$n(-\gamma, z_0) = -n(\gamma, z_0)$;*

iv) *Si $\beta : [a, b] \to \mathbb{C}$ es otro camino cerrado tal que $0 \notin \gamma^* \cup \beta^*$, entonces se cumple que $n(\gamma \cdot \beta, 0) = n(\gamma, 0) + n(\beta, 0)$ y $n(\gamma/\beta, 0) = n(\gamma, 0) - n(\beta, 0)$;*

v) *Si $\gamma^* \subset D(z_0, r)$ para algún $r > 0$ y $z \notin D(z_0, r)$, entonces $n(\gamma, z) = 0$;*

vi) *La función $z \to n(\gamma, z)$, $z \notin \gamma^*$, es constante en cada componente conexa de $\mathbb{C} \setminus \gamma^*$;*

vii) *$n(\gamma, z) = 0$ para todo z en la componente conexa no acotada de $\mathbb{C} \setminus \gamma^*$.*

Prueba. Sea $\gamma : [a, b] \to \mathbb{C}$ un camino cerrado y $z_0 \notin \gamma^*$.

i) Sea $g(t) := \displaystyle\int_a^t \frac{\gamma'(s)}{\gamma(s) - z_0} \, ds$, $t \in [a, b]$ (observar que $n(\gamma, z_0) = \dfrac{g(b)}{2\pi i}$). Si aplicamos el teorema fundamental del cálculo a las partes real e imaginaria del integrando de $g(t)$, se tiene que

$$g'(t) = \frac{\gamma'(t)}{\gamma(t) - z_0} \quad \forall t \in [a, b]. \tag{2.9}$$

Por tanto, si $h(t) := e^{-g(t)}(\gamma(t) - z_0) \ \forall t \in [a, b]$, a partir de (2.9) se tiene que

$$h'(t) = e^{-g(t)} \frac{-\gamma'(t)}{\gamma(t) - z_0}(\gamma(t) - z_0) + e^{-g(t)}\gamma'(t) = 0$$

y, consecuentemente, dado que h es continua (puesto que $g(t)$ es claramente continua) se deduce que es constante en $[a, b]$. En particular $h(a) = h(b)$, es decir,

$$e^{-g(a)}(\gamma(a) - z_0) = e^{-g(b)}(\gamma(b) - z_0),$$

de donde se deduce que $e^{-g(a)} = e^{-g(b)} = e^0 = 1$ y, por tanto, $g(b) = 2\pi i n$ para algún $n \in \mathbb{Z}$. En conclusión, $n(\gamma, z_0) = n \in \mathbb{Z}$.

ii) Observar que

$$n(\gamma, z_0) = \frac{1}{2\pi i} \int_\gamma \frac{dz}{z - z_0} = \frac{1}{2\pi i} \int_a^b \frac{\gamma'(t)}{\gamma(t) - z_0} \, dt.$$

Por otra parte,

$$n(\gamma - z_0, 0) = \frac{1}{2\pi i} \int_{\gamma - z_0} \frac{dz}{z} = \frac{1}{2\pi i} \int_a^b \frac{\gamma'(s)}{\gamma(s) - z_0} ds.$$

En consecuencia, $n(\gamma, z_0) = n(\gamma - z_0, 0)$.

iii) Si $-\gamma$ es el camino opuesto a γ, definido por $(-\gamma)(t) = \gamma(b + a - t)$ para $t \in [a, b]$, entonces $n(-\gamma, z_0) = -n(\gamma, z_0)$ en virtud de la proposición 2.2, apartado iv).

iv) Observar que

$$n(\gamma \cdot \beta, 0) = \frac{1}{2\pi i} \int_{\gamma \cdot \beta} \frac{dz}{z} = \frac{1}{2\pi i} \int_a^b \frac{\gamma'(t)\beta(t) + \gamma(t)\beta'(t)}{\gamma(t)\beta(t)} \, dt =$$

$$= \frac{1}{2\pi i} \left(\int_a^b \frac{\gamma'(t)}{\gamma(t)} \, dt + \int_a^b \frac{\beta'(t)}{\beta(t)} \, dt \right) = n(\gamma, 0) + n(\beta, 0).$$

De forma análoga,

$$n(\gamma/\beta, 0) = \frac{1}{2\pi i} \int_{\gamma/\beta} \frac{dz}{z} = \frac{1}{2\pi i} \int_a^b \frac{\gamma'(t)\beta(t) - \gamma(t)\beta'(t)}{\beta^2(t)\frac{\gamma(t)}{\beta(t)}} \, dt =$$

$$= \frac{1}{2\pi i} \left(\int_a^b \frac{\gamma'(t)}{\gamma(t)} \, dt - \int_a^b \frac{\beta'(t)}{\beta(t)} \, dt \right) = n(\gamma, 0) - n(\beta, 0).$$

v) Sea $U = D(z_0, r)$, por el teorema de Cauchy para regiones convexas se tiene que $n(\gamma, z) = \dfrac{1}{2\pi i} \displaystyle\int_\gamma \frac{dw}{w - z} = 0$ para todo $z \notin U$, dado que $f(w) = \dfrac{1}{w - z}$ es holomorfa en U.

vi) Tomemos $r > 0$ tal que $D(z_0, r) \subset \mathbb{C} \setminus \gamma^*$. Si $z \in D(z_0, r)$, por las propiedades anteriores tenemos que

$$n(\gamma, z) - n(\gamma, z_0) = n(\gamma - z, 0) - n(\gamma - z_0, 0) =$$

$$= n\left(\frac{\gamma - z}{\gamma - z_0}, 0 \right) = n\left(1 + \frac{z_0 - z}{\gamma - z_0}, 0 \right). \qquad (2.10)$$

Además, observar que

$$\left| \frac{z_0 - z}{\gamma(t) - z_0} \right| < \frac{r}{\gamma(t) - z_0} \le 1 \; \forall t \in [a, b],$$

lo que implica que $1 + \dfrac{z_0 - z}{\gamma(t) - z_0} \in D(1, 1) \; \forall t \in [a, b]$. Ahora, dado que $0 \notin D(1, 1)$, de la propiedad anterior y de (2.10) se deduce que $n(\gamma, z) = n(\gamma, z_0)$. Esto prueba que la función $z \to n(\gamma, z)$ es continua en $\mathbb{C} \setminus \gamma^*$ y localmente constante. Si Ω es la componente conexa de $\mathbb{C} \setminus \gamma^*$ que contiene a z_0 y $A := \{z \in \Omega : n(\gamma, z) = n(\gamma, z_0)\}$, entonces A es abierto y cerrado, además de no vacío, y por tanto $A = \Omega$, lo que prueba el resultado.

vii) Se deduce inmediatamente de las dos propiedades anteriores, ya que $\gamma^* \subset D(0, R)$ para algún $R > 0$ suficientemente grande.

$\square$

Estas propiedades se satisfacen en general para el caso de curvas cerradas no necesariamente caminos. Particularmente las últimas dos propiedades son esenciales para abordar la demostración de algunos de los resultados importantes que presentamos a continuación y permiten identificar el interior de una curva cerrada γ como el conjunto de puntos $\{z \in \mathbb{C} : n(\gamma, z) \neq 0\}$, que coincide con el interior definido por el teorema de la curva de Jordan [30, pág. 111].

2.6.2   Teorema global de Cauchy

El siguiente resultado generaliza la fórmula integral de Cauchy para el círculo (teorema 2.7).

Teorema 2.10 (Fórmula integral de Cauchy) *Sea* $f : U \to \mathbb{C}$ *una función holomorfa en un conjunto abierto* $U \subset \mathbb{C}$ *y sea* γ *un camino cerrado en* U *tal que* $n(\gamma, z) = 0$ *$\forall z \in \mathbb{C} \setminus U$. Entonces*

$$n(\gamma, z) f(z) = \frac{1}{2\pi i} \int_\gamma \frac{f(w)}{w - z} \, dw \quad \forall z \in U \setminus \gamma^*.$$

Prueba. Sea $U' = \{z \in \mathbb{C} \setminus \gamma^* : n(\gamma, z) = 0\}$, entonces todo punto de U' es interior por la proposición 2.4, apartado vi), y por tanto U' es un conjunto abierto. Observar además que $\mathbb{C} = U \cup U'$ (ya que si $n(\gamma, z) \neq 0$ entonces $z \in U$). Definamos ahora sobre $U \times U$ la función

$$g(w, z) := \begin{cases} \dfrac{f(w) - f(z)}{w - z} & \text{si } w \neq z \\[2mm] f'(z) & \text{si } w = z \end{cases},$$

entonces $g(w, z)$ es continua y, si fijamos $w \in U$, la función $z \mapsto g(w, z)$ es holomorfa en U (por la holomorfía de f en U y el corolario 2.8). Así, si $z \in U'$ entonces $z \notin \gamma^*$, $n(\gamma, z) = 0$ y

$$\int_\gamma g(w, z) \, dw = \int_\gamma \frac{f(w)}{w - z} \, dw - \int_\gamma \frac{f(z)}{w - z} \, dw =$$

$$= \int_\gamma \frac{f(w)}{w - z} \, dw - f(z) \cdot 2\pi i \cdot n(\gamma, z) =$$

$$= \int_\gamma \frac{f(w)}{w - z} \, dw.$$

Por tanto, podemos definir sobre $\mathbb{C}$ la función

$$h(z) := \begin{cases} \displaystyle\int_\gamma g(w, z) \, dw & \text{si } z \in U \\[3mm] \displaystyle\int_\gamma \frac{f(w)}{w - z} \, dw & \text{si } z \in U' \end{cases},$$

que es holomorfa en U' directamente por la nota 2.7. Además, h es también holomorfa en U puesto que

$$\int_\gamma g(w, z) \, dw = \int_a^b g(\gamma(t), z) \gamma'(t) \, dt = \frac{1}{2\pi i} \int_a^b \gamma'(t) \left(\int_C \frac{g(\gamma(t), s)}{s - z} ds \right) dt =$$

$$= \frac{1}{2\pi i} \int_C \left(\int_a^b g(\gamma(t),s)\gamma'(t)\,dt \right) \frac{1}{s-z}\,ds$$

donde $C = C(z_0, r)$ con z_0 y $r > 0$ tal que $\overline{D}(z_0, r) \subset U$, y podemos aplicar de nuevo la nota 2.7, ya que la aplicación $s \mapsto \int_a^b g(\gamma(t),s)\gamma'(t)\,dt$ da lugar a una función continua. Consecuentemente, $h(z)$ es holomorfa en $\mathbb{C}$ y para $|z|$ suficientemente grande (en los que $z \in U'$ por la proposición 2.4, apartado vii)), se tiene que

$$|h(z)| = \left| \int_\gamma \frac{f(w)}{w-z}\,dw \right| \leq M(\gamma)L(\gamma),$$

donde $M(\gamma) := \text{máx}\left\{ \left| \frac{f(w)}{w-z} \right| : w \in \gamma^* \right\} \leq \text{máx}\left\{ \frac{|f(w)|}{|z|-|w|} : w \in \gamma^* \right\} \xrightarrow{|z| \to \infty} 0.$ Así, h es claramente acotada en $\mathbb{C}$. Sea M_1 tal que $|h(z)| \leq M_1 \ \forall z \in \mathbb{C}$. Esto implica que h es idénticamente constante igual a 0 (haremos a continuación una prueba de esto, pero el lector puede también ir al teorema de Liouville, demostrado en el teorema 2.17). En efecto, dado $z_0 \in \mathbb{C}$, por la fórmula integral de Cauchy para las derivadas (teorema 2.8), se tiene que

$$h'(z_0) = \frac{1}{2\pi i} \int_{C_r} \frac{h(z)}{(z-z_0)^2}\,dz,$$

siendo $C_r = \{ z \in \mathbb{C} : |z-z_0| = r \}$ con $r > 0$ cualquiera, y tomando módulos nos queda

$$\left| h'(z_0) \right| \leq \frac{1}{2\pi} \frac{M_1}{r^2} 2\pi r = \frac{M_1}{r},$$

con lo que $h'(z_0) = 0$ y, siendo z_0 cualquiera, $h'(z) = 0 \ \forall z \in \mathbb{C}$, lo que implica por el corolario 2.1 que $h(z)$ es constante. Como $M(\gamma)$ tiende a 0 cuando $|z| \to \infty$, entonces $h(z)$ es constantemente igual a 0. En particular, si $z \in U \setminus \gamma^*$, se tiene que

$$0 = h(z) = \int_\gamma g(w,z)\,dw = \int_\gamma \frac{f(w)}{w-z}\,dw - \int_\gamma \frac{f(z)}{w-z}\,dw =$$

$$= \int_\gamma \frac{f(w)}{w-z}\,dw - 2\pi i f(z) \cdot n(\gamma, z),$$

es decir,

$$n(\gamma, z)f(z) = \frac{1}{2\pi i} \int_\gamma \frac{f(w)}{w-z}\,dw.$$

$\square$

Nota 2.9 *La fórmula para las derivadas se demuestra igual que en el caso local. Así, también es cierto, para cada $n \in \mathbb{N}$, que*

$$n(\gamma, z) f^{(n)}(z) = \frac{n!}{2\pi i} \int_\gamma \frac{f(w)}{(w-z)^{n+1}} \, dw \quad \forall z \in U \setminus \gamma^*.$$

Ejemplo 2.12 *Sea γ el camino cerrado dado por la figura 2.6 con $z_2 = 0$. Entonces $n(\gamma, z_2) = -1$, y por la fórmula integral de Cauchy del teorema 2.10 tenemos que*

$$\int_\gamma \frac{e^{i(z-1)}}{z} \, dz = (-1) e^i 2\pi i = 2\pi(\operatorname{sen} 1 - i \cos 1).$$

De la fórmula integral de Cauchy podemos ahora deducir el siguiente importante resultado, que engloba a los teoremas de Cauchy demostrados anteriormente para regiones específicas.

Teorema 2.11 (Teorema global de Cauchy) *Sea $f : U \to \mathbb{C}$ una función holomorfa en un conjunto abierto U y sea γ un camino cerrado en U tal que $n(\gamma, z) = 0$ $\forall z \in \mathbb{C} \setminus U$, entonces*

$$\int_\gamma f(z) \, dz = 0.$$

Prueba. Sea γ un camino cerrado en U tal que $n(\gamma, z) = 0$ $\forall z \in \mathbb{C} \setminus U$. Fijemos $z_0 \in U \setminus \gamma^*$, si tomamos $g(w) := (w - z_0) f(w)$ $\forall w \in U$, entonces g es holomorfa en U y, por la fórmula integral de Cauchy (teorema 2.10), tenemos que

$$n(\gamma, z) g(z) = \frac{1}{2\pi i} \int_\gamma \frac{g(w)}{w - z} \, dw.$$

En particular, para $z = z_0$ tenemos que

$$0 = \frac{1}{2\pi i} \int_\gamma f(w) \, dw,$$

de donde se deduce el resultado. $\qquad\qquad\qquad\qquad\qquad\qquad\qquad\qquad\qquad\square$

En realidad, el recíproco del teorema global de Cauchy también es cierto.

Teorema 2.12 (Recíproco del teorema global de Cauchy) *Sea γ un camino cerrado en un conjunto abierto $U \subset \mathbb{C}$. Se cumple que $\int_\gamma f(z) \, dz = 0$ para cada función $f : U \to \mathbb{C}$ holomorfa en U si, y solo si, $n(\gamma, z) = 0$ $\forall z \in \mathbb{C} \setminus U$.*

Prueba. De acuerdo con el teorema global de Cauchy, solo nos queda probar la implicación directa. Sea γ un camino cerrado en un conjunto abierto U y supongamos que existe $z_0 \in \mathbb{C} \setminus U$ tal que $n(\gamma, z_0) \neq 0$, entonces

$$0 \neq n(\gamma, z_0) = \frac{1}{2\pi i} \int_\gamma \frac{1}{z - z_0} \, dz,$$

pero esto es un absurdo, ya que la función $g(z) := \dfrac{1}{z - z_0}$, $z \in U$, es holomorfa en U y, por hipótesis, se debería cumplir que $\displaystyle\int_\gamma g(z) \, dz = 0$. $\qquad\square$

2.6.3 Consideraciones finales alrededor del teorema global de Cauchy

Homología

En la sección anterior hemos determinado la condición que han de cumplir los caminos cerrados γ en un abierto genérico U con tal que $\displaystyle\int_\gamma f(z) \, dz = 0$ para cada función f holomorfa en U. Les pondremos nombre a los caminos cerrados que satisfacen esta condición deseada en un abierto U.

Definición 2.13 (Camino cerrado homólogo a 0) *Si γ es un camino cerrado en un conjunto abierto U tal que $n(\gamma, z) = 0 \ \forall z \in \mathbb{C} \setminus U$, entonces diremos que γ es homólogo a 0 en U.*

Definición 2.14 (Caminos cerrados homólogos) *Sea U un abierto y γ_1 y γ_2 dos caminos cerrados en U. Diremos que γ_1 y γ_2 son homólogos en U si $n(\gamma_1, z) = n(\gamma_2, z)$ $\forall z \in \mathbb{C} \setminus U$.*

Ejemplo 2.13 *Sea $U = \{z \in \mathbb{C} : 1 < |z| < 5\}$, γ_1 la circunferencia de centro 0 y radio 2 y γ_2 la circunferencia de centro 0 y radio 4, ambas orientas positivamente. Entonces $n(\gamma_1, z) = n(\gamma_2, z) = 1$ para todo z tal que $|z| \leq 1$ y $n(\gamma_1, z) = n(\gamma_2, z) = 0$ para todo z tal que $|z| \geq 5$. Por tanto, γ_1 y γ_2 son homólogos en U.*

Los resultados de integración que estamos analizando forman la piedra angular de la teoría de funciones holomorfas. Para tratar de desembocar en un resultado aún más potente, introduciremos ahora combinaciones lineales con coeficientes enteros de caminos cerrados en $\mathbb{C}$.

Definición 2.15 (Ciclo) *Definimos los ciclos como sumas de la forma $\gamma = a_1\gamma_1 + \ldots + a_n\gamma_n$, con $a_j \in \mathbb{Z}$ y γ_j un camino cerrado para cada $j = 1, \ldots, n$.*

Es conveniente recordar que en la proposición 2.2, apartado v), consideramos la suma (o composición) de caminos para el caso en que el extremo final del primero coincide con el inicial del segundo. Sin embargo, en la definición que hemos dado de ciclo se permite que los caminos cerrados se puedan componer poniendo uno a continuación de otro (por analogía a la noción de *lazo* que se utiliza en topología).

Nota 2.10 (Integración sobre ciclos) *Si* $\gamma = a_1\gamma_1 + \ldots + a_n\gamma_n$ *es un ciclo, entonces definimos*

$$\int_\gamma f(z)\,dz := \sum_{j=1}^n a_j \int_{\gamma_j} f(z)\,dz \quad \text{para toda función } f \text{ continua en } \gamma^* := \cup_{j=1}^n \gamma_j^*$$

y

$$n(\gamma, z_0) := a_1 n(\gamma_1, z_0) + \ldots + a_n n(\gamma_n, z_0) \quad \forall z_0 \notin \gamma^*.$$

Con estas definiciones (que necesitaban hacerse puesto que todos los ciclos no son caminos) es obvio que todas las propiedades elementales sobre integrales e índices se generalizan inmediatamente a ciclos. En particular,

$$n(\gamma, z_0) = \frac{1}{2\pi i} \int_\gamma \frac{dz}{z - z_0} \quad \forall z_0 \in \mathbb{C} \setminus \gamma^*,$$

el índice es constante en cada componente conexa de $\mathbb{C} \setminus \gamma^*$ *y es nulo en su única componente conexa no acotada. Además, la demostración de la fórmula integral de Cauchy llevada a cabo en el teorema 2.10 para caminos cerrados puede ser análogamente realizada para ciclos y deducir igualmente el teorema global de Cauchy (teorema 2.11) y su recíproco (teorema 2.12).*

Observación 2.6 *Dos caminos cerrados son homólogos si el ciclo* $\gamma_1 - \gamma_2$ *es homólogo a 0 en el sentido de la definición 2.13.*

Corolario 2.9 *Sea U un abierto y γ_1 y γ_2 dos caminos cerrados (o ciclos) en U. Se cumple que* $\int_{\gamma_1} f(z)\,dz = \int_{\gamma_2} f(z)\,dz$ *para toda función f holomorfa en U si, y solo si, γ_1 y γ_2 son homólogos en U.*

Prueba. Sean γ_1 y γ_2 dos caminos cerrados en U y llamemos γ al ciclo $\gamma_1 - \gamma_2$.

- Si γ_1 y γ_2 son homólogos en U, entonces el ciclo $\gamma = \gamma_1 - \gamma_2$ es homólogo a 0 y, de acuerdo con la nota 2.10, podemos aplicar el teorema 2.11 al ciclo γ, obteniendo

$$0 = \int_\gamma f(z)\,dz = \int_{\gamma_1} f(z)\,dz - \int_{\gamma_2} f(z)\,dz,$$

de donde se deduce el resultado.

- Recíprocamente, si $\displaystyle\int_{\gamma_1} f(z)\,dz = \int_{\gamma_2} f(z)\,dz$ para toda función holomorfa f en U y suponemos que existe $z_0 \in \mathbb{C} \setminus U$ tal que $n(\gamma_1, z_0) \neq n(\gamma_2, z_0)$, entonces

$$0 \neq n(\gamma_1, z_0) - n(\gamma_2, z_0) = n(\gamma, z_0) = \frac{1}{2\pi i} \int_\gamma \frac{1}{z - z_0}\,dz,$$

pero esto es un absurdo, ya que $g(z) := \dfrac{1}{z - z_0}$ es holomorfa en U y, por hipótesis, se debería cumplir que $\displaystyle\int_\gamma g(z)\,dz = \int_{\gamma_1} g(z)\,dz - \int_{\gamma_2} g(z)\,dz = 0$ (véase la analogía con la demostración del teorema 2.12).

$\square$

Ejemplo 2.14 *Sea* $U = \{z \in \mathbb{C} : 0 < |z| < 3\}$, $f(z) = \frac{1}{z}$, γ_1 *la circunferencia de centro 0 y radio 1 y* γ_2 *la circunferencia de centro 0 y radio 2, ambas orientas positivamente. Entonces* γ_1 *y* γ_2 *son homólogos en* U *y, por el corolario anterior,* $\displaystyle\int_{\gamma_1} f(z)\,dz = \int_{\gamma_2} f(z)\,dz.$

En muchos contextos teóricos necesitamos garantizar que una función holomorfa tiene integral nula a lo largo de cualquier camino cerrado contenido en su dominio. La convexidad es una condición suficiente (véase el teorema de Cauchy para conjuntos convexos en el corolario 2.4), pero no necesaria. Más aún, los abiertos U del plano que verifican tal condición, sea cual sea el camino cerrado contenido en ellos, son los conjuntos abiertos simplemente conexos, tal como demostraremos a continuación.

Proposición 2.5 *Sea* $U \subset \mathbb{C}$ *un conjunto abierto y simplemente conexo, y* γ *un camino cerrado (o ciclo) en* U. *Entonces* γ *es homólogo a 0 en* U.

Prueba. Si U es simplemente conexo, se cumple que $\hat{\mathbb{C}} \setminus U$ es conexo (véase la definición 2.6 y los comentarios anteriores). Sea γ un camino cerrado en U. Por la proposición 2.4, y dado que se toma $n(\gamma, \infty) = 0$, el índice resulta ser una función continua (respecto de la segunda componente) en $\hat{\mathbb{C}} \setminus \gamma^*$. Además, como $U \subset \mathbb{C}$, entonces $\infty \in \hat{\mathbb{C}} \setminus U$ y, por tanto, z e ∞ están en la misma componente conexa para cada $z \in \hat{\mathbb{C}} \setminus U$, de lo que se deduce que $n(\gamma, z) = n(\gamma, \infty) = 0$ para todo $z \in \mathbb{C} \setminus U$. $\square$

Para probar que el recíproco de la proposición anterior también es cierto, necesitaremos el siguiente lema técnico.

Lema 2.1 *Sean A y B dos conjuntos cerrados disjuntos en $\hat{\mathbb{C}}$ de modo que $\infty \notin A$, entonces existe un ciclo γ tal que*

i) $\gamma^* \cap (A \cup B) = \emptyset$;

ii) $n(\gamma, z) = 1 \ \forall z \in A$;

iii) $n(\gamma, z) = 0 \ \forall z \in B$.

Prueba. Observar que, por las condiciones dadas, A es compacto y podemos considerar $d = d(A, B \cap \mathbb{C}) > 0$ y $\rho > 0$ tal que $\rho < d\dfrac{\sqrt{2}}{2}$, donde la distancia entre dos conjuntos cerrados del plano (al menos uno de ellos compacto) la definimos como el mínimo valor que se obtiene al considerar todas las posibles distancias euclídeas entre dos puntos de ambos conjuntos. Dividamos el plano complejo en cuadrados de lado ρ (de modo que uno de ellos tenga el vértice por ejemplo en 0). Puesto que A es compacto, A solo corta a un número finito de cuadrados, que los denotaremos por $R_1, R_2, \ldots, R_n$, de modo que $A \subset \bigcup_{k=1}^n R_k$. Observar que el diámetro de cada cuadrado C_k es $\sqrt{2}\rho < d$ y, por tanto, $B \cap \bigcup_{k=1}^n R_k = \emptyset$. Además, cada cuadrado R_k nos da lugar a un camino cerrado γ_k, orientado positivamente, que se expresa como unión de cuatro segmentos. Así, consideremos el ciclo

$$\gamma_0 = \sum_{k=1}^n \gamma_k,$$

cuya traza no contiene puntos de B, satisfaciendo $n(\gamma_0, z) = 0 \ \forall z \in B \cap \mathbb{C}$, puesto que z está en la componente conexa no acotada de cada $\mathbb{C} \setminus \gamma_k^*$. Observar también que si dos cuadrados R_i y R_j son adyacentes (tienen un lado en común), entonces la orientación de γ_i y γ_j es distinta sobre el lado común. Así, a partir de γ_0 podemos eliminar todos los pares de lados comunes a dos cuadrados adyacentes hasta obtener un ciclo que denotaremos por γ. Puesto que $\gamma^* \subset \gamma_0^*$, se sigue cumpliendo que γ^* no contiene puntos de B y

$$n(\gamma, z) = 0 \ \ \forall z \in B \cap \mathbb{C}.$$

Además, γ^* tampoco contiene puntos de A, pues en caso contrario, si existiera un punto $z_0 \in A \cap \gamma^*$, entonces $z_0 \in \gamma_i$ para algún $i \in \{1, 2, \ldots, n\}$ y el cuadrado adyacente a R_i por el lado que contiene a z_0 cortaría también a A y sería un R_j para algún $j \in \{1, 2, \ldots, n\} \setminus \{i\}$, y así llegaríamos a que γ contendría un lado perteneciente a dos cuadrados que cortan a A, lo que resulta ser un absurdo. Acabamos de demostrar pues que

$$\gamma^* \cap (A \cup B) = \emptyset.$$

Finalmente, consideremos $w \in A$ y distingamos dos casos:

–Si $w \notin \gamma_0^*$, entonces $w \in R_i \setminus \gamma_i^*$ para algún $i \in \{1, 2, \ldots, n\}$ y $w \notin \gamma_j^* \ \forall j \neq i$, con lo que $n(\gamma, w) = n(\gamma_0, w) = \displaystyle\sum_{k=1}^{n} n(\gamma_k, w) = n(\gamma_i, w) = 1$.

–Si $w \in \gamma_0^*$, entonces $w \in \gamma_i^*$ para algún $i \in \{1, 2, \ldots, n\}$ y w se encuentra en la misma componente conexa que cualquier punto $s_i \in A$ del interior de R_i. Así, como en el caso anterior, tenemos que $n(\gamma, w) = n(\gamma, s_i) = 1$. $\qquad\square$

Proposición 2.6 *Sea $U \subset \mathbb{C}$ un conjunto abierto tal que cualquier camino cerrado (o ciclo) en U es homólogo a 0 en U. Entonces U es un conjunto simplemente conexo.*

Prueba. Por reducción al absurdo, si U no fuese simplemente conexo, entonces $\hat{\mathbb{C}} \setminus U = A \cup B$, donde A y B son dos conjuntos cerrados, disjuntos y no vacíos. Supongamos que $\infty \notin A$, entonces por el lema 2.1 obtenemos un ciclo γ tal que, por una parte, $\gamma^* \cap (A \cup B) = \emptyset$, es decir, $\gamma^* \subset U$, y por otra parte $n(\gamma, z) = 1 \ \forall z \in A$, de lo que se deduce que, fijado $z_0 \in A$, se cumple que $n(\phi, z) \neq 0$ para algún camino cerrado ϕ que compone a γ. Por tanto, hemos llegado a un absurdo y queda probado el resultado. $\qquad\square$

Como consecuencia de lo anterior, podemos afirmar que la clase de los abiertos simplemente conexos es la clase de abiertos más amplia donde las funciones holomorfas verifican la tesis del teorema global de Cauchy sea cual sea el camino cerrado contenido en ellos. Por tanto, los abiertos simplemente conexos son los abiertos donde mejor se comportan las funciones holomorfas, hecho que evidenciamos a través del siguiente teorema de equivalencias.

Teorema 2.13 *Sea U un abierto de $\mathbb{C}$. Las afirmaciones siguientes son equivalentes:*

a) *U es simplemente conexo ($\hat{\mathbb{C}} \setminus U$ es conexo);*

b) *γ es homólogo a 0 en U para todo γ camino cerrado (o ciclo) en U ($n(\gamma, z) = 0$ para todo $z \in \mathbb{C} \setminus U$);*

c) *$\displaystyle\int_{\gamma} f(z)\, dz = 0$ para cada función $f : U \to \mathbb{C}$ holomorfa en U y todo γ camino cerrado (o ciclo) en U;*

d) *Toda función holomorfa en U admite primitiva en U;*

e) *Para toda función $f : U \to \mathbb{C}$ holomorfa en U que no se anule en ningún punto existe una función $L : U \to \mathbb{C}$ holomorfa en U tal que $e^{L(z)} = f(z) \ \forall z \in U$ (la función L es llamada logaritmo analítico u holomorfo de f).*

Prueba.

- a)$\Longleftrightarrow$ b) por las proposiciones 2.5 y 2.6.

- b)$\Longleftrightarrow$ c) por el teorema 2.12 y la nota 2.10 para el caso de ciclos.

- c)$\Longleftrightarrow$ d). Razonando por separado con cada componente conexa de U podemos suponer que U es conexo y aplicar el teorema 2.2 para deducir esta equivalencia.

- c)$\Longrightarrow$ e). Como antes, supongamos que U es conexo. Sea $f : U \to \mathbb{C}$ holomorfa en U y tal que $f(z) \neq 0$ para todo $z \in U$. Entonces, por la hipótesis c), se tiene que $\int_\gamma \frac{f'(z)}{f(z)}\, dz = 0$ para todo γ camino cerrado en U y, consecuentemente, la función $\frac{f'(z)}{f(z)}$ tiene primitiva en U por el teorema 2.2. Por tanto, consideremos la función $g : U \to \mathbb{C}$ holomorfa en U tal que $g'(z) = \frac{f'(z)}{f(z)}\ \forall z \in U$. Ahora, si $h(z) := f(z)e^{-g(z)}\ \forall z \in U$ entonces

$$h'(z) = f'(z)e^{-g(z)} - f(z)g'(z)e^{-g(z)} = e^{-g(z)}(f'(z) - f(z)g'(z)) = 0\ \forall z \in U,$$

de lo que se deduce por el corolario 2.1 que h es constante en U (sobre cada componente conexa de U), es decir, $h(z) = c$, $c \neq 0$, para todo $z \in U$. Por tanto, $f(z)e^{-g(z)} = c$, esto es, $f(z) = ce^{g(z)} = e^{g(z)+d}\ \forall z \in U$, con $d \in \mathbb{C}$ tal que $c = e^d$. Consecuentemente, $L(z) := g(z) + d\ \forall z \in U$ satisface la condición deseada.

- e)$\Longrightarrow$ b). Supongamos de nuevo que U es conexo. Fijado $z_0 \notin U$, consideremos $f(z) := z - z_0\ \forall z \in U$ (por lo que $f(z) \neq 0$ para todo $z \in U$). Así, por hipótesis, existe $g : U \to \mathbb{C}$ holomorfa en U tal que $e^{g(z)} = f(z)\ \forall z \in U$. Si derivamos a ambos lados de la igualdad respecto a z, obtenemos $g'(z)e^{g(z)} = f'(z)$, es decir, $g'(z) = \frac{f'(z)}{f(z)}\ \forall z \in U$. Por tanto, dado que $g'(z) = \frac{f'(z)}{f(z)} = \frac{1}{z-z_0}$, sabemos que $\frac{1}{z-z_0}$ tiene primitiva en U y, por el teorema 2.2, llegamos a que

$$n(\gamma, z_0) = \frac{1}{2\pi i} \int_\gamma \frac{1}{z - z_0}\, dz = 0$$

para todo γ camino cerrado en U y, por tanto, $n(\gamma, z_0)$ es también 0 para cada ciclo en U, tal como se pretendía probar.

$\square$

Nota 2.11 *Del teorema anterior se deduce que si una función $f : \mathbb{C} \to \mathbb{C}$ es entera y sin ceros, entonces existe otra función entera $g : \mathbb{C} \to \mathbb{C}$ tal que $f(z) = e^{g(z)}$ $\forall z \in \mathbb{C}$. Alternativamente, véase el ejercicio 2.17 para manejar otra demostración de este resultado.*

Homotopía

Fijado γ un camino cerrado en un abierto U, la función $z \to n(\gamma, z)$, $z \notin \gamma^*$, es continua en $\hat{\mathbb{C}} \setminus \gamma^*$, tal como se deduce de la proposición 2.4. Ahora probaremos que el índice también nos da lugar a una función continua respecto de la primera componente, en el sentido que si dos caminos cerrados son suficientemente parecidos, entonces sus índices respecto a un punto z_0 son iguales.

Proposición 2.7 *Sea* $\gamma : [a, b] \to \mathbb{C}$ *un camino cerrado y* $z_0 \in \mathbb{C} \setminus \gamma^*$. *Entonces existe* $\delta > 0$ *tal que si* $\beta : [a, b] \to \mathbb{C}$ *es un camino cerrado cumpliendo* $|\gamma(t) - \beta(t)| < \delta$ $\forall t \in [a, b]$, *se cumple que* $n(\gamma, z_0) = n(\beta, z_0)$.

Prueba. Sea $\delta := \inf\{|\gamma(t) - z_0| : t \in [a, b]\}$. Si $|\gamma(t) - \beta(t)| < \delta$ $\forall t \in [a, b]$, entonces $\beta(t)$ no puede tomar el valor z_0 y $n(\beta, z_0)$ está bien definido. Consideremos ahora el camino cerrado $\sigma : [a, b] \to \mathbb{C}$ definido por $\sigma(t) := \dfrac{\beta(t) - z_0}{\gamma(t) - z_0}$, entonces

$$|\sigma(t) - 1| < \frac{\delta}{|\gamma(t) - z_0|} \leq 1$$

y, por tanto, $\sigma^* \subset D(1, 1)$, de lo que se deduce que $n(\sigma, 0) = 0$ por la proposición 2.4. Esta misma proposición nos sirve para deducir que

$$0 = n(\sigma, 0) = n(\beta_1, 0) - n(\gamma_1, 0) = n(\beta, z_0) - n(\gamma, z_0),$$

donde $\beta_1(t) := \beta(t) - z_0$ y $\gamma_1(t) := \gamma(t) - z_0$. Por tanto, $n(\beta, z_0) = n(\gamma, z_0)$, tal como se quería demostrar. $\square$

Trabajaremos ahora con caminos cerrados homotópicos, que pasamos a definir a continuación.

Definición 2.16 (Curvas homotópicas) *Sea* U *un abierto de* $\mathbb{C}$ *y* $\gamma_1 : [a, b] \to U$ *y* $\gamma_2 : [a, b] \to U$ *dos curvas cerradas en* U. *Diremos que* γ_1 *y* γ_2 *son homotópicas en* U *si existe una función continua* $H : [a, b] \times [0, 1] \to U$, *llamada homotopía, tal que*

a) $H(t, 0) = \gamma_1(t)$ $\forall t \in [a, b]$;

b) $H(t, 1) = \gamma_2(t)$ $\forall t \in [a, b]$;

c) $H(a, s) = H(b, s)$ $\forall s \in [0, 1]$.

La idea intuitiva de esta definición es que dos curvas cerradas en un abierto U son homotópicas si una de ellas se puede deformar continuamente en la otra sin salirse de U. Observar que, fijado $s_0 \in [0, 1]$, la función $H(t, s_0)$ da lugar a una curva cerrada.

Nota 2.12 *Naturalmente esta definición se puede extender a curvas no necesariamente cerradas.*

Extenderemos ahora la proposición 2.7 en el sentido que se precisa a continuación.

Proposición 2.8 *Sea U un abierto de $\mathbb{C}$ y $\gamma_1 : [a,b] \to U$ y $\gamma_2 : [a,b] \to U$ dos caminos cerrados homotópicos en U. Entonces γ_1 y γ_2 son homólogos en U.*

Prueba. Sea $z_0 \in \mathbb{C} \setminus U$ y $H : [a,b] \times [0,1] \to U$ una homotopía entre los caminos cerrados γ_1 y γ_2. Claramente la imagen de H es un compacto contenido en U y, por tanto, no contiene a z_0. Sea, por tanto, $\delta := d(H([a,b] \times [0,1]), z_0)$, entonces para $s_0 \in [0,1]$ se tiene que

$$\delta \le |H(t,s_0) - z_0| \ \forall t \in [a,b].$$

Así, δ satisface la condición de la proposición 2.7 (válida también para curvas cerradas), y se deduce que $n(H(t,s_0), z_0) = n(\beta, z_0)$ siendo β cualquier curva cerrada tal que $|H(t,s_0) - \beta(t)| < \delta \ \forall t \in [a,b]$. Ahora, dado que H es uniformemente continua (continua en un compacto), existe $\delta_1 > 0$ tal que si $|s - s'| < \delta_1$, con $s, s' \in [0,1]$, entonces $|H(t,s) - H(t,s')| < \delta \ \forall t \in [a,b]$, de lo que se deduce que

$$n(\gamma_s, z_0) = n(\gamma_{s'}, z_0) \text{ para } s, s' \text{ con } |s - s'| < \delta_1,$$

donde, si $s \in [0,1]$, es $\gamma_s(t) := H(t,s) \ \forall t \in [a,b]$. Finalmente, tomando una sucesión finita $0 = s_0 < s_1 < \ldots < s_n = 1$ de modo que $|s_{i+1} - s_i| < \delta_1$ para $i = 0, 1, \ldots, n-1$, obtenemos consecuentemente que $n(H(t,0), z_0) = n(H(t,1), z_0) \ \forall t \in [a,b]$, es decir, $n(\gamma_1, z_0) = n(\gamma_2, z_0)$. Como z_0 es cualquier punto de $\mathbb{C} \setminus U$ se obtiene el resultado. $\square$

Es obvio que un punto z_0 se puede identificar con un camino cerrado constantemente igual a z_0 y que este camino tiene índice 0 respecto a cualquier punto $z \ne z_0$. Así la proposición anterior nos permite deducir los siguientes resultados de demostración inmediata.

Corolario 2.10 *Sea U un abierto de $\mathbb{C}$ y γ un camino cerrado en U homotópico a un punto de U. Entonces γ es homólogo a 0 en U.*

Corolario 2.11 *Sea $U \subset \mathbb{C}$ un conjunto abierto y γ un camino cerrado en U homotópico a un punto de U. Entonces $\displaystyle\int_\gamma f(z)\,dz = 0$ para cada función holomorfa $f : U \to \mathbb{C}$ en el abierto U.*

Nota 2.13 *El recíproco de este último resultado no es cierto. Si $U = \mathbb{C} \setminus \{a, b\}$, con $a \ne b$, y γ es el camino cerrado representado en la figura 2.8, entonces $n(\gamma, a) = n(\gamma, b) = 0$ y, por tanto, γ es homólogo a 0 en U. En cambio, γ no es* *homotópico a un punto de U, ya que, como se puede apreciar intuitivamente, γ no se puede deformar continuamente en un punto sin pasar por a o b. Sin embargo, si cada camino cerrado en U es homólogo a 0 en U entonces cada camino cerrado en U es homotópico a un punto [7, Sección 5.2.5].*

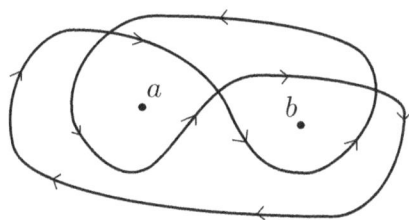

Figura 2.8: Representación del camino cerrado γ de la nota 2.13

2.7 Aplicaciones de la teoría de Cauchy

En esta sección expondremos algunas sugerentes aplicaciones de los resultados anteriormente expuestos en este capítulo como el teorema de Morera, el principio de reflexión de Schwarz, el teorema de Liouville, el teorema fundamental del álgebra, el principio del módulo máximo, el lema de Schwarz o la fórmula integral de Poisson.

2.7.1 Teorema de Morera. Principio de reflexión de Schwarz

Lema 2.2 *Sea $f : U \to \mathbb{C}$ una función continua en un abierto y convexo U. Supongamos que para cualquier triángulo Δ $(\Delta = \text{int}(\Delta) \cup \text{Fr}(\Delta))$ contenido en U se tiene que $\int_{\Gamma} f(z)\,dz = 0$, donde $\Gamma = \text{Fr}(\Delta)$. Entonces f tiene primitiva en U.*

Prueba. Sea $z_0 \in U$ y definamos $F(z) := \int_{[z_0, z]} f(w)\,dw$ para cada $z \in U$ (F está bien definida por ser U convexo). Tomando h de módulo suficientemente pequeño, y teniendo en cuenta la hipótesis del lema, para esta función se tiene que

$$\left| \frac{F(z+h) - F(z)}{h} - f(z) \right| = \left| \frac{\displaystyle\int_{[z_0,z+h]} f(w)\,dw - \int_{[z_0,z]} f(w)\,dw}{h} - \frac{\displaystyle\int_{[z,z+h]} f(z)\,dw}{h} \right| =$$

$$= \left| \frac{\displaystyle\int_{[z,z+h]} f(w)\,dw}{h} - \frac{\displaystyle\int_{[z,z+h]} f(z)\,dw}{h} \right| =$$

$$= \frac{1}{|h|} \left| \int_{[z,z+h]} (f(w) - f(z))\,dw \right| \le$$

$$\le \max_{w \in [z,z+h]} |f(w) - f(z)|,$$

que tiende a 0 cuando $h \to 0$ (por ser f continua). Por tanto,

$$\lim_{h \to 0} \frac{F(z+h) - F(z)}{h} = F'(z) = f(z)$$

y, consecuentemente, f tiene primitiva en U. $\square$

Ya estamos en condiciones de probar el recíproco del teorema de Cauchy para triángulos (teorema 2.3).

Teorema 2.14 (Teorema de Morera) *Sea $f : U \to \mathbb{C}$ una función continua en un conjunto abierto $U \subset \mathbb{C}$ y tal que $\int_\Gamma f(z)\,dz = 0$ para todo Γ frontera de un triángulo en U. Entonces f es holomorfa en U.*

Prueba. Sea $z_0 \in U$ y $V = D(z_0, r)$ para algún $r > 0$ tal que $V \subset U$. En particular, $\int_\Gamma f(z)\,dz = 0$ para todo Γ frontera de un triángulo en V. Puesto que V es convexo, por el lema 2.2 deducimos que $f(z)$ tiene primitiva en V. Finalmente, aplicando el teorema 2.9 llegamos a que $f(z)$ es holomorfa en V y, por tanto, en U. $\square$

Una de las principales aplicaciones del teorema de Morera hace referencia al siguiente resultado en relación al problema de extender una función holomorfa a un dominio mayor.

Teorema 2.15 (Principio de reflexión de Schwarz) *Sea f una función holomorfa en el semiplano superior abierto $\mathbb{C}^+ = \{z \in \mathbb{C} : \operatorname{Im} z > 0\}$ y continua en $\mathbb{C}^+ \cup \mathbb{R}$. Supongamos también que $\operatorname{Im}(f(z)) = 0 \; \forall z \in \mathbb{R}$. Entonces f puede ser extendida de forma holomorfa a $\mathbb{C}$.*

Prueba. La función extendida $f^*(z)$, definida para cualquier valor $z \in \mathbb{C}$, viene dada por

$$f^*(z) = \begin{cases} f(z) & \text{si } z \in \mathbb{C}^+ \cup \mathbb{R} \\ \overline{f(\overline{z})} & \text{si } z \notin \mathbb{C}^+ \cup \mathbb{R} \end{cases}.$$

Veamos las propiedades necesarias:

- f^* es evidentemente holomorfa en $\mathbb{C}^+$, pero es también holomorfa en el semiplano inferior abierto $\mathbb{C}^-$. En efecto, si $w \in \mathbb{C}^-$, entonces

$$\frac{f^*(w+h) - f^*(w)}{h} = \frac{\overline{f(\overline{w}+\overline{h})} - \overline{f(\overline{w})}}{h} = \overline{\left(\frac{f(\overline{w}+\overline{h}) - f(\overline{w})}{\overline{h}}\right)} \xrightarrow{h \to 0} \overline{f'(\overline{w})}$$

y, por tanto, f^* es holomorfa y $(f^*)'(z) = \overline{f'(\overline{z})}$.

- Veamos que f^* es continua en $\mathbb{R}$. En efecto, dado $a \in \mathbb{R}$ y $\varepsilon > 0$, por continuidad existe $\delta > 0$ tal que $|f(w) - f(a)| < \varepsilon$ cuando $|w - a| < \delta$, con $w \in \mathbb{C}^+ \cup \mathbb{R}$. Ahora, si $w \in \mathbb{C}^-$ con $|w - a| < \delta$, puesto que a es real tenemos que $|\overline{w} - \overline{a}| = |\overline{w} - a| = |w - a| < \delta$ y $\overline{w} \in \mathbb{C}^+$, entonces $|f(\overline{w}) - f(a)| < \varepsilon$. Además, como f es real en $\mathbb{R}$, se tiene también que

$$|f^*(w) - f^*(a)| = |\overline{f(\overline{w})} - f(a)| = |f(\overline{w}) - f(a)| < \varepsilon.$$

Por tanto, f^* es continua en $\mathbb{C}$.

- Nos falta probar la holomorfía de f^* en $\mathbb{R}$, que demostraremos realizando un proceso similar al de la prueba del teorema de Cauchy extendido para triángulos (teorema 2.5). Sea Γ un triángulo en $\mathbb{C}$ y descompongámoslo en dos polígonos Γ^1 y Γ^2 cuyos interiores estén contenidos respectivamente en $\mathbb{C}^+$ y $\mathbb{C}^-$ (véase la figura 2.9). Claramente Γ^1 y Γ^2 tienen una frontera común en $\mathbb{R}$ y, dado que se puede probar fácilmente que $\int_{[a,b]} f^*(z)\,dz = \lim_{\varepsilon \to 0} \int_{[a+i\varepsilon, b+i\varepsilon]} f^*(z)\,dz$ (para $[a,b] \subset \mathbb{R}$ y $\varepsilon \in \mathbb{R}$), se sigue junto con el teorema de Cauchy para regiones estrelladas (teorema 2.4) que

$$\int_\Gamma f^*(z)\,dz = \int_{\Gamma^1} f^*(z)\,dz + \int_{\Gamma^2} f^*(z)\,dz = 0.$$

Alternativamente, véase también la proposición 2.12 para probar esto último. Así, por el teorema de Morera, deducimos finalmente la holomorfía de f^* en $\mathbb{C}$.

$\square$

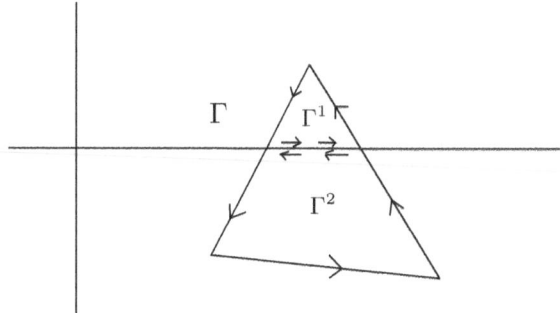

Figura 2.9: Representación de los polígonos Γ, Γ^1 y Γ^2 expuestos en la prueba del teorema 2.15

2.7.2   Teorema de Liouville. Teorema fundamental del álgebra

A continuación mostraremos una desigualdad cuya demostración es asequible, pero que nos permitirá posteriormente probar un resultado de mayor repercusión en el contexto de las funciones holomorfas en todo el plano complejo.

Teorema 2.16 (Estimación de Cauchy) *Sea $f : U \to \mathbb{C}$ una función holomorfa en un conjunto abierto $U \supset D(z_0, R)$, para algún $z_0 \in \mathbb{C}$ y $R > 0$. Para cada $0 < r < R$, consideremos la notación $M_f(r) := \text{máx}\{|f(z)| : |z - z_0| = r\}$. Entonces*

$$\left| f^{(n)}(z_0) \right| \leq \frac{n!}{r^n} M_f(r) \ \text{para cada } n \in \mathbb{N} \cup \{0\},$$

donde $f^{(0)}(z_0) = f(z_0)$.

Prueba. Aplicando la fórmula integral de Cauchy para las derivadas (teorema 2.8), se tiene que

$$f^{(n)}(z_0) = \frac{n!}{2\pi i} \int_{C_r} \frac{f(z)}{(z - z_0)^{n+1}} \, dz \ \text{ para cada } n \in \mathbb{N} \cup \{0\},$$

siendo $C_r = \{z \in \mathbb{C} : |z - z_0| = r\}$. Ahora, tomando módulos y haciendo uso de la proposición 2.3, llegamos a

$$\left| f^{(n)}(z_0) \right| \leq \frac{n!}{2\pi} \frac{M_f(r)}{r^{n+1}} 2\pi r = \frac{n!}{r^n} M_f(r) \ \text{ para cada } n \in \mathbb{N} \cup \{0\}.$$

$\square$

A continuación demostraremos que ninguna función entera (holomorfa en todo $\mathbb{C}$), salvo las constantes, puede ser acotada en todo el plano complejo. Naturalmente, esta propiedad no se puede trasladar a su análoga formulada en el contexto de las funciones reales de variable real.

Teorema 2.17 (Teorema de Liouville) *Si $f : \mathbb{C} \to \mathbb{C}$ es una función entera y está acotada, entonces f es constante.*

Prueba. Dado que f es una función acotada en $\mathbb{C}$, existe $M > 0$ tal que $|f(z)| < M$ $\forall z \in \mathbb{C}$. Así, por la estimación de Cauchy (teorema 2.16) para la primera derivada aplicada a cualquier valor del parámetro $r > 0$, se deduce que $|f'(z)| \leq \dfrac{M}{r}$, donde z es cualquier punto de $\mathbb{C}$. Ahora, dado que M es independiente del valor r, se deduce obviamente que $f'(z) = 0$ $\forall z \in \mathbb{C}$ y, consecuentemente, por el corolario 2.1 llegamos a que f es constante en $\mathbb{C}$. $\square$

El teorema de Liouville también admite la siguiente generalización.

Teorema 2.18 (Teorema de Liouville generalizado) *Si $f : \mathbb{C} \to \mathbb{C}$ es una función entera y existen $\alpha \geq 0$ y $M, R > 0$ tales que $|f(z)| \leq M|z|^{\alpha}$ para todo $z \in \mathbb{C}$ con $|z| > R$, entonces f es un polinomio cuyo grado no excede la parte entera de α.*

Prueba. Por la estimación de Cauchy (teorema 2.16) aplicada a cualquier valor del parámetro $r > R$, se deduce que $|f^{(k)}(0)| \leq \dfrac{k!}{r^k} M_f(r)$ para cada $k = 0, 1, \ldots$, donde $M_f(r) = \text{máx}\{|f(z)| : |z| = r\}$. Por tanto,

$$|f^{(k)}(0)| \leq Mk!r^{\alpha-k}, \ k = 0, 1, \ldots$$

Fijado $k \in \mathbb{N} \cup \{0\}$, si hacemos $r \to \infty$, el caso $\alpha < k$ nos conduce a que $|f^{(k)}(0)| \leq 0$, esto es, $f^{(k)}(0) = 0$. En consecuencia, la función entera f, expresada en forma de serie de Taylor centrada en $z = 0$, se convierte en

$$f(z) = \sum_{k \geq 0} \frac{f^{(k)}(0)}{k!} z^k = \sum_{k=0}^{[\alpha]} \frac{f^{(k)}(0)}{k!} z^k \ \forall z \in \mathbb{C},$$

es decir, f es un polinomio cuyo grado es, como mucho, $[\alpha]$ (la parte entera de α). $\square$

Una consecuencia adicional de los resultados anteriores es el conocido teorema fundamental del álgebra (también llamado teorema de Gauss-d'Alembert).

Teorema 2.19 (Teorema fundamental del álgebra) *Todo polinomio $P : \mathbb{C} \to \mathbb{C}$ no constante con coeficientes complejos tiene al menos una raíz, esto es, existe al menos un punto z_0 tal que $P(z_0) = 0$.*

Prueba. Sea $P(z) = a_n z^n + \ldots + a_1 z + a_0$, $z \in \mathbb{C}$, un polinomio de grado $n \geq 1$. Si P no se anulase, la función $f(z) = \dfrac{1}{P(z)}$, $z \in \mathbb{C}$, sería entera. Además, como $|P(z)|$ tiende a ∞ cuando $|z| \to \infty$, se puede probar fácilmente que f es acotada en $\mathbb{C}$ (en efecto, existe $R > 0$ tal que $|f(z)| < 1$ para cualquier z tal que $|z| > R$, y también es claro que existe $M > 0$ tal que $|f(z)| \leq M$ para todo z tal que $|z| \leq R$ (por ser f una función continua considerada sobre un compacto). Consecuentemente, en virtud del teorema de Liouville, llegaríamos a que f es constante o, equivalentemente, P es constante, lo que nos conduce a una contradicción. $\qquad\square$

Nota 2.14 *Como consecuencia del teorema anterior, podemos demostrar que la imagen o el rango de cualquier polinomio no constante es todo el conjunto $\mathbb{C}$. En efecto, si P es un polinomio no constante y tomamos un número complejo arbitrario $w \in \mathbb{C}$, entonces el polinomio no constante $Q(z) = P(z) - w$, $z \in \mathbb{C}$, tiene al menos una raíz (por el teorema fundamental del álgebra), lo que significa que*

$$\{w \in \mathbb{C} : P(z) = w \text{ para algún } z \in \mathbb{C}\} = \mathbb{C}.$$

Dado $n \in \mathbb{N}$, demostraremos ahora que todo polinomio de grado n tiene de hecho n raíces (contando multiplicidad).

Teorema 2.20 *Sea $P(z) = a_0 + a_1 z + \ldots + a_n z^n$, $z \in \mathbb{C}$, un polinomio de grado $n \geq 1$ con coeficientes $a_j \in \mathbb{C}$, $j = 1, \ldots, n$. Entonces P tiene n raíces complejas (contando cada una según su multiplicidad). Esto es, existen n números complejos $\alpha_1, \ldots, \alpha_n$ (no necesariamente distintos) tales que*

$$P(z) = a_n(z - \alpha_1) \cdots (z - \alpha_n), \ z \in \mathbb{C}.$$

Prueba. Sea $P(z) = a_0 + a_1 z + \ldots + a_n z^n$ ($n \geq 1$) con $a_n \neq 0$. Observar primeramente que por el teorema anterior podemos asegurar la existencia de algún $\alpha_1 \in \mathbb{C}$ tal que $P(\alpha_1) = 0$. Por tanto, P es divisible por $z - \alpha_1$ y existe un polinomio Q_{n-1} de grado $n-1$ tal que $P(z) = (z - \alpha_1)Q_{n-1}(z) \ \forall z \in \mathbb{C}$ (por el conocido teorema del resto). Ahora, si $n - 1 = 0$, entonces $Q_{n-1} = a_n$ y el resultado queda probado. Si $n - 1 \geq 1$, entonces de nuevo por el teorema anterior tenemos que el polinomio Q_{n-1} presenta al menos una raíz que llamaremos α_2. Por tanto, análogamente $Q_{n-1}(z) = (z - \alpha_2)Q_{n-2}(z)$, $z \in \mathbb{C}$, para algún polinomio Q_{n-2} de grado $n - 2$ y tendríamos que

$$P(z) = (z - \alpha_1)(z - \alpha_2)Q_{n-2}(z), \ z \in \mathbb{C}.$$

Reiteramos este proceso hasta obtener un polinomio constante $Q_0(z) = a_n$ y concluimos que

$$P(z) = a_n(z - \alpha_1) \cdots (z - \alpha_n), \ z \in \mathbb{C}.$$

$\qquad\square$

Nota 2.15 *Como caso particular de las relaciones de Cardano-Vieta, se satisfacen las siguientes relaciones entre las raíces $\alpha_1, \ldots, \alpha_n$ y los coeficientes de un polinomio de la forma $P(z) = a_0 + a_1 z + \ldots + a_n z^n$:*

$$\alpha_1 + \ldots + \alpha_n = -\frac{a_{n-1}}{a_n}, \quad \alpha_1 \cdots \alpha_n = (-1)^n \frac{a_0}{a_n}.$$

Recordemos que en los polinomios con coeficientes reales las raíces complejas no reales aparecen por pares conjugados; es decir, si $z_0 = a + ib$, $b \neq 0$, es raíz entonces $\overline{z_0} = a - ib$ es también raíz (véase el ejemplo 1.2), lo que encaja perfectamente con el principio de reflexión de Schwarz y la función extendida que interviene en su demostración (véase el teorema 2.15). En general, claramente esta propiedad no es cierta, ya que por ejemplo el polinomio $P(z) = z^2 + iz + 2 = (z - i)(z + 2i)$ verifica $P(i) = P(-2i) = 0$ y, por tanto, las únicas dos raíces son i y $-2i$. De lo anterior se deduce fácilmente que todo polinomio de grado impar con coeficientes reales tiene alguna raíz real.

Teorema 2.21 (Teorema de Lucas-Gauss) *Sea $P : \mathbb{C} \to \mathbb{C}$ un polinomio no constante con coeficientes complejos, entonces los ceros del polinomio derivada P' se encuentran situados en la clausura convexa de los ceros de P.*

Prueba. Sean $\alpha_1, \ldots, \alpha_n$ los ceros del polinomio P y sea C su envoltura convexa de lados $l_1, \ldots, l_k$. Si $a \in \mathbb{R}$ es tal que $a = \max\{\operatorname{Re} \alpha_j : j = 1, \ldots, n\}$, resulta claro que los ceros de P se encuentran localizados en el semiplano cerrado $H = \{z \in \mathbb{C} : \operatorname{Re} z \leq a\}$. Teniendo en cuenta el teorema 2.20, es fácil ahora ver que

$$\frac{P'(z)}{P(z)} = \sum_{j=1}^{n} \frac{1}{z - \alpha_j}. \tag{2.11}$$

Así, supongamos que $P'(z_0) = 0$ para algún z_0 tal que $\operatorname{Re} z_0 > a$, entonces llegamos a una contradicción con (2.11) ya que $\operatorname{Re}(z_0 - \alpha_j) > 0$, $j = 1, \ldots, n$ y también $\operatorname{Re}\left(\sum_{j=1}^{n} \frac{1}{z - \alpha_j}\right) > 0$. Por otra parte, sea H_{l_j} el semiplano cerrado asociado al lado l_j de C que deja dentro a los ceros de P, entonces podemos aplicar una rotación del tipo $e^{i\theta_j} z$, para algún $\theta_j \in [0, 2\pi)$ calculado a partir del lado l_j, que nos transforma H_{l_j} en un semiplano de la forma $\{z \in \mathbb{C} : \operatorname{Re} z \leq a\}$. Así, por lo demostrado anteriormente, llegamos a que los ceros de P' se encuentran situados dentro de H_{l_j}. Finalmente, reiterando este proceso para cada $j = 1, \ldots, k$, dado que la envoltura convexa es la intersección de un número finito de semiplanos cerrados, llegamos al resultado deseado. $\square$

Nota 2.16 *Naturalmente, el resultado anterior no es cierto para funciones cualesquiera. En efecto, es fácil ver que por ejemplo la función $f(z) = ze^{z^2}$, $z \in \mathbb{C}$, no satisface el teorema.*

Para el caso particular de los polinomios de grado 3, otra relación geométrica entre los ceros de un polinomio y los de su derivada viene dada por el teorema de Marden. Si suponemos que las tres raíces z_1, z_2, z_3 no son colineales, este teorema establece la existencia de una elipse inscrita en el triángulo de vértices z_1, z_2, z_3 y tangente a los lados en sus puntos medios. Además, los focos de dicha elipse son precisamente los ceros del polinomio derivado (véase [19]).

Por otra parte, también en relación a envolturas convexas y a localización de ceros, G. Pólya (1887-1985) probó que los ceros de una función de la forma $f(z) = m_1 e^{w_1 z} + m_2 e^{w_2 z} + \ldots + m_n e^{w_n z}$, con $m_j \in \mathbb{C} \setminus \{0\}$, $j = 1, 2, \ldots, n$ y los $w_j \in \mathbb{C}$ distintos dos a dos, se encuentran localizados en una cantidad finita de semibandas cuyas direcciones son las normales exteriores a la envoltura convexa de $\{\overline{w_1}, \overline{w_2}, \ldots, \overline{w_n}\}$. Este tipo de funciones recibe el nombre de polinomios exponenciales. Véase [35] para más información.

Finalmente, se recomienda también ver el ejercicio 2.18 sobre el teorema de Enestrom-Kakeya, que nos proporciona otro interesante resultado alrededor de los ceros de un polinomio bajo determinadas condiciones.

2.7.3   Principio del módulo máximo. Lema de Schwarz

A continuación probaremos que, bajo condiciones de holomorfía, el valor de una función f en un punto z_0 es la media aritmética de los valores de f en un círculo de centro z_0 y radio $r > 0$ arbitrario.

Lema 2.3 (Propiedad del valor medio de Gauss) *Sea $f : U \to \mathbb{C}$ una función holomorfa en un abierto $U \supset \overline{D}(z_0, r)$ para algún $z_0 \in \mathbb{C}$ y $r > 0$. Entonces*

$$f(z_0) = \frac{1}{2\pi} \int_0^{2\pi} f(z_0 + re^{it})\, dt.$$

Prueba. Sea $C = C(z_0, r) = \{z \in \mathbb{C} : |z - z_0| = r\}$ parametrizado por $\gamma(t) = z_0 + re^{it}$, $0 \leq t \leq 2\pi$. Si aplicamos la fórmula integral de Cauchy para el círculo en el punto z_0 tenemos que

$$f(z_0) = \frac{1}{2\pi i} \int_C \frac{f(z)}{z - z_0}\, dz = \frac{1}{2\pi i} \int_0^{2\pi} \frac{f(z_0 + re^{it})}{re^{it}} rie^{it}\, dt = \frac{1}{2\pi} \int_0^{2\pi} f(z_0 + re^{it})\, dt.$$

$\square$

La propiedad siguiente puede ser catalogada con el nombre de principio del módulo máximo local, debido a su conclusión referida a un entorno de un punto de su dominio.

Proposición 2.9 (Principio del módulo máximo local) *Sea $f : U \to \mathbb{C}$ una función holomorfa en un abierto $U \subset \mathbb{C}$ y supongamos que $|f|$ tiene un máximo relativo en $z_0 \in U$. Entonces f tiene valor constante en un entorno de z_0.*

Prueba. Por hipótesis, existe $r > 0$ tal que $|f(z)| \leq |f(z_0)| \ \forall z \in D(z_0, r) \subset U$. Probaremos primeramente que $|f|$ es constante en $D(z_0, r)$. Para ello, tomemos $z_1 = z_0 + se^{i\alpha} \in D(z_0, r)$ y apliquemos la propiedad del valor medio sobre el círculo de centro z_0 y radio s. Entonces

$$f(z_0) = \frac{1}{2\pi} \int_0^{2\pi} f(z_0 + se^{it}) \, dt$$

y, por tanto,

$$|f(z_0)| \leq \frac{1}{2\pi} \int_0^{2\pi} |f(z_0 + se^{it})| \, dt \leq \frac{1}{2\pi} \int_0^{2\pi} |f(z_0)| \, dt = |f(z_0)|,$$

es decir,

$$|f(z_0)| = \frac{1}{2\pi} \int_0^{2\pi} |f(z_0 + se^{it})| \, dt,$$

lo que nos lleva a que

$$\int_0^{2\pi} \left(|f(z_0)| - |f(z_0 + se^{it})| \right) dt = 0. \tag{2.12}$$

Ahora, puesto que $|f(z_0)| - |f(z_0 + se^{it})|$ es continuo en la variable t y $|f(z_0)| - |f(z_0 + se^{it})| \geq 0 \ \forall t \in [0, 2\pi]$, de (2.12) deducimos que $|f(z_0)| = |f(z_0 + se^{it})|$ $\forall t \in [0, 2\pi]$, lo que demuestra que $|f(z)| = |f(z_0)| \ \forall z \in C(z_0, s)$ y, más generalmente, $|f|$ es constante en $D(z_0, r)$. Por tanto, por el corolario 1.1, llegamos a que f es constante en $D(z_0, r)$, probando así el resultado. $\square$

La conclusión de la proposición anterior se puede extender en el siguiente sentido.

Corolario 2.12 *Sea $f : U \to \mathbb{C}$ una función holomorfa en un abierto y conexo $U \subset \mathbb{C}$ y supongamos que $|f|$ alcanza un máximo absoluto en U. Entonces f tiene valor constante en U.*

Prueba. Supongamos que la función $|f|$ alcanza en $z_0 \in U$ un máximo absoluto en U, es decir, $|f(z)| \leq |f(z_0)| \ \forall z \in U$. Llamemos $E = \{z \in U : f(z) = f(z_0)\}$. Al ser f continua en U, claramente el conjunto E es cerrado respecto de U (es antiimagen de un cerrado). Tomemos ahora $z \in E$; dado que $|f(z)| = |f(z_0)| = \text{máx}\{|f(z)| : z \in U\}$, por la proposición 2.9 llegamos a que $f(z)$ es constante en algún entorno de z

incluido en U, es decir, cualquier punto de E es interior y, por tanto, E es también abierto respecto de U. Consecuentemente, dado que E es simultáneamente un conjunto abierto y cerrado, no vacío, respecto del conexo U, llegamos a que $U = E$, es decir, $f(z) = f(z_0) \ \forall z \in U$. □

Teorema 2.22 (Principio del módulo máximo) *Sea* $f : U \to \mathbb{C}$ *una función holomorfa en un conjunto abierto, conexo y acotado* $U \subset \mathbb{C}$, *y continua en* $\mathrm{Fr}(U)$. *Si* $M := \text{máx}\{|f(z)| : z \in \mathrm{Fr}(U)\}$, *se cumple que:*

i) $|f(z)| \leq M \ \forall z \in U$;

ii) *si* $|f(z_0)| = M$ *para algún* $z_0 \in U$, *entonces* f *es constante en* U.

Prueba. Observar en primer lugar que M existe, ya que $\mathrm{Fr}(U)$ es un conjunto compacto y $|f|$ es una función continua en $\mathrm{Fr}(U)$.

i) Observar que $|f|$ es también continua en el compacto $\overline{U}$, de forma que alcanza un máximo absoluto en dicho conjunto. Si tal máximo se alcanza en $\mathrm{Fr}(U)$, i) queda probado. Si, por el contrario, el máximo de $|f|$ en $\overline{U}$ se alcanza en un punto $z_0 \in U$, por el corolario 2.12 se tiene que $f(z) = f(z_0) \ \forall z \in U$ y, por continuidad, $f(z) = f(z_0) \ \forall z \in \overline{U}$, quedando así probado i).

ii) Tal como hemos realizado en la última parte de la prueba de i), esta afirmación es por tanto consecuencia inmediata de i) y del corolario 2.12.

□

Nota 2.17 *La condición de que el conjunto* U *sea acotado, impuesta en el principio del módulo máximo, es esencial para que la conclusión del teorema sea cierta. Por ejemplo, tomemos* $U = \{z \in \mathbb{C} : \mathrm{Im}\, z > 0\}$ *y* $f(z) = e^{-iz}$ *(entera). Entonces* $\mathrm{Fr}(U) = \{z \in \mathbb{C} : \mathrm{Im}\, z = 0\}$ *y* $|f(z)| = 1$ *para cualquier* $z \in \mathrm{Fr}(U)$ *(esto es,* f *está acotada en la frontera de* U*). Sin embargo,* $f(iy) = e^y$, *con* $y \in \mathbb{R}$, *por lo que* $|f(iy)| \to \infty$ *cuando* $y \to \infty$.

El principio del módulo máximo tiene su equivalente para el mínimo.

Teorema 2.23 (Principio del módulo mínimo) *Sea* $f : U \to \mathbb{C}$ *una función holomorfa en un conjunto abierto, conexo y acotado* $U \subset \mathbb{C}$, *y continua en* $\mathrm{Fr}(U)$. *Supongamos que* $f(z) \neq 0$ *en todos los puntos de* $\overline{U}$. *Si* $m := \text{mín}\{|f(z)| : z \in \mathrm{Fr}(U)\}$, *se cumple que:*

i) $|f(z)| \geq m \ \forall z \in U$;

ii) *si* $|f(z_0)| = m$ *para algún* $z_0 \in U$, *entonces* f *es constante en* U.

Prueba. Consideremos $g(z) := \frac{1}{f(z)}$ $\forall z \in U$, que satisface las hipótesis del principio del módulo máximo. Así, aplicando tal principio a la función g deducimos el resultado. $\qquad\square$

Es importante hacer hincapié en el hecho de que el principio del módulo máximo (y mínimo) que acabamos de formular está concebido para dominios acotados del plano complejo (véase la nota 2.17). En conexión con ello, conviene mencionar otros resultados como [8, Teorema 15.1], en el que se impone que la función sea acotada en todo su dominio para que la cota del módulo de la función sobre la frontera sea también válida en todo su dominio, o el teorema de Phragmén-Lindelöf, que generaliza el principio del módulo máximo en el sentido de que una cierta restricción en el crecimiento de la función sobre un conjunto no acotado es suficiente para obtener la misma conclusión de acotación sobre tal dominio del plano complejo (véase por ejemplo [13, pág. 138]).

Por otra parte, las partes real e imaginaria de una función holomorfa (que también son armónicas, como se afirmó en la observación 2.3) satisfacen también las conclusiones del principio del módulo máximo y mínimo. Dado que una función armónica es localmente la parte real de una función holomorfa (véase la proposición 1.3 y el comentario posterior), el alcance del siguiente resultado es aún mayor.

Corolario 2.13 *Sea $f(z) = u(x,y) + iv(x,y)$ (con $z = x + iy$) una función holomorfa y no constante en un conjunto abierto, conexo y acotado $U \subset \mathbb{C}$, y continua en la frontera de U. Entonces $u(x,y)$ y $v(x,y)$ tienen en $\overline{U}$ (específicamente en $\overline{U'}$ con $U' = \{(x,y) \in \mathbb{R}^2 : x + iy \in U\}$) un valor mínimo y máximo que se alcanzan en $\mathrm{Fr}(U)$.*

Prueba. Como es habitual, tomaremos $z = x + iy$ e identificaremos los conjuntos $\{z \in \mathbb{C} : z \in U\}$ y $\{(x,y) \in \mathbb{R}^2 : x + iy \in U\}$. Sea $f(z) = u(x,y) + iv(x,y)$ y definamos $g(z) := e^{f(z)}$ $\forall z \in \overline{U}$. Entonces $g(z)$ es holomorfa en U y continua en $\overline{U}$ y, en consecuencia, $|g(z)|$ debe alcanzar su valor máximo sobre $\overline{U}$ en $\mathrm{Fr}(U)$. Ahora se puede observar que $|g(z)| = |e^{f(z)}| = |e^{u(x,y)+iv(x,y)}| = e^{u(x,y)}$ y, como la función exponencial es creciente, se sigue que el valor máximo de $u(x,y)$ también se alcanza en $\mathrm{Fr}(U)$. Además, como $g(z) \neq 0$ $\forall z \in \overline{U}$, la función $|g|$ alcanza el mínimo sobre $\overline{U}$ en $\mathrm{Fr}(U)$ e igualmente el valor mínimo de $u(x,y)$ también se alcanza en $\mathrm{Fr}(U)$. Análogamente, tomando $h(z) = e^{-if(z)}$, $z \in U$, se prueba el resultado equivalente para $v(x,y)$. $\qquad\square$

Nota 2.18 (Estado estacionario de un flujo de calor) *El principio del módulo máximo (y sus consecuencias, como las del corolario 2.13 vinculado con las funciones armónicas) presenta una interpretación física natural o intuitiva en muchos problemas de ecuaciones diferenciales que se plantean en el ámbito de la física. Una de ellas proviene de los procesos de conducción del calor en estado estacionario (es decir, una vez que la temperatura del material conductor se ha estabilizado y que no varía en el tiempo). La experiencia cotidiana nos indica que cuando colocamos cerca un objeto* *frío con otro caliente, el caliente se enfría y el frío se calienta, y si un sólido está a temperatura pareja, nunca se observa que se enfríe o se caliente espontáneamente. En su forma general, la ecuación del calor tiene la forma*

$$\frac{\partial u}{\partial t} - \alpha \nabla^2 u = 0,$$

donde α es una constante positiva, $\frac{\partial u}{\partial t}$ es la razón de cambio de temperatura en un punto respecto del tiempo y el operador de Laplace $\nabla^2 u$ (la suma de todas las segundas derivadas parciales no mixtas dependientes de una variable) se toma en las variables espaciales. Por tanto, el hecho de que u sea armónica en un dominio D (en sus variables espaciales), esto es $\nabla^2 u = 0$, es equivalente a que $\frac{\partial u}{\partial t} = 0$, lo que se interpreta físicamente como que u es el estado estacionario (no varía con el tiempo t) de un flujo de calor en tal región. En términos intuitivos, y propiedades simples del calor, si la temperatura alcanzara un máximo o mínimo estricto en el interior de una región D (en la que asumiremos que no hay fuentes ni sumideros que puedan estar suministrando o absorbiendo cantidades finitas de calor sin variación de temperatura), el calor se dispersaría a su alrededor y no tendríamos una situación estacionaria. Es decir, en estado estacionario (bajo las condiciones señaladas), el punto más caliente o frío no estará en el interior.

Como aplicación del principio del módulo máximo (teorema 2.22) mostraremos a continuación el llamado lema de Schwarz.

Teorema 2.24 (Lema de Schwarz) *Sea $f : D(0,1) \to \mathbb{C}$ una función holomorfa en el disco unidad abierto $D(0,1) = \{z \in \mathbb{C} : |z| < 1\}$. Supongamos que $f(0) = 0$ y $|f(z)| \le 1 \ \forall z \in D(0,1)$. Entonces $|f(z)| \le |z|$ y $|f'(0)| \le 1$. Además, si existe algún $z_0 \in D(0,1) \setminus \{0\}$ tal que $|f(z_0)| = |z_0|$ o se cumple que $|f'(0)| = 1$, entonces $f(z) = az$ $\forall z \in D(0,1)$ para algún $a \in \mathbb{C}$ tal que $|a| = 1$.*

Prueba. Definamos la función

$$g(z) := \begin{cases} \dfrac{f(z)}{z} & \text{si } z \in D(0,1) \setminus \{0\} \\[2mm] f'(0) & \text{si } z = 0 \end{cases},$$

que es claramente holomorfa en $D(0,1) \setminus \{0\}$ y continua en $z = 0$, luego holomorfa en $D(0,1)$ (véase el corolario 2.8). Además, si $0 < |z| = r < 1$, entonces

$$|g(z)| = \frac{|f(z)|}{|z|} = \frac{|f(z)|}{r} \le \frac{1}{r},$$

por lo que $|g(z)| \leq \frac{1}{r}$ para todo $z \in \mathbb{C}$ tal que $|z| \leq r$ (debido al principio del módulo máximo). Por tanto, si tomamos límites cuando $r \to 1$, se tiene que $|g(z)| \leq 1$ $\forall z \in D(0,1)$ (en particular $|g(0)| \leq 1$ por hipótesis). Esto es,

$$|f(z)| \leq |z| \; \forall z \in D(0,1).$$

Supongamos ahora que existe $z_0 \in D(0,1) \setminus \{0\}$ tal que $|f(z_0)| = |z_0|$, entonces $|g(z_0)| = 1$ y, por el principio del módulo máximo en su apartado ii), se deduce que $g(z) = a$ para algún $a \in \mathbb{C}$ con $|a| = 1$ y, por tanto, $f(z) = az$. También, si $|f'(0)| = 1$, entonces $|g(0)| = 1$ y, de nuevo, se llega al mismo resultado. $\qquad \square$

Nota 2.19 *Una versión más general del lema de Schwarz, habitualmente llamada lema de Schwarz-Pick, consiste en afirmar que, si f es una función holomorfa en $D(0,1)$ tal que $f(D(0,1)) \subset D(0,1)$, entonces*

$$\left| \frac{f(z) - f(w)}{1 - f(z)\overline{f(w)}} \right| \leq \left| \frac{z - w}{1 - z\overline{w}} \right|, \; z, w \in D(0,1),$$

y

$$\left| f'(z) \right| \leq \frac{1 - |f(z)|^2}{1 - |z|^2}, \; z \in D(0,1).$$

En tal caso, la igualdad se produce si, y solo si, f es de la forma $f(z) = \lambda \frac{z-a}{1-z\overline{a}}$, donde $\lambda \in \mathbb{C}$ con $|\lambda| = 1$ y $a \in D(0,1)$ (véase por ejemplo [3, ejercicio 6.4.2]).

A continuación introduciremos las llamadas transformaciones de Möbius, que constituyen una clase particular de las llamadas aplicaciones conformes que estudiaremos más adelante (véase la subsección 4.3.2).

Definición 2.17 (Transformación de Möbius) *Cualquier aplicación $T : \mathbb{C} \to \mathbb{C}$ de la forma $T(z) = \dfrac{az + b}{cz + d}$, con $a, b, c, d \in \mathbb{C}$ tales que $ad - bc \neq 0$, recibe el nombre de transformación fraccionaria lineal o transformación de Möbius.*

Observación 2.7 *Notar que cualquier transformación fraccionaria lineal o de Möbius es inyectiva. En efecto, la igualdad $T(z_1) = T(z_2)$, o equivalentemente $\frac{az_1+b}{cz_1+d} = \frac{az_2+b}{cz_2+d}$, se traduce en el hecho de que $acz_1z_2 + adz_1 + bcz_2 + bd = acz_1z_2 + adz_2 + bcz_1 + bd$, esto es $ad(z_1 - z_2) = bc(z_1 - z_2)$, lo que significa $(z_1 - z_2)(ad - cb) = 0$, por lo que $z_1 = z_2$.*

Veremos ahora que una clase particular de transformaciones de Möbius presenta propiedades muy interesantes en torno al disco unidad.

Proposición 2.10 *Consideremos la transformación de Möbius* $f(z) = \dfrac{z-a}{1-\overline{a}z}$ *con* $|a| < 1$. *Entonces* f *es holomorfa en* $\overline{D}(0,1)$ *y aplica biyectivamente* $D(0,1)$ *en sí mismo. Además,* f *aplica biyectivamente la circunferencia* $C(0,1)$ *en sí misma.*

Prueba. Veamos que f satisface todas las propiedades enunciadas:

- Observar en primer lugar que f es inyectiva por ser una transformación fraccionaria lineal.
- f es holomorfa en $\overline{D}(0,1)$, ya que $1 - \overline{a}z \neq 0 \ \forall z \in \overline{D}(0,1)$.
- Si $|z| = 1$, entonces $z - a = z(1 - a\overline{z})$ y $|z - a| = |z||1 - a\overline{z}| = |1 - \overline{a}z|$. Por tanto, $|f(z)| = 1$.
- Por el principio del módulo máximo (teorema 2.22), del punto anterior se deduce que $f(D(0,1)) \subset D(0,1)$.
- La inversa de f viene dada por $f^{-1}(z) = \frac{z+a}{1+\overline{a}z}$ y satisface análogamente que es holomorfa en $\overline{D}(0,1)$ y $|f^{-1}(z)| = 1$ cuando $|z| = 1$.
- De nuevo, por el principio del módulo máximo, $f^{-1}(D(0,1)) \subset D(0,1)$ y, tomando imágenes, llegamos a $f(f^{-1}(D(0,1))) \subset f(D(0,1)) \subset D(0,1)$, es decir, $f(D(0,1)) = D(0,1)$, demostrando la suprayectividad.

$\square$

De hecho, como demostraremos a continuación, no hay más aplicaciones verificando las propiedades de la última proposición, salvo rotaciones de $f(z) = \dfrac{z-a}{1-\overline{a}z}$.

Proposición 2.11 *Todas las aplicaciones biyectivas y holomorfas de* $D(0,1)$ *en sí mismo son de la forma* $f(z) = e^{i\theta}\dfrac{z-a}{1-\overline{a}z}$ *con* $|a| < 1$ *y* $\theta \in \mathbb{R}$.

Prueba. Tal como se demostró en la proposición 2.10, si $f(z) = e^{i\theta}\dfrac{z-a}{1-\overline{a}z}$ con $|a| < 1$ y $\theta \in \mathbb{R}$ entonces $f(z)$ es holomorfa y aplica biyectivamente $D(0,1)$ en sí mismo. Veamos el recíproco. Sea $f : D(0,1) \to D(0,1)$ una función holomorfa y biyectiva, entonces existe un único $a \in D(0,1)$ tal que $f(a) = 0$ y $f'(a) \neq 0$, ya que si fuera 0 no sería inyectiva (se probará formalmente más adelante en la proposición 4.12). Luego, $\dfrac{f'(a)}{|f'(a)|} = e^{i\theta}$. Definamos ahora

$$g(z) = e^{i\theta}\frac{z-a}{1-\overline{a}z} \quad \forall z \in D(0,1)$$

y tomemos $h(z) = (g \circ f^{-1})(z)$; se trata de ver que h es la identidad. Observar que h es holomorfa y biyectiva de $D(0,1)$ en $D(0,1)$ y verifica $h(0) = g(f^{-1}(0)) = g(a) =$

0. Por el lema de Schwarz, $|h(z)| \leq |z|$ y $|h'(0)| \leq 1$. Análogamente, tenemos que $h^{-1}(z) = (f \circ g^{-1})(z)$ es holomorfa y biyectiva de $D(0,1)$ en $D(0,1)$, con $h^{-1}(0) = 0$. Así, de nuevo por el lema de Schwarz, se tiene que $|h^{-1}(w)| \leq |w|$ y $|(h^{-1})'(0)| \leq 1$. En consecuencia,

$$|h(a)| \leq |a| = |h^{-1}(h(a))| \leq |h(a)|$$

y, por tanto, $|h(a)| = |a|$. El lema de Schwarz nos afirma entonces que $h(z) = \alpha z$ para algún α tal que $|\alpha| = 1$. Además,

$$h'(z) = (g \circ f^{-1})'(z) = g'(f^{-1}(z))(f^{-1})'(z) = g'(f^{-1}(z))\frac{1}{f'(f^{-1}(z))}$$

y para $z = 0$, teniendo en cuenta que $g'(z) = \dfrac{1 - \overline{a}z + (z - a)\overline{a}}{(1 - \overline{a}z)^2}$, se tiene que

$$\alpha = h'(0) = g'(a)\frac{1}{f'(a)} = \frac{e^{i\theta}}{1 - |a|^2}\frac{1}{f'(a)} = \frac{e^{i\theta}}{1 - |a|^2}\frac{1}{e^{i\theta}|f'(a)|} = \frac{1}{(1 - |a|^2)|f'(a)|} > 0,$$

luego $\alpha = 1$ y h es la identidad, es decir, $f(z) = g(z)$ $\forall z \in D(0,1)$, tal como se quería probar. $\qquad\square$

Nota 2.20 *Las transformaciones de Möbius tienen una notable repercusión en el ámbito de la física, en particular con la teoría de la relatividad de Einstein, ya que forman un grupo (llamado grupo de Möbius) que es isomorfo al grupo restringido de Lorentz, es decir, que existe una correspondencia uno a uno entre los elementos de cada grupo, captando la idea de tener la misma estructura y propiedades desde un punto de vista abstracto (véase [29, Capítulo 3]).*

2.7.4   Fórmula integral de Poisson

Empezaremos esta sección obteniendo una fórmula integral de Cauchy, que generaliza la que ya probamos anteriormente para el caso de funciones continuas en un disco y holomorfas en su interior.

Proposición 2.12 *Sea U un conjunto abierto, conexo, simplemente conexo y acotado. Supongamos que existe un camino cerrado $\gamma(t) = z_0 + \gamma_1(t)$, con $t \in [a, b]$, tal que $\gamma^* = \mathrm{Fr}(U)$ y $z_0 + \delta\gamma_1(t) \in U$ si $0 \leq \delta < 1$. Si $f : U \to \mathbb{C}$ es una función holomorfa en $U \subset \mathbb{C}$ y continua en $\overline{U}$, entonces*

i) $\displaystyle\int_\gamma f(z)\,dz = 0;$

ii) $f(z) = \dfrac{1}{2\pi i}\displaystyle\int_\gamma \dfrac{f(w)}{w - z}\,dw \quad \forall z \in U.$

Prueba. Para todo $0 < \delta < 1$, el camino $\gamma_\delta \equiv z_0 + \delta\gamma_1(t)$, $a \le t \le b$, está contenido en U y, por el teorema global de Cauchy (teorema 2.11), se tiene que $\displaystyle\int_{\gamma_\delta} f(z)\,dz = 0$, ya que $n(\gamma_\delta, z) = 0$ $\forall z \notin U$. Además, para $0 < \delta < 1$, tenemos que

$$\left| \int_\gamma f(z)\,dz \right| = \left| \int_\gamma f(z)\,dz - \int_{\gamma_\delta} f(z)\,dz \right| =$$

$$= \left| \int_a^b f(z_0 + \gamma_1(t))\gamma_1'(t)\,dt - \int_a^b f(z_0 + \delta\gamma_1(t))\delta\gamma_1'(t)\,dt \right| =$$

$$= \left| \int_a^b \left(f(z_0 + \gamma_1(t)) - f(z_0 + \delta\gamma_1(t)) \right) \gamma_1'(t)\,dt + \int_a^b f(z_0 + \delta\gamma_1(t))\gamma_1'(t)(1 - \delta)\,dt \right| \le$$

$$\le \left| \int_a^b \left(f(z_0 + \gamma_1(t)) - f(z_0 + \delta\gamma_1(t)) \right) \gamma_1'(t)\,dt \right| + \left| \int_a^b f(z_0 + \delta\gamma_1(t))\gamma_1'(t)(1 - \delta)\,dt \right|,$$

que tiende a 0 cuando $\delta \to 1$, pues f es uniformemente continua y está acotada en el compacto $\overline{U}$. Por tanto, $\displaystyle\int_\gamma f(z)\,dz = 0$, lo que prueba i). Para probar ii), fijado $z \in U$, consideremos la función definida en $\overline{U}$

$$g(w) = \begin{cases} \frac{f(w) - f(z)}{w - z} & \text{si } w \ne z \\ f'(w) & \text{si } w = z \end{cases}.$$

Observar que $g(w)$ es continua en $\overline{U}$ y holomorfa en U salvo a lo sumo en w. Por tanto, por el corolario 2.8, g es holomorfa en U. Ahora, si aplicamos i) a la función g obtenemos ii), ya que $\displaystyle\int_\gamma g(w)\,dw = 0$ implica que

$$\int_\gamma \frac{f(w)}{w - z}\,dw = f(z) \int_\gamma \frac{1}{w - z}\,dw = f(z)2\pi i\, n(\gamma, z) = 2\pi i f(z).$$

$\square$

En particular, la proposición anterior puede ser aplicada cuando U es un disco arbitrario de la forma $D(z_0, R)$. Comparar así el resultado con el caso de la fórmula integral de Cauchy para el círculo, que fue probada en el teorema 2.7.

Definición 2.18 (Núcleo de Poisson) *Dado $R > 0$, llamaremos núcleo de Poisson a la función*

$$P_r(x) = \frac{R^2 - r^2}{R^2 + r^2 - 2rR\cos x},$$

siendo $0 \le r < R$ y $x \in \mathbb{R}$.

El caso $r = 0$ nos conduce a $P_0(x) = 1$ para todo $x \in \mathbb{R}$.

Definición 2.19 (Núcleo de Cauchy) *Dado $R > 0$, llamaremos núcleo de Cauchy a la función*

$$Q_z(t) = \frac{Re^{it} + z}{Re^{it} - z},$$

siendo $z \in D(0, R)$ y $t \in \mathbb{R}$.

Lema 2.4 *Sea $R > 0$ y $z = re^{i\theta} \in D(0, R)$ para algún $0 \le r < R$ y $0 \le \theta < 2\pi$, entonces*

$$\operatorname{Re} Q_z(t) = P_r(\theta - t) = \frac{R^2 - r^2}{|Re^{it} - z|^2}, \ t \in \mathbb{R}.$$

Prueba. Cualesquiera $R > 0$, $z \in D(0, R)$ y $t \in \mathbb{R}$ satisfacen

$$\frac{Re^{it} + z}{Re^{it} - z} = \frac{1 + \frac{z}{R}e^{-it}}{1 - \frac{z}{R}e^{-it}} = \frac{(1 + \frac{z}{R}e^{-it})(1 - \frac{\bar{z}}{R}e^{it})}{\left|1 - \frac{z}{R}e^{-it}\right|^2} = \frac{1 - \frac{r^2}{R^2} + 2i\operatorname{Im}\left(\frac{z}{R}e^{-it}\right)}{\left|1 - \frac{z}{R}e^{-it}\right|^2}.$$

Por tanto,

$$\operatorname{Re}(Q_z(t)) = \operatorname{Re}\left(\frac{Re^{it} + z}{Re^{it} - z}\right) = \frac{1 - \frac{r^2}{R^2}}{\left|1 - \frac{z}{R}e^{-it}\right|^2} = \frac{\frac{R^2 - r^2}{R^2}}{|e^{-it}|^2 \left|\frac{Re^{it} - z}{R}\right|^2} = \frac{R^2 - r^2}{|Re^{it} - z|^2}.$$

Además, si $z = re^{i\theta} \in D(0, R)$, entonces

$$\frac{R^2 - r^2}{|Re^{it} - z|^2} = \frac{R^2 - r^2}{|Re^{it} - re^{i\theta}|^2} = \frac{R^2 - r^2}{\left|R - re^{i(\theta - t)}\right|^2} =$$

$$= \frac{R^2 - r^2}{(R - r\cos(\theta - t))^2 + (r\operatorname{sen}(\theta - t))^2} = \frac{R^2 - r^2}{R^2 + r^2 - 2rR\cos(\theta - t)} = P_r(\theta - t).$$

$\square$

Ya estamos en disposición de probar la fórmula integral de Poisson.

Teorema 2.25 (Fórmula integral de Poisson) *Sea f una función holomorfa en $D(z_0, R)$ y continua en $\overline{D}(z_0, R)$, para algún $z_0 \in \mathbb{C}$ y $R > 0$. Para cada $z = z_0 + re^{i\theta} \in D(z_0, R)$, $0 \le r < R$, $0 \le \theta < 2\pi$, se tiene que*

$$f(z) = \frac{1}{2\pi} \int_0^{2\pi} P_r(\theta - t) f(z_0 + Re^{it}) \, dt.$$

Además, si $u = \operatorname{Re} f$, entonces

$$u(z) = \frac{1}{2\pi} \int_0^{2\pi} P_r(\theta - t) u(z_0 + Re^{it}) \, dt.$$

Prueba. Definamos $\gamma(t) = z_0 + Re^{it}$, $0 \leq t < 2\pi$, la frontera del disco $D(z_0, R)$. Por la proposición 2.12, para cada $z \in D(z_0, R)$ tenemos que

$$f(z) = \frac{1}{2\pi i} \int_\gamma \frac{f(w)}{w - z} \, dw. \tag{2.13}$$

Tomemos ahora $z_1 = z_0 + \dfrac{R^2}{\overline{z} - \overline{z_0}} = z_0 + \dfrac{R^2(z - z_0)}{|z - z_0|^2} = z_0 + \dfrac{R^2(z - z_0)}{r^2} = z_0 + \dfrac{R^2}{r}e^{i\theta} \notin$ $\overline{D}(z_0, R)$, entonces

$$\frac{1}{2\pi i} \int_\gamma \frac{f(w)}{w - z_1} \, dw = 0. \tag{2.14}$$

Restando (2.13) y (2.14), obtenemos

$$f(z) = \frac{1}{2\pi i} \int_\gamma f(w) \left(\frac{1}{w - z} - \frac{1}{w - z_1} \right) dw =$$

$$= \frac{1}{2\pi i} \int_0^{2\pi} f(z_0 + Re^{it}) \left(\frac{1}{Re^{it} - re^{i\theta}} - \frac{1}{Re^{it} - \frac{R^2}{r}e^{i\theta}} \right) Rie^{it} \, dt =$$

$$= \frac{1}{2\pi} \int_0^{2\pi} f(z_0 + Re^{it}) \left(\frac{Re^{it}}{Re^{it} - re^{i\theta}} - \frac{Re^{it}}{Re^{it} - \frac{R^2}{r}e^{i\theta}} \right) dt =$$

$$= \frac{1}{2\pi} \int_0^{2\pi} f(z_0 + Re^{it}) \left(\frac{R}{R - re^{i(\theta-t)}} - \frac{e^{i(t-\theta)}}{e^{i(t-\theta)} - \frac{R}{r}} \right) dt =$$

$$= \frac{1}{2\pi} \int_0^{2\pi} f(z_0 + Re^{it}) \left(\frac{R^2 - Rre^{i(t-\theta)} + Rre^{i(t-\theta)} - r^2}{|R - re^{i(\theta-t)}|^2} \right) dt =$$

$$= \frac{1}{2\pi} \int_0^{2\pi} P_r(\theta - t) f(z_0 + Re^{it}) \, dt.$$

Finalmente, tomando partes reales, queda

$$u(z) = \frac{1}{2\pi} \int_0^{2\pi} P_r(\theta - t) u(z_0 + Re^{it}) \, dt.$$

$\square$

Obsérvese que la fórmula integral de Poisson generaliza la propiedad del valor medio de Gauss (lema 2.3), ya que el caso $z = z_0$ justamente coincide con dicha propiedad.

Ejemplo 2.15 *Calcularemos el valor de la integral* $\displaystyle\int_0^{2\pi} \frac{\operatorname{sen}(2t)}{20 - 16\cos t} \, dt$ *a través de la fórmula de Poisson del teorema 2.25:*

$$u(z) = \frac{1}{2\pi} \int_0^{2\pi} P_r(\theta - t) u(z_0 + Re^{it}) \, dt = \frac{1}{2\pi} \int_0^{2\pi} \frac{R^2 - r^2}{R^2 + r^2 - 2rR\cos(\theta - t)} u(z_0 + Re^{it}) \, dt. \tag{2.15}$$

Identificando parámetros (en especial, observando el denominador), es conveniente to-mar $R = 4$, $r = 2$, $\theta = 0$ y $z_0 = 0$. De esta forma, $P_r(t) = \dfrac{12}{20 - 16\cos t}$ y la fórmula (2.15) se convierte en

$$u(2) = \frac{1}{2\pi} \int_0^{2\pi} \frac{12}{20 - 16\cos t} u(4e^{it})\, dt. \tag{2.16}$$

Por tanto, necesitamos encontrar una función holomorfa en $D(0,4)$ y continua en $\overline{D}(0,4)$ tal que la parte real de $f(z)$ evaluada en $4e^{it}$ verifique $u(4e^{it}) = \operatorname{sen}(2t)$. Para ello, podemos considerar $f(z) = -i\left(\dfrac{z}{4}\right)^2$, ya que

$$f(4e^{it}) = -ie^{2it} \ \ y \ \ \operatorname{Re}(f(4e^{it})) = \operatorname{Re}(-i\cos(2t) + \operatorname{sen}(2t)) = \operatorname{sen}(2t).$$

De esta forma, como $f(2) = -\dfrac{i}{4}$, la fórmula (2.16) se convierte en

$$0 = \frac{6}{\pi} \int_0^{2\pi} \frac{\operatorname{sen}(2t)}{20 - 16\cos t}\, dt$$

y se llega al resultado.

Ejemplo 2.16 *Dado $\theta \in \mathbb{R}$, calcularemos el valor de la integral $\displaystyle\int_0^{2\pi} \frac{e^{\cos t} \cos(\operatorname{sen} t)}{5 - 4\cos(\theta - t)}\, dt$ a través de la fórmula de Poisson (teorema 2.25). De nuevo, identificando paráme-tros, vemos que es conveniente tomar $R = 2$, $r = 1$ y $z_0 = 0$. De esta forma, $P_r(t) = \dfrac{3}{5 - 4\cos(\theta - t)}$ y tenemos*

$$u(e^{i\theta}) = \frac{1}{2\pi} \int_0^{2\pi} \frac{3}{5 - 4\cos(\theta - t)} u(2e^{it})\, dt. \tag{2.17}$$

Por tanto, necesitamos encontrar una función holomorfa en $D(0,2)$ y continua en $\overline{D}(0,2)$ tal que la parte real de $f(z)$ evaluada en $2e^{it}$ verifique $u(2e^{it}) = e^{\cos t} \cos(\operatorname{sen} t)$. Para ello, podemos considerar $f(z) = e^{\frac{z}{2}}$, ya que

$$f(2e^{it}) = e^{e^{it}} \ \ y \ \ \operatorname{Re}(f(2e^{it})) = \operatorname{Re}(e^{\cos t}(\cos(\operatorname{sen} t) + i\operatorname{sen}(\operatorname{sen} t))) = e^{\cos t} \cos(\operatorname{sen} t).$$

De esta forma, como $f(e^{i\theta}) = e^{\frac{e^{i\theta}}{2}}$, de la fórmula (2.17) se deduce que

$$\int_0^{2\pi} \frac{e^{\cos t} \cos(\operatorname{sen} t)}{5 - 4\cos(\theta - t)}\, dt = \frac{2\pi}{3} u(e^{i\theta})) = \frac{2\pi}{3} e^{\frac{\cos \theta}{2}} \cos\left(\frac{\operatorname{sen} \theta}{2}\right).$$

Se llama *problema de Dirichlet* para un abierto $U \subset \mathbb{C}$ y una función continua $u(x, y)$ en la frontera de U al problema de encontrar una extensión continua de $u(x, y)$ a $\overline{U}$ que sea armónica en U (técnicamente en $\{(x, y) \in \mathbb{R}^2 : x + iy \in U\}$). Un abierto conexo con esta propiedad es un *dominio de Dirichlet*. La fórmula integral de Poisson (teorema 2.25) nos muestra que los discos abiertos son dominios de Dirichlet. Una caracterización de los dominios o regiones de Dirichlet puede ser vista en [13, págs. 269-275] o [2, págs. 248-251]. También en [21, Sección 8.2.2] se pueden encontrar distintas motivaciones o situaciones físicas (como el caso de la búsqueda del estado estacionario de un flujo de calor determinado por condiciones frontera) que se pueden enfocar matemáticamente a través del problema de Dirichlet.

2.8   Problemas

Ejercicio 2.1 *Demostrar la siguiente desigualdad:*

$$\left| \int_{\gamma} \mathrm{Log}\, z \, dz \right| \leq \frac{\pi^2}{4},$$

donde γ es el arco del primer cuadrante del círculo unidad.

Ejercicio 2.2 *Calcular las siguientes integrales:*

a) $\displaystyle\int_{\gamma} |z|^2 \, \overline{z} \, dz$, *donde γ es el camino cerrado formado por la semicircunferencia centrada en el origen recorrida desde $z_1 = 1 + i$ a $z_2 - 1 - i$ y el segmento de recta que une los puntos anteriores desde z_2 a z_1.*

b) $\displaystyle\int_{\gamma} |z| \, dz$, *donde γ es:*

   b1) *el radio vector desde 0 hasta $2 - i$;*

   b2) *la semicircunferencia $|z| = 1$, $0 \leq \mathrm{Arg}\, z \leq \pi$;*

   b3) *la semicircunferencia $|z| = 1$, $-\pi/2 \leq \mathrm{Arg}\, z \leq \pi/2$;*

   b4) *la circunferencia $|z| = R$, $R > 0$.*

Ejercicio 2.3 *Calcular de dos formas distintas la integral $\displaystyle\int_{\gamma} \frac{1}{z} \, dz$, siendo γ la semicircunferencia de radio unidad centrada en el origen, contenida en el semiplano de la derecha, y recorrida desde $-i$ a i.*

Ejercicio 2.4

a) *Demostrar la fórmula de integración por partes: si dos funciones f y g son holomorfas en algún abierto U que contiene un camino γ que una los puntos z_1 y z_2, entonces*

$$\int_{\gamma} f'(z)g(z)\,dz = f(z)g(z)\Big]_{z_1}^{z_2} - \int_{\gamma} f(z)g'(z)\,dz.$$

b) *Utilizar el apartado a) para hallar el valor de la integral $\int_{\gamma} \operatorname{Log} z\,dz$, donde γ es la semicircunferencia de radio $R > 0$ contenida en el semiplano de la derecha (recorrida en sentido antihorario).*

Ejercicio 2.5 *Calcular las siguientes integrales:*

a) $\displaystyle\int_{\gamma_1} \frac{z^2 - 1}{z^2 + 1}\,dz$, *donde* $\gamma_1(t) = 2e^{2\pi i t}$, $0 \le t \le 1$;

b) $\displaystyle\int_{\gamma_2} \left(\frac{z}{z-1}\right)^n dz$, *donde* $\gamma_2(t) = 1 + e^{it}$, $0 \le t \le 2\pi$ *y* $n \in \mathbb{N}$;

c) $\displaystyle\int_{C(0,1/3)} \frac{\cos z}{z^2(z-1)}\,dz$;

d) $\displaystyle\int_{C(i,2)} \frac{1}{(z^2 + 4)^3}\,dz$;

e) $\displaystyle\int_{C(0,R)} \frac{z^{n+1}}{z^n - 1}\,dz$, *con* $R > 1$ *y* $n \in \mathbb{N}$.

Ejercicio 2.6 *Sean $a, b, c \in \mathbb{C}$ y $n \in \mathbb{N}$ con $n \ge 2$. Si $|az^n + bz + c| \le 1 \ \forall z \in \mathbb{C}$, probar que $a = b = 0$.*

Ejercicio 2.7

a) *Hallar todas las funciones $f : U \to \mathbb{C}$ holomorfas en un conjunto abierto $U \supset \{z \in \mathbb{C} : |z| \le 5\}$ tales que $f(0) = 7$ y $|f(z)| \le 7$ para cualquier $z \in \mathbb{C}$ tal que $|z| < 5$.*

b) *¿Existe más de una función holomorfa $g : U \to \mathbb{C}$, con U un conjunto abierto conteniendo $\{z \in \mathbb{C} : |z| \le 10\}$, tal que $g(0) = -3$ y $|g(z)| \le 3$ para todo z tal que $|z| < 10$?*

Ejercicio 2.8 *Encontrar todas las funciones enteras* $f : \mathbb{C} \to \mathbb{C}$ *tales que*

- $z = 0$ *es un cero de orden 3 de* f;

- $|f'(z)| \leq 5|z|^2 \ \forall z \in \mathbb{C}$;

- $f(1) = 1$.

Ejercicio 2.9 *Sean* f *y* g *dos funciones holomorfas en* $D(0, 1)$ *y continuas en* $\overline{D}(0, 1)$. *Asumir que* $\mathrm{Re}\, f(z) = \mathrm{Re}\, g(z)$ *para todo* $z \in \mathrm{Fr}(D(0, 1))$. *Probar que la función* $(f - g)$ *es constante en* $\overline{D}(0, 1)$.

Ejercicio 2.10 *Sea* $f : D(0, 1) \to \mathbb{C}$ *una función holomorfa en* $D(0, 1)$. *Probar que o bien* f *tiene un cero en* $D(0, 1)$, *o bien existe una sucesión* $\{z_n\}_{n \geq 1}$ *de elementos en* $D(0, 1)$ *tal que* $\lim_{n \to \infty} |z_n| = 1$ *y* $\{f(z_n)\}_{n \geq 1}$ *es acotada.*

Ejercicio 2.11 *Calcular el valor máximo de* $\mathrm{Re}(z^3)$ *en el cuadrado unidad* ($[0, 1] \times [0, 1]$).

Ejercicio 2.12 *Supongamos que* $f : \Omega \to \mathbb{C}$ *es una función holomorfa en un conjunto* $\Omega \supseteq \overline{D}(0, 1)$, $f(0) = i$ *y* $|f(z)| > 1$ *para* $|z| = 1$. *Probar que* f *tiene un cero en* $D(0, 1)$.

Ejercicio 2.13 *Dado* $R > 0$, *sea* $a \in \mathbb{C}$ *tal que* $|a| < R$. *Consideremos la función* $f(z) = \dfrac{R(z - a)}{R^2 - \overline{a}z}$, $z \in \mathbb{C}$. *Probar que* f *es holomorfa en* $D(0, R)$ *y aplica biyectivamente* $D(0, R)$ *en* $D(0, 1)$. *Además, probar que* f *aplica biyectivamente* $C(0, R)$ *en* $C(0, 1)$.

Ejercicio 2.14 *Sea* $f : D(0, 1) \to D(0, 1)$ *una función holomorfa. Si* f *tiene 2 o más puntos fijos, probar que* f *es la identidad.*

(Sugerencia: construir una función en la que aparezca involucrada una transformación de Möbius escrita a partir de uno de los puntos fijos de f.)

Ejercicio 2.15 *Utilizar la fórmula integral de Poisson para probar la desigualdad de Harnack:*
$$\frac{R - r}{R + r} u(0) \leq u(re^{i\theta}) \leq \frac{R + r}{R - r} u(0),$$

donde $0 \leq r < R$, $\theta \in \mathbb{R}$ *y* $u(z) = \mathrm{Re}(f(z)) \geq 0 \ \forall z \in \overline{D}(0, R)$ *con* f *satisfaciendo las hipótesis de la fórmula integral de Poisson.*

Ejercicio 2.16 *Calcular por la fórmula integral de Poisson el valor de las siguientes integrales:*

i) $\displaystyle\int_0^{2\pi} \frac{\cos(3t)}{10 - 6\cos t}\,dt.$

ii) $\displaystyle\int_0^{2\pi} \frac{\operatorname{sen}(3t)}{37 - 12\cos(t-\theta)}\,dt,$ *con* $\theta \in \mathbb{R}$ *fijo.*

Ejercicio 2.17 *Sea* $f : \mathbb{C} \to \mathbb{C}$ *una función entera y sin ceros, y consideremos*

$$g(z) = \int_{\gamma_z} \frac{f'(w)}{f(w)}\,dw + \mathrm{Log}(f(0)), \ z \in \mathbb{C},$$

donde γ_z *es un camino que une* 0 *con* z.

i) Demostrar que g *es entera.*

ii) Probar que tanto f *como* e^g *son soluciones de la ecuación diferencial*

$$h'(z) = h(z)\frac{f'(z)}{f(z)}, \ z \in \mathbb{C}, \quad h(0) = f(0),$$

y, en consecuencia, f *y* e^g *deben ser la misma función.*

(Notar que esto proporciona una prueba alternativa del resultado incluido en la nota 2.11.)

Ejercicio 2.18 *(Teorema de Enestrom-Kakeya)*

a) Sea P *un polinomio de grado* $n \in \mathbb{N}$ *dado por*

$$P(z) = a_0 + a_1 z + \ldots + a_n z^n$$

con $0 \le a_0 \le a_1 \le \ldots \le a_n$. *Probar que todas las raíces de* P *están localizadas en el disco* $\{z \in \mathbb{C} : |z| \le 1\}$.

(Sugerencia: aplicar la desigualdad triangular inversa al polinomio dado por $(1-z)P(z) = a_0 - \big((a_0 - a_1)z + (a_1 - a_2)z^2 + \ldots + (a_{n-1} - a_n)z^n + a_n z^{n+1}\big)$.)

b) Sea P *un polinomio de grado* $n \in \mathbb{N}$ *dado por*

$$P(z) = a_0 + a_1 z + \ldots + a_n z^n$$

con $a_0 \ge a_1 \ge \ldots \ge a_n > 0$. *Probar que todas las raíces de* P *están localizadas en el disco* $\{z \in \mathbb{C} : |z| \ge 1\}$.

Ejercicio 2.19 *Consideremos la rama principal de la función potencia $f(z) = z^{\frac{1}{2}}$ (es decir $e^{\frac{1}{2}\operatorname{Log} z}$).*

i) *Hallar un campo conservativo asociado al potencial $\phi(x,y) = \operatorname{Re} f(x+iy)$.*

ii) *Describir geométricamente las curvas de nivel de ϕ (o curvas equipotenciales $\phi = cte$).*

iii) *Describir geométricamente las líneas de flujo.*

(Véase la nota 2.4).

Ejercicio 2.20 *¿Verdadero o falso? Justificar la respuesta.*

a) *Dado $r > 0$, el índice de la curva dada por $\gamma(t) = a + re^{it}$, $t \in [0, 2\pi]$, con $|a| \neq r$, respecto del punto $z_0 = 0$ es 1.*

b) *Si una función $f : \mathbb{C} \mapsto \mathbb{C}$ es entera y acotada en el eje real, entonces es constante.*

c) *Si g es una función holomorfa no constante sobre un conjunto abierto U acotado y es continua sobre U, entonces g tiene un cero en U o $|g|$ asume su mínimo valor sobre la frontera de U.*

d) *Sea h una función holomorfa en un abierto U y continua en $\overline{U}$. Supongamos que existe $M > 0$ tal que $|h(z)| \leq M$ si $z \in \operatorname{Fr}(U)$. Entonces $|h(z)| \leq M$ para todo $z \in U$.*

e) *Sea f la función entera definida por $f(z) = z$. Por el principio de mínimo, $m_0 := \min_{z \in \operatorname{Fr}(U)} |f(z)|$ verifica $m_0 < |f(z)| \; \forall z \in U$, donde $U = \{z \in \mathbb{C} : |z| < 9\}$.*

f) *Existe más de una función holomorfa f definida al menos en $\{z \in \mathbb{C} : |z| \leq 100\}$ tal que $f(0) = -3$ y $|f(z)| \leq 3$ para todo z tal que $|z| < 100$.*

g) *Sea $f : U \to C$ una función continua en un conjunto abierto $U \subset \mathbb{C}$ conexo y tal que la integral de f sobre la frontera de cualquier triángulo contenido en U vale 0. Entonces f tiene primitiva en U.*

h) *Sea f una función holomorfa en un abierto $U \subset \mathbb{C}$, entonces siempre es cierto que $\int_\gamma f(z)\,dz = 0$ para todo γ camino cerrado en U.*

i) *Sea $f(z) = \dfrac{z - \frac{i}{2}}{1 + \frac{i}{2}z}$ definida en $D(0,1) = \{z \in \mathbb{C} : |z| < 1\}$, entonces f^{-1} es holomorfa en $f(D(0,1)) = D(0,1)$.*

j) *$\int_0^{2\pi} P_r(t)(1 + \cos t)\,dt = 3\pi$, donde $P_r(t) = \dfrac{3}{5 - 4\cos t}$, $t \in [0, 2\pi]$.*

k) *Sea $f : D(0,1) \longrightarrow \overline{D}(0,1)$ una función holomorfa tal que $f(0) = 0$ y $f(\frac{i}{2}) = \frac{i}{2}$, entonces f es la identidad.*

l) $f(z) = z^5$ *es la única función entera que satisface: i)* $z = 0$ *es un cero de orden 5 de* f*; ii)* $|f'(z)| \leq 9|z|^4$ $\forall z \in \mathbb{C}$*; y iii)* $f(1) = 1$*.*

m) *Dos polinomios* P *y* Q *satisfaciendo* $|P(z)| = |Q(z)|$ *para todo* $z \in \mathbb{C}$ *son necesariamente iguales, salvo por una constante de módulo 1.*

Capítulo 3

Series de potencias

Este capítulo está destinado principalmente al manejo de las series de números complejos, y en particular al de las series de potencias. Inicialmente, veremos que las funciones que son holomorfas en ciertos conjunto del plano complejo se identifican con aquellas que admiten localmente un desarrollo en forma de serie en estos mismos conjuntos (lo que se conoce como la propiedad de analiticidad). Analizaremos también algunas aplicaciones, en apariencia bastante sorprendentes, como el *principio de prolongación analítica* y el *principio de identidad*.

Posteriormente, nos centraremos en las funciones que son holomorfas (o analíticas) en todo el plano complejo excepto en algunos puntos especiales donde no están definidas. Introduciremos al respecto la noción de *singularidad*, estudiaremos los diversos tipos de singularidades que existen y desembocaremos finalmente en el estudio de las llamadas *series de Laurent*.

3.1 Convergencia de series

Como en el caso de las series de números reales, la convergencia de una serie de números complejos se define a partir de la noción de convergencia de la sucesión formada por sus sumas parciales. En general, una sucesión de números complejos $z_1, z_2, \ldots, z_n, \ldots$ es convergente a $z \in \mathbb{C}$ si para cada $\varepsilon > 0$ existe $N \in \mathbb{N}$ tal que $|z_n - z| < \varepsilon$ cuando $n > N$.

Desarrollaremos a continuación las definiciones y propiedades básicas sobre series complejas.

Definición 3.1 (Convergencia y convergencia absoluta de una serie)
Dada una serie de números complejos $\sum_{n\geq 1} z_n$, diremos que

a) *converge a un número complejo z si para cada $\varepsilon > 0$ existe $N \in \mathbb{N}$ tal que $|\sum_{n=1}^{m} z_n - z| < \varepsilon$ cuando $m \geq N$;*

b) *converge absolutamente si $\sum_{n\geq 1} |z_n| < \infty$;*

Por tanto, una serie de números complejos $\sum_{n\geq 1} z_n$ converge si la sucesión de sumas parciales $\{\sum_{k=1}^{n} z_k\}_{n\geq 1}$ converge (esto es, existe $\lim_{n\to\infty} \sum_{k=1}^{n} z_k$), que equivale por la completitud de $\mathbb{C}$ a que formen una sucesión de Cauchy, esto es, $\{\sum_{k=m}^{n} z_k\} \to 0$ cuando $n, m \to \infty$.

Además, que una serie de números complejos $\sum_{n\geq 1} z_n$, con $z_n = x_n + iy_n \in \mathbb{C}$, sea convergente equivale a que $\sum_{n\geq 1} x_n$ y $\sum_{n\geq 1} y_n$ sean convergentes. Esto nos conduce a que una condición necesaria para la convergencia de la serie $\sum_{n\geq 1} z_n$ es que $\lim_{n\to\infty} z_n = 0$.

Por otra parte, como en el caso real, la convergencia absoluta de una serie supone también su convergencia. En efecto, si $\sum_{n\geq 1} |z_n| = \sum_{n\geq 1} \sqrt{x_n^2 + y_n^2} < \infty$, entonces $\sum_{n\geq 1} |x_n| \leq \sum_{n\geq 0} |z_n| < \infty$ y $\sum_{n\geq 1} |y_n| \leq \sum_{n\geq 0} |z_n| < \infty$. Por tanto, las series de números reales determinadas por las partes real e imaginaria son absolutamente convergentes y, consecuentemente, son también convergentes, lo que nos lleva en definitiva a la convergencia de la serie original de números complejos. Este hecho resulta ser de gran utilidad, pues la serie $\sum_{n\geq 1} |z_n|$ es de términos reales y, por tanto, los criterios de convergencia para series reales pueden ser aplicados.

Observación 3.1 *En relación al comentario anterior, recordamos que algunos criterios interesantes de convergencia de series reales incluyen a los de comparación, del cociente y de la raíz. En particular, dada la serie $\sum_{n\geq 1} \rho_n$, $\rho_n \geq 0$, si consideramos*

$$A = \limsup_n (\rho_n)^{1/n} \ y \ B = \limsup_n \frac{\rho_{n+1}}{\rho_n}, \ se \ tiene \ que:$$

a) si $A < 1$ o $B < 1$, entonces $\sum_{n\geq 1} \rho_n < \infty$ (la serie converge);

b) si $A > 1$ o $B > 1$, entonces $\sum_{n\geq 1} \rho_n = \infty$ (la serie diverge).

(Si $\rho_n \geq 0$, se define el límite superior de los ρ_n como $\limsup_n(\rho_n) := \lim_n P_n$, donde $P_n = \sup\{\rho_k : k \geq n\}$.)

Otro hecho obvio que se deduce del criterio de comparación es que si $|a_n| \leq b_n$ $\forall n \in \mathbb{N}$ y la serie $\sum_{n=1}^{\infty} b_n$ es convergente, entonces $\sum_{n=1}^{\infty} a_n$ es también convergente.

Ejemplo 3.1 *La serie geométrica $\sum_{n=0}^{\infty} z^n$ converge para $|z| < 1$ y no converge en otro caso. En efecto, si $z \neq 1$, la fórmula para la suma de una progresión geométrica nos da*

$$1 + z + \ldots + z^n = \frac{1 - z^{n+1}}{1 - z}$$

y, dado que $\lim\limits_{n\to\infty} z^n = 0$ *cuando* $|z| < 1$ *(y no existe en* $\mathbb{C}$ *cuando* $|z| \geq 1$, $z \neq 1$), *obtenemos que*

$$\sum_{n=0}^{\infty} z^n = \frac{1}{1-z}, \ \ para \ |z| < 1,$$

y no converge para $|z| \geq 1$. *Además, la convergencia en* $|z| < 1$ *es absoluta.*

Ejemplos 3.2

1. *Consideremos la serie* $\sum_{n=1}^{\infty} n(1+i)^n (2i)^{-n}$. *Dado que*

$$\lim_{n\to\infty} \sqrt[n]{\frac{n|1+i|^n}{|2i|^n}} = \frac{|1+i|}{2} \lim_{n\to\infty} \sqrt[n]{n} = \frac{\sqrt{2}}{2} < 1,$$

   esta serie converge absolutamente.

2. *Consideremos la serie* $\displaystyle\sum_{n=1}^{\infty} n^2 2^n (3+i)^{-n}$. *Dado que*

$$\lim_{n\to\infty} \frac{\frac{(n+1)^2 2^{n+1}}{|3+i|^{n+1}}}{\frac{n^2 2^n}{|3+i|^n}} = \frac{2}{|3+i|} \lim_{n\to\infty} \left(\frac{n+1}{n}\right)^2 = \frac{2}{|3+i|} = \frac{2}{\sqrt{10}} < 1,$$

   esta serie converge absolutamente y, por tanto, también converge.

A continuación nos centraremos en las llamadas series de potencias, que constituyen una clase particular de series cuyos términos generales responden a funciones en la variable $z \in \mathbb{C}$ de la forma $a_n(z - z_0)^n$, con $a_n, z_0 \in \mathbb{C}$ y $n \in \mathbb{N} \cup \{0\}$.

Definición 3.2 (Serie de potencias) *Sea* $z_0 \in \mathbb{C}$ *y* $\{a_n\}_{n=0}^{\infty}$ *una sucesión en* $\mathbb{C}$. *La serie de potencias de coeficientes* $\{a_n\}$ *y centro* z_0 *es la serie funcional, con variable* $z \in \mathbb{C}$, *dada por*

$$\sum_{n\geq 0} a_n(z - z_0)^n.$$

Aunque la siguiente definición se puede dar en el contexto más amplio de las series de funciones (véase la definición 3.7), la introducimos ya en este apartado para el caso particular de las series de potencias.

Definición 3.3 (Convergencia de una serie de potencias) *Dada una serie de potencias de números complejos* $\displaystyle\sum_{n\geq 0} a_n(z - z_0)^n$, *diremos que:*

a) *converge en un punto* w_0 *si* $\sum\limits_{n\geq 0} a_n(w_0 - z_0)^n$ *converge (esto es, existe el límite*

$$\lim_{n\to\infty} \sum_{k=0}^{n} a_k(w_0 - z_0)^k).$$ *En caso contrario diremos que no converge en* w_0;

b) *converge absolutamente en un punto* w_0 *si* $\sum\limits_{n\geq 0} |a_n(w_0 - z_0)^n| < \infty$;

c) *converge uniformemente sobre un conjunto* $S \subset \mathbb{C}$ *a una función* f *si* $\forall \varepsilon > 0$,

$\exists N \in \mathbb{N}$ *tal que* $\left| \sum\limits_{k=0}^{n} a_k(w - z_0)^k - f(w) \right| < \varepsilon$ $\forall n > N$ *y* $\forall w \in S$. *La elección de*

N *depende solo del valor de* ε *y es independiente del punto* w *que se tome de* S.

Teorema 3.1 (Teorema de Abel) *Dada una serie de potencias de números comple-jos* $\sum\limits_{n\geq 0} a_n(z - z_0)^n$, *supongamos que converge para algún* $z_1 \in \mathbb{C}$ *y llamemos* $r = |z_1 - z_0|$.

Entonces $\sum\limits_{n\geq 0} a_n(z - z_0)^n$ *converge absolutamente en todo punto de* $D(z_0, r)$ *y unifor-memente en todo compacto de* $D(z_0, r)$ *a la función suma* $f(z) = \sum\limits_{n\geq 0} a_n(z - z_0)^n$.

Prueba. Tomemos $z \in D(z_0, r)$. Entonces

$$\sum_{n\geq 0} |a_n(z - z_0)^n| = \sum_{n\geq 0} \left| a_n \left(\frac{z - z_0}{z_1 - z_0} \right)^n (z_1 - z_0)^n \right|. \tag{3.1}$$

Dado que la serie $\sum_{n\geq 0} a_n(z_1 - z_0)^n$ converge, sabemos que $\lim\limits_{n\to\infty} a_n(z_1 - z_0)^n = 0$ y, por tanto, existe $M > 0$ tal que $|a_n(z_1 - z_0)^n| \leq M$ $\forall n \in \mathbb{N}$. Así, de (3.1) y del hecho que $\left| \frac{z - z_0}{z_1 - z_0} \right| < 1$, tenemos que

$$\sum_{n\geq 0} |a_n(z - z_0)^n| \leq M \sum_{n\geq 0} \left| \frac{z - z_0}{z_1 - z_0} \right|^n < \infty,$$

lo que demuestra la convergencia absoluta en cualquier punto de $D(z_0, r)$.

Por otra parte, dado $K \subset D(z_0, r)$ un conjunto compacto, existe $z' \in D(z_0, r)$ tal que $K \subset \overline{D}(z_0, r') \subset D(z_0, r)$, con $r' = |z' - z_0|$. Así, si $z \in K$, por lo realizado anteriormente tenemos que $\sum_{n\geq 0} |a_n(z - z_0)^n| < \infty$, por lo que $\sum_{n\geq 0} a_n(z - z_0)^n$

converge para cualquier $z \in K$. Ahora, sea $N_1 \in \mathbb{N}$ y $w \in K$, entonces

$$\left| \sum_{k=0}^{N_1-1} a_k(w-z_0)^k - \sum_{k\geq 0} a_k(w-z_0)^k \right| = \left| \sum_{k\geq N_1} a_k(w-z_0)^k \right| =$$

$$= \lim_{N_2 \to \infty} \left| \sum_{k=N_1}^{N_2} a_k(w-z_0)^k \right| \leq \lim_{N_2 \to \infty} \sum_{k=N_1}^{N_2} |a_k| |w-z_0|^k \leq$$

$$\leq \lim_{N_2 \to \infty} \sum_{k=N_1}^{N_2} |a_k| |z'-z_0|^k .$$

Por tanto, dado que $\sum_{n\geq 0} |a_n(z'-z_0)^n|$ converge, los restos de esa serie, tras N_1 términos, tienden a 0 al tender N_1 a infinito. En consecuencia, para cada $\varepsilon > 0$ existe $N \in \mathbb{N}$ tal que $\left| \sum_{k=0}^{n} a_k(w-z_0)^k - \sum_{k\geq 0} a_k(w-z_0)^k \right| < \varepsilon$ si $n > N$, y este valor de N es independiente del punto de K que elijamos. $\square$

El teorema de Abel nos incita a plantear cuál es el máximo radio posible r para el que una serie de potencias centrada en z_0 converja en todo punto del disco abierto centrado en z_0 y radio r. El radio de convergencia asociado a una serie de potencias, que definimos a continuación, es la respuesta.

Definición 3.4 (Radio de convergencia) *Dada la serie $\sum_{n\geq 0} a_n(z-z_0)^n$, diremos que $r = \left(\limsup_{n\to\infty} |a_n|^{1/n}\right)^{-1}$ es su radio de convergencia.*

Teorema 3.2 (de convergencia de una serie de potencias) *Consideremos la serie de potencias $\displaystyle\sum_{n\geq 0} a_n(z-z_0)^n$ y r su radio de convergencia. Entonces*

i) $\displaystyle\sum_{n\geq 0} a_n(z-z_0)^n$ *converge absolutamente en todo punto de $D(z_0, r)$;*

ii) $\displaystyle\sum_{n\geq 0} a_n(z-z_0)^n$ *converge uniformemente en todo compacto de $D(z_0, r)$;*

iii) $\displaystyle\sum_{n\geq 0} a_n(z-z_0)^n$ *no converge sea cual sea z tal que $|z-z_0| > r$.*

Prueba.

i) Por la observación 3.1 (el criterio de la raíz), dado que

$$\text{limsup}_{n\to\infty} |a_n(z-z_0)^n|^{1/n} - \text{limsup}_{n\to\infty} |a_n|^{1/n}|z-z_0| = \frac{|z-z_0|}{r}$$

es menor que 1 si $z \in D(z_0, r)$, entonces $\sum_{n\geq 0} a_n(z-z_0)^n$ converge absolutamente en todo punto de $D(z_0, r)$;

ii) La convergencia uniforme en todo compacto de $D(z_0, r)$ se deduce del teorema de Abel (teorema 3.1);

iii) Por reducción al absurdo, si $\sum_{n\geq 0} a_n(z-z_0)^n$ convergiese para algún z' tal que $|z'-z_0| > r$, entonces por el teorema de Abel la serie convergería absolutamente en todo punto z tal que $|z-z_0| < |z'-z_0|$ y, en particular, en los puntos z tales que $r < |z-z_0| < |z'-z_0|$, lo que supone un absurdo, ya que

$$\text{limsup}_{n\to\infty} |a_n(z-z_0)^n|^{1/n} = \frac{|z-z_0|}{r} > 1$$

para cualquier z cumpliendo $r < |z-z_0| < |z'-z_0|$.

□

Observación 3.2 *Si existe (o vale $+\infty$) $r_1 := \lim\limits_{n\to\infty} \dfrac{|a_{n+1}|}{|a_n|}$, entonces también existe $\lim\limits_{n\to\infty} |a_n|^{1/n}$ y el radio de convergencia de la serie $\sum\limits_{n\geq 0} a_n(z-z_0)^n$, denotado por r, coincide con $\frac{1}{r_1}$. En efecto, $\sum\limits_{n\geq 0} a_n(z-z_0)^n$ converge absolutamente por el criterio de cociente (véase la observación 3.1) si*

$$\lim_{n\to\infty} \frac{|a_{n+1}||z-z_0|^{n+1}}{|a_n||z-z_0|^n} = |z-z_0| \lim_{n\to\infty} \frac{|a_{n+1}|}{|a_n|} < 1,$$

lo que conduce a $|z-z_0| < \frac{1}{r_1}$. Además, si tomamos z tal que $|z-z_0| > \frac{1}{r_1}$ entonces $\lim\limits_{n\to\infty} \dfrac{|a_{n+1}||z-z_0|^{n+1}}{|a_n||z-z_0|^n}$ es mayor que 1, de lo que se deduce que $\lim\limits_{n\to\infty} a_n(z-z_0)^n$ no puede ser 0 (a partir de un momento dado el módulo del término general va creciendo) y, por tanto, $\sum\limits_{n\geq 0} a_n(z-z_0)^n$ no converge. Así, por el teorema 3.2, $r = \frac{1}{r_1}$.

Ejemplos 3.3

1. *La serie de potencias $\sum_{n \geq 1} \frac{(z-i)^n}{n}$ tiene radio de convergencia dado por $\left(\text{lím sup}_{n \to \infty} \left(\frac{1}{n} \right)^{\frac{1}{n}} \right)^{-1} = 1$, por lo que converge absolutamente en $D(i, 1)$ y uniformemente sobre los compactos de $D(i, 1)$.*

2. *La serie de potencias $\sum_{n \geq 0} \frac{z^n}{n!}$ tiene radio de convergencia igual a ∞. En efecto, $\text{lím}_{n \to \infty} \frac{\frac{1}{(n+1)!}}{\frac{1}{n!}} = \text{lím}_{n \to \infty} \frac{1}{n+1} = 0$ y, por la observación 3.2, el radio de convergencia es ∞. Por tanto, la serie converge absolutamente en todo punto de $\mathbb{C}$ y uniformemente sobre los compactos de $\mathbb{C}$ (de hecho, el lector ya podrá asociar esta serie con la función exponencial e^z).*

3. *La serie de potencias $\sum_{n \geq 1} n^n z^n$ tiene radio de convergencia igual a 0, ya que $\left(\text{lím}_{n \to \infty} (n^n)^{\frac{1}{n}} \right)^{-1} = 0$. Por tanto, la serie solo converge en $z = 0$.*

Otros ejemplos se pueden ver en el ejercicio 5 al final de este capítulo.

3.2 Series de Taylor

El teorema de Taylor en el caso real permite probar en determinadas circunstancias que una función infinitamente derivable alrededor de un punto x_0 presenta aproximaciones cada vez mejores en términos de polinomios. En el caso del plano complejo ya sabemos que toda función holomorfa en un punto z_0 es indefinidamente derivable en z_0 y podemos considerar su serie de potencias de Taylor, que mostraremos en esta sección que converge en un disco alrededor de z_0. De esta forma veremos que el hecho que una función f sea holomorfa en un conjunto abierto $U \subset \mathbb{C}$ es equivalente a que localmente sea representable en serie de potencias, es decir, que en un entorno $D(z_0, r)$ de cada punto $z_0 \in U$ haya una sucesión de números complejos $\{a_n\}_{n \geq 0}$ tal que $f(z) = \sum_{n=0}^{\infty} a_n(z - z_0)^n \ \forall z \in D(z_0, r)$. Esta afirmación es equivalente a que los términos holomorfa y analítica sean equivalentes, puesto que la noción de función analítica nace precisamente del concepto de función representable en serie de potencias.

Definición 3.5 (Función analítica) *Sea $f : U \to \mathbb{C}$ una función definida en un conjunto abierto $U \subset \mathbb{C}$. Diremos que f es analítica en U cuando para cada $z_0 \in U$ existe $r_{z_0} > 0$, con $D(z_0, r_{z_0}) \subset U$, y una serie de potencias $\sum_{n \geq 0} a_n(z - z_0)^n$ centrada en z_0 y con radio de convergencia mayor o igual que r_{z_0}, tales que*

$$f(z) = \sum_{n \geq 0} a_n(z - z_0)^n \ \forall z \in D(z_0, r_{z_0}).$$

También diremos que f es analítica en un conjunto no vacío $S \subset \mathbb{C}$ cuando es analítica en un conjunto abierto U que contiene a S. En particular, f es analítica en z_0 cuando es analítica en un disco $D(z_0, r)$ para algún $r > 0$.

A través del teorema de Taylor probaremos que toda función holomorfa en un conjunto abierto $U \subset \mathbb{C}$ es analítica en tal abierto. En efecto, demostraremos que toda función holomorfa en un punto $z_0 \in \mathbb{C}$ (es decir, en un cierto disco $D(z_0, r)$ con $r > 0$) es analítica en tal punto.

Teorema 3.3 (Teorema de Taylor) *Si $f : D(z_0, r) \to \mathbb{C}$ es una función holomorfa en el disco $D(z_0, r)$ para algún $z_0 \in \mathbb{C}$ y $r > 0$, entonces la función f admite la representación en forma de serie dada por*

$$f(z) = \sum_{n \geq 0} \frac{f^{(n)}(z_0)}{n!}(z - z_0)^n \ \forall z \in D(z_0, r).$$

Prueba. Sea r_1 tal que $0 < r_1 < r$ y $C_1 := \{z \in \mathbb{C} : |z - z_0| = r_1\}$. Aplicando la fórmula integral de Cauchy (teorema 2.7), para $z \in D(z_0, r_1)$, tenemos que

$$\begin{aligned} f(z) &= \frac{1}{2\pi i} \int_{C_1} \frac{f(w)}{w - z}\, dw = \\ &= \frac{1}{2\pi i} \int_{C_1} \frac{f(w)}{w - z_0 - (z - z_0)}\, dw = \\ &= \frac{1}{2\pi i} \int_{C_1} \frac{f(w)}{(w - z_0)\left(1 - \frac{z - z_0}{w - z_0}\right)}\, dw. \end{aligned} \tag{3.2}$$

Observar que, si $s \neq 1$, claramente se tiene que

$$\frac{1}{1 - s} = 1 + s + s^2 + \ldots + s^{N-1} + \frac{s^N}{1 - s}, \ (N = 2, 3, \ldots)$$

y, por tanto,

$$\frac{1}{1 - \frac{z - z_0}{w - z_0}} = 1 + \frac{z - z_0}{w - z_0} + \frac{(z - z_0)^2}{(w - z_0)^2} + \ldots + \frac{(z - z_0)^{N-1}}{(w - z_0)^{N-1}} + \frac{\frac{(z - z_0)^N}{(w - z_0)^N}}{1 - \frac{z - z_0}{w - z_0}}, \ (N = 2, 3, \ldots).$$

En consecuencia,

$$\frac{1}{(w - z_0)\left(1 - \frac{z - z_0}{w - z_0}\right)} = \frac{1}{w - z_0} + \frac{1}{(w - z_0)^2}(z - z_0) + \frac{1}{(w - z_0)^3}(z - z_0)^2 + \ldots +$$

$$+ \frac{1}{(w - z_0)^N}(z - z_0)^{N-1} + \frac{1}{(w - z)(w - z_0)^N}(z - z_0)^N, \ (N = 2, 3, \ldots). \tag{3.3}$$

Ahora, por la fórmula integral de Cauchy para las derivadas (teorema 2.8), notar que

$$\frac{1}{2\pi i} \int_{C_1} \frac{f(w)}{(w-z_0)^{n+1}} \, dw = \frac{f^{(n)}(z_0)}{n!}. \tag{3.4}$$

Consecuentemente, por (3.2), (3.3) y (3.4), se tiene que

$$f(z) = f(z_0) + \frac{f'(z_0)}{1!}(z-z_0) + \frac{f''(z_0)}{2!}(z-z_0)^2 + \ldots + \frac{f^{(N-1)}(z_0)}{(N-1)!}(z-z_0)^{N-1} + \rho_N(z), \tag{3.5}$$

donde

$$\rho_N(z) = \frac{(z-z_0)^N}{2\pi i} \int_{C_1} \frac{f(w)}{(w-z)(w-z_0)^N} \, dw, \quad (N = 2, 3, \ldots).$$

Así pues, si M denota el valor máximo de $|f(w)|$ sobre C_1, para $|z-z_0| = r_2 < r_1$, dado que $|w-z| = |w - z_0 - (z-z_0)| \geq r_1 - r_2$, tenemos que

$$|\rho_N(z)| \leq \frac{r_2^N}{2\pi} \frac{M}{r_1^N(r_1 - r_2)} 2\pi r_1 = \frac{Mr_1}{r_1 - r_2} \left(\frac{r_2}{r_1} \right)^N, \quad (N = 2, 3, \ldots)$$

y, como $r_2 < r_1$, se deduce que $\lim\limits_{N \to \infty} \rho_N(z) = 0$ sea cual sea $z \in D(z_0, r_1)$. Por tanto, a la vista de (3.5), llegamos para $z \in \mathbb{C}$ tal que $|z-z_0| = r_1$ a que

$$f(z) = \sum_{n \geq 0} \frac{f^{(n)}(z_0)}{n!}(z-z_0)^n$$

y, como $r_1 > 0$ es cualquiera menor que r, se obtiene el resultado. $\square$

Definición 3.6 (Serie de Taylor) *Si $f : D(z_0, r) \to \mathbb{C}$ es una función holomorfa en $D(z_0, r)$ para algún $z_0 \in \mathbb{C}$ y $r > 0$, entonces la representación en serie*

$$f(z) = \sum_{n \geq 0} \frac{f^{(n)}(z_0)}{n!}(z-z_0)^n,$$

para cada $z \in D(z_0, r)$, es llamada serie de Taylor de f centrada en z_0. En el caso particular que $z_0 = 0$, se le denomina serie de Maclaurin de f.

Observación 3.3 *Los desarrollos en serie de Maclaurin presentados al final del capítulo 1 de las funciones elementales e^z, sen z, cos z, senh z y cosh z quedan ahora justificados. En efecto, dado que estas funciones son enteras, el disco puede tomarse arbitrariamente grande y la serie converge en todo punto z del plano finito.*

Ejemplo 3.4 *La función* $\operatorname{Log} z$ *no está definida en* 0, *pero podemos calcular la serie de Maclaurin de* $\operatorname{Log}(1 + z)$, *que resulta ser*

$$\sum_{n \geq 1} \frac{(-1)^n}{n} z^n,$$

válida para $|z| < 1$ *donde la función* $\operatorname{Log}(1 + z)$ *es holomorfa.*

Generalizaremos ahora la definición 3.3 al caso de sucesiones y series de funciones.

Definición 3.7 (Convergencia de una sucesión y serie de funciones)
Sea $f_n : S \to \mathbb{C}$, $n = 0, 1, 2, \ldots$, *una sucesión de funciones definidas en un conjunto* $S \subset \mathbb{C}$. *Se dice que:*

a) $\{f_n\}_{n \geq 1}$ *converge puntualmente a una función* $f : S \to \mathbb{C}$ *en* S *si para todo* $z \in S$ *existe* $\lim\limits_{n \to \infty} f_n(z) = f(z)$, *esto es, para cada* $z \in S$ *se cumple que* $\forall \varepsilon > 0 \; \exists N \in \mathbb{N}$ *tal que*

$$|f_n(z) - f(z)| < \varepsilon \; \forall n > N.$$

b) $\{f_n\}_{n \geq 1}$ *converge uniformemente sobre* S *a* $f : S \to \mathbb{C}$ *si* $\forall \varepsilon > 0 \; \exists N \in \mathbb{N}$ *tal que*

$$|f_n(z) - f(z)| < \varepsilon \; \forall n > N \; y \; z \in S.$$

Análogamente, sobre la serie de funciones $\sum\limits_{n \geq 0} f_n(z)$, *se dice que:*

c) *converge puntualmente a una función* $g : S \to \mathbb{C}$ *en* S *si existe* $\sum\limits_{n \geq 0} f_n(z) = g(z)$ *para todo* $z \in S$.

d) *converge uniformemente sobre* S *a* $g : S \to \mathbb{C}$ *si* $\forall \varepsilon > 0 \; \exists N \in \mathbb{N}$ *tal que*

$$\left| \sum_{k=0}^{n} f_k(z) - g(z) \right| < \varepsilon \; \forall n > N \; y \; z \in S.$$

Ejemplo 3.5 *Consideremos la sucesión de funciones* $f_n(z) = z^n$, $n = 1, 2, \ldots$ *Entonces resulta claro que* $\{f_n(z)\}_{n \geq 1}$ *converge puntualmente a* $f(z) = 0$ *en cualquier punto de* $\{z \in \mathbb{C} : |z| < 1\}$. *Además,* $\{f_n(z)\}_{n \geq 1}$ *converge puntualmente a* $f(z) = 1$ *en* $z = 1$. *Respecto a la convergencia uniforme, si tomamos* $A \subset D(0, 1)$ *un conjunto cerrado, entonces* $\{f_n(z)\}_{n \geq 1}$ *converge uniformemente sobre* A, *ya que existe* $w_0 \in A$ *tal que*

$$|f_n(z) - 0| = |z|^n \leq |w_0|^n < 1, \; n = 1, 2, \ldots, \; \forall z \in A$$

y $|w_0|^n$ *tiende a* 0 *cuando* $n \to \infty$ *(porque* $|w_0| < 1$).

Ejemplo 3.6 *Resulta claro que la convergencia uniforme implica la convergencia puntual. Sin embargo, la convergencia puntual de una sucesión o serie de funciones no implica, en general, su convergencia uniforme. Por ejemplo, si $f_n(z) = \frac{n^2 - z^2}{n^3} + z$, $n = 1, 2, \ldots$, entonces $\{f_n(z)\}_{n \geq 1}$ converge puntualmente sobre $\mathbb{C}$ a la función $f(z) = z$. Sin embargo, la convergencia no es uniforme sobre $\mathbb{C}$, ya que dado $0 < \varepsilon < 1$ y $z_n = \sqrt{n^3 + n^2} > 0$, $n \in \mathbb{N}$, tenemos que*

$$|f_n(z_n) - f(z_n)| = \left| \frac{n^2 - (n^3 + n^2)}{n^3} \right| = 1 > \varepsilon$$

y, por tanto, no se cumple la definición de convergencia uniforme.

Nota 3.1 *De manera análoga al caso de funciones de variable real, si $\sum_{n \geq 0} f_n(z)$ es una serie de funciones definidas en un conjunto $A \subset \mathbb{C}$ tales que $|f_n(z)| \leq M_n \ \forall z \in B \subset A$, $n = 0, 1, 2, \ldots$, para algunas constantes no negativas $M_0, M_1, \ldots$ satisfaciendo $\sum_{n \geq 0} M_n < \infty$, entonces el test de Weierstrass nos asegura la convergencia uniforme de $\sum_{n \geq 0} f_n(z)$ sobre el conjunto B.*

Ejemplo 3.7 *Consideremos la serie de funciones $\sum_{n \geq 1} f_n(z)$, donde $f_n(z) = \frac{e^{-nz}}{3^n + 5^n}$, $n = 1, 2, \ldots$, entonces*

$$|f_n(z)| = \left| \frac{e^{-nz}}{3^n + 5^n} \right| \leq \frac{|e^{-nz}|}{5^n} = \left(\frac{|e^{-z}|}{5} \right)^n = \left(\frac{e^{-\operatorname{Re} z}}{5} \right)^n.$$

Sea ahora $A = \{z \in \mathbb{C} : \operatorname{Re} z \geq -\ln 5 + \varepsilon\}$, con $\varepsilon > 0$. Así, la serie de funciones dada converge uniformemente (y puntualmente) sobre A, ya que

$$|f_n(z)| \leq \left(\frac{e^{-\operatorname{Re} z}}{5} \right)^n \leq \left(\frac{e^{\ln 5 - \varepsilon}}{5} \right)^n = \left(e^{-\varepsilon} \right)^n \ \ \forall z \in A$$

y

$$\sum_{n \geq 1} \left(e^{-\varepsilon} \right)^n < \infty.$$

La siguiente proposición nos dice que, bajo la hipótesis de convergencia uniforme, se pueden intercambiar los signos de límite e integral sobre cualquier camino (comparar con el teorema existente para el caso de funciones de variable real [28, Proposición 2.23] o, más generalmente, con los teoremas de Lebesgue de la convergencia dominada [38, Teorema 1.9.5] o de Beppo Levi [38, Teorema 1.8.5]).

Proposición 3.1 *Sea γ un camino y $\{f_n\}_{n\geq 1}$ una sucesión de funciones continuas en γ^* que converge uniformemente sobre γ^* a una función f. Entonces*

$$\lim_{n\to\infty} \int_\gamma f_n(z)\,dz = \int_\gamma f(z)\,dz.$$

También, si $\{g_n\}_{n\geq 1}$ es una sucesión de funciones continuas en γ^* y $\sum_{n\geq 1} g_n(z)$ converge uniformemente sobre γ^*, entonces

$$\int_\gamma \sum_{n\geq 1} g_n(z)\,dz = \sum_{n\geq 1} \int_\gamma g_n(z)\,dz.$$

Prueba. Por hipótesis, dado $\varepsilon > 0$ existe $N_1 \in \mathbb{N}$ tal que

$$|f_n(z) - f(z)| < \varepsilon \;\; \forall n > N_1 \text{ y } \forall z \in \gamma^*.$$

Así,

$$\left| \int_\gamma f_n(z)\,dz - \int_\gamma f(z)\,dz \right| = \left| \int_\gamma (f_n(z) - f(z))\,dz \right| \leq L(\gamma)M_1(\gamma) < \varepsilon L(\gamma) \;\; \forall n > N_1,$$

donde $M_1(\gamma) := \max\{|f_n(z) - f(z)| : z \in \gamma^*\}$. Esto prueba la igualdad $\lim_{n\to\infty} \int_\gamma f_n(z)\,dz = \int_\gamma f(z)\,dz$.

Por otra parte, si $\displaystyle\sum_{n\geq 1} g_n(z)$ converge uniformemente sobre γ^* a una función $g(z)$, dado $\varepsilon > 0$ existe $N_2 \in \mathbb{N}$ tal que

$$\left| \sum_{k=1}^{n} g_k(z) - g(z) \right| < \varepsilon \;\; \forall n > N_2 \text{ y } \forall z \in \gamma^*.$$

Por tanto, para cada $n > N_2$ tenemos que

$$\left| \int_\gamma \sum_{k=1}^{n} g_k(z)\,dz - \int_\gamma g(z)\,dz \right| = \left| \int_\gamma \left(\sum_{k=1}^{n} g_k(z) - g(z) \right) dz \right| \leq L(\gamma)M_2(\gamma) < \varepsilon L(\gamma),$$

donde $M_2(\gamma) := \max\left\{ \left| \sum_{k=1}^{n} g_k(z) - g(z) \right| : z \in \gamma^* \right\}$. Consecuentemente,

$$\lim_{n\to\infty} \int_\gamma \sum_{k=1}^{n} g_k(z)\,dz = \int_\gamma g(z)\,dz.$$

Ahora, teniendo en cuenta la proposición 2.2, se tiene

$$\lim_{n \to \infty} \int_\gamma \sum_{k=1}^n g_k(z)\, dz = \lim_{n \to \infty} \sum_{k=1}^n \int_\gamma g_k(z)\, dz = \sum_{n \geq 1} \int_\gamma g_n(z)\, dz.$$

Por tanto,

$$\int_\gamma \sum_{n \geq 1} g_n(z)\, dz = \sum_{n \geq 1} \int_\gamma g_n(z)\, dz.$$

$\square$

Nota 3.2 *A la vista de este resultado, la prueba del teorema 3.3 se hubiera podido enfocar de forma alternativa comprobando que la serie* $\displaystyle\sum_{n \geq 0} \frac{(z - z_0)^n}{(w - z_0)^{n+1}} f(w)$ *converge uniformemente en* C_1 *e integrando (3.2) término a término.*

Teorema 3.4 (Teorema de la convergencia analítica) *Sea* $\{f_n\}_{n \geq 1}$ *una sucesión de funciones holomorfas en un abierto* U *convergiendo uniformemente sobre los compactos de* U *a una función* f *definida en* U. *Entonces* f *es holomorfa en* U *y, dado* $p \in \mathbb{N}$, $\{f_n^{(p)}\}_{n \geq 1}$ *converge uniformemente sobre los compactos de* U *a* $f^{(p)}$.

Prueba. En primer lugar observar que, dado que $\{f_n(z)\}_{n \geq 1}$ converge uniformemente sobre los compactos de U a la función $f(z)$, entonces la función f es continua en U. En efecto, sea $K \subset U$ un conjunto compacto cualquiera y fijemos $\varepsilon > 0$. Por la convergencia uniforme sobre K sabemos que existe $N \in \mathbb{N}$ tal que $|f_n(z) - f(z)| < \dfrac{\varepsilon}{3}$ $\forall n > N \; \forall z \in K$. También, fijado $z_0 \in U$, por la continuidad de f_N existe $\delta > 0$ tal que $|f_N(z) - f_N(z_0)| < \dfrac{\varepsilon}{3}$ si $|z - z_0| < \delta$. Así, si $|z - z_0| < \delta$ y elegimos un conjunto compacto K conteniendo el conjunto $\{z \in \mathbb{C} : |z - z_0| < \delta\}$, se tiene que

$$|f(z) - f(z_0)| \leq |f(z) - f_N(z)| + |f_N(z) - f_N(z_0)| + |f_N(z_0) - f(z_0)| < \varepsilon$$

y f es continua en z_0. Por tanto, f es continua en U.

Sea ahora Γ la frontera de un triángulo contenido en U. Por la proposición 3.1 (que se puede aplicar por la hipótesis de convergencia uniforme sobre compactos de U) y el teorema de Cauchy para triángulos (teorema 2.3 aplicado a las funciones holomorfas f_n) se tiene que

$$\int_\Gamma f(z)\, dz = \lim_{n \to \infty} \int_\Gamma f_n(z)\, dz = 0.$$

Por tanto, por el teorema de Morera (teorema 2.14), la función f es holomorfa en U.

Por otra parte, sea $r > 0$ y $z_0 \in U$ tal que $\overline{D}(z_0, r) \subset U$. Así, si tomamos $C = \{z \in \mathbb{C} : |z - z_0| = r\}$, por la fórmula integral de Cauchy para las derivadas se tiene para cualesquiera $n, p \in \mathbb{N}$ que

$$f_n^{(p)}(z) - f^{(p)}(z) = \frac{p!}{2\pi i} \int_C \frac{f_n(w) - f(w)}{(w - z)^{p+1}} \, dw, \quad \forall z \in D(z_0, r). \qquad (3.6)$$

También, para el valor $\varepsilon > 0$, tomemos el entero $N_1 \in \mathbb{N}$ que verifica la condición de convergencia uniforme de la sucesión $\{f_n(z)\}_{n \geq 1}$ sobre el disco cerrado $\overline{D}(z_0, r_1)$, con $0 < r_1 < r$. Consecuentemente, a partir de (3.6) se tiene, para cada $z \in \overline{D}(z_0, r_1)$, que

$$\left| f_n^{(p)}(z) - f^{(p)}(z) \right| \leq \frac{p!}{2\pi} \frac{\varepsilon}{(r - r_1)^{p+1}} 2\pi r = \frac{p! \, r \, \varepsilon}{(r - r_1)^{p+1}} \; \forall n > N_1,$$

luego $\{f_n^{(p)}(z)\}_{n \geq 1}$ converge uniformemente sobre $\overline{D}(z_0, r_1)$ a $f^{(p)}(z)$. Finalmente, dado que cualquier compacto de U puede cubrirse por una cantidad finita de discos abiertos de U (véase por ejemplo [13, pág. 20]), concluimos que $\{f_n^{(p)}(z)\}_{n \geq 1}$ converge uniformemente sobre $\overline{D}(z_0, r_1)$ a $f^{(p)}(z)$. $\qquad \square$

Este resultado será utilizado para probar que el recíproco del teorema de Taylor es también cierto.

Teorema 3.5 (Recíproco del teorema de Taylor) *Si* $f(z) = \displaystyle\sum_{n \geq 0} a_n(z - z_0)^n$ *$\forall z \in D(z_0, r)$ para algún $z_0 \in \mathbb{C}$ y $r > 0$, entonces f es holomorfa en $D(z_0, r)$.*

Prueba. Sea $\{a_n\}_{n \geq 0}$ tal que $f(z) = \sum_{n \geq 0} a_n(z - z_0)^n$ $\forall z \in D(z_0, r)$. Así, r es menor o igual que el radio de convergencia de esta serie y, por el teorema 3.2, podemos afirmar que $\sum_{n \geq 0} a_n(z - z_0)^n$ converge uniformemente en todo compacto de $D(z_0, r)$, es decir, f es el límite uniforme de $f_n(z) := \sum_{k=0}^{n} a_k(z - z_0)^k$ (funciones enteras). Ahora el teorema 3.4 nos sirve para deducir que f es holomorfa en $D(z_0, r)$. $\qquad \square$

Por tanto, ahora queda completamente justificado que podemos utilizar indistintamente los términos *holomorfa* y *analítica*.

A continuación, analizaremos el radio de convergencia de la serie de potencias derivada.

Lema 3.1 *Si una serie de potencias* $\displaystyle\sum_{n \geq 0} a_n(z - z_0)^n$ *tiene radio de convergencia r, la serie derivada* $\displaystyle\sum_{n \geq 1} a_n n(z - z_0)^{n-1}$ *tiene también radio de convergencia r.*

Prueba. Tal como vimos, el radio de convergencia de $\sum\limits_{n\geq 0} a_n z^n$ viene dado por

$$r = \left(\operatorname{limsup}_{n\to\infty} |a_n|^{1/n}\right)^{-1}.$$

Así, como $\lim\limits_{n\to\infty} n^{1/n} = 1$, el radio de convergencia de $\sum\limits_{n\geq 1} a_n n z^{n-1}$ es

$$\left(\operatorname{limsup}_{n\to\infty} |a_n n|^{1/n}\right)^{-1} = r.$$

$\square$

Teorema 3.6 (Unicidad de la serie de Taylor) *Sea f una función analítica en $D(z_0, r)$ para algún $z_0 \in \mathbb{C}$ y $r > 0$ tal que $f(z) = \sum\limits_{n\geq 0} a_n (z - z_0)^n \ \forall z \in D(z_0, r)$ para algunos $a_n \in \mathbb{C}$, $n = 0, 1, 2, \ldots$ Entonces*

i) $a_n = \dfrac{f^{(n)}(z_0)}{n!} \ \forall n \in \mathbb{N} \cup \{0\}$;

ii) f es indefinidamente derivable en $D(z_0, r)$ y

$$f^{(p)}(z) = \sum\limits_{n\geq p} a_n n(n-1)\cdots(n-p+1)(z-z_0)^{n-p} \ \forall p \in \mathbb{N} \ y \ z \in D(z_0, r).$$

Prueba. Puesto que $f(z) = \sum_{n\geq 0} a_n (z - z_0)^n$ converge uniformemente en todo compacto de $D(z_0, r)$, es decir, $f(z)$ es el límite uniforme de $f_n(z) := \sum_{k=0}^{n} a_k (z - z_0)^k$, entonces por el teorema 3.4 las derivadas $\{f_n^{(p)}(z)\}_{n\geq 1}$ convergen uniformemente en todo compacto de $D(z_0, r)$ a $f^{(p)}(z)$, lo que nos lleva a probar ii). Si tomamos ahora $z = z_0$ en la expresión de la derivada p-ésima, $\sum_{n\geq p} a_n n(n-1)\cdots(n-p+1)(z-z_0)^{n-p}$, obtenemos $f^{(p)}(z_0) = a_p p!$, luego $a_p = \dfrac{f^{(p)}(z_0)}{p!}$, lo que prueba i). $\square$

Observemos que el radio de convergencia de la serie de Taylor de una función holomorfa (o analítica) depende naturalmente del centro de la serie, ya que los coeficientes $\{a_n\}_{n\geq 0}$ dependen de dicho punto.

3.3 Principio de prolongación analítica

Definición 3.8 (Conjunto de ceros de una función) *Sea $f : U \to \mathbb{C}$ una función definida en un conjunto $U \subset \mathbb{C}$. El conjunto de los ceros de f viene definido como $Z(f) = \{z \in U : f(z) = 0\}$.*

Más adelante veremos que una función analítica y no idénticamente nula en un abierto U presenta, a lo sumo, una cantidad numerable de ceros (véase el corolario 3.2).

Definición 3.9 (Cero de orden m) *Sea f una función analítica en $z_0 \in \mathbb{C}$. Diremos que f tiene un cero en z_0 de orden $m \geq 1$ ($m \in \mathbb{N}$) si $f(z) = \sum_{n \geq 0} a_n(z - z_0)^n$, $z \in D(z_0, r)$ para algún $r > 0$, con $a_0 = a_1 = \ldots = a_{m-1} = 0$ y $a_m \neq 0$.*
(En ocasiones, la expresión z_0 es un cero de orden 0 de f indica que $f(z_0) \neq 0$).

En el caso de que f sea idénticamente nula en un disco $D(z_0, r)$, con $r > 0$, observemos que z_0 no cumple la definición anterior sea cual sea el valor de $m \geq 1$. Es decir, no catalogaremos los puntos del disco $D(z_0, r)$ como ceros de f de orden m natural.

Observación 3.4 *Equivalentemente, dado $z_0 \in \mathbb{C}$, por el teorema de Taylor una función f analítica en un abierto $U \supset \{z_0\}$ tiene un cero de orden $m \geq 1$ en z_0 si $f^{(n)}(z_0) = 0$ para $n = 0, 1, \ldots, m-1$ y $f^{(m)}(z_0) \neq 0$. También, de forma equivalente, f tiene en z_0 un cero de orden m si existe una función g analítica en U con $g(z_0) \neq 0$ tal que $f(z) = (z - z_0)^m g(z) \ \forall z \in U$.*

Lema 3.2 *Sea $f : U \to \mathbb{C}$ una función analítica en un abierto $U \subset \mathbb{C}$ y denotemos por A el conjunto de los puntos de acumulación de $Z(f)$ en U. Entonces A es abierto y cerrado en U.*

Prueba. Por hipótesis,

$$A = \{z \in U : \exists \{z_n\}_{n=1}^{\infty} \subset Z(f) \subset U \text{ tal que } \{z_n\} \to z, \ z_n \neq z \ \forall n \in \mathbb{N}\}.$$

En primer lugar, observar que, por continuidad, $A \subset Z(f)$. Además, A es cerrado. En efecto, si $\{w_n\} \subset A$ tal que $\{w_n\} \to w$, entonces $w \in A$, ya que $w_n \in Z(f)$ y $w_n \neq w$ $\forall n \in \mathbb{N}$ (en caso contrario, $w \in A$ directamente). Por otra parte, A es también abierto. En efecto, sea $z_0 \in A$ y consideremos $f(z) = \sum_{n \geq 0} a_n(z - z_0)^n$ válido en algún disco abierto $D(z_0, r)$ contenido en U (véase el teorema de Taylor). Como $z_0 \in A \subset Z(f)$, entonces $f(z_0) = 0$ y si suponemos que $a_0 = a_1 = \ldots = a_{m-1} = 0$ y $a_m \neq 0$ (z_0 es un cero de orden m), llegamos a que $f(z) = (z - z_0)^m g(z) \ \forall z \in D(z_0, r)$ para alguna función g analítica en $D(z_0, r)$ con $g(z_0) \neq 0$. En realidad, $g(z) \neq 0$ para todo z en un entorno de z_0, esto es, z_0 es un punto aislado de $Z(f)$, lo que nos lleva a que $z_0 \notin A$. Así, $a_n = 0$ para cualquier $n = 0, 1, \ldots$ y, por tanto, $f(z) = 0 \ \forall z \in D(z_0, r)$, lo que quiere decir que $D(z_0, r) \subset A$, probando que A es abierto en U. $\square$

Corolario 3.1 (Principio de identidad) *Sea $f : U \to \mathbb{C}$ una función analítica en un abierto y conexo U. Supongamos que existe una sucesión $\{z_n\}_{n=1}^{\infty}$ de puntos distintos de U tal que existe $\lim_{n \to \infty} z_n = z_0 \in U$ y $f(z_n) = 0 \ \forall n \in \mathbb{N}$ (esto es, $Z(f)$ tiene un punto de acumulación en U). Entonces $f(z) = 0 \ \forall z \in U$.*

Prueba. Dado que el conjunto de puntos de acumulación de $Z(f)$, denotado por A, es abierto y cerrado en U por el lema 3.2 y U es conexo, entonces $A = \emptyset$ (que no es el caso) o $A = U$ en cuyo caso llegamos a que f es idénticamente 0 en U. $\qquad\square$

Observación 3.5 *El resultado anterior no descarta la posibilidad de que el conjunto de ceros de una función analítica, no constante, en un abierto y conexo U pueda tener puntos de acumulación en $\mathbb{C} \setminus U$ (en concreto en $\mathrm{Fr}(U)$). Véanse algunos ejemplos en el ejercicio 3.1 al final de este capítulo.*

Corolario 3.2 *Sea $f : U \to \mathbb{C}$ una función analítica en un abierto $U \subset \mathbb{C}$ y no idénticamente nula en ninguna componente conexa de U. Entonces $Z(f)$ es numerable.*

Prueba. Supongamos que U es conexo; en caso contrario se aplica el razonamiento a cada componente conexa de U. En primer lugar afirmamos que el abierto U se puede expresar como unión numerable de conjuntos compactos $K_n \subset U$. En efecto, si $U = \mathbb{C}$, entonces podemos tomar claramente $K_n = \overline{D}(0, n)$ para obtener que $\mathbb{C} = \bigcup_{n \in \mathbb{N}} K_n$ y, en general, si tomamos

$$K_n = \left\{ z \in \overline{D}(0, n) : \mathrm{d}(z, \mathbb{C} \setminus U) \geq \frac{1}{n} \right\},$$

donde la distancia d entre dos conjuntos cerrados del plano (al menos uno de ellos compacto) está definida como el mínimo valor que se obtiene al considerar todas las posibles distancias euclídeas entre dos puntos de ambos conjuntos, se tiene que $U = \bigcup_{n \in \mathbb{N}} K_n$ y $K_n \subset U$ es claramente acotado y cerrado (si $z \in \mathbb{C} \setminus U$, observemos que claramente $z \notin K_n$ para cualquier $n \in \mathbb{N}$).

Por otra parte, $A_n := Z(f) \cap K_n$ es finito para cada $n \in \mathbb{N}$. En efecto, en caso contrario, si existe algún $m \in \mathbb{N}$ tal que A_m es infinito, puesto que también es acotado y cerrado, por el teorema de Bolzano-Weierstrass deduciríamos que $A_m \subset U$ contendría algún punto de acumulación y, por tanto, $Z(f)$ tendría algún punto de acumulación, lo que nos llevaría por el principio de identidad a que $f(z)$ sería idénticamente nula en U que es una contradicción. En consecuencia, dado que

$$Z(f) = \bigcup_{n \in \mathbb{N}} A_n = \bigcup_{n \in \mathbb{N}} (Z(f) \cap K_n),$$

tenemos que $Z(f)$ es unión numerable de conjuntos finitos, que es por tanto a lo sumo numerable. $\qquad\square$

Corolario 3.3 *Sea $f : \mathbb{C} \to \mathbb{C}$ una función entera no constante. Entonces $\lim_{z \to \infty} |f(z)| = \infty$ si, y solo si, f es un polinomio.*

Prueba. Si f es un polinomio, claramente se cumple que $\lim_{z\to\infty}|f(z)| = \infty$. Recíprocamente, si $\lim_{z\to\infty}|f(z)| = \infty$ entonces existe $r_1 > 0$ tal que $|f(z)| > 1$ cuando $|z| > r_1$. Por tanto, los ceros de f se encuentran en $\overline{D}(0, r_1)$ y, por el principio de identidad, la cantidad de estos ceros es finita. Por tanto, sean $\alpha_1, \alpha_2, \ldots, \alpha_p$ los ceros de f con órdenes asociados $n_1, n_2, \ldots, n_p$, cuya suma denotaremos por n. Sea ahora

$$P(z) = (z - \alpha_1)^{n_1}(z - \alpha_2)^{n_2} \cdots (z - \alpha_p)^{n_p}$$

y

$$g(z) = \frac{P(z)}{f(z)}.$$

Notar que g representa una función entera sin ceros; por tanto (teorema 3.3), podemos representarla como $g(z) = \sum_{k=0}^{\infty} a_k z^k$, $z \in \mathbb{C}$, con $a_k = \dfrac{g^{(k)}(0)}{k!}$. Además, por la estimación de Cauchy (teorema 2.16), tenemos para cualquier $k = 0, 1, \ldots$ que

$$|a_k| \le \frac{M_g(r)}{r^k},$$

donde $r > r_1 > 0$ y $M_g(r) := \max\{|g(z)| : |z| = r\}$. De esta forma, tomando r suficientemente grande como para que $\alpha_j \in D(0, r)$, obtenemos que $M_g(r) \le M_P(r) = \max\{|P(z)| : |z| = r\} \le (2r)^{n_1 + n_2 + \ldots + n_p} = (2r)^n$. Consecuentemente, para estos $r > 0$ se tiene que

$$|a_k| \le \frac{2^n r^n}{r^k} = \frac{2^n}{r^{k-n}}$$

y haciendo $r \to \infty$ concluimos que $a_k = 0$ cuando $k > n$. Es decir, g es un polinomio sin ceros, lo que nos lleva a que $g(z) = c$, $z \in \mathbb{C}$, para algún $c \ne 0$. Finalmente, se tiene que $f(z) = \dfrac{P(z)}{c}$ $\forall z \in \mathbb{C}$, esto es, f es un polinomio, tal como se quería probar. $\qquad\square$

Corolario 3.4 (Principio de prolongación analítica) *Sean $f, g : U \to \mathbb{C}$ dos funciones analíticas en un abierto y conexo $U \subset \mathbb{C}$. Si $f(z) = g(z)$ $\forall z \in S$, donde $S \subset U$ es un conjunto con al menos un punto de acumulación de U, entonces $f(z) = g(z)$ $\forall z \in U$.*

Prueba. Este resultado es una consecuencia de aplicar el principio de identidad a la función $h(z) := f(z) - g(z)$ $\forall z \in U$, que también es analítica en U. $\qquad\square$

Observación 3.6 *Resulta claro que no existe un hipotético resultado análogo del principio de prolongación analítica al caso real. En efecto, podemos encontrar una infinidad de funciones derivables, reales de variable real, que coinciden en un determinado intervalo (con puntos de acumulación) pero que no son iguales fuera de tal intervalo.*

Ejemplos 3.8

1. *Sabemos que la igualdad $e^{iz} = \cos z + i\,\text{sen}\,z$ es válida para $z = t \in \mathbb{R}$ (tal como presentamos en el capítulo 1, véase la nota 1.6). Ahora, por el principio de prolongación analítica, la igualdad es también válida para todo $z \in \mathbb{C}$, hecho que también se puede demostrar directamente a partir de las definiciones de la función $\text{sen}\,z$ y $\cos z$ complejas.*

2. *Sabemos que $\text{sen}^2 x + \cos^2 x = 1$ para todo $x \in \mathbb{R}$. Por el principio de prolongación analítica podemos también inferir rápidamente que $\text{sen}^2 z + \cos^2 z = 1$ para todo $z \in \mathbb{C}$.*

3. *Sabemos que $\cosh^2 x - \text{senh}^2 x = 1$ para todo $x \in \mathbb{R}$. Por el principio de prolongación analítica podemos también inferir rápidamente que $\cosh^2 z - \text{senh}^2 z = 1$ para todo $z \in \mathbb{C}$.*

4. *Es fácil comprobar que $\tan(ix) = i\tanh x$ para todo $x \in \mathbb{R}$. Ahora, por el principio de prolongación analítica, esta igualdad es también válida para valores $z \in \mathbb{C}$ en el dominio de las funciones.*

5. *Los desarrollos en serie de Taylor de funciones elementales tales como e^z, $\text{sen}\,z$, $\cos z$, $\tan z$, $\text{senh}\,z$, $\cosh z$, $\tanh z$ o $\text{Log}(1+z)$ (algunos ya referidos en la observación 3.3), que son ampliamente conocidos para el caso $z = x$ real, se pueden ahora también justificar a partir del principio de prolongación analítica aplicado en sus respectivos dominios de analiticidad (o, referidos a las series, dominios de convergencia uniforme sobre compactos). Como consecuencia de ello, los infinitésimos equivalentes o desarrollos limitados de orden n frecuentemente utilizados para el cálculo de límites de una variable real (véase por ejemplo [27, Proposición 4.84]), se pueden ahora generalizar al caso complejo (véase también el ejercicio 3.4 sobre la regla de l'Hôpital).*

3.4 Series de Laurent

Es bastante frecuente encontrar funciones analíticas en todo el plano complejo excepto en algunos puntos donde no están definidas, casos que trataremos como *singularidades* en el sentido exacto de la siguiente definición.

Definición 3.10 (Singularidad aislada y no aislada de una función)
Diremos que una función f compleja de variable compleja tiene una singularidad en z_0 si f no es analítica en z_0 pero es analítica en algún punto de todo entorno de z_0. Esta singularidad z_0 se dice que es aislada si existe un entorno perforado de z_0 de la forma $\{z \in \mathbb{C} : 0 < |z - z_0| < \varepsilon\}$ (con $\varepsilon > 0$) donde f es analítica. En caso contrario diremos que z_0 es una singularidad no aislada.

Ejemplos 3.9

1. La función $f(z) = \dfrac{1}{z-1}$ presenta una singularidad aislada en $z_0 = 1$.

2. La función $f(z) = \operatorname{Log} z$ presenta singularidades no aisladas en cualquier punto z_0 del semieje real negativo ($z_0 \leq 0$).

3. La función $f(z) = |z|$ no tiene singularidades en el sentido de la definición 3.10, ya que f no es analítica en ningún punto.

4. La función $f(z) = \dfrac{1}{\operatorname{sen}\left(\frac{1}{z}\right)}$ presenta singularidades aisladas en los puntos $z_k = \frac{1}{k\pi}$, $k \in \mathbb{Z} \setminus \{0\}$. Además $z_0 = 0$ no es una singularidad aislada, ya que no podemos encontrar un entorno de 0 donde la única singularidad sea precisamente 0.

Estudiaremos el comportamiento de la función en las proximidades de una singularidad aislada.

Teorema 3.7 *Sea $f : U \to \mathbb{C}$ una función analítica en un conjunto abierto $U \supset \{z \in \mathbb{C} : r_1 \leq |z - z_0| \leq r_2\}$, con $0 < r_1 < r_2 < \infty$ y $z_0 \in \mathbb{C}$. Consideremos C_j la circunferencia dada por $\{z \in \mathbb{C} : |z - z_0| = r_j\}$ (orientada en sentido positivo) para $j = 1, 2$. Entonces, para todo z tal que $r_1 < |z - z_0| < r_2$, se tiene que*

$$f(z) = \frac{1}{2\pi i} \int_{C_2} \frac{f(w)}{w - z}\, dw - \frac{1}{2\pi i} \int_{C_1} \frac{f(w)}{w - z}\, dw.$$

Prueba. Tomemos el ciclo $\gamma := C_2 - C_1$. Observar que, si $z_1 \notin U$ es tal que $|z_1 - z_0| > r_2$, entonces $n(C_1, z_1) = n(C_2, z_1) = 0$ y, si $z_2 \notin U$ es tal que $|z_2 - z_0| < r_1$, entonces $n(C_2, z_1) - n(C_1, z_1) = 1 - 1 = 0$. Por tanto, $n(\gamma, z) = 0$ $\forall z \in \mathbb{C} \setminus U$ y, por la fórmula integral de Cauchy (véanse el teorema 2.10 y la nota 2.10), para todo z en $\{s \in \mathbb{C} : r_1 < |s - z_0| < r_2\}$, tenemos que

$$n(\gamma, z) f(z) = \frac{1}{2\pi i} \int_{\gamma} \frac{f(w)}{w - z}\, dw = \frac{1}{2\pi i} \int_{C_2} \frac{f(w)}{w - z}\, dw - \frac{1}{2\pi i} \int_{C_1} \frac{f(w)}{w - z}\, dw.$$

Finalmente, el resultado se obtiene a partir de la igualdad $n(\gamma, z) = n(C_2, z) - n(C_1, z) = 1 - 0 = 1$ $\forall z \in \{s \in \mathbb{C} : r_1 < |s - z_0| < r_2\}$. $\square$

Si una función f no es analítica en un punto z_0, no podemos aplicar el teorema de Taylor en ese punto para obtener una representación en forma de serie con potencias de $z - z_0$ positivas. No obstante, es posible hallar una representación en serie para f que contenga tanto potencias positivas como negativas de $z - z_0$, tal como el siguiente teorema nos muestra.

Teorema 3.8 (Teorema de Laurent) *Consideremos una función $f : U \to \mathbb{C}$ analítica en un anillo $U := \{z \in \mathbb{C} : s_1 < |z - z_0| < s_2\}$ con $0 \leq s_1 < s_2 \leq \infty$ y algún $z_0 \in \mathbb{C}$. Para cada $z \in U$ se tiene que*

$$f(z) = \sum_{n=-\infty}^{+\infty} a_n (z - z_0)^n,$$

donde

$$a_n = \frac{1}{2\pi i} \int_C \frac{f(w)}{(w - z_0)^{n+1}} \, dw, \ \ n = 0, \pm 1, \pm 2, \ldots$$

con C la circunferencia $C(z_0, r) = \{z \in \mathbb{C} : |z - z_0| = r\}$ para cualquier $s_1 < r < s_2$. Además, la serie converge absolutamente en U y uniformemente sobre los compactos de U.

Prueba. Consideremos $C_j = \{z \in \mathbb{C} : |z - z_0| = r_j\}$, $j = 1, 2$, con $s_1 < r_1 < r_2 < s_2$. Así, por el teorema 3.7, para todo z perteneciente a $\{s \in \mathbb{C} : r_1 < |s - z_0| < r_2\}$, tenemos que

$$f(z) = \frac{1}{2\pi i} \int_{C_2} \frac{f(w)}{w - z} \, dw - \frac{1}{2\pi i} \int_{C_1} \frac{f(w)}{w - z} \, dw. \tag{3.7}$$

Por una parte, tal como hicimos en la demostración del teorema de Taylor (véanse el teorema 3.3 y la nota 3.2), tenemos $\forall z \in \{s \in \mathbb{C} : r_1 < |s - z_0| < r_2\}$ que

$$
\begin{aligned}
\frac{1}{2\pi i} \int_{C_2} \frac{f(w)}{w - z} \, dw &= \frac{1}{2\pi i} \int_{C_2} \frac{f(w)}{w - z_0 - (z - z_0)} \, dw = \\
&= \frac{1}{2\pi i} \int_{C_2} \frac{f(w)}{(w - z_0)\left(1 - \frac{z - z_0}{w - z_0}\right)} \, dw = \\
&= \frac{1}{2\pi i} \int_{C_2} \sum_{n \geq 0} f(w) \frac{(z - z_0)^n}{(w - z_0)^{n+1}} \, dw = \\
&= \sum_{n \geq 0} (z - z_0)^n \frac{1}{2\pi i} \int_{C_2} \frac{f(w)}{(w - z_0)^{n+1}} \, dw = \\
&= \sum_{n \geq 0} a_n (z - z_0)^n,
\end{aligned}
\tag{3.8}
$$

donde $a_n = \frac{1}{2\pi i} \int_{C_2} \frac{f(w)}{(w - z_0)^{n+1}} \, dw$, $n = 0, 1, \ldots$ Además, dado que la serie (3.8) ha de converger en el anillo $\{s \in \mathbb{C} : r_1 < |s - z_0| < r_2\}$, por el teorema de Abel (teorema 3.1) también es absolutamente convergente en $D(z_0, r_2)$ y uniformemente convergente sobre los compactos de $D(z_0, r_2)$.

Por otra parte, dado que $\dfrac{w - z_0}{z - z_0}$ tiene módulo menor que 1 si w se mueve en C_1, repitiendo el razonamiento anterior se tiene que

$$
\begin{aligned}
-\frac{1}{2\pi i} \int_{C_1} \frac{f(w)}{w - z}\, dw &= \frac{1}{2\pi i} \int_{C_1} \frac{f(w)}{z - z_0 - (w - z_0)}\, dw = \\
&= \frac{1}{2\pi i} \int_{C_1} \frac{f(w)}{(z - z_0)\left(1 - \frac{w - z_0}{z - z_0}\right)}\, dw = \\
&= \frac{1}{2\pi i} \int_{C_1} \sum_{n \geq 0} f(w) \frac{(w - z_0)^n}{(z - z_0)^{n+1}}\, dw = \\
&= \sum_{n \geq 0} \frac{1}{(z - z_0)^{n+1}} \frac{1}{2\pi i} \int_{C_1} f(w)(w - z_0)^n\, dw = \\
&= \sum_{n \geq 0} \frac{b_n}{(z - z_0)^{n+1}},
\end{aligned}
\tag{3.9}
$$

donde $b_n = \dfrac{1}{2\pi i} \displaystyle\int_{C_1} f(w)(w - z_0)^n\, dw$, $n = 0, 1, \ldots$ Notar que la serie (3.9) es una serie de potencias en $\dfrac{1}{z - z_0}$ (esto es, $(3.9) = \displaystyle\sum_{n \geq 0} b_n s^{n+1}$, donde tomamos $s = \dfrac{1}{z - z_0}$), y converge cuando $\left| \dfrac{1}{z - z_0} \right| < r_1$, es decir, $|z - z_0| > r_1$. Por tanto, la convergencia de esta serie es absoluta en $\{z \in \mathbb{C} : |z - z_0| > r_1\}$ y uniforme sobre cada compacto de $\{z \in \mathbb{C} : |z - z_0| > r_1\}$. Así, como consecuencia de (3.7), (3.8) y (3.9), llegamos a que

$$
f(z) = \sum_{n \geq 0} a_n (z - z_0)^n + \sum_{n \geq 0} \frac{b_n}{(z - z_0)^{n+1}} \quad \forall z \in \{s \in \mathbb{C} : r_1 < |s - z_0| < r_2\}.
$$

Ahora, definiendo $a_{-1} := b_0, a_{-2} := b_1, \ldots, a_{-n} := b_{n-1}, \ldots$ y dado que C_1, C_2 y $C = C(z_0, r)$ con $r_1 < r < r_2$ son caminos cerrados homólogos en U, por el corolario 2.9, se obtiene

$$
f(z) = \sum_{n=0}^{\infty} a_n (z - z_0)^n + \sum_{n=-\infty}^{-1} a_n (z - z_0)^n \quad \forall z \in U,
$$

donde $a_n = \dfrac{1}{2\pi i} \displaystyle\int_C \frac{f(w)}{(w - z_0)^{n+1}}\, dw$. $\qquad\square$

Teorema 3.9 (Unicidad de la serie de Laurent) *Consideremos la función*

$$f(z) = \sum_{n=-\infty}^{\infty} b_n(z - z_0)^n \ \forall z \in U := \{z \in \mathbb{C} : s_1 < |z - z_0| < s_2\} \ con \ 0 \leq s_1 < s_2 \leq \infty$$

y algún $z_0 \in \mathbb{C}$. Entonces

$$b_n = \frac{1}{2\pi i} \int_C \frac{f(w)}{(w - z_0)^{n+1}} \, dw, \ n \in \mathbb{Z},$$

con C la circunferencia $C(z_0, r) = \{z \in \mathbb{C} : |z - z_0| = r\}$ para cualquier $s_1 < r < s_2$.

Prueba. Bajo las hipótesis del enunciado y teniendo en cuenta la convergencia uniforme de la serie $\displaystyle\sum_{n=-\infty}^{\infty} b_n(z - z_0)^n$ sobre los compactos de U (como en el teorema anterior), se tiene para n fijo que

$$\frac{1}{2\pi i} \int_C \frac{f(w)}{(w - z_0)^{n+1}} \, dw = \frac{1}{2\pi i} \int_C \sum_{k=-\infty}^{\infty} b_k \frac{(w - z_0)^k}{(w - z_0)^{n+1}} =$$

$$= \frac{1}{2\pi i} \sum_{k=-\infty}^{\infty} b_k \int_C (w - z_0)^{k-n-1} \, dw = b_n,$$

puesto que

$$\frac{1}{2\pi i} \int_C (w - z_0)^{k-n-1} \, dw = \begin{cases} n(C, z_0) = 1 & \text{si } k = n \\ 0 & \text{si } k > n \ \ [(w - z_0)^{k-n-1} \text{ es entera}] \\ g^{(n-k)}(z_0) = 0 & \text{si } k < n \ [\text{ con } g(z) := 1, \text{ que es entera}] \end{cases}.$$

$\square$

Definición 3.11 (Serie de Laurent) *Si una función $f : U \to \mathbb{C}$ es analítica en un anillo $U := \{z \in \mathbb{C} : s_1 < |z - z_0| < s_2\}$ con $0 \leq s_1 < s_2 \leq \infty$ y algún $z_0 \in \mathbb{C}$, entonces la representación en serie, válida para cada $z \in U$, dada por*

$$f(z) = \sum_{n=-\infty}^{+\infty} a_n(z - z_0)^n,$$

donde

$$a_n = \frac{1}{2\pi i} \int_C \frac{f(w)}{(w - z_0)^{n+1}} \, dw, \ n = 0, \pm 1, \pm 2, \ldots$$

con C la circunferencia $C(z_0, r) = \{z \in \mathbb{C} : |z - z_0| = r\}$ para cualquier $s_1 < r < s_2$, es llamada serie de Laurent de f centrada en z_0.

Observación 3.7 *En el teorema de Laurent, cuando f es analítica en el disco $D(z_0, s_2)$, observar que para $n < 0$ el integrando de $a_n = \dfrac{1}{2\pi i}\displaystyle\int_C \dfrac{f(w)}{(w - z_0)^{n+1}}\,dw$ es también analítico en $D(z_0, s_2)$ y, por tanto, estos coeficientes son 0 y el desarrollo en serie de Laurent coincide con el de Taylor en este caso.*

Observación 3.8 *En la definición de la serie de Laurent, la circunferencia $C = C(z_0, r)$, $s_1 < r < s_2$, puede ser reemplazada, por el corolario 2.9, por cualquier camino cerrado homólogo a C en U, en particular por un camino cerrado simple positivamente orientado en torno a z_0 y contenido en U.*

Ejemplo 3.10 *La función $f(z) = \dfrac{\operatorname{sen} z}{z}$ tiene una singularidad aislada en $z = 0$ y su desarrollo de Laurent viene dado por*

$$\frac{\operatorname{sen} z}{z} = \frac{\displaystyle\sum_{j=0}^{\infty} \frac{(-1)^j z^{2j+1}}{(2j+1)!}}{z} = \sum_{j=0}^{\infty} \frac{(-1)^j z^{2j}}{(2j+1)!}.$$

Ejemplo 3.11 *La función $f(z) = \dfrac{1}{(z-1)^2}$, con una singularidad aislada en $z = 1$, ya está en forma de serie de Laurent centrada en $z = 1$.*

Ejemplo 3.12 *La función $f(z) = e^{1/z}$ tiene una singularidad aislada en $z = 0$ y su desarrollo de Laurent viene directamente dado por*

$$e^{1/z} = \sum_{n \geq 0} \frac{1}{n! z^n} \quad 0 < |z| < \infty,$$

sustituyendo z por $1/z$ en el desarrollo de Maclaurin de e^z (cuyo radio de convergencia es ∞).

Ejemplo 3.13 *La función $f(z) = -\dfrac{2}{(z-1)(z-3)} = \dfrac{1}{z-1} - \dfrac{1}{z-3}$ tiene dos singularidades aisladas: $z = 1$ y $z = 3$, y tiene distintos desarrollos de Laurent en potencias de z en función del dominio que tomemos:*

- *Si $|z| < 1$, entonces*

$$f(z) = -\frac{1}{1-z} + \frac{1}{3} \cdot \frac{1}{1-\frac{z}{3}} = -\sum_{n \geq 0} z^n + \sum_{n \geq 0} \frac{z^n}{3^{n+1}} = \sum_{n \geq 0} \left(\frac{1}{3^{n+1}} - 1 \right) z^n.$$

- *Si $1 < |z| < 3$, entonces*

$$f(z) = \frac{1}{z} \cdot \frac{1}{1 - \frac{1}{z}} + \frac{1}{3} \cdot \frac{1}{1 - \frac{z}{3}} = \sum_{n \geq 0} \frac{1}{z^{n+1}} + \sum_{n \geq 0} \frac{z^n}{3^{n+1}}.$$

- *Si $|z| > 3$, entonces*

$$f(z) = \frac{1}{z} \cdot \frac{1}{1 - \frac{1}{z}} - \frac{1}{z} \cdot \frac{1}{1 - \frac{3}{z}} = \sum_{n \geq 0} \frac{1}{z^{n+1}} - \sum_{n \geq 0} \frac{3^n}{z^{n+1}} = \sum_{n \geq 0} (1 - 3^n) \frac{1}{z^{n+1}}.$$

Los ejemplos 3.10, 3.11 y 3.12 motivan la siguiente definición.

Definición 3.12 (Tipos de singularidad aislada) *Sea z_0 una singularidad aislada de una función f compleja de variable compleja y $\sum_{n=-\infty}^{+\infty} a_n(z - z_0)^n$ su desarrollo de Laurent centrado en z_0. Entonces diremos que:*

   a) f tiene una singularidad evitable en z_0 si $a_n = 0$ para cada $n = -1, -2, \ldots$

   b) f tiene un polo de orden m en z_0 si m es el mayor número natural tal que $a_{-m} \neq 0$ (un polo de orden 1 es también llamado polo simple).

   c) f tiene una singularidad esencial en z_0 si $a_n \neq 0$ para una infinidad de valores negativos de n.

Ejemplos 3.14

   1. *Por el ejemplo 3.10, la función $\dfrac{\operatorname{sen} z}{z}$ presenta una singularidad evitable en $z = 0$.*

   2. *Por el ejemplo 3.11, $\dfrac{1}{(z - 1)^2}$ presenta un polo de orden 2 en $z = 1$.*

   3. *Tal como se deduce del ejemplo 3.12, $z = 0$ es una singularidad esencial de $e^{1/z}$.*

Proposición 3.2 *Sea z_0 una singularidad aislada de una función f compleja de variable compleja. Entonces:*

   i) z_0 es una singularidad evitable de f si, y solo si, $\lim\limits_{z \to z_0} f(z) \in \mathbb{C}$;

   ii) z_0 es un polo de orden m de f si, y solo si, $\lim\limits_{z \to z_0} f(z)(z - z_0)^m \in \mathbb{C} \setminus \{0\}$ (esto implica que $\lim\limits_{z \to z_0} |f(z)| = \infty$).

Prueba. Sea $\displaystyle\sum_{n=-\infty}^{+\infty} a_n(z-z_0)^n$ el desarrollo de Laurent centrado en z_0 de f válido en $D(z_0, r) \setminus \{z_0\}$ para algún $r > 0$.

i) Si z_0 es una singularidad evitable de f, entonces $a_n = 0$ para cada $n = -1, -2, \ldots$ y claramente $\lim_{z \to z_0} f(z) = a_0$. Recíprocamente, si $\lim_{z \to z_0} f(z) = l \in \mathbb{C}$ y tomamos $g(z) := f(z) \; \forall z \neq z_0$ y $g(z_0) := l$, resulta que la función g es analítica en un entorno de z_0 (véase el corolario 2.8) y su desarrollo de Laurent coincide con el de Taylor (véase la observación 3.7), por lo que los coeficientes asociados a las potencias negativas del desarrollo de Laurent de f son todos 0, es decir, z_0 es una singularidad evitable de f.

ii) Si f tiene un polo de orden m en z_0, entonces

$$f(z) = \frac{a_{-m}}{(z-z_0)^m} + \ldots + \frac{a_{-1}}{z-z_0} + \sum_{n \geq 0} a_n(z-z_0)^n,$$

con $a_{-m} \neq 0$, y consecuentemente $(z-z_0)^m f(z) \xrightarrow{z \to z_0} a_{-m} \neq 0$ cuando z tiene a z_0. Recíprocamente, si $\lim_{z \to z_0} f(z)(z-z_0)^m \in \mathbb{C} \setminus \{0\}$, por el apartado i) se tiene que $h(z) := (z-z_0)^m f(z) \; \forall z \in D(z_0, r) \setminus \{z_0\}$ tiene una singularidad evitable en z_0, es decir, existe una sucesión $\{b_n\}_{n \geq 0}$ tal que $h(z) = \sum_{n \geq 0} b_n(z-z_0)^n$ $\forall z \in D(z_0, r) \setminus \{z_0\}$, lo que se traduce en que f tiene un polo de orden m en z_0 (despejando $f(z)$ en la igualdad anterior). De aquí se desprende que si f tiene un polo de orden m entonces $f(z) = (z-z_0)^{-m} h(z)$ con $\lim_{z \to z_0} h(z) = a_{-m} \neq 0$, lo que conlleva $\lim_{z \to z_0} |f(z)| = \infty$.

$\square$

Observación 3.9 *Si z_0 es una singularidad evitable de una función f, la demostración del apartado i) de la proposición anterior muestra que f se puede redefinir en z_0 para conseguir eliminar la singularidad existente inicialmente en z_0. En particular, si f tiene en w_0 un cero de orden m (es decir, $f(z) = (z-w_0)^m g(z)$ con g analítica en w_0 y $g(w_0) \neq 0$), entonces la función $\dfrac{f(z)}{(z-w_0)^m}$ tiene una singularidad evitable en w_0 y, por tanto, se puede redefinir para conseguir que sea analítica en w_0.*

A partir de la proposición anterior también se puede probar una nueva caracterización para el caso de singularidades evitables.

Lema 3.3 *Sea z_0 una singularidad aislada de una función f compleja de variable compleja. Entonces z_0 es una singularidad evitable de f si, y solo si, f es acotada en un entorno perforado de z_0.*

Prueba. Si f tiene una singularidad evitable en z_0, entonces f puede redefinirse en z_0 para que sea analítica en $D(z_0, r)$ para algún $r > 0$ y, consecuentemente, acotada en un entorno de z_0 (formalmente, por continuidad y por el teorema de Weierstrass). Recíprocamente, si f es acotada en un entorno perforado de z_0, entonces la función $g(z) := f(z)(z - z_0)$ tiende a 0 cuando hacemos $z \to z_0$ y, por el apartado i) de la proposición 3.2, g tiene una singularidad evitable en z_0, es decir, su desarrollo de Laurent centrado en z_0 solo tiene potencias no negativas de $(z - z_0)$, lo que nos lleva a que f tiene una singularidad evitable o un polo simple en z_0, pero el segundo caso no puede ser por el apartado ii) de la proposición 3.2 ($g(z)$ no debería tender a 0 cuando $z \to z_0$). □

Para el caso de singularidades esenciales tenemos el siguiente importante resultado.

Teorema 3.10 (Teorema de Casorati-Weierstrass) *Si una función $f : U \to \mathbb{C}$ tiene una singularidad esencial en z_0, entonces $f(D(z_0, \varepsilon) \setminus \{z_0\})$ es denso en $\mathbb{C}$ para cualquier $\varepsilon > 0$ (cumpliendo $D(z_0, \varepsilon) \setminus \{z_0\} \subset U$); esto es, la imagen mediante f de cualquier entorno perforado de z_0 (en el dominio de la función) es densa en $\mathbb{C}$.*

Prueba. Observar que la afirmación es equivalente a probar que dado $w \in \mathbb{C}$ la función $g(z) := \dfrac{1}{f(z) - w}$ no está acotada en cualquier entorno perforado de z_0. Supongamos por reducción al absurdo que g sí es acotada en $D(z_0, r) \setminus \{z_0\}$ para algún $r > 0$. Por tanto, dado que g es analítica en tal entorno perforado de z_0, por el lema 3.3 g tiene una singularidad evitable en z_0 y se puede redefinir para afirmar que g es analítica en $D(z_0, r)$. Sea ahora m el orden del cero de g en z_0 (si z_0 no fuese un cero de g tomamos $m = 0$), entonces por la observación 3.4 sabemos que $g(z) = (z - z_0)^m g_1(z)$ para una cierta función g_1 analítica en $D(z_0, r)$ y $g_1(z_0) \neq 0$. Por tanto, $(z - z_0)^m g_1(z) = \dfrac{1}{f(z) - w}$ y

$$(z - z_0)^m f(z) = (z - z_0)^m w + \frac{1}{g_1(z)}, \tag{3.10}$$

que es analítica en $D(z_0, r)$ (recordar que $g_1(z_0) \neq 0$). Además, por (3.10) se tiene que

$$\lim_{z \to z_0} (z - z_0)^m f(z) = \begin{cases} w + \dfrac{1}{g_1(z_0)} & \text{si } m = 0 \\[2mm] \dfrac{1}{g_1(z_0)} & \text{si } m \neq 0 \end{cases},$$

lo que nos permite deducir de la proposición 3.2 que f tiene en z_0 una singularidad evitable o un polo, llegando a un absurdo.   □

Nota 3.3 *Del teorema de Casorati-Weierstrass se deduce que si f tiene una singularidad esencial en z_0 y $w \in \mathbb{C}$, existe una sucesión $\{z_n\}_{n=1}^{\infty}$ (puntos incluidos en el dominio de la función) tal que $\{z_n\} \to z_0$ y $\{f(z_n)\} \to w$. De hecho, se puede probar (teorema grande de Picard) que si z_0 es una singularidad esencial de f, entonces la función toma infinitas veces cada valor complejo en cualquier entorno reducido de z_0 (incluido en el dominio) con a lo sumo una excepción. En particular, dado un número complejo arbitrario $w \in \mathbb{C}$ (con a lo sumo una excepción), se puede encontrar una sucesión $\{z_n\}_{n \geq 1}$ tal que $\{z_n\} \to z_0$ y $f(z_n) = w$ para cada $n \geq 1$ [30, Teorema 2.8]. También, si f es una función entera no constante entonces su imagen es densa en $\mathbb{C}$ (véase el corolario 3.5). De hecho, una función entera no constante toma cada valor de $\mathbb{C}$ con al menos una excepción (este resultado se conoce como pequeño teorema de Picard [18, pág. 322]).*

Gracias al teorema de Casorati-Weierstrass podemos caracterizar todas las singularidades a través del análisis del límite de la función cuando z se aproxima a la singularidad aislada. Recordemos que ya lo tenemos hecho para los casos de singularidad evitable y polo.

Teorema 3.11 (Teorema de clasificación de singularidades) *Sea z_0 una singularidad aislada de una función f compleja de variable compleja. Entonces:*

i) z_0 es una singularidad evitable de f si, y solo si, $\lim_{z \to z_0} f(z) \in \mathbb{C}$;

ii) z_0 es un polo de orden m de f si, y solo si, $\lim_{z \to z_0} f(z)(z-z_0)^m \in \mathbb{C} \setminus \{0\}$. También, z_0 es un polo de f si, y solo si, $\lim_{z \to z_0} |f(z)| = \infty$;

iii) z_0 es una singularidad esencial de f si, y solo si, no existe $\lim_{z \to z_0} f(z)$ en $\hat{\mathbb{C}} = \mathbb{C} \cup \{\infty\}$ (esto es, no es posible que $\lim_{z \to z_0} f(z) \in \mathbb{C}$ o $\lim_{z \to z_0} |f(z)| = \infty$).

Prueba. La proposición 3.2 prueba i) y la primera equivalencia de ii). También en dicha proposición se prueba que si f tiene un polo de orden m, entonces $f(z) = (z - z_0)^{-m}h(z)$ para una cierta función h analítica en $D(z_0, r)$ (para algún $r > 0$) satisfaciendo $\lim_{z \to z_0} h(z) \in \mathbb{C} \setminus \{0\}$ y, por tanto, $\lim_{z \to z_0} |f(z)| = \infty$. Recíprocamente, si $|f(z)| \to \infty$ cuando z tiende a z_0, entonces z_0 no puede ser una singularidad evitable (por i)) y, de acuerdo con el teorema de Casorati-Weierstrass, z_0 no puede ser tampoco una singularidad esencial, pues en tal caso fijado $w \in \mathbb{C}$ deberíamos encontrar un valor $f(s)$ tal próximo a w como queramos para s en un entorno de z_0 (lo que es incompatible con que $|f(z)| \xrightarrow{z \to z_0} \infty$). Así, z_0 ha de ser un polo de f.

Para probar iii), supongamos en primer lugar que z_0 es una singularidad esencial, entonces por el teorema de Casorati-Weierstrass la función $g_w(z) := \dfrac{1}{f(z) - w}$ no está acotada (para cualquier $w \in \mathbb{C}$) en ningún entorno perforado de z_0, lo que nos lleva a afirmar que no es posible que $\lim\limits_{z \to z_0} f(z) \in \mathbb{C}$ o $\lim\limits_{z \to z_0} |f(z)| = \infty$. Recíprocamente, si no existe $\lim\limits_{z \to z_0} f(z)$ en $\hat{\mathbb{C}}$, por los apartados i) y ii), z_0 no puede ser una singularidad evitable ni un polo, así que z_0 es una singularidad esencial. $\qquad\square$

Definición 3.13 (Singularidad en ∞) *Diremos que una función $f : U \to \mathbb{C}$ tiene una singularidad aislada en ∞ si f es analítica en $\{z \in \mathbb{C} : |z| > r\} \subset U$ para algún $r > 0$. El tipo de singularidad de f en ∞ se define como el tipo de singularidad de la función $g(z) := f\left(\frac{1}{z}\right)$ en $z = 0$ (observar que g tiene una singularidad aislada en 0).*

Observación 3.10 *Toda función entera $f : \mathbb{C} \to \mathbb{C}$ tiene una singularidad aislada en ∞.*

Ejemplo 3.15 *La función $f(z) = \dfrac{1}{z(e^z - 1)}$ presenta singularidades aisladas en $z_0 = 0$ y $z_k = 2\pi k i$, $k \in \mathbb{Z} \setminus \{0\}$. En $z_0 = 0$ la función f presenta un polo de orden 2, ya que $\lim\limits_{z \to 0} f(z) = \lim\limits_{z \to 0} z f(z) = \infty$ y*

$$\lim_{z \to 0} f(z) z^2 = \lim_{z \to 0} \frac{z}{e^z - 1} = \lim_{z \to 0} \frac{1}{e^z} = 1.$$

Por otra parte, para $k \in \mathbb{Z} \setminus \{0\}$, se tiene

$$\lim_{z \to z_k} f(z)(z - z_k) = \lim_{z \to 2\pi k i} \frac{1}{e^z - 1 + z e^z} = \frac{1}{2\pi k i} \neq 0$$

y, por tanto, f tiene polos simples en z_k.

Además, $z = \infty$ no es una singularidad aislada, pues f tiene singularidades aisladas de módulo arbitrariamente grande y entonces no se verifica la definición 3.13.

Ejemplo 3.16 *La función $f(z) = z^3 \cosh\left(\dfrac{1}{z}\right)$ presenta una singularidad aislada en $z = 0$. Además, teniendo el cuenta el desarrollo en serie de Maclaurin de la conocida función $\cosh z$, llegamos a que*

$$f(z) = z^3 + \frac{1}{2} z + \frac{1}{4!} \frac{1}{z} + \frac{1}{6!} \frac{1}{z^3} + \cdots$$

y, por tanto, $z = 0$ es una singularidad esencial de $f(z)$.

Por otra parte, claramente $z = \infty$ es una singularidad asilada de f. Además, dado que $g(z) = f\left(\dfrac{1}{z}\right) = \dfrac{\cosh z}{z^3}$ tiene un polo de orden 3 en $z = 0$, concluimos que $z = \infty$ es un polo de orden 3 de $f(z)$.

Proposición 3.3 *Sea $f : \mathbb{C} \to \mathbb{C}$ una función entera. Entonces*

   i) ∞ es una singularidad evitable de f si, y solo si, f es constante;

  ii) ∞ es un polo de f si, y solo si, f es un polinomio no constante;

 iii) ∞ es una singularidad esencial de f si, y solo si, f no es un polinomio.

Prueba.

   i) Si f es constante, existe $c \in \mathbb{C}$ tal que $f(z) = c \ \forall z \in \mathbb{C}$ y $g(z) := f(1/z) = c$ $\forall z \in \mathbb{C} \setminus \{0\}$, de donde se deduce que $z = 0$ es una singularidad evitable de g. Recíprocamente, si ∞ es una singularidad evitable de f, entonces $z = 0$ es una singularidad evitable de g y el lema 3.3 nos afirma que g (redefinida) es acotada en un entorno de $z = 0$, es decir, f es acotada en $\mathbb{C}$ (hemos utilizado el hecho de que si f es acotada en $\{z \in \mathbb{C} : |z| > r\}$ para algún $r > 0$, entonces f es acotada en todo $\mathbb{C}$ por la continuidad de la función). Así, del teorema de Liouville (teorema 2.17) de deduce que ∞ es una singularidad evitable solo en el caso de las funciones constantes.

  ii) Del teorema de Taylor (teorema 3.3) se deduce que una función entera es de la forma $f(z) = \displaystyle\sum_{n \geq 0} a_n z^n$ y, por tanto, $g(z) = f(1/z) = \displaystyle\sum_{n \geq 0} a_n \frac{1}{z^n}$. Así, ∞ es un polo de f si, y solo si, existe $m \in \mathbb{N}$ tal que $a_n = 0$ para $n = m, m+1, \ldots$ o, equivalentemente, f es un polinomio no constante.

 iii) Por i) y ii), claramente ∞ ha de ser una singularidad esencial de f si, y solo si, f no es un polinomio.

$\square$

Ejemplo 3.17 *Las funciones $f_1(z) = z^n$, $n \in \mathbb{N}$, y $f_2(z) = e^z$ tienen respectivamente un polo (de orden n) y una singularidad esencial en $z = \infty$.*

Corolario 3.5 *Si $f : \mathbb{C} \to \mathbb{C}$ es una función entera no constante, entonces su conjunto imagen en denso en $\mathbb{C}$ (es decir, la clausura del conjunto imagen $f(\mathbb{C}) = \{w \in \mathbb{C} : w = f(z) \text{ para algún } z \in \mathbb{C}\}$ coincide con $\mathbb{C}$).*

Prueba. Si f es un polinomio no constante, entonces es claro que $f(\mathbb{C}) = \mathbb{C}$ (véase la nota 2.14). En otro caso (si f es una función entera no polinomial), por la proposición 3.3, ∞ es una singularidad esencial de f o, equivalentemente, $z = 0$ es una singularidad esencial de $g(z) = f\left(\frac{1}{z}\right)$. Por tanto, el teorema de Casorati-Weierstrass (teorema 3.10) implica que $g(D(0,r) \setminus \{0\})$ es denso en $\mathbb{C}$ para cualquier $r > 0$, lo que también conlleva que $f(\mathbb{C})$ es denso en $\mathbb{C}$. $\qquad\square$

Nota 3.4 *Más generalmente, como se indicó en la nota 3.3, el pequeño teorema de Picard afirma que toda función entera no constante toma cualquier valor complejo con a lo sumo una excepción, lo que mejora el resultado anterior (véase [18, pág. 322]). En otras palabras, si una función entera omite dos valores entonces necesariamente es constante.*

3.5   Problemas

Ejercicio 3.1 *Sea $f(z) = \cos\left(\frac{i}{i-z}\right)$ y $g(z) = \operatorname{sen}\left(\frac{1}{1-z}\right)$.*

   a) Probar que i es un punto de acumulación del conjunto de ceros de la función f.

   b) Probar que 1 es un punto de acumulación del conjunto de ceros de la función g.

(Véase la relación de este ejercicio con la observación 3.5).

Ejercicio 3.2 *Sean $f, g : \mathbb{C} \to \mathbb{C}$ dos funciones enteras tales que $f(x+ix^3) = g(x+ix^3)$ para todo $x \in \mathbb{R}$. Probar que $f(z) = g(z)$ para todo $z \in \mathbb{C}$.*

Ejercicio 3.3 *Sean $f, g : U \to \mathbb{C}$ dos funciones analíticas en un conjunto abierto y conexo U.*

   a) Si $(f \cdot g)(z) = 0$ para todo $z \in U$, probar que $f(z) = 0$ para todo $z \in U$ o $g(z) = 0$ para todo $z \in U$.

   b) Tomemos $U = D(0,1)$ y supongamos $(f \cdot g)(z_n) = 0$ para todo $z_n = \frac{1}{n}$, $n = 2, 3, \ldots$ Probar que $f(z) = 0$ para todo $z \in U$ o $g(z) = 0$ para todo $z \in U$.

Ejercicio 3.4 (Regla de l'Hôpital) *Sean f y g dos funciones analíticas en z_0, y no idénticamente cero en cualquier entorno de z_0. Si $\lim_{z \to z_0} f(z) = \lim_{z \to z_0} g(z) = 0$, probar que $\frac{f(z)}{g(z)}$ tiene límite (podría ser ∞) cuando $z \to z_0$ y además*

$$\lim_{z \to z_0} \frac{f(z)}{g(z)} = \lim_{z \to z_0} \frac{f'(z)}{g'(z)}.$$

Ejercicio 3.5 *Determinar los radios de convergencia de las siguientes series:*

$$(a) \sum_{n\geq 0} \frac{n}{2^n}(z+3)^n, \quad (b) \sum_{n\geq 1} \frac{n!}{n^n}(z-1)^n, \quad (c) \sum_{n\geq 0} z^{n!}, \quad (d) \sum_{n\geq 0} 2^n z^{n!}, \quad (e) \sum_{n\geq 0} z^{2^n},$$

$$(f) \sum_{n\geq 0} [3 + (-1)^n]^n z^n, \quad (g) \sum_{n\geq 0} (n+a^n)z^n, a \in \mathbb{C}.$$

Ejercicio 3.6 *Sea f una función analítica en z_0. Probar que no es posible que*

$$|f^{(n)}(z_0)| > n!b_n \text{ para cualquier } n \in \mathbb{N}, \text{ con } (b_n)^{1/n} \xrightarrow{n\to\infty} \infty.$$

Ejercicio 3.7

a) *Sean $f(z) = \sum_{n\geq 0} a_n z^n$ y $g(z) = \sum_{n\geq 0} b_n z^n$ dos funciones analíticas en $D(0,r)$.*

Probar que $f(z)g(z) = \sum_{n\geq 0} c_n z^n \; \forall z \in D(0,r)$, donde $c_n = \sum_{k=0}^{n} a_k b_{n-k}$. (Dicho de otra forma, las series se pueden multiplicar como polinomios infinitos, en términos del producto de Cauchy.)

b) *Utilizar el apartado anterior para hallar los primeros términos de la serie de Maclaurin de $\dfrac{e^z}{1-z}$.*

Ejercicio 3.8 *Sea $f : U \to \mathbb{C}$ una función no idénticamente nula analítica en un conjunto abierto y conexo $U \subset \mathbb{C}$. Si $z_0 \in \mathbb{C} \setminus U$ es una singularidad aislada de f y un punto de acumulación de ceros de f, probar que z_0 es una singularidad esencial de f. Deducir también que las funciones del ejercicio 1 tienen respectivamente una singularidad esencial en $z = i$ y $z = 1$.*

Ejercicio 3.9 *Clasificar todas las singularidades, incluyendo el punto del infinito, de las funciones:*

a) $f_1(z) = \dfrac{1}{z^3 - z^5};$

b) $f_1(z) = \dfrac{e^{1/z^2}}{1+z^2};$

c) $f_2(z) = \sec\left(\dfrac{1}{z}\right);$

d) $f_3(z) = \dfrac{1}{\cosh(z)} - \dfrac{k}{z^{2025}}$, con $k \in \mathbb{R}$;

e) $f_4(z) = \dfrac{z^p}{(2az + z^2 + 1)^2}$, con $p \in \mathbb{Z}$ y $a > 1$;

Ejercicio 3.10 *Obtener el desarrollo de Laurent de*

$$f(z) = (z - 3)\operatorname{sen}\left(\frac{1}{z + 2}\right)$$

en el anillo $0 < |z + 2| < \infty$. A través de este desarrollo, clasificar la singularidad en $z = -2$.

Ejercicio 3.11 *Sea $f(z) = \dfrac{e^z}{z^3(1 - \cos z)}$.*

a) *Clasificar las singularidades de f (incluyendo el caso $z = \infty$);*

b) *Hallar el desarrollo de Laurent de f en el anillo $\{z \in \mathbb{C} : 0 < |z| < R\}$, con $R < 1$;*

c) *Aplicar la fórmula de Laurent para hallar*

$$\int_\Gamma \frac{e^z}{1 - \cos z}\, dz \quad con \ \Gamma = \{z \in \mathbb{C} : |z| = r < R\}.$$

Ejercicio 3.12 *Consideremos la función $f(z) = \dfrac{\operatorname{sen}(\pi i z)}{z^2 - 2iz - 1}$.*

a) *Hallar el desarrollo de Laurent de f centrado en $z = i$;*

b) *Clasificar las singularidades de f (incluyendo el caso $z = \infty$).*

Ejercicio 3.13 *Sea a el último dígito no nulo de tu DNI. Clasificar las singularidades (incluyendo el caso $z = \infty$) de la función*

$$f(z) = \frac{\log_{\frac{\pi}{2}}(i - z)}{(z^2 + aiz + 2a^2)^{2020}(z - 10)^{2021}},$$

donde $\log_{\frac{\pi}{2}}(w) = \ln r + i\theta$, con $w = re^{i\theta}$, $r > 0$ y $\frac{\pi}{2} < \theta < \frac{\pi}{2} + 2\pi$.

Ejercicio 3.14 *¿Verdadero o falso? Justificar la respuesta.*

a) *Si dos funciones enteras son iguales sobre un conjunto de puntos no numerable, entonces son idénticas (es decir, iguales para todo $z \in \mathbb{C}$).*

b) *Sea f una función analítica en $\mathbb{C} \setminus \{0\}$ tal que $|f(z)| \leq |\operatorname{Log}|z||$ para todo $z \neq 0$. Entonces $f(z) = 0$ para todo z.*

c) *La función de Köebe $\sum_{n \geq 1} n z^n$ aplica el disco unidad en sí mismo.*

d) *Los primeros términos no nulos del desarrollo de Laurent de $\frac{1}{z^2 \operatorname{senh} z}$ centrado en $z = 0$ (válido en $\{z \in \mathbb{C} : 0 < |z| < \pi\}$) son $\frac{1}{z^3} - \frac{1}{6z} + \frac{7}{360} z + \ldots$*

e) *Sea g una función analítica en $\{z \in \mathbb{C} : 0 < |z| < 2\}$ tal que $\int_{|z|=1} z^n g(z) \, dz = 0$ para cada $n = 0, 1, 2, \ldots$ Entonces g tiene una singularidad evitable en $z = 0$.*

f) *$z = 0$ es una singularidad aislada esencial de la función $e^{\tan \frac{1}{z}}$.*

g) *$z = \infty$ es una singularidad aislada de tipo evitable de la función $e^{\tan \frac{1}{z}}$.*

h) *$\operatorname{Res}(f, 9) = 0$, donde $f(z) = \frac{1}{(z-9)^2} + \operatorname{sen}\left(\frac{1}{z-9}\right)$.*

i) *$\operatorname{Res}(g, (2k+1)\pi i) = -2$ para todo $k \in \mathbb{Z}$, donde $g(z) = \frac{1-e^z}{1+e^z}$.*

j) *$z = -6$ es una singularidad aislada de la función definida por $\sum_{n \geq 1} \frac{(z+7)^n}{n}$.*

k) *No existe ninguna función entera (que no sea idénticamente nula) que se anule en un conjunto no numerable de números complejos.*

l) *Dado $w_0 \in \mathbb{C}$, una función entera no constante h puede tener asociada una cantidad infinita de valores $z_1, z_2, \ldots, z_n, \ldots$ localizados en un conjunto acotado tales que $h(z_j) = w_0$ para $j = 1, 2, \ldots$*

Capítulo 4

Teoría de residuos

El teorema de Cauchy afirma que si una función es analítica en un conjunto abierto simplemente conexo, entonces la integral de esta función sobre cualquier camino cerrado contenido en el abierto es igual a 0. Analizaremos en este capítulo, especialmente a través del llamado *teorema de los residuos*, el caso de que la función no sea analítica en todo el abierto y presente un número finito de singularidades aisladas. Posteriormente veremos su importante aplicación al cálculo de integrales reales y algunas consecuencias, como el *teorema de Rouché* o el *teorema de la aplicación abierta*.

4.1 El teorema de los residuos

El concepto de residuo de una función f está referido a un punto z_0 en el que f tiene una singularidad aislada, es decir, f no es analítica en z_0 pero sí lo es en todo punto de un entorno de la forma $D(z_0, r) \setminus \{z_0\} = \{z \in \mathbb{C} : 0 < |z - z_0| < r\}$ para algún $r > 0$.

Definición 4.1 *Sea $z_0 \in \mathbb{C}$ una singularidad aislada de una función f, y consideremos $\sum_{n=-\infty}^{\infty} a_n(z - z_0)^n$, con $a_n \in \mathbb{C}$ y $n \in \mathbb{Z}$, su desarrollo de Laurent centrado en z_0. Entonces diremos que a_{-1} es el residuo de f en z_0, y se denotará por $\mathrm{Res}(f, z_0)$.*

Observación 4.1 *Si z_0 es una singularidad evitable de f, entonces claramente se tiene que $\mathrm{Res}(f, z_0) = 0$.*

Observación 4.2 *Si z_0 es una singularidad aislada de una función f, sabemos que su desarrollo de Laurent (teorema 3.8), válido en un cierto entorno perforado $D(z_0, r) \setminus \{z_0\}$ del punto z_0 (con $r > 0$), presenta unos coeficientes que vienen dados por la fórmula*

$$a_n = \frac{1}{2\pi i} \int_C \frac{f(w)}{(w - z_0)^{n+1}} \, dw, \ n = 0, \pm 1, \pm 2, \ldots$$

con C cualquier circunferencia $C(z_0, s)$ para $0 < s < r$. Cuando $n = -1$ esta expresión nos da

$$a_{-1} = \frac{1}{2\pi i} \int_C f(w)\,dw,$$

es decir

$$\int_C f(z)\,dz = 2\pi i\,\mathrm{Res}(f, z_0),$$

lo que proporciona un método útil para evaluar ciertas integrales, y no únicamente sobre circunferencias del tipo $C(z_0, s)$ sino sobre cualquier camino cerrado simple en torno a z_0 y contenido en $\{z \in \mathbb{C} : 0 < |z - z_0| < r\}$ (véase la observación 3.8).

Ejemplo 4.1 *La función $f(z) = \dfrac{1}{(z-1)^2} + \dfrac{3}{z-1}$ tiene un polo de orden 2 en $z = 1$ y su residuo viene dado claramente por $\mathrm{Res}(f, 1) = 3$. Además*

$$\int_\gamma f(z)\,dz = 6\pi i,$$

donde γ es cualquier camino cerrado simple en torno a $z_0 = 1$.

Proposición 4.1 *Si f tiene un polo de orden m en z_0, entonces*

$$\mathrm{Res}(f, z_0) = \frac{1}{(m-1)!} \lim_{z \to z_0} g^{(m-1)}(z),$$

donde $g(z) := (z - z_0)^m f(z)$ (y $g^{(m-1)}(z)$ es la derivada $(m-1)$-ésima de g). En particular, si z_0 es un polo simple de f, se tiene que

$$\mathrm{Res}(f, z_0) = \lim_{z \to z_0} (z - z_0) f(z).$$

Prueba. Si $\sum_{n=-\infty}^{+\infty} a_n (z - z_0)^n$ es el desarrollo de Laurent de f centrado en z_0 (polo de orden m), válido para $0 < |z - z_0| < r$ ($r > 0$), entonces $a_n = 0 \ \forall n < -m$ y $a_{-m} \neq 0$. Así, para $z \in D(z_0, r) \setminus \{z_0\}$ se tiene que

$$g(z) = (z - z_0)^m f(z) = a_{-m} + a_{-m+1}(z - z_0) + \ldots + a_{-1}(z - z_0)^{m-1} + a_0(z - z_0)^m + \ldots$$

Por tanto, g tiene una singularidad evitable en z_0 y

$$a_{-1} = \mathrm{Res}(f, z_0) = \frac{1}{(m-1)!} \lim_{z \to z_0} g^{(m-1)}(z),$$

obteniendo así el resultado. $\square$

Ejemplo 4.2 *La función* $f(z) = \dfrac{e^z}{z(z-9)^2}$ *tiene un polo simple en* $z_0 = 0$ *y un polo de orden 2 en* $z_1 = 9$. *Sus residuos asociados vienen dados por*

$$\operatorname{Res}(f, 0) = \lim_{z \to 0} f(z)\, z = \lim_{z \to 0} \frac{e^z}{(z-9)^2} = \frac{1}{81}$$

y

$$\operatorname{Res}(f, 9) = \lim_{z \to 9} g'(z),$$

donde $g(z) = f(z)(z-9)^2 = \frac{e^z}{z}$. *Por tanto,* $g'(z) = \frac{e^z(z+1)}{z^2}$ *y*

$$\operatorname{Res}(f, 9) = \lim_{z \to 9} \frac{e^z(z+1)}{z^2} = \frac{10e^9}{81}.$$

Además

$$\int_{\gamma_0} f(z)\, dz = \frac{2\pi i}{81},$$

donde γ_0 *es cualquier camino cerrado simple en torno a* $z_0 = 0$ *y contenido en* $\{z \in \mathbb{C} : 0 < |z| < 9\}$, *y*

$$\int_{\gamma_1} f(z)\, dz = \frac{20e^9 \pi i}{81},$$

donde γ_1 *es cualquier camino cerrado simple en torno a* $z_1 = 9$ *y contenido en* $\{z \in \mathbb{C} : 0 < |z-9| < 9\}$.

Observación 4.3 *Si* z_0 *es una singularidad esencial de una función* f, *calcularemos el residuo a partir de la definición (obteniendo el desarrollo de Laurent de* f *en torno a* z_0*).*

Proposición 4.2 *Si* f *es analítica en* z_0, *no idénticamente constante, y tiene un cero de orden* m *en* z_0, *entonces la función* $g(z) = \dfrac{f'(z)}{f(z)}$ *tiene un polo simple en* z_0 *y* $\operatorname{Res}(g, z_0) = m$.

Prueba. Sea $r > 0$ tal que z_0 sea el único posible cero de f en $D(z_0, r)$. Por la observación 3.4, f tiene un cero de orden m en z_0 si, y solo si, existe una función h, que es analítica en $D(z_0, r)$, con $h(z_0) \neq 0$ tal que $f(z) = (z - z_0)^m h(z)$ $\forall z \in D(z_0, r)$. Entonces

$$f'(z) = m(z - z_0)^{m-1} h(z) + (z - z_0)^m h'(z)$$

y, por tanto,

$$g(z) = \frac{f'(z)}{f(z)} = \frac{m}{z - z_0} + \frac{h'(z)}{h(z)}.$$

Ahora, dado que $\dfrac{h'(z)}{h(z)}$ es analítica en $D(z_0, r)$, entonces g presenta un desarrollo de Laurent claramente identificado que nos lleva a afirmar que $\operatorname{Res}(g, z_0) = m$. $\qquad\square$

De manera similar se puede probar que los ceros y los polos de orden m están estrechamente vinculados.

Proposición 4.3 *Si f y g son dos funciones analíticas en z_0 y $f(z_0) \neq 0$, entonces la función $\dfrac{f(z)}{g(z)}$ tiene un polo de orden m en z_0 si, y solo si, g tiene un cero de orden m en z_0.*

Prueba. Sea $r > 0$ tal que z_0 sea el único posible cero de g en $D(z_0, r)$. Si $\frac{f(z)}{g(z)}$ tiene un polo de orden m en z_0, entonces

$$\frac{f(z)}{g(z)} = \frac{a_{-m}}{(z - z_0)^m} + \frac{a_{-m+1}}{(z - z_0)^{m-1}} + \ldots + \frac{a_{-1}}{z - z_0} + \sum_{n \geq 0} a_n (z - z_0)^n, \quad a_{-m} \neq 0,$$

es decir,

$$(z - z_0)^m \frac{f(z)}{g(z)} = a_{-m} + a_{-m+1}(z - z_0) + \ldots + a_{-1}(z - z_0)^{m-1} + \sum_{n \geq 0} a_n (z - z_0)^{m+n}$$

y, por tanto, si denotamos por $h(z) := \sum_{n \geq 0} a_{-m+n}(z - z_0)^n$ (analítica en z_0 y $h(z_0) \neq 0$), se tiene que

$$g(z) = (z - z_0)^m \frac{f(z)}{h(z)},$$

(en efecto, notemos que se cumple $h(z) = (z - z_0)^m \frac{f(z)}{g(z)}$) que, por la observación 3.4, nos indica que g tiene un cero de orden m en z_0.

Recíprocamente, si g tiene un cero de orden m en z_0, existe una función g_1, que es analítica en $D(z_0, r)$, con $g_1(z_0) \neq 0$ tal que $g(z) = (z - z_0)^m g_1(z) \; \forall z \in D(z_0, r)$. Entonces

$$\frac{f(z)}{g(z)} = \frac{f(z)}{g_1(z)} \frac{1}{(z - z_0)^m},$$

de donde se deduce que $\dfrac{f(z)}{g(z)}$ tiene un polo de orden m en z_0. $\qquad\square$

Ejemplo 4.3 *La función $h(z) = \dfrac{1}{z(e^z - 1)}$ tiene un polo de orden 2 en $z = 0$ puesto que $f(z) = 1$ y $g(z) = z(e^z - 1)$ son analíticas en $z = 0$ (de hecho, son enteras), $f(0) \neq 0$ y g tiene un cero de orden 2 en $z = 0$.*

Teorema 4.1 (Teorema de los residuos) *Sea* $f : U \to \mathbb{C}$ *una función analítica en un abierto* U *excepto, a lo sumo, en* $w_1, w_2, \ldots, w_n, \ldots$ *(puntos de* U*) que son singularidades aisladas. Entonces para cualquier* γ *camino cerrado (o ciclo) homólogo a 0 en* U*, con* $w_j \notin \gamma^*$*,* $j = 1, 2, \ldots$*, se tiene que*

$$\int_\gamma f(z)\, dz = 2\pi i \sum_{j \geq 1} n(\gamma, w_j)\, \mathrm{Res}(f, w_j).$$

Prueba. Consideremos el conjunto

$$S = \{w_1, w_2, \ldots, w_n, \ldots\}$$

y sea s un posible punto de acumulación de S, entonces $s \notin U$ ya que todas las singularidades son aisladas (la función no podría ser analítica en ningún entorno perforado de s). Sea ahora

$$S_1 = \{w \in S : n(\gamma, w) \neq 0\},$$

entonces los puntos de S_1 no están en la componente conexa no acotada de $\mathbb{C} \setminus \gamma^*$ y, por tanto, S_1 es un conjunto acotado (véase el apartado vii) de la proposición 2.4). Así, si S_1 tuviese infinitos puntos, S_1 tendría un punto de acumulación $s_1 \notin U$ ($S_1 \subset S$) y, por hipótesis, $n(\gamma, s_1) = 0$. Ahora bien, como el índice es constante en las componentes conexas de $\mathbb{C} \setminus \gamma^*$ (véase el apartado vi) de la proposición 2.4), resultaría que $n(\gamma, z) = 0$ en un entorno de s_1, con lo que S_1 tendría puntos con índice nulo y eso supone una contradicción. Así, S_1 es finito y denotemos por $w_1, w_1, \ldots, w_k$ los puntos distintos de S_1, esto es,

$$S_1 = \{w \in S : n(\gamma, w) \neq 0\} = \{w_1, w_1, \ldots, w_k\}.$$

(Si $S_1 = \emptyset$, cambiando U por $V = U \setminus S$ se tiene que γ es homólogo a 0 en V y aplicando el teorema global de Cauchy tendríamos ya el resultado.)

Elijamos ahora $r_1, r_2, \ldots, r_k$ números positivos suficientemente pequeños para que $\overline{D}(w_j, r_j) \subset U$ sean disjuntos y $\overline{D}(w_j, r_j) \cap \gamma^* = \emptyset$, $j = 1, 2, \ldots, k$. Si definimos el ciclo $\sigma := \gamma - \sum_{j=1}^{k} n(\gamma, w_j)\gamma_j$, donde γ_j es la frontera positivamente orientada de $D(w_j, r_j)$, entonces σ es un ciclo en $V_1 = U \setminus S_1$ y, si $z \notin V_1$, se tiene que

$$n(\sigma, z) = n(\gamma, z) - \sum_{j=1}^{k} n(\gamma, w_j) n(\gamma_j, z) = \begin{cases} 0, & \text{si } z \notin U \ (n(\gamma, z) = n(\gamma_j, z) = 0) \\ 0, & \text{si } z = w_j \text{ para algún } j \in \{1, \ldots, k\} \end{cases}.$$

Así, por el teorema 2.12 y la nota 2.10, aplicados al abierto V_1, se tiene que $\int_\sigma f(z)\,dz = 0$ o, equivalentemente,

$$\int_\gamma f(z)\,dz = \sum_{j=1}^k n(\gamma, w_j) \int_{\gamma_j} f(z)\,dz.$$

Finalmente, puesto que $\int_{\gamma_j} f(z)\,dz = 2\pi i \operatorname{Res}(f, w_j)$ (véase la observación 4.2), se deduce el resultado. $\square$

Ejemplo 4.4 *Para calcular $\int_\gamma \dfrac{1+z}{1-\cos z}\,dz$, donde γ es la circunferencia $C(0,9)$, calcularemos en primer lugar los ceros del denominador del integrando $f(z) = \dfrac{1+z}{1-\cos z}$:*

$$1 - \cos z = 0 \iff z = 2k\pi, k \in \mathbb{Z}.$$

Por tanto, las singularidades del integrando interiores a la circunferencia γ son $w_1 = -2\pi$, $w_2 = 0$ y $w_3 = 2\pi$ $(n(\gamma, w_j) = 1$, $j = 1,2,3)$. Así, para aplicar el teorema de los residuos, nos queda por calcular $\operatorname{Res}(f, w_j)$, $j = 1,2,3$.

- $w_2 = 0$ *es un polo de orden 2 de f, ya que*

$$\lim_{z \to 0} f(z)z^2 = \lim_{z \to 0} \frac{z^2 + z^3}{1 - \cos z} = \lim_{z \to 0} \frac{2z + 3z^2}{\operatorname{sen} z} = \lim_{z \to 0} \frac{2 + 6z}{\cos z} = 2 \neq 0$$

  Por la proposición 4.1, $\operatorname{Res}(f, 0) = \lim_{z \to 0} g'(z) = b_1$, donde $g(z) = f(z)z^2 = \dfrac{z^2 + z^3}{1 - \cos z} = \sum_{n \geq 0} b_n z^n$. Así,

$$z^2 + z^3 = (b_0 + b_1 z + \ldots)(1 - \cos z) = (b_0 + b_1 z + \ldots)\left(1 - \left(1 - \frac{z^2}{2!} + \frac{z^4}{4!} + \ldots\right)\right)$$

  e, identificando el término de grado 3, tenemos que

$$1 = \frac{b_1}{2!} \implies b_1 = \operatorname{Res}(f, 0) = 2.$$

- *De la misma forma, $w_1 = -2\pi$ y $w_2 = 2\pi$ son polos de orden 2 de f. Por un razonamiento similar, tenemos que $\operatorname{Res}(f, w_1) = \lim_{z \to -2\pi} h'(z) = c_1$, donde $h(z) = f(z)(z + 2\pi)^2 = \dfrac{(1+z)(z+2\pi)^2}{1 - \cos z} = \sum_{n \geq 0} c_n (z + 2\pi)^n$. Así,*

$$(1+z)(z+2\pi)^2 = (1 - 2\pi)(z+2\pi)^2 + (z+2\pi)^3 =$$

$$(c_0 + c_1(z + 2\pi) + \ldots)\left(1 - \left(1 - \frac{(z + 2\pi)^2}{2!} + \frac{(z + 2\pi)^4}{4!} + \ldots\right)\right)$$

e, identificando el término de grado 3, tenemos que

$$1 = \frac{c_1}{2!} \;\Rightarrow\; c_1 = \mathrm{Res}(f, w_1) = 2.$$

Igualmente, $\mathrm{Res}(f, w_3) = 2$.

En definitiva, el teorema de los residuos nos dice que

$$\int_\gamma \frac{1 + z}{1 - \cos z}\, dz = 12\pi i.$$

Ejemplo 4.5 *Para calcular* $\displaystyle\int_\gamma \cosh z \cot g\, z\, dz$, *donde* γ *es la circunferencia de centro* 0 *y radio* $(n + \frac{1}{2})\pi$ *($n \in \mathbb{N}$), calculamos en primer lugar las singularidades del integrando* $f(z) = \cosh z \cot g\, z$:

$$\mathrm{sen}\, z = 0 \;\leftrightarrow\; z = k\pi, k \in \mathbb{Z}.$$

Las singularidades interiores al camino cerrado γ *son las correspondientes a los valores* $k = 0, \pm 1, \ldots, \pm n$. *Además, son polos simples y*

$$\lim_{z \to k\pi} f(z)(z - k\pi) = \lim_{z \to k\pi}\left(\frac{z - k\pi}{\mathrm{sen}\, z} \cdot \cos z \cosh z\right) = \cosh(k\pi) = \mathrm{Res}(f, k\pi).$$

Por tanto,

$$\int_\gamma \cosh z \cot g\, z\, dz = 2\pi i \sum_{k=-n}^{n} \cosh(k\pi).$$

Ejemplo 4.6 *Para calcular* $\displaystyle\int_\gamma f(z)\, dz$, *donde* $f(z) = \dfrac{e^z - 1}{z^3 + 4z^2 + 4z}$ *y* γ *es la circunferencia* $C(0, 3)$, *observar que*

$$f(z) = \frac{e^z - 1}{z^3 + 4z^2 + 4z} = \frac{e^z - 1}{z(z + 2)^2},$$

$\mathrm{Res}(f, 0) = 0$ *(singularidad evitable) y* $\mathrm{Res}(f, -2) = \dfrac{1}{4}(1 - 3e^{-2})$ *(polo de orden 2).* *Así,*

$$\int_\gamma f(z)\, dz = 2\pi i(\mathrm{Res}(f, 0) + \mathrm{Res}(f, -2)) = \pi i \frac{1}{2}(1 - 3e^{-2}).$$

Nota 4.1 *El teorema de los residuos constituye una herramienta fundamental en distintas cuestiones relacionadas con el campo de la física. Un ejemplo de ello es su utilización en el contexto del teorema de Blasius sobre el cálculo de la fuerza neta que un fluido ejerce sobre un obstáculo sólido sumergido en un flujo uniforme (véase [42, págs. 179-181], bajo el nombre de fórmula de Zhukovskij). Otro ejemplo es su utilización en el contexto del propagador de Feynmann (véase [33, págs. 29-31]), que describe la amplitud de probabilidad de que una partícula viaje entre dos puntos en el espacio-tiempo y cuyo cálculo implica frecuentemente el uso de integrales en el plano complejo (de hecho, el teorema de los residuos permite manejar las singularidades del propagador en el plano complejo).*

4.2 Aplicaciones al cálculo de integrales de funciones de variable real

Una importante aplicación de la teoría de residuos es la evaluación de ciertos tipos de integrales que aparecen en el análisis real. Resultará particularmente interesante cuando no podamos obtener una primitiva en términos de funciones elementales (aunque incluso en los casos que sí que se pueda, el mecanismo que aquí mostraremos nos puede ahorrar tiempo de cálculo). Un caso muy recurrente es la integral impropia $\int_{-\infty}^{\infty} f(x)\, dx$ de una función f continua en $\mathbb{R}$. Además, cuando f es par, se recurre en muchas ocasiones a la igualdad

$$\int_{0}^{\infty} f(x)\, dx = \frac{1}{2}\int_{-\infty}^{\infty} f(x)\, dx,$$

siempre que haya convergencia (si alguna converge, la otra también).

Nota 4.2 *Sea $f : \mathbb{R} \to \mathbb{R}$ continua a trozos en todo intervalo $[a, b] \subset \mathbb{R}$. Definimos el valor principal (de Cauchy) de la integral $\int_{-\infty}^{\infty} f(x)\, dx$ como*

$$V.P. \int_{-\infty}^{\infty} f(x)\, dx = \lim_{R \to \infty} \int_{-R}^{R} f(x)\, dx.$$

En el caso de que $\int_{-\infty}^{\infty} f(x)\, dx$ sea convergente, entonces

$$\int_{-\infty}^{\infty} f(x)\, dx = V.P. \int_{-\infty}^{\infty} f(x)\, dx.$$

En el caso particular de que f sea par, si existe $\lim\limits_{R \to \infty} \int_{-R}^{R} f(x)\,dx$ (es decir, el valor principal de $\int_{-\infty}^{\infty} f(x)\,dx$) entonces $\int_{-\infty}^{\infty} f(x)\,dx$ es convergente [11, p. 208].

Algunas utilidades de las que haremos uso en estas evaluaciones de integrales aparecen reflejadas en las dos siguientes proposiciones.

Proposición 4.4 *Sea f una función analítica en $\{z \in \mathbb{C} : |z| > r, \operatorname{Im} z \geq 0\}$ para algún $r > 0$ y consideremos el arco semicircular de centro 0 y radio $R > r$ positivamente orientado dado por $\gamma_R = \{z \in \mathbb{C} : z = Re^{i\theta}, 0 \leq \theta \leq \pi\}$. Si $|f(z)| \leq \dfrac{M}{R^k}$ para $z \in \gamma_R$, con $R > r$, $k > 1$ y $M > 0$, entonces*

$$\lim_{R \to \infty} \int_{\gamma_R} f(z)\,dz = 0.$$

Prueba. Por la proposición 2.3 tenemos que

$$\left| \int_{\gamma_R} f(z)\,dz \right| \leq \frac{M}{R^k}\pi R = \frac{\pi M}{R^{k-1}},$$

luego, como $k - 1 > 0$, se tiene que

$$\lim_{R \to \infty} \left| \int_{\gamma_R} f(z)\,dz \right| = 0.$$

$\square$

Nota 4.3 *Resulta fácil comprobar que la prueba de la proposición anterior también funciona cambiando $|f(z)| \leq \dfrac{M}{R^k}$ por $|f(z)| \leq \dfrac{M}{(R-a)^k}$ o $|f(z)| \leq \dfrac{M}{((R-a)^{k_1} - b)^{k_2}}$, con $a, b \in \mathbb{R}$, $k > 1$ y $k_1 + k_2 > 1$.*

Proposición 4.5 (Lema de Jordan) *Sea f una función analítica en el arco semicircular positivamente orientado $\gamma_R = \{z \in \mathbb{C} : z = Re^{i\theta} : 0 \leq \theta \leq \pi\}$ para algún $R > 0$. Sea $M_f(\gamma_R) = \max\{|f(z)| : z \in \gamma_R\}$. Si $a > 0$, entonces*

$$\left| \int_{\gamma_R} f(z)e^{iaz}\,dz \right| \leq \frac{\pi M_f(\gamma_R)}{a}(1 - e^{-aR}).$$

Prueba. Observemos en primer lugar que

$$\left| \int_{\gamma_R} f(z)e^{iaz}\, dz \right| = \left| \int_0^\pi f(Re^{i\theta})e^{iaRe^{i\theta}} Rie^{i\theta} d\theta \right| \leq$$

$$\leq R \int_0^\pi |f(Re^{i\theta})| e^{-aR\,\mathrm{sen}\,\theta} d\theta \leq$$

$$\leq R M_f(\gamma_R) \int_0^\pi e^{-aR\,\mathrm{sen}\,\theta} d\theta =$$

$$= 2R M_f(\gamma_R) \int_0^{\pi/2} e^{-aR\,\mathrm{sen}\,\theta} d\theta.$$

Notar ahora que si $g(\theta) := \mathrm{sen}\,\theta - \dfrac{2}{\pi}\theta$, $\theta \in [0, \pi/2]$, entonces $g(0) = 0$, $g(\pi/2) = 0$, $g'(\theta) = \cos\theta - \dfrac{2}{\pi}$ y $g''(\theta) = -\mathrm{sen}\,\theta \leq 0$, para $\theta \in [0, \pi/2]$, esto es, $g(\theta)$ es cóncava en $[0, \pi/2]$. Por tanto, $g(\theta) \geq 0\ \forall \theta \in [0, \pi/2]$ y

$$2R M_f(\gamma_R) \int_0^{\pi/2} e^{-aR\,\mathrm{sen}\,\theta} d\theta \leq 2R M_f(\gamma_R) \int_0^{\pi/2} e^{-aR\frac{2}{\pi}\theta} d\theta = \frac{\pi M_f(\gamma_R)}{a}\left(1 - e^{-aR}\right),$$

obteniendo así el resultado. $\square$

Presentamos a continuación una agrupación de integrales reales que responden a diferentes tipos y cuya evaluación se puede abordar con la ayuda de la teoría de residuos. Sobre cada tipo de integrales mostraremos varios ejemplos, asociados a una técnica de resolución concreta, que en ocasiones nos darán pie a formular resultados generales. Más allá de estos resultados generales, se pretende que el lector sepa hacer un buen uso del teorema de los residuos (y de la técnica de resolución empleada en cada caso) en cada integral real que se asemeje a cualquiera de los tipos presentados.

-Integrales del tipo $\displaystyle\int_{-\infty}^{\infty} \frac{P(x)}{Q(x)}\, dx$, con $Q(x) \neq 0\ \forall x \in \mathbb{R}$

Estudiaremos el comportamiento de las integrales del tipo $\displaystyle\int_{-\infty}^{\infty} f(x)\, dx$ donde $f(x) = \dfrac{P(x)}{Q(x)}$, siendo P y Q polinomios reales sin factores comunes y con Q sin ceros reales.

Técnica de resolución: La técnica utilizada consistirá en considerar un semicírculo $\Gamma_R = \gamma_R \cup [-R, R]$, con $\gamma_R \equiv \{z \in \mathbb{C} : z = Re^{i\theta}, 0 \leq \theta \leq \pi\}$, de radio R suficientemente grande para que todas las singularidades de $f(z)$ (la función compleja generalizada de $f(x)$) en el semiplano superior H, denotadas por $w_1, w_2, \ldots, w_n$, estén contenidas en su interior (véase la figura 4.1). Se integra a lo largo de Γ_R y se toman límites cuando $R \to \infty$. La proposición 4.4 jugará un papel importante para que, bajo determinadas condiciones, la integral a lo largo de γ_R se vaya a 0 y podamos deducir el valor de $\int_{-\infty}^{\infty} f(x)\, dx.$

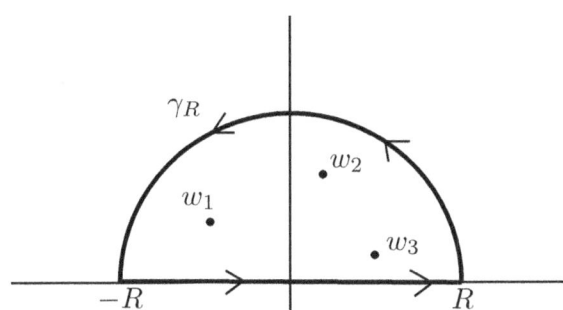

Figura 4.1: Representación del semicírculo $\Gamma_R = \gamma_R \cup [-R, R]$

Ejemplo 4.7 *Calcularemos el valor de la integral*

$$I_1 = \int_{-\infty}^{\infty} \frac{1}{(x^2 - 4x + 5)^2}\, dx.$$

Observar primeramente que

$$x^2 - 4x + 5 = 0 \quad \Leftrightarrow \quad x = 2 \pm \sqrt{4 - 5} = 2 \pm i,$$

entonces la función $f(z) = \dfrac{1}{(z^2 - 4z + 5)^2}$ presenta claramente dos polos de orden 2 en $w_1 := 2 + i$ y $w_2 := 2 - i$. Ahora, integrando a lo largo de la semicircunferencia Γ_R, con $R > 0$ suficientemente grande, presentada en la figura 4.2, se tiene por el teorema de los residuos que

$$\int_{\Gamma_R} f(z)\, dz = \int_{-R}^{R} f(x)\, dx \; + \; \int_{\gamma_R} f(z)\, dz \; = \; 2\pi i \operatorname{Res}(f, w_1). \tag{4.1}$$

Además, puesto que para $|z|$ suficientemente grande tenemos que

$$|f(z)| = \frac{1}{|z^2 - 4z + 5|^2} = \frac{1}{|(z - 2)^2 + 1|^2} \leq \frac{1}{(|z - 2|^2 - 1)^2},$$

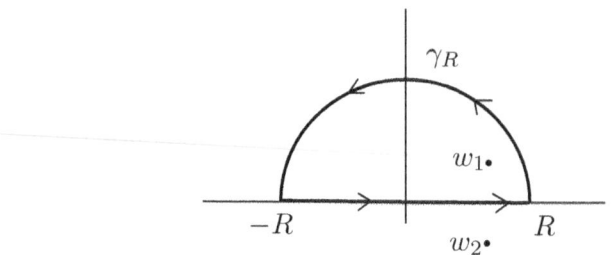

Figura 4.2: Gráfico correspondiente al ejemplo 4.7

también por la proposición 4.4 (y la nota 4.3) llegamos a $\displaystyle\lim_{R\to\infty}\int_{\gamma_R} f(z)\,dz = 0$, *luego,*
tomando límites $(R \to \infty)$ *en (4.1), llegamos a*

$$V.P.(I_1) = 2\pi i\,\mathrm{Res}(f, w_1).$$

Ahora bien,

$$f(z) = \frac{a_{-2}}{(z - w_1)^2} + \frac{a_{-1}}{(z - w_1)} + a_0 + a_1(z - w_1) + \dots,$$

lo que implica que

$$f(z)(z - w_1)^2 = a_{-2} + a_{-1}(z - w_1) + \dots$$

Por tanto (véase también la proposición 4.1), si $g(z) := f(z)(z - w_1)^2 = \dfrac{1}{(z - w_2)^2}$, *se*
tiene que

$$a_{-1} = \mathrm{Res}(f, w_1) = \lim_{z \to w_1} g'(z) = \lim_{z \to w_1}\left(-2(z - w_2)^{-3}\right) =$$

$$= -\frac{2}{(w_1 - w_2)^3} = -\frac{2}{(2i)^3} = \frac{1}{4i}.$$

En consecuencia,

$$V.P.(I_1) = \int_{-\infty}^{\infty} \frac{1}{(x^2 - 4x + 5)^2}\,dx = 2\pi i\frac{1}{4i} = \frac{\pi}{2}.$$

Además, dado que I_1 *es convergente (no es difícil probarlo, ya que el integrando es una*
función continua en $\mathbb{R}$*), concluimos que* $I_1 = V.P.(I_1) = \frac{\pi}{2}$.

Ejemplo 4.8 *Calcularemos el valor de la integral*

$$I_2 = \int_{-\infty}^{+\infty} \frac{x}{(x^2+1)(x^2+2x+2)}\, dx.$$

Definamos $f(z) = \dfrac{z}{(z^2+1)(z^2+2z+2)}$, *que presenta claramente cuatro polos simples:* $w_1 = i$, $w_2 = -1+i$, $w_3 = -i$ *y* $w_4 = -1-i$. *Integraremos* f *sobre el camino* $\Gamma_R = \gamma_R \cup [-R, R]$ *representado en la figura 4.3, con* R *suficientemente grande. Observar que* $n(\Gamma_R, w_1) = n(\Gamma_R, w_2) = 1$, $n(\Gamma_R, w_3) = n(\Gamma_R, w_4) = 0$ *y*

$$\operatorname{Res}(f, w_1) = \frac{w_1}{(w_1-w_2)(w_1-w_3)(w_1-w_4)} = \frac{1}{2(1+2i)},$$

$$\operatorname{Res}(f, w_2) = \frac{w_2}{(w_2-w_1)(w_2-w_3)(w_2-w_4)} = \frac{-1+i}{4+2i}.$$

Así, dado que podemos tomar un abierto $U \subset \mathbb{C}$ *incluyendo la envoltura convexa de* Γ_R *y tal que* f *es analítica en* U *excepto en* $w_j, j = 1, 2, 3, 4$ *y* Γ_R *es homólogo a* 0 *en* U, *aplicando el teorema de los residuos tenemos que*

$$\int_{\Gamma_R} f(z)\, dz = \int_{-R}^{R} f(x)\, dx + \int_{\gamma_R} f(z)\, dz = 2\pi i(\operatorname{Res}(f, w_1) + \operatorname{Res}(f, w_2)) = -\frac{\pi}{5}. \quad (4.2)$$

Además, utilizando la misma técnica de demostración de la proposición 4.4, se tiene que

$$\left| \int_{\gamma_R} \frac{z}{(z^2+1)(z^2+2z+2)}\, dz \right| \le \max\left\{ \left| \frac{z}{(z^2+1)(z^2+2z+2)} \right| : z \in \gamma_R \right\} \cdot \pi R \le$$

$$\le \frac{R}{(R^2-1)(R^2-2R-2)} \pi R \xrightarrow{R\to\infty} 0,$$

ya que $|z^2+1| \ge |z|^2 - 1$ *y* $|z^2+2z+2| \ge |z|^2 - |2z+2| \ge |z|^2 - 2|z| - 2$. *Así, tomando límites* $(R \to \infty)$ *en (4.2), llegamos a*

$$\lim_{R\to\infty} \int_{-R}^{R} \frac{x}{(x^2+1)(x^2+2x+2)}\, dx = V.P.(I_2) = -\frac{\pi}{5}.$$

Además, como I_2 *es claramente convergente, concluimos que* $I_2 = V.P.(I_2) = -\frac{\pi}{5}$.

De los ejemplos realizados anteriormente se deduce el siguiente resultado aún más general, en el que las condiciones aseguran la convergencia de la integral $\int_{-\infty}^{\infty} f(x)\, dx$.

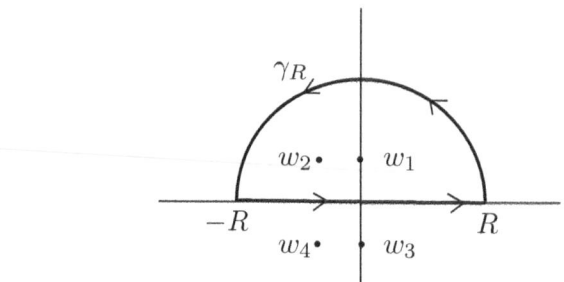

Figura 4.3: Gráfico correspondiente al ejemplo 4.8

Proposición 4.6 *Sea f una función analítica en el semiplano superior $H = \{z \in \mathbb{C} :$ $\operatorname{Im} z \geq 0\}$ con la posible excepción de un número finito de singularidades $w_1, w_2, \ldots, w_n$ fuera del eje real (pero pertenecientes a H), y tal que existe $k > 1$, $R > 0$ y $M > 0$ tal que $|f(z)| \leq \dfrac{M}{|z|^k}$ para valores $z \in H$ tales que $|z| > R$. Entonces*

$$\int_{-\infty}^{\infty} f(x)\,dx = 2\pi i \sum_{j=1}^{n} \operatorname{Res}(f, w_j).$$

Prueba. Sea Γ_R la semicircunferencia de radio R, compuesta por el arco semicircular γ_R y el segmento $[-R, R]$, orientada positivamente con $R > 0$ suficientemente grande para que las singularidades de f en H, $w_1, \ldots, w_n$, estén en el interior de Γ_R (véase la figura 4.1). Ahora, por el teorema de los residuos (teorema 4.1), se tiene que

$$\int_{\Gamma_R} f(z)\,dz = \int_{-R}^{R} f(x)\,dx \;+\; \int_{\gamma_R} f(z)\,dz \;=\; 2\pi i \sum_{j=1}^{n} \operatorname{Res}(f, w_j). \qquad (4.3)$$

Como $|f(z)| \leq \frac{M}{R^k}$ para $z \in \gamma_R$ y R suficientemente grande (para algún $k > 1$), la proposición 4.4 nos lleva a

$$\lim_{R \to \infty} \int_{\gamma_R} f(z)\,dz = 0.$$

Así, tomando límites cuando $R \to \infty$ en (4.3) y teniendo en cuenta que $\int_{-R}^{R} f(x)\,dx$ tiende a la integral convergente $\int_{-\infty}^{\infty} f(x)\,dx$ (pues f es continua en $\mathbb{R}$ y $|f(x)| \leq \frac{M}{|x|^k}$ para $|x| > R$), concluimos que

$$\int_{-\infty}^{\infty} f(x)\,dx = 2\pi i \sum_{j=1}^{n} \operatorname{Res}(f, w_j).$$

$\square$

Notas 4.4

i) *Un resultado análogo al de la proposición 4.6 se consigue intercambiando el semiplano superior H por el inferior L, obteniendo*

$$\int_{-\infty}^{\infty} f(x)\, dx = -2\pi i \sum_{w_k \in L} \text{Res}(f, w_k).$$

ii) *El cociente de dos polinomios* $\dfrac{P(z)}{Q(z)}$, *con P no idénticamente igual a 0 y $Q(x) \neq 0$ $\forall x \in \mathbb{R}$ cumple las condiciones de la proposición anterior (tanto en H como en L) si, y solo si, el grado de Q supera al menos en 2 el grado de P, como ocurre en los ejemplos 4.7 y 4.8.*

-Integrales del tipo $\displaystyle\int_{-\infty}^{\infty} \dfrac{P(x)}{Q(x)} \cos(ax)dx$ **o** $\displaystyle\int_{-\infty}^{\infty} \dfrac{P(x)}{Q(x)} \text{sen}(ax)dx,$ **con** $a > 0$ **y** $Q(x) \neq 0$ $\forall x \in \mathbb{R}$

Si suponemos como antes que $f(x) = \dfrac{P(x)}{Q(x)}$, siendo P y Q polinomios reales sin factores comunes y con Q sin ceros reales, calcularemos integrales de la forma $\displaystyle\int_{-\infty}^{\infty} f(x)\,\text{sen}(ax)\, dx$ o $\displaystyle\int_{-\infty}^{\infty} f(x)\cos(ax)\, dx$, con $a > 0$.

Técnica de resolución: En primer lugar, calcularemos mediante el teorema de los residuos la integral

$$\int_{\Gamma_R} f(z)e^{iaz}\, dz, \ a > 0,$$

donde, como antes, tomaremos un semicírculo $\Gamma_R = \gamma_R \cup [-R, R]$, con $\gamma_R \equiv \{z \in \mathbb{C} : z = Re^{i\theta}, 0 \leq \theta \leq \pi\}$, de radio R suficientemente grande para que todas las singularidades de $f(z)$ (la función compleja generalizada de $f(x)$) en el semiplano superior H, denotadas por $w_1, w_2, \ldots, w_n$, estén contenidas en su interior (véase de nuevo la figura 4.1). En esta ocasión, el lema de Jordan (proposición 4.5) será el que juegue un papel importante para que, bajo determinadas condiciones, la integral a lo largo de γ_R se vaya a 0 (cuando $R \to \infty$) y podamos deducir el valor de

$$\int_{-\infty}^{\infty} f(x)e^{iax}\, dx.$$

Finalmente, tomando partes real e imaginaria, se deducirá el valor de las integrales deseadas.

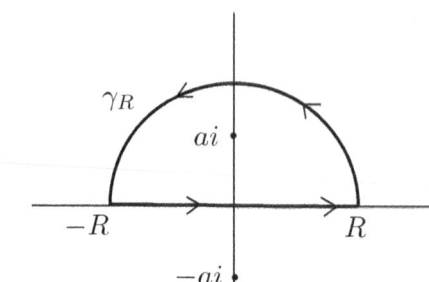

Figura 4.4: Gráfico correspondiente al ejemplo 4.9

Ejemplo 4.9 *Para resolver por el método de los residuos la integral*

$$I_3 = \int_0^\infty \frac{x \operatorname{sen} x}{x^2 + c^2}\, dx \quad (c > 0),$$

consideremos, para $R > 0$ suficientemente grande, el semicírculo Γ_R compuesto por el arco semicircular positivamente orientado $\gamma_R = \{z \in \mathbb{C} : z = Re^{i\theta} : 0 \leq \theta \leq \pi\}$ y el segmento $[-R, R]$. Así, si $f(z) = \dfrac{z}{z^2 + c^2}e^{iz}$ (que presenta dos polos simples en $ci \in H$ y $-ci \notin H$), por el teorema de los residuos tenemos que

$$\int_{\Gamma_R} f(z)\, dz = \int_{-R}^R \frac{x}{x^2 + c^2}e^{ix}\, dx + \int_{\gamma_R} f(z)\, dz = 2\pi i \operatorname{Res}(f, ci) = \tag{4.4}$$
$$= 2\pi i \lim_{z \to ai} f(z)(z - ci) = 2\pi i \lim_{z \to ai} \frac{z}{z + ci}e^{iz} = \frac{1}{2}\, e^{-c} 2\pi i = \pi i e^{-c}.$$

Además, aplicando el lema de Jordan, se tiene que

$$\lim_{R \to \infty} \int_{\gamma_R} f(z)\, dz = 0.$$

Por tanto, tomando límites en (4.4), deducimos que

$$\lim_{R \to \infty} \int_{-R}^R \frac{x}{x^2 + c^2}e^{ix}\, dx = \pi i e^{-c},$$

luego tomando partes imaginarias, y teniendo en cuenta que la función $\dfrac{x \operatorname{sen} x}{x^2 + c^2}$ es par, se tiene que

$$I_3 = \int_0^\infty \frac{x \operatorname{sen} x}{x^2 + c^2}\, dx = \frac{1}{2}\pi e^{-c}.$$

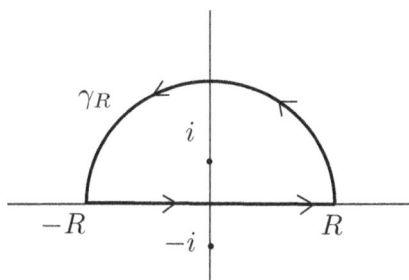

Figura 4.5: Gráfico correspondiente al ejemplo 4.10

Ejemplo 4.10 *Procederemos como en el ejemplo anterior para calcular*

$$I_4 = \int_0^{+\infty} \frac{\cos x}{x^2 + 1}\, dx,$$

considerando el camino Γ_R de la figura 4.5. Las singularidades de $f(z) = \dfrac{e^{iz}}{z^2+1}$ son i y $-i$, con $n(\Gamma_R, i) = 1$ y $n(\Gamma_R, -i) = 0$, que resultan ser polos simples. En efecto,

$$\lim_{z\to i} f(z)(z-i) = \lim_{z\to i} \frac{e^{iz}}{z+i} = \frac{-i}{2e}.$$

Así,

$$\int_{\Gamma_R} f(z)\, dz = \int_{\gamma_R} f(z)\, dz + \int_{-R}^{R} f(x)\, dx = 2\pi i \operatorname{Res}(f, i) = \frac{\pi}{e}. \tag{4.5}$$

De nuevo, aplicando el lema de Jordan, se tiene claramente que

$$\lim_{R\to\infty} \int_{\gamma_R} f(z)\, dz = 0$$

y, por tanto, tomando límites cuando $R \to \infty$ en (4.5) llegamos a

$$\lim_{R\to\infty} \int_{-R}^{R} \frac{e^{ix}}{x^2+1}\, dx = \frac{\pi}{e}.$$

Tomando ahora partes reales, y como $\dfrac{\cos x}{x^2+1}$ es par, deducimos que

$$\int_{-\infty}^{\infty} \frac{\cos x}{x^2+1}\, dx = \frac{\pi}{e}$$

y

$$I_4 = \int_0^{\infty} \frac{\cos x}{x^2+1}\, dx = \frac{\pi}{2e}.$$

De los ejemplos realizados anteriormente se desprende entonces el siguiente resultado.

Proposición 4.7 *Sea $a > 0$ y f una función analítica en el semiplano superior $H = \{z \in \mathbb{C} : \operatorname{Im} z \geq 0\}$ con la posible excepción de un número finito de singularidades $w_1, w_2, \ldots, w_n$ fuera del eje real (pero pertenecientes a H) y tal que $\lim_{|z|\to\infty,\, z\in H} |f(z)| = 0$. Entonces*

$$\int_{-\infty}^{\infty} f(x)e^{iax}\, dx = 2\pi i \sum_{j=1}^{n} \operatorname{Res}(g, w_j),$$

donde $g(z) = f(z)e^{iaz}$ y la integral se supone convergente.

Prueba. La demostración es análoga a la de la proposición 4.6, con la diferencia que se utiliza el lema de Jordan (proposición 4.5) en lugar de la proposición 4.4 para demostrar que $\lim_{R\to\infty} \int_{\gamma_R} f(z)\, dz = 0$. $\qquad\qquad\square$

Notas 4.5

i) Un resultado análogo al de la proposición anterior, con $a < 0$, se consigue intercambiando el semiplano superior H por el inferior L, obteniendo

$$\int_{-\infty}^{\infty} f(x)e^{iax}\, dx = -2\pi i \sum_{w_k \in L} \operatorname{Res}(f, w_k).$$

ii) El cociente de dos polinomios $f(z) = \dfrac{P(z)}{Q(z)}$, con $P(z)$ no idénticamente igual a 0 y $Q(x) \neq 0\ \forall x \in \mathbb{R}$, cumple las condiciones de la proposición 4.7 (tanto en H como en L) si, y solo si, el grado de $Q(z)$ supera al menos en 1 el grado de $P(z)$, como ocurre en los ejemplos 4.9 y 4.10.

-Integrales del tipo $\displaystyle\int_{-\infty}^{\infty} \frac{P(x)}{Q(x)} \cos(ax)dx$ **o** $\displaystyle\int_{-\infty}^{\infty} \frac{P(x)}{Q(x)} \operatorname{sen}(ax)dx,$ **con $a \geq 0$ y $Q(x) = 0$ para algunos $x \in \mathbb{R}$**

Si suponemos que $f(x) = \dfrac{P(x)}{Q(x)}$, siendo P y Q polinomios reales sin factores comunes y Q con ceros reales, calcularemos integrales de la forma $\displaystyle\int_{-\infty}^{\infty} f(x)\, dx$, $\displaystyle\int_{-\infty}^{\infty} f(x)\operatorname{sen}(ax)\, dx$ o $\displaystyle\int_{-\infty}^{\infty} f(x)\cos(ax)\, dx$, con $a > 0$.

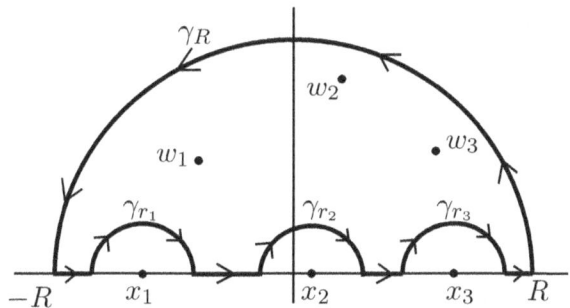

Figura 4.6: Representación del camino $\Gamma_{r_1,\ldots,r_m,R}$

Técnica de resolución: Dado que $f(z)$ (la función compleja generalizada de $f(x)$) presenta singularidades reales, denotadas por $x_1, x_2, \ldots, x_m$, el camino cerrado Γ_R considerado en los casos anteriores no puede ser utilizado en esta ocasión. En este caso, calcularemos mediante el teorema de los residuos la integral

$$\int_{\Gamma_{r_1,\ldots,r_m,R}} f(z)e^{iaz}\, dz,\ a \geq 0,$$

donde $\Gamma_{r_1,\ldots,r_m,R}$ se obtiene a partir de Γ_R realizando *pequeños agujeros* en torno a cada singularidad real (véase la figura 4.6), con r suficientemente pequeño y con R suficientemente grande para que todas las singularidades no reales de $f(z)$ en el semiplano superior H, denotadas por $w_1, w_2, \ldots, w_n$, estén contenidas en su interior. Así, la proposición 4.4 (si $a = 0$) o el lema de Jordan (si $a > 0$) serán los resultados utilizados para probar que, bajo determinadas condiciones, la integral a lo largo de γ_R se vaya a 0 (cuando $R \to \infty$) y poder deducir, a través también del cálculo de las integrales a lo largo de los arcos γ_r (véase la siguiente proposición), el valor de

$$\int_{-\infty}^{\infty} f(x)e^{iax}\, dx$$

y, por tanto, de las integrales objeto de estudio.

Proposición 4.8 *Sea $f : U \to \mathbb{C}$ una función analítica en un abierto U excepto en z_0 donde presenta un polo simple. Entonces*

$$\lim_{r \to 0} \int_{\gamma_r} f(z)\, dz = -\pi i \operatorname{Res}(f, z_0),$$

donde $\gamma_r = \{z \in \mathbb{C} : z - z_0 = re^{i\theta}, 0 \leq \theta \leq \pi\}$ es el arco semicircular de centro z_0 y radio r negativamente orientado.

Prueba. Dado que z_0 es un polo simple, el desarrollo de Laurent de f en z_0 en un entorno $D(z_0, t)$ $(t > 0)$ de z_0 viene dado por

$$f(z) = \frac{a_{-1}}{z - z_0} + \sum_{n \geq 0} a_n (z - z_0)^n = \frac{a_{-1}}{z - z_0} + g(z),$$

donde $g(z) = \sum_{n \geq 0} a_n (z - z_0)^n$ es analítica en z_0. Entonces, para $0 < r < t$ se tiene que

$$\int_{\gamma_r} f(z)\, dz = \int_{\gamma_r} \frac{a_{-1}}{z - z_0}\, dz + \int_{\gamma_r} g(z)\, dz. \tag{4.6}$$

Por una parte, dado que g es continua en $D(z_0, t)$, existe $M > 0$ tal que $|g(z)| < M$ $\forall z \in D(z_0, t/2)$ y, por tanto,

$$\lim_{r \to 0} \left| \int_{\gamma_r} g(z)\, dz \right| \leq \lim_{r \to 0} M\pi r = 0. \tag{4.7}$$

Por otra parte,

$$\int_{\gamma_r} \frac{a_{-1}}{z - z_0}\, dz = a_{-1} \int_{\pi}^{0} \frac{ire^{it}}{re^{it}}\, dt = -a_{-1}\pi i. \tag{4.8}$$

Así, de (4.6), (4.7) y (4.8), se concluye que

$$\lim_{r \to 0} \int_{\gamma_r} f(z)\, dz = -\pi i \operatorname{Res}(f, z_0).$$

$\square$

Ejemplo 4.11 *Calcularemos la integral*

$$I_5 = \int_{-\infty}^{\infty} \frac{\cos(3x)}{x^2 - 1}\, dx.$$

Siendo $f(z) = \dfrac{1}{z^2 - 1}$ y $\gamma_{r_1, r_2, R}$ el camino representado en la figura 4.7, por el método de los residuos se tiene que

$$\int_{\gamma_{r_1, r_2, R}} f(z) e^{3iz}\, dz = 0.$$

Por tanto,

$$\int_{-R}^{-1-r_1} \frac{e^{3ix}}{x^2-1} \, dx + \int_{\gamma_{r_1}} \frac{e^{3iz}}{z^2-1} \, dz + \int_{-1+r_1}^{1-r_2} \frac{e^{3ix}}{x^2-1} \, dx +$$

$$+ \int_{\gamma_{r_2}} \frac{e^{3iz}}{z^2-1} \, dz + \int_{1+r_2}^{R} \frac{e^{3ix}}{x^2-1} \, dx + \int_{\gamma_R} \frac{e^{3iz}}{z-1} \, dz = 0, \qquad (4.9)$$

donde $\gamma_{r_1} \equiv \{z \in \mathbb{C} : z+1 = r_1 e^{i\theta}, 0 \leq \theta \leq \pi\}$, $\gamma_{r_2} \equiv \{z \in \mathbb{C} : z-1 = r_2 e^{i\theta}, 0 \leq \theta \leq \pi\}$
(negativamente orientadas) y $\gamma_R \equiv \{z \in \mathbb{C} : z = Re^{i\theta}, 0 \leq \theta \leq \pi\}$ *(positivamente
orientada). Notar que, por el lema de Jordan, se tiene que*

$$\left| \int_{\gamma_R} \frac{e^{3iz}}{z^2-1} \, dz \right| \xrightarrow{R\to\infty} 0. \qquad (4.10)$$

Además, por definición,

$$\int_{\gamma_{r_1}} \frac{e^{3iz}}{z^2-1} \, dz = \int_{\pi}^{0} \frac{e^{3i(-1+re^{it})}}{(-1+re^{it})^2-1} i re^{it} \, dt = -ie^{-3i} \int_{0}^{\pi} \frac{e^{3ire^{it}}}{-2+re^{it}} \, dt$$

y, tomando límites (véase también la proposición 4.8), se deduce que

$$\lim_{r_1 \to 0} \int_{\gamma_{r_1}} \frac{e^{3iz}}{z^2-1} \, dz = \frac{ie^{-3i}\pi}{2}. \qquad (4.11)$$

Análogamente,

$$\int_{\gamma_{r_2}} \frac{e^{3iz}}{z^2-1} \, dz = \int_{\pi}^{0} \frac{e^{3i(1+re^{it})}}{(1+re^{it})^2-1} i re^{it} \, dt = -ie^{3i} \int_{0}^{\pi} \frac{e^{3ire^{it}}}{2+re^{it}} \, dt$$

y, tomando límites (véase también la proposición 4.8), se deduce que

$$\lim_{r_2 \to 0} \int_{\gamma_r} \frac{e^{3iz}}{z^2-1} \, dz = -\frac{ie^{3i}\pi}{2}. \qquad (4.12)$$

Finalmente, tomando en (4.9) límites cuando $R \to \infty$, $r_1 \to 0$ *y* $r_2 \to 0$, *a partir de
(4.10), (4.11) y (4.12), se tiene que*

$$\int_{-\infty}^{+\infty} \frac{e^{3ix}}{x^2-1} \, dx = \frac{ie^{3i}\pi}{2} - \frac{ie^{-3i}\pi}{2} = -\pi \, \text{sen} \, 3,$$

lo que nos lleva, tomando partes reales, a

$$I_5 = \int_{-\infty}^{\infty} \frac{\cos(3x)}{x^2-1} \, dx = -\pi \, \text{sen} \, 3.$$

(Notemos que la integral es convergente en virtud de la paridad del integrando).

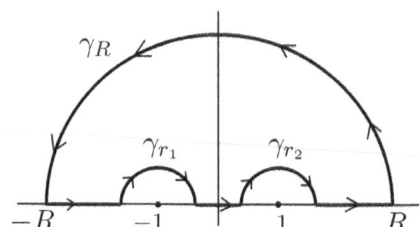

Figura 4.7: Gráfico correspondiente al ejemplo 4.11

Ejemplo 4.12 *Calcularemos la integral*

$$I_6 = \int_{-\infty}^{\infty} \frac{\cos(ax) - \cos(bx)}{x^2} \, dx \ (a, b \geq 0).$$

Siendo $f(z) = \dfrac{1}{z^2}$ y $\gamma_{r,R}$ el camino representado en la figura 4.8, por el método de los residuos se tiene que

$$\int_{\gamma_{r,R}} f(z)(e^{iaz} - e^{ibz}) \, dz = 0,$$

esto es,

$$\int_r^R \frac{e^{iax} - e^{ibx}}{x^2} \, dx + \int_{\gamma_R} \frac{e^{iaz} - e^{ibz}}{z^2} \, dz + \int_{-R}^{-r} \frac{e^{iax} - e^{ibx}}{x^2} \, dx + \int_{\gamma_r} \frac{e^{iaz} - e^{ibz}}{z^2} \, dz = 0,$$

$$(4.13)$$

donde $\gamma_r \equiv \{z \in \mathbb{C} : z = re^{i\theta}, 0 \leq \theta \leq \pi\}$ (negativamente orientada) y $\gamma_R \equiv \{z \in \mathbb{C} : z = Re^{i\theta}, 0 \leq \theta \leq \pi\}$. Notar que, por el lema de Jordan, se tiene que

$$\left| \int_{\gamma_R} \frac{e^{iaz} - e^{ibz}}{z^2} \, dz \right| \leq \left| \int_{\gamma_R} \frac{e^{iaz}}{z^2} \, dz \right| + \left| \int_{\gamma_R} \frac{e^{ibz}}{z^2} \, dz \right| \xrightarrow{R \to \infty} 0. \qquad (4.14)$$

Además, por definición,

$$\int_{\gamma_r} \frac{e^{iaz} - e^{ibz}}{z^2} \, dz = \int_{\pi}^{0} \frac{e^{iare^{it}} - e^{ibre^{it}}}{r^2 e^{2it}} ire^{it} \, dt = -i \int_{0}^{\pi} \frac{e^{iare^{it}} - e^{ibre^{it}}}{re^{it}} \, dt$$

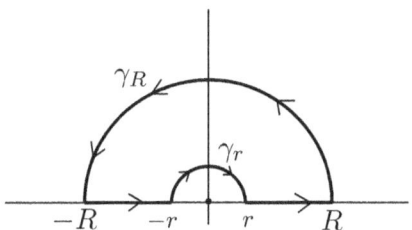

Figura 4.8: Gráfico correspondiente al ejemplo 4.12

y, tomando límites (véase también la proposición 4.8), se deduce que

$$\lim_{r \to 0} \int_{\gamma_r} \frac{e^{iaz} - e^{ibz}}{z^2} \, dz = -i \int_0^\pi \lim_{r \to 0} \left(\frac{e^{iare^{it}} - e^{ibre^{it}}}{re^{it}} \right) dt =$$

$$= -i \int_0^\pi \lim_{r \to 0} \left(\frac{iae^{it}e^{iare^{it}} - ibe^{it}e^{ibre^{it}}}{e^{it}} \right) dt = \quad (4.15)$$

$$= -i \int_0^\pi \lim_{r \to 0} i(a - b) \, dt = (a - b)\pi.$$

Finalmente, tomando límites cuando $R \to \infty$ y $r \to 0$ en (4.13), a partir de (4.14) y (4.15), se tiene que

$$\int_{-\infty}^{+\infty} \frac{e^{iax} - e^{ibx}}{x^2} \, dx + (a - b)\pi = 0,$$

esto es

$$\int_{-\infty}^{+\infty} \frac{e^{iax} - e^{ibx}}{x^2} \, dx = (b - a)\pi,$$

lo que nos lleva, tomando partes reales, a

$$\int_{-\infty}^{\infty} \frac{\cos(ax) - \cos(bx)}{x^2} \, dx = (b - a)\pi.$$

(Notemos que la integral es convergente en virtud de la paridad del integrando).
Además observar que, tomando $a = 0$ y $b = 2$, se tiene que

$$2\pi = \int_{-\infty}^{+\infty} \frac{1 - \cos(2x)}{x^2} \, dx = 2 \int_{-\infty}^{+\infty} \frac{\operatorname{sen}^2 x}{x^2} \, dx$$

y, en consecuencia,

$$I_6 = \int_{-\infty}^{+\infty} \frac{\operatorname{sen}^2 x}{x^2} \, dx = \pi.$$

De los ejemplos realizados anteriormente se desprende el siguiente resultado más general.

Proposición 4.9 *Sea f una función analítica en el semiplano superior $H = \{z \in \mathbb{C} : \operatorname{Im} z \geq 0\}$ con la posible excepción de un número finito de singularidades $w_1, w_2, \ldots, w_n$ fuera del eje real (pero pertenecientes a H) y de polos simples $x_1, x_2, \ldots, x_m$ en el eje real. Supongamos que f cumple alguna de las siguientes dos condiciones:*

a) existe $k > 1$ y $M > 0$ tal que $|f(z)| \leq \dfrac{M}{|z|^k}$ para valores $z \in H$ tales que $|z| > R$ ($R > 0$ suficientemente grande);

b) $f(z) = e^{iaz} g(z)$, con $a > 0$ y $|g(z)| \to 0$ cuando $|z| \to \infty$ en H;

entonces, bajo la suposición de convergencia, se tiene que

$$\int_{-\infty}^{\infty} f(x)\,dx = 2\pi i \sum_{j=1}^{n} \operatorname{Res}(f, w_j) + \pi i \sum_{j=1}^{n} \operatorname{Res}(f, x_j).$$

Prueba. En cualquiera de las dos condiciones, se considera el camino $\Gamma_{r_1, r_2, \ldots, r_m, R}$ de la figura 4.6 con los r_j suficientemente pequeños y R suficientemente grande, y se integra $f(z)$ sobre tal camino. Procediendo como en los ejemplos anteriores y haciendo uso de la proposición 4.8, se obtiene el resultado. $\qquad\square$

Nota 4.6 *Si reemplazamos en la proposición anterior el semiplano superior H por el semiplano inferior L, y tomamos $a < 0$ en la condición b), obtenemos el resultado análogo*

$$\int_{-\infty}^{\infty} f(x)\,dx = -2\pi i \sum_{\operatorname{Im} w_k < 0} \operatorname{Res}(f, w_j) - \pi i \sum_{x_j \in \mathbb{R}} \operatorname{Res}(f, x_j).$$

Nota 4.7 *Las condiciones de la proposición anterior se suelen dar con frecuencia en el ámbito de la física. En particular, el índice de refracción, la susceptibilidad óptica o la permitividad suelen tener un comportamiento asintótico con la frecuencia compleja w, fundamentado en la desigualdad $|f(w)| \leq \frac{A}{|w|^\alpha}$, con $\alpha > 0$. A este respecto, véase también el ejercicio 4.15 al final de este mismo capítulo sobre las relaciones de Kramers-Könij que se aplican frecuentemente en la permitividad eléctrica $\varepsilon(w)$ de los materiales (un parámetro físico que describe cuánto son afectados los materiales por un campo eléctrico).*

-Integrales del tipo $\displaystyle\int_0^{2\pi} R(\cos x, \operatorname{sen} x)\, dx$

Calcularemos integrales de la forma $\displaystyle\int_0^{2\pi} R(\cos\theta, \operatorname{sen}\theta)d\theta$, donde R es una función racional de dos variables cuyo denominador no se anula para todo $\theta \in [0, 2\pi)$.

Técnica de resolución: La técnica en este caso se basa en realizar el cambio de variable $z = e^{i\theta}$, con lo que

$$\cos\theta = \frac{z + \frac{1}{z}}{2}, \quad \operatorname{sen}\theta = \frac{z - \frac{1}{z}}{2i} \quad \text{y} \quad d\theta = \frac{dz}{iz}$$

y, tras obtener la expresión que presenta la nueva integral a lo largo de la circunferencia unidad, se aplica el teorema de los residuos (o, alternativamente, se realiza la descomposición en fracciones simples y se aplican los teoremas de Cauchy del capítulo 2).

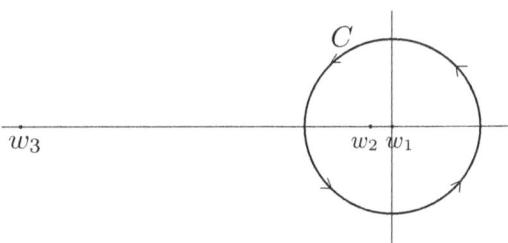

Figura 4.9: Gráfico correspondiente al ejemplo 4.13

Ejemplo 4.13 *Calcularemos a través del método de los residuos la integral*

$$I_7 = \int_0^{2\pi} \frac{\operatorname{sen}^2\theta}{\sqrt{5} + \cos\theta} d\theta.$$

Si hacemos el cambio $z = e^{i\theta}$, $0 \le \theta \le 2\pi$, y denotamos por C a la circunferencia unidad $C(0,1)$, entonces

$$I_7 = \int_C \left(\frac{1}{-4}\right) \frac{z^2 + \frac{1}{z^2} - 2}{\sqrt{5} + \frac{1}{2}\left(z + \frac{1}{z}\right)} \frac{dz}{iz} = \frac{i}{4}\int_C \frac{\frac{z^4 + 1 - 2z^2}{z^3}}{\frac{2\sqrt{5}z + z^2 + 1}{2z}} dz = \frac{i}{2}\int_C \frac{(z^2-1)^2}{z^2(2\sqrt{5}z + z^2 + 1)} dz.$$

Si $f(z) = \dfrac{(z^2 - 1)^2}{z^2(2\sqrt{5}z + z^2 + 1)}$, entonces f presenta tres singularidades: $w_1 = 0$ (un polo de orden 2), $w_2 = -\sqrt{5} + 2$ (polo simple) y $w_3 = -\sqrt{5} - 2$ (polo simple que no está en el interior de C), cuyos residuos (los que nos afectan directamente) vienen dados por $\operatorname{Res}(f, 0) = -2\sqrt{5}$ y $\operatorname{Res}(f, -\sqrt{5} + 2) = 4$. Por tanto,

$$I_7 = \frac{i}{2} 2\pi i(-2\sqrt{5} + 4) = -\pi(-2\sqrt{5} + 4).$$

Ejemplo 4.14 *Tomando* $z = e^{i\theta}$, $0 \leq \theta \leq 2\pi$, *calcularemos la integral*

$$I_8 = \int_0^{2\pi} \frac{\cos(2\theta)}{5 - 3\cos\theta} \, d\theta,$$

que toma la forma

$$I_8 = -\frac{1}{3i} \int_C \frac{z^4 + 1}{z^2(z - 3)(z - \frac{1}{3})} \, dz,$$

donde C es de nuevo la circunferencia unidad. Efectuaremos ahora la división del integrando y descompondremos en fracciones simples:

$$-\frac{1}{3i} \int_C \frac{z^4 + 1}{z^2(z - 3)(z - \frac{1}{3})} \, dz =$$

$$= -\frac{1}{3i} \int_C \left(1 + \frac{\frac{10}{3}z^3 - z^2 + 1}{z^2(z - 3)(z - \frac{1}{3})} \right) dz =$$

$$= -\frac{1}{3i} \int_C dz \; - \; \frac{1}{3i} \int_C \left(\frac{A_1}{z} + \frac{A_2}{z^2} + \frac{A_3}{z - 3} + \frac{A_4}{z - \frac{1}{3}} \right) dz.$$

Por los teoremas de Cauchy (véase por ejemplo el teorema 2.4, el corolario 2.6 y el teorema 2.8), obtenemos que

$$\int_C dz = 0, \quad \int_C \frac{A_2}{z^2} \, dz = 0, \quad \int_C \frac{A_3}{z - 3} \, dz = 0, \quad \int_C \frac{A_1}{z} \, dz = 2\pi i A_1 \; y \; \int_C \frac{A_4}{z - \frac{1}{3}} \, dz = 2\pi i A_4.$$

En consecuencia,

$$I_8 = -\frac{1}{3i} \, 2\pi i(A_1 + A_4).$$

Ahora bien, $A_1 = \dfrac{10}{3}$, $A_4 = -\dfrac{41}{12}$ y, por tanto,

$$I_8 = -\frac{2\pi}{3} \left(\frac{10}{3} - \frac{41}{12} \right) = \frac{-2\pi}{3} \cdot \frac{-1}{12} = \frac{\pi}{18}.$$

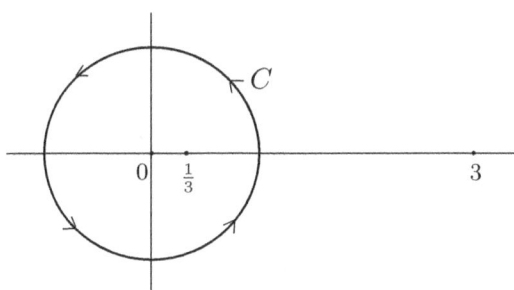

Figura 4.10: Gráfico correspondiente al ejemplo 4.14

Proposición 4.10 *Sea $R(\cos\theta, \operatorname{sen}\theta)$ una función racional de dos variables cuyo denominador no se anula para todo $\theta \in [0, 2\pi)$. Entonces*

$$\int_0^{2\pi} R(\cos\theta, \operatorname{sen}\theta)d\theta = 2\pi i \sum_{|w_k|<1} \operatorname{Res}(f, w_k),$$

donde $f(z) = \dfrac{1}{iz}R\left(\dfrac{1}{2}\left(z + \dfrac{1}{z}\right), \dfrac{1}{2i}\left(z - \dfrac{1}{z}\right)\right)$ y $w_1, w_2, \ldots, w_n$ son sus singularidades aisladas.

Prueba. Mediante el cambio de variable $z = e^{i\theta}$ (como en los ejemplos mostrados anteriormente), se tiene que

$$\int_0^{2\pi} R(\cos\theta, \operatorname{sen}\theta)d\theta = \int_C f(z)\, dz.$$

Observar además que f no tiene singularidades sobre la circunferencia unidad C, puesto que $f(e^{i\theta}) = -ie^{-i\theta}R(\cos\theta, \operatorname{sen}\theta)$. Así, el resultado se sigue ahora del teorema de los residuos (teorema 4.1). $\qquad\qquad\square$

-Integrales del tipo $\displaystyle\int_0^\infty f(x)x^a\, dx,\ a \notin \mathbb{Z}$

Calcularemos integrales de la forma $\displaystyle\int_0^\infty f(x)x^a\, dx$, donde $a \notin \mathbb{Z}$ y f es una función real que haga que la integral impropia converja.

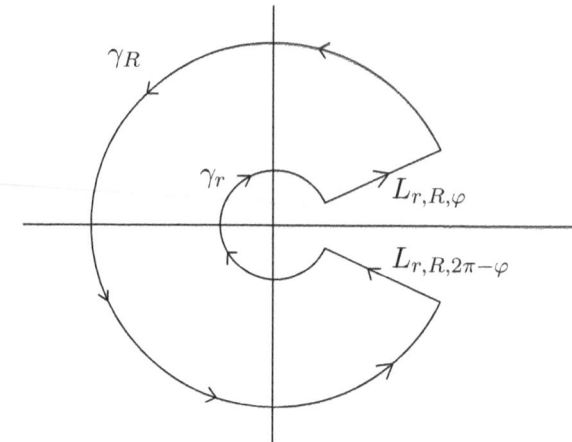

Figura 4.11: Representación del camino $\Gamma_{r,R,\varphi}$

Técnica de resolución: Consideramos la función multiforme $f(z)z^a$. Por la observación 1.8, la función $f(z)z^a \equiv f(z)e^{a\log_0 z}$ es analítica en $\{z = re^{i\theta} \in \mathbb{C} : 0 < \theta < 2\pi\}$ excepto en las posibles singularidades aisladas de $f(z)$, una vez que hemos fijado el corte de ramificación $0 < \arg z < 2\pi$ (véase también la observación 1.7). A continuación se integra esta función a lo largo del camino cerrado $\Gamma_{r,R,\varphi} = L_{r,R,\varphi} \cup \gamma_R \cup L_{r,R,2\pi-\varphi} \cup \gamma_r$ representado en la figura 4.11, para R y suficientemente grande y r, φ suficientemente pequeños, y se aplica el teorema de los residuos. Las hipótesis sobre $f(z)$ harán que la integral sobre los arcos γ_R y γ_r se vayan a 0 cuando $R \to \infty$ y $r \to 0$ y cobren mayor importancia las integrales sobre los rayos $L_{r,R,\varphi}$ y $L_{r,R,2\pi-\varphi}$, en los que también haremos $R \to \infty$ y $r, \varphi \to 0$.

Ejemplo 4.15 *Para estudiar la integral convergente*

$$I_9 = \int_0^\infty \frac{x^{a-1}}{1+x}\, dx \ (0 < a < 1),$$

consideraremos la función $f(z) = \dfrac{z^{a-1}}{1+z}$, *donde tomamos* $z^{a-1} \equiv e^{(a-1)\log_0 z}$ *para* $z \neq 0$. *Entonces* f *es analítica en* $\{z = re^{i\theta} \in \mathbb{C} : 0 < \theta < 2\pi\} \setminus \{-1\}$, *presenta claramente un polo simple en* $z = -1$ *e, integrando a lo largo del camino* $\Gamma_{r,R,\varphi}$ *representado en la figura 4.12, por el teorema de los residuos tenemos que*

$$\int_{\Gamma_{r,R,\varphi}} f(z)\, dz = \int_{L_{r,R,\varphi}} f(z)\, dz + \int_{\gamma_R} f(z)\, dz + \int_{L_{r,R,2\pi-\varphi}} f(z)\, dz + \int_{\gamma_r} f(z)\, dz =$$

$$= 2\pi i \operatorname{Res}(f, -1) = 2\pi i(-1)^{a-1} = 2\pi i e^{(a-1)\pi i}. \tag{4.16}$$

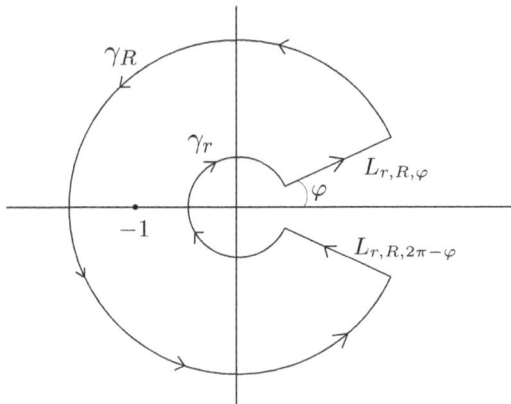

Figura 4.12: Gráfico correspondiente al ejemplo 4.15

Veamos las integrales sobre γ_R y γ_r:

$$\left| \int_{\gamma_R} f(z)\, dz \right| \leq \text{máx}\left\{ \left| \frac{z^{a-1}}{1+z} \right| : z \in \gamma_R \right\} (2\pi R - 2\varphi R) \leq \frac{2R(\pi - \varphi)}{(R-1)R^{1-a}} \xrightarrow{R\to\infty} 0. \quad (4.17)$$

$$\left| \int_{\gamma_r} f(z)\, dz \right| \leq \text{máx}\left\{ \left| \frac{z^{a-1}}{1+z} \right| : z \in \gamma_r \right\} (2\pi r - 2\varphi r) \leq \frac{r^a}{1-r} 2(\pi - \varphi) \xrightarrow{r\to 0} 0. \quad (4.18)$$

Finalmente, tomando $z = \rho e^{i\varphi}$, $r \leq \rho \leq R$, tenemos que

$$\int_{L_{r,R,\varphi}} f(z)\, dz = \int_r^R \frac{\rho^{a-1} e^{i\varphi(a-1)}}{1 + \rho e^{i\varphi}} e^{i\varphi} d\rho = e^{i\varphi a} \int_r^R \frac{\rho^{a-1}}{1 + \rho e^{i\varphi}} d\rho. \quad (4.19)$$

Análogamente, con $z = \rho e^{i(2\pi - \varphi)}$, $r \leq \rho \leq R$, tenemos que

$$\int_{L_{r,R,2\pi-\varphi}} f(z)\, dz = \int_R^r \frac{\rho^{a-1} e^{i(2\pi-\varphi)(a-1)}}{1 + \rho e^{i(2\pi-\varphi)}} e^{i(2\pi-\varphi)} d\rho = -e^{i(2\pi-\varphi)a} \int_r^R \frac{\rho^{a-1}}{1 + \rho e^{i(2\pi-\varphi)}} d\rho.$$
$$(4.20)$$

Ahora en (4.16) hacemos $R \to \infty$ y $r, \varphi \to 0$, y con la ayuda de (4.17), (4.18), (4.19) y (4.20) tenemos que

$$2\pi i e^{(a-1)\pi i} = (1 - e^{i2\pi a}) \int_0^\infty \frac{x^{a-1}}{1+x}\, dx,$$

es decir,

$$I_9 = \int_0^\infty \frac{x^{a-1}}{1+x}\, dx = \frac{2\pi i e^{(a-1)\pi i}}{1 - e^{i2\pi a}} = \frac{2\pi i e^{(a-1)\pi i}}{-e^{i\pi a}\left(e^{i\pi a} - e^{-i\pi a}\right)} = \frac{2\pi i e^{(a-1)\pi i}}{-2i e^{i\pi a}\,\text{sen}(\pi a)} = \frac{\pi}{\text{sen}(\pi a)}.$$

-Integrales del tipo $\displaystyle\int_0^\infty f(x)\ln x\,dx$

Calcularemos integrales de la forma $\displaystyle\int_0^\infty f(x)\ln x\,dx$, donde f es una función real que haga que la integral impropia converja. Puesto que aparecen cortes de ramificación, la técnica de resolución que ahora mostraremos se asemeja bastante a la utilizada en el caso anterior.

Técnica de resolución: Consideramos la función $f(z)(\log_0 z)^2$, donde $\log_0 z := \ln r + i\theta$, $z = re^{i\theta}, r > 0, 0 < \theta \le 2\pi$. Por la observación 1.7, esta función es analítica en $\{z = re^{i\theta} \in \mathbb{C} : 0 < \theta < 2\pi\}$ excepto en las posibles singularidades aisladas de $f(z)$. A continuación se integra esta función a lo largo del camino cerrado $\Gamma_{r,R} = [ir, R + ir] \cup \gamma_R \cup [R - ir, -ir] \cup \gamma_r$ representado en la figura 4.13, para R y r suficientemente grande y pequeño respectivamente, y se aplica el teorema de los residuos. Como en el caso anterior, las hipótesis sobre f harán que la integral sobre los arcos γ_R y γ_r se vayan a 0 cuando $R \to \infty$ y $r \to 0$ y cobren mayor importancia las integrales sobre los segmentos $[R + ir, ir]$ y $[-ir, R - ir]$, en las que, para deducir el resultado, tendremos en cuenta que, para $x > 0$, se tiene que $\log_0(x + ir) \to \ln x$ y $\log_0(x - ir) \to \ln x + 2\pi i$ cuando $r \to 0$.

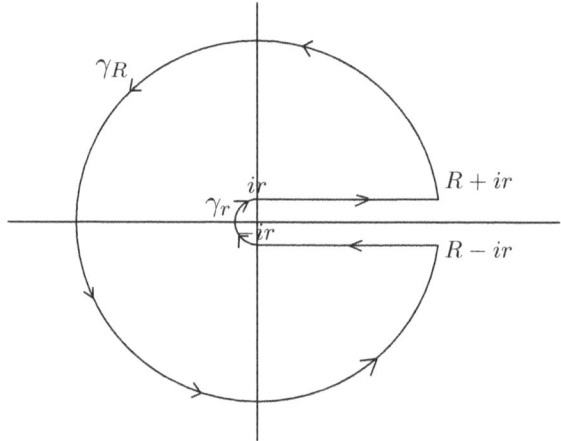

Figura 4.13: Representación del camino $\Gamma_{r,R}$ del ejemplo 4.16

Ejemplo 4.16 *Para calcular la integral*

$$I_{10} = \int_0^\infty \frac{\ln x}{x^2 + a^2}\,dx\ (a > 0),$$

observemos que la función $f(z) = \dfrac{(\log_0 z)^2}{z^2 + a^2}$ *es analítica (excepto en los polos simples*
ai y $-ai$*) en un abierto U que contenga al recinto determinado por* $\Gamma_{r,R}$ *de la figura*
4.13 y siga dejando fuera al eje real positivo. Así, integraremos f sobre el camino $\Gamma_{r,R}$
y aplicaremos el teorema de los residuos:

$$\int_{\Gamma_{r,R}} \frac{(\log_0 z)^2}{z^2 + a^2} \, dz = 2\pi i (\operatorname{Res}(f, ai) + \operatorname{Res}(f, -ai))$$

$$= 2\pi i \left(\frac{(\log_0(ai))^2}{2ai} - \frac{(\log_0(-ai))^2}{2ai} \right) =$$

$$= \frac{2\pi i}{2ai} \left(\left(\ln a + i\frac{\pi}{2} \right)^2 - \left(\ln a + i\frac{3\pi}{2} \right)^2 \right) =$$

$$= \frac{\pi}{a} \left(2\pi^2 - 2\pi i \ln a \right).$$

Por otra parte,

$$\int_{\Gamma_{r,R}} f(z)\,dz = \int_{[ir,R+ir]} f(z)\,dz + \int_{\gamma_R} f(z)\,dz + \int_{[R-ir,-ir]} f(z)\,dz + \int_{\gamma_r} f(z)\,dz =$$

$$= \int_0^R \frac{(\ln(x+ir))^2}{(x+ir)^2 + a^2}\,dx + \int_{\gamma_R} f(z)\,dz - \int_0^R \frac{(\ln(x-ir))^2}{(x-ir)^2 + a^2}\,dx + \int_{\gamma_r} f(z)\,dz.$$

Veamos las integrales sobre γ_R *y* γ_r*:*

$$\left| \int_{\gamma_R} f(z)\,dz \right| \leq \operatorname{máx}\left\{ \left| \frac{(\log_0 z)^2}{z^2 + a^2} \right| : z \in \gamma_R \right\} \pi R \leq \frac{(\ln R + 3\pi/2)^2}{R^2 - a^2} \pi R \xrightarrow{R \to \infty} 0. \quad (4.21)$$

$$\left| \int_{\gamma_r} f(z)\,dz \right| \leq \operatorname{máx}\left\{ \left| \frac{(\log_0 z)^2}{z^2 + a^2} \right| : z \in \gamma_r \right\} \pi r \leq \frac{(\ln r + 3\pi/2)^2}{a^2 - r^2} \pi r \xrightarrow{r \to 0} 0. \quad (4.22)$$

Así, cuando $r \to 0$ *y* $R \to \infty$*, se tiene que*

$$\frac{\pi}{a}(2\pi^2 - 2\pi i \ln a) = \int_0^\infty \frac{(\ln x)^2}{x^2 + a^2}\,dx - \int_0^\infty \frac{(\ln x + 2\pi i)^2}{x^2 + a^2}\,dx$$

y, desarrollando, se obtiene que

$$\frac{\pi}{a}(2\pi^2 - 2\pi i \ln a) = -4\pi i \int_0^\infty \frac{\ln x}{x^2 + a^2}\,dx + 4\pi^2 \int_0^\infty \frac{dx}{x^2 + a^2},$$

con lo que, igualando las partes imaginarias, llegamos a

$$\frac{-2\pi^2}{a}\ln a = -4\pi \int_0^\infty \frac{\ln x}{x^2 + a^2}\, dx,$$

esto es,

$$I_{10} = \int_0^\infty \frac{\ln x}{x^2 + a^2}\, dx = \frac{\pi}{2a}\ln a.$$

Integral de Gauss

La conocida integral impropia

$$\int_{-\infty}^\infty e^{-x^2}\, dx = \sqrt{\pi}$$

debe su nombre a Gauss y tiene multitud de aplicaciones, entre las que cabe destacar las relacionadas con la teoría de la probabilidad. Haciendo uso de la teoría de residuos, demostraremos que el valor de la integral es $\sqrt{\pi}$ en el siguiente ejemplo.

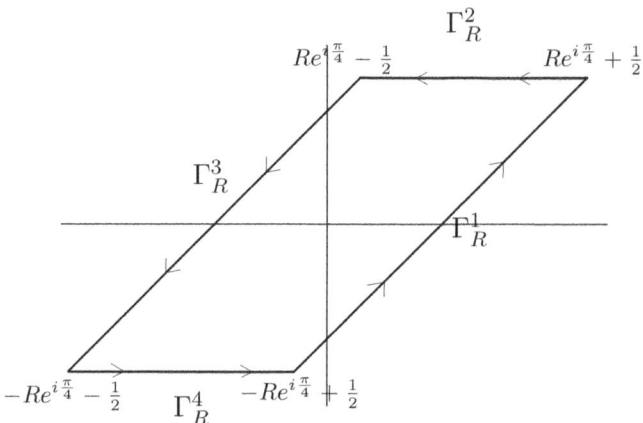

Figura 4.14: Representación del camino Γ_R del ejemplo 4.17

Ejemplo 4.17 *Sea* $f(z) = \dfrac{e^{i\pi z^2}}{\operatorname{sen}(\pi z)}$, *cuyas singularidades aisladas vienen dadas por* $z = k$, $k \in \mathbb{Z}$. *Por tanto, la única singularidad en el interior del recinto determinado por el camino* $\Gamma_R = \Gamma_R^1 \cup \Gamma_R^2 \cup \Gamma_R^3 \cup \Gamma_R^4$ *representado en la figura 4.14 es* $z = 0$. *Además,* $z = 0$ *resulta ser un polo simple de* f, *puesto que*

$$\lim_{z\to 0} f(z)z = \lim_{z\to 0} \frac{e^{i\pi z^2}}{\operatorname{sen}(\pi z)}z = \frac{1}{\pi} = \operatorname{Res}(f, 0).$$

Por tanto, por el teorema de los residuos, tenemos que

$$\int_{\Gamma_R} f(z)\,dz = \int_{\Gamma_R^1} f(z)\,dz + \int_{\Gamma_R^2} f(z)\,dz + \int_{\Gamma_R^3} f(z)\,dz + \int_{\Gamma_R^4} f(z)\,dz = 2\pi i\frac{1}{\pi} = 2i. \quad (4.23)$$

Veamos las integrales sobre cada uno de los tramos:

$$\left|\int_{\Gamma_R^2} f(z)\,dz\right| \leq \text{máx}\{|f(z)| : z \in \Gamma_R^2\}\cdot 1 =$$

$$= \text{máx}\left\{\left|\frac{e^{i\pi(Re^{i\frac{\pi}{4}}+t)^2}}{\text{sen}(\pi(Re^{i\frac{\pi}{4}}+t))}\right| : t \in [-1/2, 1/2]\right\} =$$

$$= \text{máx}\left\{\frac{e^{-\pi R^2 - \pi R\sqrt{2}t}}{|\text{sen}(\pi(Re^{i\frac{\pi}{4}}+t))|} : t \in [-1/2, 1/2]\right\}. \quad (4.24)$$

Además, dado que

$$\left|\text{sen}(\pi(Re^{i\frac{\pi}{4}}+t))\right| = \left|\frac{e^{i\pi(Re^{i\frac{\pi}{4}}+t)} - e^{-i\pi(Re^{i\frac{\pi}{4}}+t)}}{2i}\right| =$$

$$= \frac{1}{2}\left|e^{-i\pi(Re^{i\frac{\pi}{4}}+t)}\right|\cdot\left|e^{2\pi i(Re^{i\frac{\pi}{4}}+t)} - 1\right| \geq$$

$$\geq \frac{1}{2}\left|e^{-i\pi Re^{i\frac{\pi}{4}}}\right|\cdot\left|1 - |e^{2\pi i(Re^{i\frac{\pi}{4}}+t)}|\right| =$$

$$= \frac{1}{2}e^{\pi R\frac{\sqrt{2}}{2}}\left|1 - |e^{2\pi i Re^{i\frac{\pi}{4}}}|\right| =$$

$$= \frac{1}{2}e^{\pi R\frac{\sqrt{2}}{2}}\left|1 - e^{-\pi R\sqrt{2}}\right| \xrightarrow{R\to\infty} \infty,$$

deducimos de (4.24) que

$$\int_{\Gamma_R^2} f(z)\,dz \xrightarrow{R\to\infty} 0. \quad (4.25)$$

Análogamente se obtiene que

$$\left|\int_{\Gamma_R^4} f(z)\,dz\right| \leq \text{máx}\left\{\frac{e^{-\pi R^2 + \pi R\sqrt{2}t}}{|\text{sen}(\pi(-Re^{i\frac{\pi}{4}}+t))|} : t \in [-1/2, 1/2]\right\} \leq$$

$$\leq \text{máx}\left\{\frac{e^{-\pi R^2 - \pi R\sqrt{2}t}}{\frac{1}{2}e^{-\pi R\frac{\sqrt{2}}{2}}\left|e^{\pi R\sqrt{2}} - 1\right|} : t \in [-1/2, 1/2]\right\} =$$

$$= \text{máx} \left\{ \frac{e^{-\pi R^2 - \pi R(\sqrt{2}t - \frac{\sqrt{2}}{2})}}{\frac{1}{2} \left| e^{\pi R \sqrt{2}} - 1 \right|} : t \in [-1/2, 1/2] \right\}$$

y, por tanto,

$$\int_{\Gamma_R^4} f(z)\, dz \xrightarrow{R \to \infty} 0. \qquad (4.26)$$

Por otra parte, analizaremos las integrales sobre Γ_R^1 y Γ_R^3:

$$\int_{\Gamma_R^1} f(z)\, dz + \int_{\Gamma_R^3} f(z)\, dz =$$

$$= \int_{-R}^{R} \frac{e^{i\pi(te^{i\frac{\pi}{4}} + \frac{1}{2})^2}}{\text{sen}(\pi(te^{i\frac{\pi}{4}} + \frac{1}{2}))} e^{i\frac{\pi}{4}}\, dt - \int_{-R}^{R} \frac{e^{i\pi(te^{i\frac{\pi}{4}} - \frac{1}{2})^2}}{\text{sen}(\pi(te^{i\frac{\pi}{4}} - \frac{1}{2}))} e^{i\frac{\pi}{4}}\, dt =$$

$$= e^{i\frac{\pi}{4}} \left(\int_{-R}^{R} \frac{e^{i\pi(t^2 i + \frac{1}{4} + te^{i\frac{\pi}{4}})}}{\cos(\pi te^{i\frac{\pi}{4}})}\, dt - \int_{-R}^{R} \frac{e^{i\pi(t^2 i + \frac{1}{4} - te^{i\frac{\pi}{4}})}}{-\cos(\pi te^{i\frac{\pi}{4}})}\, dt \right) =$$

$$= e^{i\frac{\pi}{4}} \int_{-R}^{R} \frac{e^{-\pi t^2} e^{i\frac{\pi}{4}} \left(e^{i\pi \frac{\sqrt{2}}{2} t(1+i)} + e^{-i\pi \frac{\sqrt{2}}{2} t(1+i)} \right)}{\cos(\pi te^{i\frac{\pi}{4}})}\, dt = \qquad (4.27)$$

$$= 2e^{i\frac{\pi}{2}} \int_{-R}^{R} \frac{e^{-\pi t^2} \cos(\pi te^{i\frac{\pi}{4}})}{\cos(\pi te^{i\frac{\pi}{4}})}\, dt =$$

$$= 2i \int_{-R}^{R} e^{-\pi t^2}\, dt.$$

En consecuencia, haciendo $R \to \infty$ en (4.23), de (4.25), (4.26) y (4.27) se obtiene

$$\int_{-\infty}^{\infty} e^{-\pi x^2}\, dx = 1$$

y, haciendo $t = \sqrt{\pi} x$, se deduce que

$$\int_{0}^{\infty} e^{-t^2}\, dt = \frac{\sqrt{\pi}}{2}.$$

Integrales de Fresnel

Probaremos, a través del teorema de los residuos, que las integrales $\displaystyle\int_{0}^{\infty} \cos(x^2)\, dx$ y $\displaystyle\int_{0}^{\infty} \text{sen}(x^2)\, dx$, llamadas integrales de Fresnel, son iguales y tienen el valor de $\dfrac{1}{2}\sqrt{\dfrac{\pi}{2}}$.

Estas integrales juegan un papel importante en la teoría de la difracción. La técnica de resolución consistirá en integrar la función entera e^{iz^2} sobre el camino cerrado Γ_R indicado en la figura 4.15 y se utilizará la integral de Gauss $\displaystyle\int_0^\infty e^{-t^2}\,dt = \frac{\sqrt{\pi}}{2}$ calculada anteriormente.

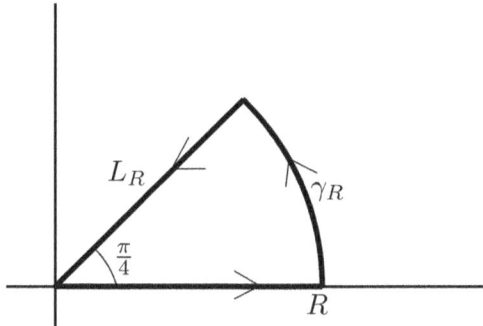

Figura 4.15: Representación del camino Γ_R considerado en el ejemplo 4.18

Ejemplo 4.18 *Sea $f(z) = e^{iz^2}$, $z \in \mathbb{C}$. Entonces claramente*

$$\int_{\Gamma_R} f(z)\,dz = \int_0^R f(x)\,dx + \int_{\gamma_R} f(z)\,dz + \int_{L_R} f(z)\,dz = 0, \qquad (4.28)$$

donde $\Gamma_R = [0,R] \cup \gamma_R \cup L_R$ es el camino de la figura 4.15. Tomemos sobre γ_R la parametrización $z = Re^{i\theta}$, $0 \le \theta \le \dfrac{\pi}{4}$ y acotemos la integral sobre γ_R:

$$\left| \int_{\gamma_R} f(z)\,dz \right| = \left| \int_0^{\frac{\pi}{4}} e^{iR^2 e^{2i\theta}} iRe^{i\theta}d\theta \right| \le R \int_0^{\frac{\pi}{4}} \left| e^{iR^2(\cos(2\theta)+i\,\mathrm{sen}(2\theta))} \right| d\theta =$$

$$= R \int_0^{\frac{\pi}{4}} e^{-R^2\,\mathrm{sen}(2\theta)}d\theta = \frac{R}{2} \int_0^{\frac{\pi}{2}} e^{-R^2\,\mathrm{sen}(\varphi)}d\varphi \le \frac{R}{2} \int_0^{\frac{\pi}{2}} e^{-R^2\frac{2\varphi}{\pi}}d\varphi =$$

$$= \frac{\pi}{4R}(1 - e^{-R^2}).$$

Notar que se ha usado que $\mathrm{sen}\,\varphi \ge \dfrac{2\varphi}{\pi}$ para $0 \le \varphi \le \dfrac{\pi}{2}$, como se demuestra de forma trivial. Por tanto,

$$\int_{\gamma_R} f(z)\,dz \xrightarrow{R \to \infty} 0. \qquad (4.29)$$

Por otra parte, sobre L_R tomamos la parametrización $z = \rho e^{i\frac{\pi}{4}}$, $0 \le \rho \le \dfrac{\pi}{4}$, y tenemos que

$$\int_{L_R} f(z)\,dz = -\int_0^R e^{i\rho^2 e^{i\frac{\pi}{2}}} e^{i\frac{\pi}{4}}\,d\rho = -e^{i\frac{\pi}{4}} \int_0^R e^{-\rho^2}\,d\rho. \tag{4.30}$$

Así, por (4.28), (4.29) y (4.30), cuando hacemos $R \to \infty$, llegamos a que

$$\int_0^\infty e^{ix^2}\,dx - e^{i\frac{\pi}{4}} \int_0^\infty e^{-\rho^2}\,d\rho = 0$$

y, por la integral de Gauss, se tiene que

$$\int_0^\infty e^{ix^2}\,dx = e^{i\frac{\pi}{4}} \int_0^\infty e^{-\rho^2}\,d\rho = e^{i\frac{\pi}{4}} \frac{\sqrt{\pi}}{2} = \frac{1}{2}\sqrt{\frac{\pi}{2}} + i\frac{1}{2}\sqrt{\frac{\pi}{2}}.$$

Finalmente, tomando partes real e imaginaria, se obtiene que

$$\int_0^\infty \cos(x^2)\,dx = \int_0^\infty \operatorname{sen}(x^2)\,dx = \frac{1}{2}\sqrt{\frac{\pi}{2}}.$$

Naturalmente, a través del teorema de los residuos se pueden abordar otras integrales reales impropias variando el camino de integración. Las integrales presentadas anteriormente, con una gran cantidad de caminos prototipo considerados, tratan de ilustrar muchas de las situaciones usuales que se pueden dar, pero en la sección de ejercicios se han añadido más integrales en las que se indican otros caminos a considerar para su evaluación (véase por ejemplo los ejercicios 4.8 y 4.9).

4.3   Consecuencias del teorema de los residuos

En esta sección mostraremos varios resultados importantes cuyas demostraciones dadas se basarán en el teorema de los residuos: el principio del argumento, el teorema de Rouché, el teorema de la aplicación abierta y el teorema de la aplicación inversa. En la última parte de esta sección introduciremos la noción de aplicación o transformación conforme, que será relacionada con el hecho de que la derivada no se anule.

4.3.1   Teorema de Rouché y sus consecuencias

El principio del argumento establece una relación entre el conjunto de ceros de una función analítica f, denotado por $Z(f)$, y el índice de $z = 0$ respecto a $f(\gamma(t))$, $a \le t \le b$, donde $\gamma : [a, b] \to \mathbb{C}$ es una curva cerrada. De hecho, este resultado nos proporciona una expresión para calcular cuántos ceros (incluyendo multiplicidad) presenta una función analítica en el interior de de un camino cerrado homólogo a 0. Recordemos que la noción de índice de un punto respecto a una curva cerrada fue tratada en la sección 2.6.1.

Teorema 4.2 (Principio del argumento) *Sea $f : U \to \mathbb{C}$ una función analítica en un abierto U y no idénticamente nula en ninguna componente conexa de U. Si γ es un camino cerrado en $U \setminus Z(f)$ homólogo a 0 en U, entonces*

$$n(f \circ \gamma, 0) = \sum_{w \in Z(f)} m(f, w) n(\gamma, w),$$

donde $m(f, w)$ indica el orden del cero de f en w.

Prueba. La función $\frac{f'}{f}$ es analítica en U excepto en los puntos de $Z(f)$ (que son una cantidad numerable por el corolario 3.2). Así, por el teorema de los residuos (teorema 4.1) obtenemos que

$$\int_\gamma \frac{f'(z)}{f(z)} \, dz = 2\pi i \sum_{w \in Z(f)} n(\gamma, w) \operatorname{Res}(f'/f, w), \qquad (4.31)$$

que, por la proposición 4.2, coincide con

$$\sum_{w \in Z(f)} n(\gamma, w) m(f, w).$$

Por otra parte, si la parametrización del camino cerrado viene dada por $\gamma : [a, b] \to \mathbb{C}$, por la definición de índice (véase la definición 2.12) se tiene que

$$n(f \circ \gamma, 0) = \frac{1}{2\pi i} \int_{f \circ \gamma} \frac{1}{z} \, dz = \frac{1}{2\pi i} \int_a^b \frac{1}{f(\gamma(t))} f'(\gamma(t)) \gamma'(t) \, dt \overset{(z = \gamma(t))}{=} \frac{1}{2\pi i} \int_\gamma \frac{f'(z)}{f(z)} \, dz.$$

Observando ahora (4.31), se obtiene el resultado. $\qquad \square$

Observaciones 4.4

   i) Como en la demostración del teorema de los residuos (teorema 4.1), aunque $Z(f)$ sea un conjunto infinito (pero numerable por el corolario 3.2), se puede demostrar que el miembro de la derecha de la igualdad en el principio del argumento, $\sum_{w \in Z(f)} m(f, w) n(\gamma, w)$, siempre es finito.

   ii) En la práctica, la expresión $\sum_{w \in Z(f)} m(f, w) n(\gamma, w)$ nos da exactamente la cantidad de ceros de $f : U \to \mathbb{C}$ que hay en el interior del camino cerrado simple γ orientado positivamente (ya que en la práctica tomaremos caminos cerrados γ positivamente orientados tal que $n(\gamma, w) = 1$ para cada $w \in U$ en el recinto interior a γ). Véanse también los comentarios del Apéndice A.2 en relación con la figura A.4.

El principio del argumento ya se puede aplicar para encontrar el número de ceros de una función f en una determinada región. Esto se puede analizar eligiendo adecuadamente el camino cerrado γ y obteniendo el número de vueltas que $f \circ \gamma$ da alrededor del origen o, equivalentemente, obteniendo la variación neta del argumento (múltiplos de 2π) de $f \circ \gamma$. Sin embargo, una técnica más sencilla y refinada se obtiene a través del teorema de Rouché.

Como ya hicimos anteriormente, denotaremos por $m(f, w)$ el orden del cero de una función $f : U \to \mathbb{C}$ en el punto $w \in U$.

Teorema 4.3 (Teorema de Rouché) *Sean f y g dos funciones analíticas en un abierto U y no idénticamente nulas en ninguna componente conexa de U. Consideremos γ un camino cerrado en U homólogo a 0 en U. Si $|f(z) - g(z)| < |f(z)| \ \forall z \in \gamma^*$, entonces*

$$\sum_{w \in Z(f)} m(f, w) n(\gamma, w) = \sum_{w \in Z(g)} m(g, w) n(\gamma, w).$$

Prueba. Por la desigualdad supuesta, observar en primer lugar que claramente $f(z) \neq 0$ $\forall z \in \gamma^*$ (también $g(z) \neq 0 \ \forall z \in \gamma^*$). Así, podemos definir $h(z) = 1 + \dfrac{g(z) - f(z)}{f(z)}$ en un cierto entorno de γ^*. Además, si $z \in \gamma^*$ entonces

$$|h(z) - 1| = \left| \frac{g(z) - f(z)}{f(z)} \right| < 1,$$

es decir, la curva $h \circ \gamma$ está incluida en $D(1, 1)$ y, por tanto, no le da vueltas al origen y verifica

$$n(h \circ \gamma, 0) = 0.$$

Por otra parte, $h(z) \cdot f(z) = g(z)$ para z en un entorno de γ^* y, por tanto,

$$n(g \circ \gamma, 0) = n((h \cdot f) \circ \gamma, 0) = \frac{1}{2\pi i} \int_\gamma \frac{(h(z)f(z))'}{h(z)f(z)} \, dz =$$

$$= \frac{1}{2\pi i} \int_\gamma \left(\frac{h'(z)}{h(z)} + \frac{f'(z)}{f(z)} \right) dz =$$

$$= n(h \circ \gamma, 0) + n(f \circ \gamma, 0) = n(f \circ \gamma, 0).$$

El principio del argumento completa la prueba. $\square$

Bajo las condiciones del teorema de Rouché, y suponiendo que el índice $n(\gamma, w)$ es 1 para cada cero w incluido en la región acotada $R \subset U$ limitada por el camino cerrado γ, la consecuencia de tal resultado es que el número de ceros incluidos en R de las funciones $f, g : U \to \mathbb{C}$, contando cada uno de ellos tantas veces como indica su orden de multiplicidad, es el mismo.

Observación 4.5 *En el teorema de Rouché no es necesario imponer que γ sea un camino cerrado en $U \setminus (Z(f) \cup Z(g))$. Claramente, esto se debe a la hipótesis de que*

$$|f(z) - g(z)| < |f(z)| \; \forall z \in \gamma^*. \tag{4.32}$$

Nota 4.8 *Como en [13, pág. 125] o [47, Teorema 7.1.14], las conclusiones del teorema de Rouché se mantienen si sustituimos la condición (4.32) por la exigencia más débil*

$$|f(z) + g(z)| < |f(z)| + |g(z)| \; \forall z \in \gamma^*. \tag{4.33}$$

Notemos que si (4.32) es cierta, entonces

$$|f(z) + (-g(z))| < |f(z)| \le |f(z)| + |-g(z)| \; \forall z \in \gamma^*$$

y deduciríamos la misma propiedad sobre el número de ceros de f y $-g$ (por tanto, también sobre los ceros de f y g).

Ejemplo 4.19 *A través del teorema de Rouché, calcularemos el número de raíces de $P(z) = z^4 + 6z + 3$ en el anillo $A = \{z \in \mathbb{C} : 1 < |z| < 2\}$. Evidentemente, sabemos que $P(z)$ tiene 4 raíces pero no sabemos dónde están situadas.*

- *Veremos primero las que están situadas en $A_1 = \{z \in \mathbb{C} : |z| < 2\}$. Para ello consideremos γ_1 el camino cerrado $C(0, 2)$ y consideremos $f_1(z) = z^4$, que claramente presenta 4 raíces, contando multiplicidad, en A_1. Entonces,*

$$|P(z) - f_1(z)| = |6z + 3| \le 6|z| + 3 = 15 < 16 = |z|^4 = |f_1(z)| \; \forall z \in \gamma_1^*.$$

  Por tanto, por el teorema de Rouché (teorema 4.3), f_1 y P tienen las mismas raíces, contando multiplicidad, en A_1. Esto es, 4 raíces.

- *Tomemos ahora $A_2 = \{z \in \mathbb{C} : |z| < 1\}$, γ_2 el camino cerrado $C(0, 1)$ y $f_2(z) = 6z + 3$, entonces*

$$|P(z) - f_2(z)| = |z^4| = 1 \; \forall z \in \gamma_2^*$$

  y

$$|f_2(z)| = |6z + 3| = 3|2z + 1| \ge 3|2|z| - 1| = 3 \; \forall z \in \gamma_2^*.$$

  Por tanto, $|P(z) - f_2(z)| < |f_2(z)| \; \forall z \in \gamma_2^*$ y, por el teorema de Rouché, deducimos que P y f_2 tienen las mismas raíces, contando multiplicidad, en A_2; es decir, una única raíz.

En consecuencia, se concluye que el polinomio P tiene $4 - 1 = 3$ raíces en el anillo A.

El teorema fundamental del álgebra que nos dice que todo polinomio no constante tiene al menos una raíz fue demostrado en el teorema 2.19 a través del teorema de Liouville. Utilizaremos ahora el teorema de Rouché para presentar una demostración alternativa del teorema 2.20 que afirma que todo polinomio no constante (de grado $n \geq 1$) tiene n raíces (distintas o iguales) y, al mismo tiempo, obtener una cota para el módulo de estas raíces.

Corolario 4.1 _Todo polinomio P de grado $n \geq 1$ tiene exactamente n raíces._

Prueba. Sea $P(z) = a_n z^n + a_{n-1} z^{n-1} + \ldots + a_1 z + a_0$ un polinomio genérico de grado n ($a_n \neq 0$). A efecto de ceros, observar que P es equivalente al polinomio $P_1(z) = z^n + b_{n-1} z^{n-1} + \ldots + b_1 z + b_0$, donde $b_j = \dfrac{a_j}{a_n}$, $j = 0, 1, \ldots, n-1$. Observemos que existe $K > 0$ tal que

$$|P_1(z)| \geq |z|^n - |b_{n-1} z^{n-1} + \ldots + b_1 z + b_0| > 0 \text{ si } |z| \geq K,$$

por lo que P_1 (y, por tanto, P) no tiene otros ceros en $\{z \in \mathbb{C} : |z| \geq K\}$ (en efecto, $\lim_{|z| \to \infty} \left(|z|^n - |b_{n-1} z^{n-1} + \ldots + b_1 z + b_0| \right) = \infty$). Sea ahora $M > 0$ una cota superior del módulo de los coeficientes de P_1 y consideremos γ el camino cerrado $C(0, R)$, con $R = \text{máx}\{K, M+1\}$, entonces para cualquier $z \in \gamma^*$ se tiene que

$$|P_1(z) - z^n| \leq M \left(|z|^{n-1} + \ldots + |z| + 1 \right) = M \frac{1 - |z|^n}{1 - |z|} =$$

$$= M \frac{1 - R^n}{1 - R} \leq$$

$$\leq (R-1) \frac{1 - R^n}{1 - R} =$$

$$= R^n - 1 < R^n = |z|^n.$$

Así, por el teorema de Rouché (teorema 4.3), $P_1(z)$ y $Q(z) = z^n$ tienen el mismo número de raíces, contando multiplicidad, en $D(0, R)$; esto es, P tiene n raíces en $D(0, R)$. Finalmente, como $P(z) \neq 0$ para todo $z \in \mathbb{C}$ tal que $|z| \geq R \geq K$, el resultado sigue. $\square$

La siguiente aplicación del teorema de Rouché puede ser de utilidad para determinar si una función analítica presenta ceros en un entorno dado.

Teorema 4.4 (Teorema de Hurwitz) _Supongamos que $\{f_n\}_{n \geq 1}$ es una sucesión de funciones analíticas en un abierto U que converge uniformemente sobre los compactos de U a una función f. Consideremos el disco cerrado $\overline{D}(z_0, r) \subset U$ (para algún $z_0 \in U$ y $r > 0$) y asumamos que $f(z) \neq 0$ para cada z en la circunferencia $\{z \in \mathbb{C} : |z - z_0| = r\}$. Entonces existe $N \in \mathbb{N}$ tal que las funciones f_n y f tienen el mismo número de ceros en $D(z_0, r)$ para cada $n \geq N$._

Prueba. Recordar que, por el teorema 3.4, la función f es analítica en U. Consideremos el valor $\varepsilon = \text{mín}\{|f(z)| : |z - z_0| = r\}$, y observar que $\varepsilon > 0$ porque se calcula como el mínimo de una función continua que no se anula en el conjunto compacto determinado por la circunferencia de centro z_0 y radio $r > 0$. Por la hipótesis de convergencia, sabemos que existe $N \in \mathbb{N}$ suficientemente grande para que

$$|f_n(z) - f(z)| < \varepsilon \leq |f(z)| \quad \forall z \in \mathbb{C} : |z - z_0| = r.$$

Así, por el teorema de Rouché, f_n y f tienen el mismo número de ceros en $D(z_0, r)$ para cada $n \geq N$. $\qquad\square$

4.3.2 Teoremas de la aplicación abierta e inversa. Transformaciones conformes

A continuación indagaremos un poco más en las propiedades de las funciones analíticas no constantes.

Proposición 4.11 *Sea f una función analítica no constante en cada componente conexa de un abierto U, y consideremos $z_0 \in U$ un cero de orden m de f.*

i) Existe $\varepsilon > 0$ tal que $\overline{D}(z_0, \varepsilon) \subset U$ y tal que f y f' no se anulan en $\overline{D}(z_0, \varepsilon) \setminus \{z_0\}$;

ii) Si $p = \text{mín}\{|f(z)| : |z - z_0| = \varepsilon\}$, con ε verificando el apartado i), y w es tal que $0 < |w| < p$, existen exactamente m puntos distintos en $D(z_0, \varepsilon)$ de imagen w;

iii) Existe un abierto V conteniendo z_0 tal que si $z \in V \setminus \{z_0\} \subset U$ entonces $f(z) \neq 0$ y existen exactamente m puntos distintos $w_k \in V \setminus \{z_0\}$ tales que $f(w_k) = f(z)$, $k = 1, 2, \ldots, m$.

Prueba. Supondremos sin pérdida de generalidad que U es conexo, pues en caso contrario la argumentación se aplicaría a cada componente conexa.

i) Por reducción al absurdo, si no existiera $\varepsilon > 0$ cumpliendo las condiciones del enunciado, entonces el punto $z_0 \in U$ sería un punto de acumulación de ceros de f o un punto de acumulación de ceros de f'. En ambos casos llegamos a que f sería constante en U por el principio de identidad (corolario 3.1).

ii) Sea $\varepsilon > 0$ como en el apartado anterior y tomemos γ^* el camino cerrado $C(z_0, \varepsilon) = \{z \in \mathbb{C} : |z - z_0| = \varepsilon\}$, entonces

$$|w| < p \leq |f(z)| \quad \forall z \in \gamma^*.$$

Por tanto, si $g(z) := f(z) - w$ para cada $z \in U$, entonces

$$|g(z) - f(z)| < |f(z)| \; \forall z \in \gamma^*$$

y, por el teorema de Rouché, f y g tienen el mismo número de ceros, contando multiplicidad, en el interior de $C(z_0, \varepsilon)$; esto es, $f(z) = w$ tiene m soluciones. Además estas soluciones son distintas, ya que en caso contrario el orden del cero de g sería mayor que 1 en algún $z_1 \neq z_0$, $z_1 \in D(z_0, \varepsilon)$, con lo que $g'(z_1) = 0$ y tendríamos $f'(z_1) = 0$, contradiciendo la hipótesis sobre ε.

iii) Tomemos $\varepsilon > 0$ y p como en los apartados anteriores, entonces el abierto $V = D(z_0, \varepsilon) \cap f^{-1}(D(0, p))$ contiene a z_0, está incluido en $D(z_0, \varepsilon)$ y, por la elección de ε, $f(z) \neq 0 \; \forall z \in V \setminus \{z_0\}$. Además, si $z \in V \setminus \{z_0\}$, se tiene que $0 < |f(z)| < p$ y, por el apartado ii), tomando $w = f(z)$, existen exactamente m puntos distintos $w_1, \ldots w_m$ en $D(z_0, \varepsilon)$ de imagen w. Además, como $0 < |w| < p$, por definición de V los puntos w_k están en V.

$\square$

En el terreno de la topología, recordemos que una función continua $f : X \to Y$ entre dos espacios topológicos X e Y satisface que la preimagen de cualquier conjunto abierto de Y es abierto en X. Una noción distinta es la de función o *aplicación abierta*, que se produce cuando la imagen de cualquier conjunto abierto en X es un conjunto abierto en Y. Si trabajamos con una función $f : U \subset \mathbb{R} \to \mathbb{R}$ no constante, continua y derivable, entonces f no es necesariamente una aplicación abierta. Por ejemplo, las función $f(x) = x^2$ transforma el intervalo abierto $(-1, 1)$ en el intervalo $[0, 1)$ (que no es abierto). Otro ejemplo es $g(x) = \operatorname{sen} x$ que, por ejemplo, transforma el intervalo abierto $(0, 4\pi)$ en el intervalo cerrado $[-1, 1]$. Sin embargo, cuando trabajamos con funciones $f : U \to \mathbb{C}$ analíticas y no constantes, definidas en un subconjunto abierto y conexo U del plano complejo, la situación es distinta tal como vemos en el siguiente teorema.

Teorema 4.5 (Teorema de la aplicación abierta) *Sea $f : U \to \mathbb{C}$ una función analítica en un abierto U y no idénticamente constante en ninguna componente conexa de U. Si V es un abierto de U, entonces $f(V)$ es un abierto de $\mathbb{C}$.*

Prueba. Consideremos V un abierto de U y sea $z_0 \in V$. Veamos que $f(z_0)$ es un punto interior a $f(V)$. Para ello, consideremos la función $g(z) := f(z) - f(z_0)$, $z \in U$, que es analítica en U y presenta un cero en z_0 de orden $m \geq 1$. Tomemos ahora $\varepsilon > 0$ y $p > 0$ como en la proposición 4.11, con $D(z_0, \varepsilon) \subset V$ (haciendo ε suficientemente pequeño), entonces para cada $w \in D(0, p) \setminus \{0\}$, existen exactamente m puntos $w_1, \ldots, w_m$ en $D(z_0, \varepsilon)$ tales que $g(w_k) = w$ para $k = 1, \ldots, m$. Por tanto, $D(0, p) \subset g(V)$ o, equivalentemente, $D(f(z_0), p) \subset f(V)$. Consecuentemente, $f(V)$ es abierto, ya que todo punto suyo es interior.

$\square$

Por tanto, el teorema de la aplicación abierta establece que cada función analítica no constante definida en un subconjunto abierto conexo del plano es una función abierta.

En el contexto más general de que X e Y sean espacios topológicos de Hausdorff (en el que puntos distintos tienen entornos disjuntos), es conocido que la gráfica $\operatorname{Gr} f = \{(x, f(x)) : x \in X\} \subset X \times Y$ de una función continua $f : X \to Y$ es cerrada en $X \times Y$. Ahora podríamos cuestionarnos la existencia de un resultado similar al teorema 4.5 en términos de *funciones cerradas*, que son las que cumplen que la imagen de un conjunto cerrado es un conjunto cerrado. Sin embargo, en el caso de funciones complejas de variable compleja, observemos que la función $f(z) = \frac{1}{z}$, no constante, es analítica en $\mathbb{C} \setminus \{0\}$ y transforma el conjunto cerrado $[1, \infty)$ en el conjunto $(0, 1]$ (que no es cerrado).

La siguiente proposición muestra que la inyectividad de una función analítica en un entorno de un punto se puede estudiar a través de la propiedad de derivada no nula en tal punto.

Proposición 4.12 *Sea f una función analítica en z_0.*

i) *Si $f'(z_0) \neq 0$, entonces existe un entorno de z_0 donde f es inyectiva;*

ii) *Si $f'(z_0) = 0$, entonces f no es inyectiva en ningún entorno de z_0.*

Prueba.

i) Supongamos que $f'(z_0) \neq 0$ y consideremos la función $g(z) = f(z) - f(z_0)$ que es analítica en z_0 y tiene un cero simple en z_0, ya que $g'(z_0) = f'(z_0) \neq 0$. Así, por el apartado iii) de la proposición 4.11 aplicado a $g(z)$, existe un abierto V conteniendo a z_0 y tal que para cada $z \in V \setminus \{z_0\}$ hay exactamente un valor en $V \setminus \{z_0\}$ de imagen $g(z)$. Como $g(z) = f(z) - f(z_0)$, deducimos entonces que $f(z)$ es inyectiva en V.

ii) Si $f'(z_0) = 0$, entonces la función $g(z) = f(z) - f(z_0)$ también verifica $g'(z_0) = 0$ y, por tanto, g tiene en z_0 un cero de orden al menos 2. De nuevo, del apartado iii) de la proposición 4.11 se deduce el resultado.

$\square$

Por tanto, una función analítica es inyectiva en un cierto entorno de un punto z_0 si, y solo si, $f'(z_0) \neq 0$.

Corolario 4.2 *Sea $f : \mathbb{C} \to \mathbb{C}$ una función entera e inyectiva. Entonces f es de la forma $f(z) = a_0 + a_1 z$, $z \in \mathbb{C}$, para algunos $a_0, a_1 \in \mathbb{C}$, $a_1 \neq 0$.*

Prueba. Dado que f es entera, podemos escribir $f(z) = \sum_{n \geq 0} a_n z^n$ (véase el teorema 3.3). Veamos en primer lugar que f ha de ser un polinomio. En efecto, en caso contrario habrían infinitos a_n no nulos y la función $g(z) = f\left(\frac{1}{z}\right)$ tendría una singularidad esencial en $z = 0$, con lo que, por el teorema de Casorati-Weierstrass (teorema 3.10), $g(D(0,1) \setminus \{0\}) = f(\mathbb{C} \setminus \overline{D}(0,1))$ sería denso en $\mathbb{C}$. Además, por el teorema de la aplicación abierta, $f(D(0,1))$ es abierto en $\mathbb{C}$. En consecuencia, tendríamos que $f(\mathbb{C} \setminus \overline{D}(0,1)) \cap f(D(0,1)) \neq \emptyset$ y esto contradice la inyectividad de f. Veamos ahora que f ha de ser un polinomio de grado 1. En caso contrario, f' sería un polinomio no constante y, por el teorema fundamental del álgebra, existiría z_0 tal que $f'(z_0) = 0$ y la proposición 4.12 concluiría que f no sería inyectiva en ningún entorno de z_0, lo que supone también una contradicción. $\qquad \square$

Veremos ahora que las aplicaciones inyectivas presentan inversa analítica. Naturalmente las inversas de las funciones no inyectivas no existen.

Teorema 4.6 (Teorema de la aplicación inversa) *Sea* $f : U \to \mathbb{C}$ *una función analítica e inyectiva en un abierto* U. *Entonces la función inversa* f^{-1} *es analítica en el abierto* $f(U)$ *y* $\left(f^{-1}\right)'(z_0) = \dfrac{1}{f'\left(f^{-1}(z_0)\right)}$ *para* $z_0 \in f(U)$.

Prueba. Observar en primer lugar que, por el teorema de la aplicación abierta, $V = f(U)$ es un abierto de $\mathbb{C}$. Sea $g : V \to U$ tal que $g(z) = f^{-1}(z) \; \forall z \in V$, entonces g es continua en V por ser f una aplicación que transforma conjuntos abiertos en conjuntos abiertos. Fijemos $z_0 \in V$. Como g es inyectiva, se tiene que

$$\frac{g(z) - g(z_0)}{z - z_0} \neq 0 \; \forall z \neq z_0, z \in V$$

y

$$\frac{g(z) - g(z_0)}{z - z_0} = \frac{1}{\frac{z - z_0}{g(z) - g(z_0)}} = \frac{1}{\frac{f(w) - f(w_0)}{w - w_0}}, \qquad (4.34)$$

donde $g(z_0) = w_0$ y $g(z) = w$. Observar que, dado que f es inyectiva, la proposición 4.12 nos dice que $f'(z) \neq 0 \; \forall z \in U$. Por tanto, tomando en (4.34) límites cuando $z \to z_0$, llegamos a

$$g'(z_0) = \frac{1}{f'(w_0)} = \frac{1}{f'(g(z_0))},$$

con lo que $g(z) = f^{-1}(z)$ es analítica en $V = f(U)$. $\qquad \square$

Si $f : U \to \mathbb{C}$ es analítica en $z_0 \in U$, la propiedad $f'(z_0) \neq 0$ (manejada en la proposición 4.12) también está ligada a la noción de aplicación o transformación conforme en z_0, utilizada ampliamente por matemáticos, físicos y cartógrafos. Intuitivamente, f es

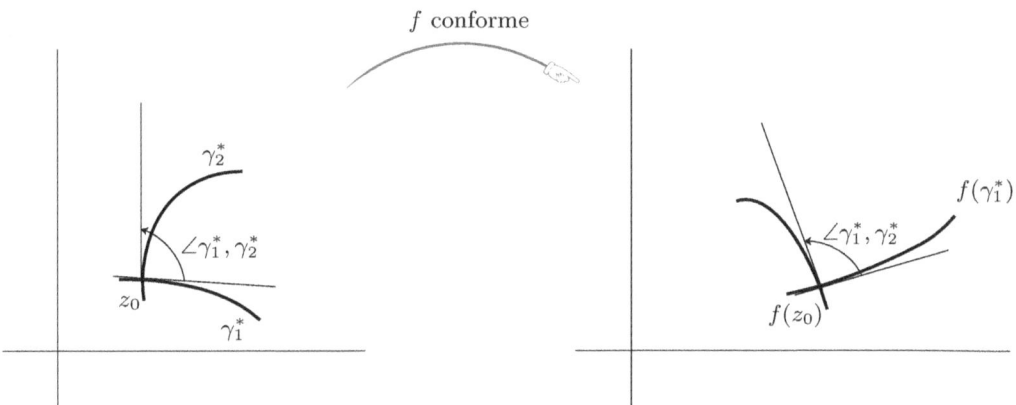

Figura 4.16: Conservación de ángulos

conforme en z_0 si conserva la magnitud y el sentido de los ángulos en z_0, lo que exponemos con más precisión a continuación. Para ello, consideremos dos curvas diferenciables γ_1^* y γ_2^* que pasan por z_0 con vectores tangentes no nulos (lo que ocurre siempre con las llamadas *curvas regulares* cuyas parametrizaciones $\gamma : [a, b] \to \mathbb{C}$ satisfacen $\gamma'(t) \neq 0$ para todo $t \in [a, b]$). Entonces el ángulo de γ_1^* a γ_2^* en z_0, que denotaremos por $\angle\gamma_1^*, \gamma_2^*$, se define formalmente como el ángulo (medido en el sentido contrario al de las agujas del reloj) determinado por la tangente de γ_1^* en z_0 y la tangente de γ_2^* en z_0 (o equivalentemente, tratados como vectores en el plano, el ángulo determinado por los respectivos vectores unitarios tangentes en $(\operatorname{Re} z_0, \operatorname{Im} z_0)$).

Definición 4.2 (Aplicación o transformación conforme) *Sea $f : U \subset \mathbb{C} \to \mathbb{C}$ una función definida en un entorno de un punto $z_0 \in U$. Diremos que f es conforme en z_0 si f conserva los ángulos en z_0 en el sentido de que si dos curvas diferenciables γ_1^* y γ_2^* pasan por z_0 con respectivos vectores tangentes no nulos $\gamma_1'(t_0)$ y $\gamma_2'(t_0)$, formando entre sí un ángulo $\angle\gamma_1^*, \gamma_2^*$, entonces sus curvas imágenes por f pasan por $f(z_0)$ y son diferenciables con vectores tangentes formando entre sí el mismo ángulo $\angle\gamma_1^*, \gamma_2^*$. En general, f es conforme en $U \subset \mathbb{C}$ si f es conforme en cada punto $z \in U$.*

Sea f una aplicación conforme en un punto z_0, y consideremos dos semirrectas que surgen de z_0 de ecuaciones paramétricas $\gamma_1(t) = z_0 + tw_1$ y $\gamma_2(t) = z_0 + tw_2$, $t \geq 0$, con $w_1, w_2 \neq 0$ (se puede suponer que $|w_1| = |w_2| = 1$). De la definición anterior se deduce en particular que las curvas imágenes dadas por $\Gamma_1(t) = (f \circ \gamma_1)(t) = f(z_0 + tw_1)$ y $\Gamma_2(t) = (f \circ \gamma_2)(t) = f(z_0 + tw_2)$, $t \geq 0$, tienen vectores tangentes en $f(z_0)$ formando el mismo ángulo orientado que el del par (w_1, w_2).

Nota 4.9 *Una formulación alternativa de la propiedad de conservar ángulos en un punto se puede encontrar en [7, Definición 4.5.1] o [47, Definición 3.1.7], en la que se utiliza una noción de vector tangente más general que la usual (para permitir el caso en que la derivada se anule en algún punto). En este sentido, también recomendamos acudir a estas referencias para contemplar un recíproco del teorema 4.7 que manejaremos seguidamente.*

Ejemplos 4.20

1. *La función $f(z) = z^2$ no es conforme en $z = 0$, ya que las curvas dadas por los segmentos $[-1, 1]$ y $[-i, i]$ (es decir, las curvas $\gamma_1 : [-1, 1] \to \mathbb{C}$ y $\gamma_2 : [-1, 1] \to \mathbb{C}$ parametrizadas por $\gamma_1(t) = t$ y $\gamma_2(t) = ti$, $t \in [-1, 1]$) se transforman respectivamente, mediante f, en las curvas $[0, 1]$ y $[-1, 0]$. El ángulo de $\frac{\pi}{2}$ radianes que se forma en el origen entre γ_1^* y γ_2^* se transforma mediante f en un ángulo de π radianes, lo que muestra efectivamente que f no es conforme en el origen. Sin embargo, veremos a continuación que en el resto de puntos, $f(z) = z^2$ sí que es una transformación conforme (e inyectiva).*

2. *La aplicación $g(z) = \overline{z}$ no es conforme en el origen. Aunque se conserva la magnitud o valor absoluto de los ángulos, no lo hace con el mismo sentido. En efecto, si γ_1^* y γ_2^* representan las curvas del ejemplo anterior, el ángulo de $\frac{\pi}{2}$ radianes que se forma en el origen entre γ_1^* y γ_2^* se transforma mediante g en un ángulo de $\frac{-\pi}{2}$ radianes, lo que muestra efectivamente que g no es conforme en el origen. La función g proporciona un ejemplo de lo que se conoce como aplicación isogonal (cuando se preserva las magnitudes, pero no necesariamente el sentido).*

A continuación probaremos que una función compleja analítica en un punto $z_0 \in \mathbb{C}$ y con derivada no nula en tal punto es conforme en z_0. A este respecto, muchos autores toman esta propiedad como definición de conformidad.

Teorema 4.7 *Sea f una función analítica en z_0. Si $f'(z_0) \neq 0$, entonces f es conforme en z_0.*

Prueba. Consideremos $f'(z_0) = r_0 e^{i\theta_0}$ con $r_0 > 0$ y $\theta_0 \in (-\pi, \pi]$. Sea $\gamma_1 : [a, b] \to \mathbb{C}$ una curva diferenciable con $\gamma_1(t_0) = z_0$ y $\gamma_1'(t_0) \neq 0$ para algún $t_0 \in [a, b]$. Es decir, el vector tangente de γ_1^* en z_0 es $\gamma_1'(t_0)$. Ahora, consideremos la curva diferenciable $\Gamma_1^* = (f \circ \gamma_1)^*$ que pasa por el punto $f(z_0)$ y satisface

$$\Gamma_1'(t) = (f \circ \gamma_1)'(t) = f'(\gamma_1(t))\gamma_1'(t), \ t \in [a, b].$$

Entonces el vector tangente de Γ_1^* en $f(z_0)$ es

$$\Gamma_1'(t_0) = f'(\gamma_1(t_0))\gamma_1'(t_0) = f'(z_0)\gamma_1'(t_0) = r_0 e^{i\theta_0}\gamma_1'(t_0) \neq 0.$$

Esto significa que para obtener el vector tangente de la curva imagen Γ_1^* en el punto $f(z_0)$ hay que aplicar al vector tangente de γ_1^* en el punto z_0 una rotación de ángulo constante θ_0 y luego una homotecia de razón $r_0 > 0$. En consecuencia, si dos curvas γ_1^* y γ_2^* pasan por z_0 con respectivos vectores tangentes no nulos $\gamma_1'(t_0)$ y $\gamma_2'(t_0)$, formando entre sí un ángulo $\angle \gamma_1^*, \gamma_2^*$, entonces sus curvas imágenes por f pasan por $f(z_0)$ con vectores tangentes $r_0 e^{i\theta_0} \gamma_1'(t_0)$ y $r_0 e^{i\theta_0} \gamma_2'(t_0)$, que forman entre sí el mismo ángulo $\angle \gamma_1^*, \gamma_2^*$. $\qquad \square$

De hecho, bajo las condiciones del teorema, f es conforme en un entorno de z_0 (por la continuidad de f'). Además, de la proposición 4.12, el resultado anterior también se puede interpretar como que las funciones analíticas que son inyectivas en un cierto entorno de un punto z_0 son conformes.

Ejemplos 4.21

1. *Dado $b \in \mathbb{C}$, la aplicación traslación $f(z) = z + b$ es conforme en todo $\mathbb{C}$, ya que $f'(z) = 1$ para todo $z \in \mathbb{C}$.*

2. *Dado $a > 0$, la aplicación homotecia $f(z) = az$ es conforme en todo $\mathbb{C}$, ya que $f'(z) = a \neq 0$ para todo $z \in \mathbb{C}$.*

3. *Dado $\theta \in \mathbb{R}$, la aplicación giro o rotación $f(z) = e^{i\theta} z$ es conforme en todo $\mathbb{C}$, ya que $f'(z) = e^{i\theta} \neq 0$ para todo $z \in \mathbb{C}$. En términos de partes real e imaginaria, esta aplicación se representa mediante la matriz de rotación $R(\theta) = \begin{pmatrix} \cos\theta & -\operatorname{sen}\theta \\ \operatorname{sen}\theta & \cos\theta \end{pmatrix}$ muy utilizada en álgebra lineal, esto es $\begin{pmatrix} x' \\ y' \end{pmatrix} = R(\theta) \begin{pmatrix} x \\ y \end{pmatrix}$.*

4. *Una aplicación lineal general no constante $f(z) = az + b$, con $a \neq 0$, es conforme en todo $\mathbb{C}$, ya que $f'(z) = a \neq 0$ para todo $z \in \mathbb{C}$. De hecho, una tal transformación es composición de un giro, una homotecia y una traslación.*

5. *La aplicación $f(z) = e^z$ es conforme en todo $\mathbb{C}$, ya que $f'(z) = e^z \neq 0$ para todo $z \in \mathbb{C}$.*

6. *Las aplicaciones $T(z) = \frac{az+b}{cz+d}$, con $ad - bc \neq 0$ (llamadas transformaciones fraccionarias lineales o de Möbius y manejadas en la definición 2.17) son casos particulares de transformaciones conformes en todo punto de su dominio, ya que $T'(z) = \frac{a(cz+d) - c(az+b)}{(cz+d)^2} = \frac{ad-bc}{(cz+d)^2} \neq 0$ para todo z en el dominio de T.*

7. *La aplicación cuadrática $f_c(z) = z^2 + c$, donde $c \in \mathbb{C}$, es conforme en todo punto de $\mathbb{C} \setminus \{0\}$. A partir de estas funciones se obtiene una familia muy notable de conjuntos fractales llamados conjuntos de Julia, cuyos puntos $z \in \mathbb{C}$ son resultado de*

iterar el algoritmo $z_0 = z$ y $z_{n+1} = f_c(z_n)$, $n \in \mathbb{N}$, y obtener una sucesión acotada (es también notoria su conexión con el conjunto de Mandelbrot, que aglutina los valores $c \in \mathbb{C}$ para los que el conjunto de Julia asociado es conexo).

8. *La aplicación de Joukowski $f(z) = \frac{1}{2}\left(z + \frac{1}{z}\right)$ es conforme en todo punto de $\mathbb{C}$ excepto en los puntos 1 y -1 (tampoco en el origen, donde f no está definida), ya que $f'(z) = \frac{1}{2}\left(1 - \frac{1}{z^2}\right) = 0$ si, y solo si, $z = \pm 1$. La importancia de este tipo de funciones radica en el hecho de que transforman círculos en formas que se aproximan al perfil de un ala de avión, lo que facilitó el estudio del flujo de aire alrededor del ala (véase por ejemplo [15, Sección 6.3]).*

Nota 4.10 *Algunas aplicaciones físicas de la teoría de aplicaciones conformes, como cuestiones relacionadas con la conducción térmica, potencial electrostático y flujo de fluidos, pueden ser vistas en [11, Capítulo 9]. En este mismo contexto, el teorema de Blasius permite calcular la fuerza de sustentación y momentos inducidos por los flujos aerodinámicos, modelizados mediante funciones de variable compleja, en los perfiles alares obtenidos mediante transformación conforme (véase [42, Capítulo 2]).*

En este mismo contexto, se dice que una aplicación $f : U_1 \to U_2$ del abierto $U_1 \subset \mathbb{C}$ sobre el abierto $U_2 \subset \mathbb{C}$ es un *isomorfismo conforme* si es una aplicación biyectiva tal que f y f^{-1} son conformes. De hecho, se dice que dos conjuntos abiertos U_1 y U_2 son *conformemente equivalentes* cuando existe un isomorfismo conforme $f : U_1 \to U_2$. El teorema de la aplicación inversa (teorema 4.6) muestra que toda aplicación analítica e inyectiva establece un isomorfismo conforme del abierto donde está definida sobre su imagen.

A este respecto, en la proposición 2.11 probamos que todos los isomorfismos conformes del disco unidad sobre sí mismo (también llamados *automorfismos conformes*) son las aplicaciones de la forma $f(z) = e^{i\theta}\frac{z-a}{1-\bar{a}z}$ con $\theta \in \mathbb{R}$ y $|a| < 1$.

Además, el teorema de la aplicación de Riemann demuestra que todo conjunto abierto simplemente conexo y diferente de $\mathbb{C}$ es conformemente equivalente al disco unidad abierto. De este resultado se deduce una propiedad muy especial de las regiones simplemente conexas de $\mathbb{C}$ consistente en afirmar que dos conjuntos abiertos simplemente conexos y diferentes de $\mathbb{C}$ son conformemente equivalentes. El propio teorema de aplicación de Riemann permite resolver el llamado problema de Dirichlet (véanse los comentarios de la página 118).

4.4 Problemas

Ejercicio 4.1 *Hallar el valor de las siguientes integrales:*

a) $\displaystyle\int_{\gamma_r} z \operatorname{sen}\left(\frac{1}{z}\right) dz$, *donde γ_r es la circunferencia de centro 0 y radio $r > 0$.*

b) $\displaystyle\int_{\gamma_r} \frac{3}{z^2 \operatorname{sen} z} dz$, *donde γ_r es la circunferencia de centro 0 y radio r, con $0 < r < \pi$.*

Ejercicio 4.2 *Utilizar el teorema de los residuos para el cálculo de la integral*

$$\int_0^\pi \frac{\cos(2x)}{5 - 3\cos x} \, dx.$$

Ejercicio 4.3 *Utilizar el teorema de los residuos en las siguientes integrales:*

a) $\displaystyle\int_{-\infty}^{+\infty} \frac{\operatorname{sen} x}{x} \, dx.$

b) $\displaystyle\int_0^\infty \frac{x \operatorname{sen}(\pi x)}{x^2 - 5x + 6} \, dx.$

c) $\displaystyle\int_{-\infty}^\infty \frac{\operatorname{sen}(2x) + \cos(2x)}{x^2 + 2x + 2} \, dx.$

Ejercicio 4.4 *Probar por el método de los residuos que*

$$\int_\Gamma \frac{dz}{a^z \operatorname{sen}(\pi z)} = \frac{2i}{a + 1},$$

donde $a > 0$ y Γ es la recta de ecuación $\{z \in \mathbb{C} : \operatorname{Re} z = b\}$ para algún $0 < b < 1$, recorrida desde abajo hacia arriba. (Indicación: integrar en el rectángulo de vértices $b + iy, b - iy, b + 1 - iy, b + 1 + iy$, con $y > 0$, y tomar límites cuando $y \to \infty$.)

Ejercicio 4.5

a) *Calcular* $\displaystyle\int_0^\infty \frac{\ln(x^2 + 1)}{x^2 + 1} \, dx$ *integrando* $\dfrac{\operatorname{Log} z}{z^2 + 1}$ *sobre un camino del tipo* $\Gamma_R = \gamma_R \cup [-R, R]$ *representado en la figura 4.17.*

b) *A partir del cambio de variable $x = \tan t$ en la integral del apartado a), deducir el valor de las integrales* $\displaystyle\int_0^{\pi/2} \ln(\cos x) \, dx$ *y* $\displaystyle\int_0^{\pi/2} \ln(\operatorname{sen} x) \, dx.$

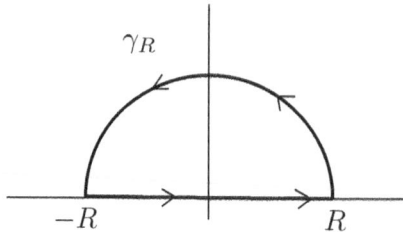

Figura 4.17: Representación del camino Γ_R del ejercicio 4.5

Ejercicio 4.6 _Aplicar el teorema de los residuos en la integral_

$$\int_0^{+\infty} \frac{1}{x^4 + 2^4}\, dx.$$

Ejercicio 4.7 _Dado $a > 0$, aplicar el teorema de los residuos en la integral_

$$\int_{-\infty}^{+\infty} \frac{x\, \mathrm{sen}\,(ax)}{x^4 + 4}\, dx.$$

Ejercicio 4.8 _Dado un entero $n \geq 1$, probar que_

$$\int_0^{\infty} \frac{x^{n-1}}{1 + x^{2n}}\, dx = \frac{\pi}{2n}.$$

Indicación: considerar el camino γ_R representado en la figura 4.18.

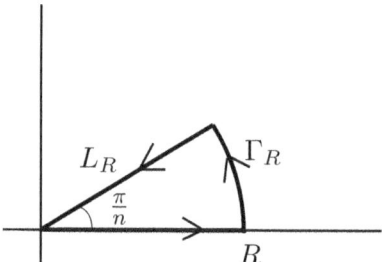

Figura 4.18: Representación del camino γ_R del ejercicio 4.8

Ejercicio 4.9 _Dado $0 < a < 1$, evaluar_

$$\int_{-\infty}^{\infty} \frac{e^{ax}}{1 + e^x}\, dx$$

de dos formas distintas:

a) *integrando* $\dfrac{e^{az}}{1+e^z}$ *sobre el camino* Γ_R *representado en la figura 4.19.*

b) *mediante el cambio de variable* $y = e^x$ *y haciendo uso del ejemplo 4.15.*

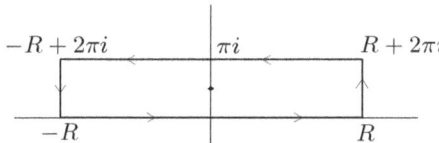

Figura 4.19: Representación del camino Γ_R del ejercicio 4.9

Ejercicio 4.10 *Sea* $\alpha \in \mathbb{R}$ *tal que* $\alpha > 1$. *Calcular el número de ceros de la función* $f(z) = ze^{\alpha-z} - 1$ *en el interior del disco unidad.*

Ejercicio 4.11 *Calcular el número de raíces de* $z^4 + iz^3 + 3z^2 + 2iz + 2$ *que se encuentran en el semiplano superior abierto.*

Ejercicio 4.12 *Dado* $0 < r < 1$, *probar que el polinomio dado por* $P(z) = 1 + 2z + 3z^2 + \ldots + nz^{n-1}$ *no tiene ceros en el interior de la circunferencia* $\{z \in \mathbb{C} : |z| = r\}$ *para valores de* $n \in \mathbb{N}$ *suficientemente grande.*

Ejercicio 4.13 *Dado* $n \in \mathbb{N}$, *calcular el número de ceros de la función* $1 + 2^z + 3^z$ *en el interior del rectángulo determinado por las rectas de ecuaciones* $x = -1$, $x = 2$, $y = -\frac{2\pi n}{\ln 3}$, $y = \frac{2\pi n}{\ln 3}$.
(Ayuda: Aplicar el teorema de Rouché resolviendo previamente la ecuación $1 + 3^z = 0$, $z \in \mathbb{C}$.)

Ejercicio 4.14 *Sean* $n \in \mathbb{N}$ *y* $a \in \mathbb{C}$. *Considerar la ecuación* $(z-1)^n = ae^{-z}$, $z \in \mathbb{C}$.

   i) *Si* $0 < |a| < 1$, *calcular el número de soluciones (contando multiplicidad) en el conjunto* $D(1,1) = \{z \in \mathbb{C} : |z-1| < 1\}$.

   ii) *Si* $|a| \leq 2^{-n}$, *hallar el número de soluciones en* $D(1, \frac{1}{2}) = \{z \in \mathbb{C} : |z-1| < \frac{1}{2}\}$.

Ejercicio 4.15 *Sea* $f = u + iv$ *una función analítica en el semiplano superior* $H = \{z \in \mathbb{C} : \operatorname{Im} z \geq 0\}$. *Supongamos la existencia de* $k, M > 0$ *tal que* $|f(z)| \leq \frac{M}{|z|^k}$ *para valores* $z \in H$ *tales que* $|z| > R$ *(R > 0 suficientemente grande). Si* $x_0 \in \mathbb{R}$, *probar que:*

   i) $\displaystyle \int_{-\infty}^{\infty} \frac{f(x)}{x - x_0}\, dx = \pi i f(x_0).$

ii) (Relaciones de dispersión de Kramers-König)

$$u(x_0) = \frac{1}{\pi} \int_{-\infty}^{\infty} \frac{v(x)}{x - x_0}\, dx \ y \ v(x_0) = \frac{-1}{\pi} \int_{-\infty}^{\infty} \frac{u(x)}{x - x_0}\, dx.$$

Ejercicio 4.16 *Dado* $f : \mathbb{C} \to \mathbb{C}$ *una función analítica en* $\{z \in \mathbb{C} : |z| > R\}$ *para algún* $R > 0$, *consideremos la función* $g(z) := \frac{f(\frac{1}{z})}{z^2}$.

i) *Si* $f(z) = \sum_{n=-\infty}^{\infty} a_n z^n$ *para algunos* $a_n \in \mathbb{C}$ *y* $|z| > R$, *probar que* $\mathrm{Res}(g, 0) = a_{-1}$.

ii) *Consideremos el camino cerrado* $C(0, R) = \{z \in \mathbb{C} : |z| = R\}$ *recorrido en sentido positivo. Probar que* $\int_{C(0,R)} f(z)\, dz = 2\pi i a_{-1}$.

Ejercicio 4.17 *De una función* f *compleja de variable compleja, se sabe que*

i) f *es analítica en* $\{z \in \mathbb{C} : 0 < |z - 1| < 3\}$;

ii) $z = 1$ *es un polo de orden 4 de* f;

iii) $\mathrm{Res}(f, 1) = -1$.

Clasificar la singularidad que tiene f' *en el punto 1 y calcular* $\mathrm{Res}(f', 1)$.

Ejercicio 4.18 *¿Verdadero o falso? Justificar la respuesta.*

a) $\int_{\gamma} e^{\frac{9}{z}}\, dz = 18\pi i$, *donde* γ *es la circunferencia unidad.*

b) $\int_{\gamma} \frac{1}{4z^2 - 1}\, dz = 0$, *donde* γ *es la circunferencia unidad.*

c) $\int_{\gamma} f(z)\, dz = 2\pi i \left(\mathrm{Res}(f, 0) + \mathrm{Res}(f, 2 - \sqrt{5}) + \mathrm{Res}(f, 2 + \sqrt{5}) \right)$, *donde* $f(z) = \frac{1}{z^2(2\sqrt{5}z + z^2 + 1)}$ *y* γ *es la circunferencia unidad.*

d) *Sea* $f : U \to \mathbb{C}$ *una función analítica en un abierto* U. *Entonces* $f(V)$ *es un abierto de* $\mathbb{C}$ *para cualquier conjunto abierto* $V \subset U$.

e) *Dado* $a > 1$, $\int_0^{2\pi} \frac{\mathrm{sen}^2 \theta}{a + \cos \theta}\, d\theta = 2\pi(a - \sqrt{a^2 - 1})$.

f) $\int_0^{2\pi} (\mathrm{sen}\,\theta)^{2n}\, d\theta = \pi \binom{2n}{n}$.

g) $\displaystyle\int_{-\infty}^{\infty} \frac{\cos(ax)}{1+x^2}\, dx = \frac{\pi}{e^a}$ *para cualquier* $a > 0$.

h) $\displaystyle\int_{0}^{\infty} \frac{1}{x^4 + a^4}\, dx = \frac{\pi\sqrt{2}}{4a^3}$ *para cualquier* $a > 0$.

i) *La función* $g(z) = z^7 - 5z^4 + z^2 - 2$ *tiene exactamente 4 ceros dentro del círculo unidad.*

j) *La función* $h(z) = 2z^5 + 8z - 1$ *tiene exactamente 4 raíces en el anillo* $\{z \in \mathbb{C} : 1 < |z| < 2\}$.

k) *Dado* $a \in \mathbb{R}$ *con* $a > 1$, *la ecuación* $a - z - e^{-z} = 0$ *tiene únicamente una solución contenida en el semiplano* $\{z \in \mathbb{C} : \operatorname{Re} z > 0\}$.

l) *La ecuación* $e^z = 2z + 1$ *no tiene ceros en* $D(0,1)$.

Capítulo 5

Funciones enteras y productos infinitos

Todo polinomio complejo P admite una única representación en la forma

$$P(z) = A(z - a_1)^{m_1}(z - a_2)^{m_2} \cdots (z - a_k)^{m_k}, \ z \in \mathbb{C},$$

para algunos $A, a_j \in \mathbb{C}$ y $m_j \in \mathbb{N}$, $j = 1, \ldots, k$ y $k \in \mathbb{N}$. Esta representación, al hacer explícitos los ceros y sus multiplicidades, revela más información que la representación original. Uno de los objetivos principales de este capítulo es el de conseguir una representación análoga para funciones enteras. Además, la construcción de funciones analíticas en un abierto $U \subset \mathbb{C}$ expresadas en forma de productos de los elementos de ciertas sucesiones de funciones analíticas en U será un objeto importante de estudio de este capítulo. Para ello estudiaremos los *productos infinitos*, introduciremos los *productos de Weierstrass* y, a través principalmente del *orden de crecimiento* de una función entera y del *exponente de convergencia* asociado a una sucesión, desembocaremos en la presentación de los importantes teoremas de factorización de Weierstrass y Hadamard. Finalmente, introduciremos las funciones gamma y zeta de Riemann, que constituyen un foco de interés en varias áreas de investigación.

5.1 Productos infinitos

Definición 5.1 (Convergencia de un producto infinito) *Sea* $z_1, z_2, \ldots, z_n \ldots$ *una sucesión de números complejos no nulos. Consideremos* $p_n = \prod_{k=1}^{n} z_k$, $n \in \mathbb{N}$. *Si existe* $\lim_{n \to \infty} p_n = p$ *con* $p \neq 0$, *diremos que el producto infinito* $\prod_{n \geq 1} z_n$ *converge a* p. *En caso contrario, diremos que el producto no converge.*

Si un producto infinito $\prod_{n \geq 1} z_n$ *tiene una cantidad finita de términos iguales a 0 y el resto verifica la definición anterior, también diremos que* $\prod_{n \geq 1} z_n$ *converge.*

Como en el caso de las series numéricas, una cantidad finita de elementos no influye en la convergencia de un producto infinito. De hecho, si existe $m \in \mathbb{N}$ tal que el producto $\prod_{n \geq m+1} z_n$ verifica la definición inicial de convergencia, se dice que el producto $\prod_{n \geq 1} z_n$ es convergente a $p = z_1 z_2 \cdots z_m \prod_{n \geq m+1} z_n$.

Ejemplos 5.1

1. Sea $z_n = \frac{1}{2}$ para cada $n \in \mathbb{N}$, entonces $p_n = \prod_{k=1}^{n} z_k = \frac{1}{2^n}$ y $\lim_{n \to \infty} p_n = 0$. Por tanto, $\prod_{n \geq 1} z_n$ no converge.

2. Sea $z_n = 1 - \frac{1}{n^2}$, $n \in \mathbb{N}$. Observar que $z_k = 0$ si y solo si $k = 1$, y podemos prescindir de z_1. Se tiene entonces que

$$
p_n = \prod_{k=2}^{n} z_k = \prod_{k=2}^{n} \left(1 + \frac{1}{k}\right)\left(1 - \frac{1}{k}\right) = \prod_{k=2}^{n} \frac{k+1}{k} \cdot \frac{k-1}{k} =
$$
$$
= \left(\frac{3}{2} \cdot \frac{4}{3} \cdot \frac{5}{4} \cdots \frac{n}{n-1} \cdot \frac{n+1}{n}\right)\left(\frac{1}{2} \cdot \frac{2}{3} \cdot \frac{3}{4} \cdots \frac{n-2}{n-1} \cdot \frac{n-1}{n}\right) =
$$
$$
= \frac{n+1}{2} \cdot \frac{1}{n}.
$$

Por tanto, $\displaystyle\prod_{n \geq 2} z_n = \lim_{n \to \infty} p_n = \frac{1}{2}$.

3. Sea $z_n = 1 + \frac{1}{n(n+2)}$, $n \in \mathbb{N}$. En este caso se tiene que

$$
p_n = \prod_{k=1}^{n} z_k = \prod_{k=1}^{n} \left(\frac{k(k+2)+1}{k(k+2)}\right) = \prod_{k=1}^{n} \frac{(k+1)^2}{k(k+2)} =
$$
$$
= \left(\frac{2^2}{1 \cdot 3} \cdot \frac{3^2}{2 \cdot 4} \cdot \frac{4^2}{3 \cdot 5} \cdots \frac{n^2}{(n-1) \cdot (n+1)} \cdot \frac{(n+1)^2}{n \cdot (n+2)}\right) =
$$
$$
= 2 \cdot \frac{n+1}{n+2}.
$$

Por tanto, $\displaystyle\prod_{n \geq 1} z_n = \lim_{n \to \infty} p_n = 2$.

Proposición 5.1 (Condición necesaria de convergencia) *Sea* $z_1, z_2, \ldots, z_n \ldots$ *una sucesión de números complejos tal que* $\prod_{n \geq 1} z_n$ *converge. Entonces* $\lim_{n \to \infty} z_n = 1$.

Prueba. Supongamos sin pérdida de generalidad que $z_n \neq 0 \ \forall n \in \mathbb{N}$. En tal caso tenemos que

$$z_n = \frac{z_1 \cdot z_2 \cdots z_n}{z_1 \cdot z_2 \cdots z_{n-1}} = \frac{p_n}{p_{n-1}},$$

siendo $p_n = \prod_{k=1}^n z_k$ verificando que $\lim_{n \to \infty} p_n = p \neq 0$. Por tanto, tomando límites, concluimos que

$$\lim_{n \to \infty} z_n = \frac{p}{p} = 1.$$

$\square$

En el siguiente lema relacionaremos la convergencia de un producto infinito con la de un sumatorio dado por logaritmos. El resultado es válido para cualquier logaritmo $\log_{\theta_0}$ considerado en la observación 1.7 y, en particular, para el logaritmo principal Log.

Lema 5.1 (Caracterización de la convergencia con series de logaritmos) *Sea θ_0 un número real tal que $-2\pi < \theta_0 < 0$ y $z_1, z_2, \ldots, z_n, \ldots$ una sucesión de números complejos no nulos. Entonces $\prod_{n \geq 1} z_n$ converge si, y solo si, $\sum_{n \geq 1} \log_{\theta_0}(z_n)$ converge.*

Prueba. Consideremos $p_n = \prod_{k=1}^n z_k$ y $s_n = \sum_{k=1}^n \log_{\theta_0} z_k$.

Supongamos primeramente que $\sum_{n \geq 1} \log_{\theta_0}(z_n)$ converge, lo que implica que $\lim_{n \to \infty} s_n$ existe. Así, si $s = \lim_{n \to \infty} s_n$, entonces $\lim_{n \to \infty} e^{s_n} = e^s \neq 0$. Ahora, dado que $e^{s_n} = p_n$ (véase la observación 1.7), deducimos que

$$\lim_{n \to \infty} p_n = \lim_{n \to \infty} e^{s_n} = e^s \neq 0$$

y, por tanto, $\prod_{n \geq 1} z_n$ converge.

Recíprocamente, supongamos que $\lim_{n \to \infty} p_n = p \neq 0$. Dado que sabemos que $e^{s_n} = p_n$, entonces

$$s_n = \log p_n + 2\pi i h_n, \ \text{con } h_n \in \mathbb{Z},$$

donde tomamos log cualquier logaritmo que sea continuo en p. Ahora se observa que

$$s_n - s_{n-1} = \log_{\theta_0} z_n$$

y, puesto que $\lim_{n \to \infty} z_n = 1$, tenemos que $\lim_{n \to \infty} (s_n - s_{n-1}) = 0$ (notar que aquí es donde influye que $-2\pi < \theta_0 < 0$). Ahora bien, como $\lim_{n \to \infty} (\log p_n - \log p_{n-1}) = \log p - \log p = 0$, necesariamente se tiene que $\lim_{n \to \infty} (h_n - h_{n-1}) = 0$ y, dado que $h_n \in \mathbb{Z} \ \forall n \in \mathbb{N}$, deducimos que h_n es constante a partir de un cierto n_0. En conclusión,

$$\lim_{n \to \infty} s_n = \log p + 2\pi i h,$$

lo que implica el resultado.

$\square$

Observación 5.1 *Si* $\prod_{n\geq 1} z_n$ *es convergente, la serie* $\sum_{n\geq 1} \log_{\theta_0} z_n$ *es un logaritmo del producto, ya que* $e^{s_n} = \prod_{k=1}^{n} z_k$ *con* $s_n = \sum_{k=1}^{n} \log_{\theta_0} z_k$.

Definición 5.2 (Convergencia absoluta) *Sea* $z_1, z_2, \ldots, z_n \ldots$ *una sucesión de números complejos. Diremos que el producto infinito* $\prod_{n\geq 1}(1 + z_n)$ *converge absolutamente si* $\prod_{n\geq 1}(1 + |z_n|)$ *converge.*

Dada la definición que acabamos de presentar, exponemos a continuación un criterio de convergencia para el caso de coeficientes reales.

Proposición 5.2 (Estudio de la convergencia absoluta a través de series)
Sea $a_n \geq 0$ *para cada* $n = 1, 2, \ldots$ *Entonces* $\prod_{n\geq 1}(1+a_n)$ *converge si, y solo si,* $\sum_{n\geq 1} a_n$ *converge.*

Prueba. Dado que $1 + a_j \leq e^{a_j} = 1 + a_j + \frac{a_j^2}{2!} + \ldots$ para cada $j = 1, 2, \ldots$, observar que

$$a_1 + a_2 + \ldots + a_n \leq (1 + a_1)(1 + a_2) \cdots (1 + a_n) \leq e^{a_1 + a_2 + \ldots + a_n}, \quad n \in \mathbb{N}. \qquad (5.1)$$

Supongamos primeramente que $\sum_{n\geq 1} a_n$ converge, lo que significa que existe el límite de sus sumas parciales que denotaremos por a, esto es, $\lim_{n\to\infty}(a_1 + \ldots + a_n) = a$. Ahora, dado que la sucesión $\{p_n\}_{n\geq 1}$, con $p_n = \prod_{k=1}^{n}(1 + a_k)$ $(n \in \mathbb{N})$, es creciente y está acotada superiormente por e^a (en virtud de (5.1)), podemos afirmar que existe $\lim_{n\to\infty} \prod_{k=1}^{n}(1 + a_k)$. En consecuencia, $\prod_{n\geq 1}(1 + a_n)$ converge.

Recíprocamente, si suponemos que el producto $\prod_{n\geq 1}(1 + a_n)$ converge, entonces existe el límite $\lim_{n\to\infty} \prod_{k=1}^{n}(1 + a_k)$, que denotaremos por p, y es distinto de 0. De nuevo por (5.1) deducimos que existe $\lim_{n\to\infty}(a_1 + a_2 + \ldots + a_n)$, ya que está acotado por p. Por tanto, la serie $\sum_{n\geq 1} a_n$ converge. $\qquad \square$

De la proposición anterior, deducimos que el producto $\prod_{n\geq 1}(1 + |z_n|)$ converge si, y solo si, $\sum_{n\geq 1} |z_n|$ converge.

Ejemplo 5.2 *Utilizando la proposición anterior, deducimos directamente que el producto infinito* $\prod_{n\geq 1}\left(1 + \frac{1}{n}\right)$ *no converge, ya que* $\sum_{n\geq 1} \frac{1}{n}$ *diverge.*

Proposición 5.3 (Convergencia absoluta implica convergencia) *Si tomamos* $z_1, z_2, \ldots, z_n, \ldots$ *una sucesión de números complejos tal que* $\prod_{n\geq 1}(1 + z_n)$ *converge absolutamente, entonces* $\prod_{n\geq 1}(1 + z_n)$ *converge.*

Prueba. Por definición, si $\prod_{n\geq 1}(1 + z_n)$ converge absolutamente entonces el producto $\prod_{n\geq 1}(1 + |z_n|)$ converge. Aplicando ahora la proposición 5.2, sabemos que $\sum_{n\geq 1} |z_n|$

converge y, por tanto, $\lim\limits_{n \to \infty} |z_n| = 0$. Supongamos entonces, sin pérdida de generalidad, que $|z_n| < 1$ para cada n y consideremos la función

$$\mathrm{Log}(1+z) = z - \frac{z^2}{2} + \frac{z^3}{3} - \frac{z^4}{4} + \ldots + (-1)^{n+1}\frac{z^n}{n} + \ldots, \text{ con } |z| < 1.$$

En particular, tomando los valores z_n de la sucesión prefijada, nos queda

$$\mathrm{Log}(1+z_n) = z_n - \frac{z_n^2}{2} + \frac{z_n^3}{3} + \ldots = z_n\left(1 - \frac{z_n}{2} + \frac{z_n^2}{3} - \ldots\right) = z_n h(z_n),$$

con $h(z_n) \to 1$ cuando z_n tiende a 0. Consecuentemente, dados m y p números naturales suficientemente grandes con $m < p$, se tiene que

$$\left| \sum_{n=m}^{p} \mathrm{Log}(1+z_n) \right| = \left| \sum_{n=m}^{p} z_n h(z_n) \right| \leq K \sum_{n=m}^{p} |z_n|,$$

donde K es tal que $|h(z_n)| \leq K$ (ya que $h(z_n) \to 1$ cuando $z_n \to 0$). Además, dado que $\sum_{n \geq 1} |z_n|$ converge, entonces por el criterio de Cauchy tenemos que $\sum_{n=m}^{p} |z_n|$ tiende a 0 cuando m y p tienden a ∞. Por tanto, $\sum_{n \geq 1} \mathrm{Log}(1+z_n)$ converge y, por el lema 5.1, concluimos que $\prod_{n \geq 1}(1+z_n)$ también converge. $\qquad\square$

El recíproco de esta última proposición no es cierto. Un ejemplo de ello se puede ver en el ejercicio 5.4. Además, el producto infinito planteado en este mismo ejercicio representa un ejemplo en el que $\sum_{n \geq} z_n$ no converge pero $\prod_{n \geq 1}(1+z_n)$ converge (véase la relación con la proposición 5.2).

Siguiendo ahora la pauta de la demostración de la proposición 5.3, probaremos el siguiente teorema.

Teorema 5.1 (Construcción de una función analítica) *Sea $g_1, g_2, \ldots, g_n, \ldots$ una sucesión de funciones analíticas definidas en un abierto $U \subset \mathbb{C}$. Si $\sum_{n \geq 1} |g_n(z)|$ converge uniformemente sobre compactos en U, entonces $f(z) := \prod_{n \geq 1}(1 + g_n(z))$ es una función analítica en U. Además, $f(z_0) = 0$ para algún $z_0 \in U$ si, y solo si, $1 + g_n(z_0) = 0$ para algún $n \in \mathbb{N}$.*

Prueba. Sea K un conjunto compacto de U. Dado que $\sum_{n \geq 1} |g_n(z)|$ converge uniformemente sobre compactos de U, entonces $\lim\limits_{n \to \infty} |g_n(z)| = 0$ para todo $z \in K$. Podemos entonces suponer que $|g_n(z)| < 1 \ \forall z \in K$ y para valores de $n \in \mathbb{N}$ suficientemente grandes. De esta forma, siendo $z \in K$, como en la demostración de la proposición 5.3 podemos considerar

$$\left| \sum_{n=m}^{p} \mathrm{Log}(1+g_n(z)) \right| = \left| \sum_{n=m}^{p} g_n(z)h(g_n(z)) \right| \leq C \sum_{n=m}^{p} |g_n(z)|,$$

donde C es tal que $|h(g_n(z))| = |1 - \frac{g_n(z)}{2} + \frac{g_n(z)^2}{3} - \ldots| \leq C$ (ya que $h(g_n(z)) \to 1$ cuando $n \to \infty$). Además, dado que $\sum_{n \geq 1} |g_n(z)|$ converge uniformemente en K, entonces por el criterio de Cauchy tenemos que $\sum_{n=m}^{p} |g_n(z)|$ tiende a 0 cuando m y p tienden a ∞ (de forma uniforme, para cualquier $z \in K$). Por tanto, $\sum_{n \geq 1} \text{Log}(1 + g_n(z))$ converge uniformemente en K y, por el lema 5.1, concluimos que

$$\prod_{n \geq 1} (1 + g_n(z))$$

también converge uniformemente en K.

Finalmente, dado que $\lim_{n \to \infty} |g_n(z)| = 0$ para todo $z \in K$, en realidad existe un cierto $N \in \mathbb{N}$ tal que $|g_n(z)| < 1 \; \forall z \in K$ y $\forall n \geq N$. Por tanto

$$\prod_{n \geq 1} (1 + g_n(z)) = \prod_{n=1}^{N-1} (1 + g_n(z)) e^{g(z)},$$

donde $g(z) := \sum_{n \geq N} \text{Log}(1 + g_n(z))$. Entonces $f(z) = 0$ si, y solo si, $\prod_{n=1}^{N-1} (1 + g_n(z)) = 0$ o, equivalentemente, $1 + g_n(z) = 0$ para algún $n = 1, 2, \ldots, N-1$ (es claro que $1 + g_n(z) \neq 0$ para $n = N, N+1, \ldots$). $\qquad\square$

Ejemplo 5.3 *El producto infinito $\prod_{n=-\infty, n \neq 0}^{\infty} \left(1 - \frac{z}{n}\right) e^{\frac{z}{n}}$ define una función entera. En efecto, observar primeramente que*

$$\prod_{n=-\infty, n \neq 0}^{\infty} \left(1 - \frac{z}{n}\right) e^{\frac{z}{n}} = \lim_{n \to \infty} \prod_{k=-n, k \neq 0}^{n} \left(1 - \frac{z}{k}\right) e^{\frac{z}{k}} =$$

$$= \lim_{n \to \infty} \left(\prod_{k=-n}^{-1} \left(1 - \frac{z}{k}\right) e^{\frac{z}{k}} \prod_{k=1}^{n} \left(1 - \frac{z}{k}\right) e^{\frac{z}{k}} \right) =$$

$$= \lim_{n \to \infty} \left(\prod_{k=1}^{n} \left(1 + \frac{z}{k}\right) e^{-\frac{z}{k}} \prod_{k=1}^{n} \left(1 - \frac{z}{k}\right) e^{\frac{z}{k}} \right) =$$

$$= \lim_{n \to \infty} \left(\prod_{k=1}^{n} \left(1 + \frac{z}{k}\right) \left(1 - \frac{z}{k}\right) \right) =$$

$$= \prod_{n \geq 1} \left(1 - \frac{z^2}{n^2}\right).$$

Ahora, si tomamos $g_n(z) = -\frac{z^2}{n^2}$, $n \in \mathbb{N}$, entonces g_n es analítica en todo $\mathbb{C}$ y $\sum_{n \geq 1} |g_n(z)|$ converge uniformemente sobre compactos, ya que, si $|z| \leq k$, se tiene

$$\sum_{n \geq 1} |g_n(z)| = \sum_{n \geq 1} \left| \frac{z}{n} \right|^2 \leq k^2 \sum_{n \geq 1} \frac{1}{n^2} < \infty.$$

Por tanto, por el teorema 5.1 deducimos que f es una función entera.

Ejemplo 5.4 (Producto de Blaschke) *Sea $a_1, a_2, \ldots$ una sucesión de números complejos tales que $0 < |a_n| < 1$ para cada $n = 1, 2, \ldots$ y $\sum_{n \geq 1} (1 - |a_n|) < \infty$. Entonces el producto infinito*

$$\prod_{n \geq 1} \frac{|a_n|}{a_n} \left(\frac{a_n - z}{1 - \overline{a_n} z} \right)$$

define una función analítica en $D(0, 1)$ (técnicamente llamada producto de Blaschke). En efecto, en primer lugar observar que cualquier $z \in D(0, 1)$ satisface

$$\left| 1 - \frac{|a_n|}{a_n} \left(\frac{a_n - z}{1 - \overline{a_n} z} \right) \right| = \left| \frac{a_n - |a_n|^2 z - |a_n| a_n + |a_n| z}{(1 - \overline{a_n} z) a_n} \right| =$$

$$= \left| \frac{(a_n + |a_n| z)(1 - |a_n|)}{(1 - \overline{a_n} z) a_n} \right| =$$

$$= (1 - |a_n|) \left| \frac{a_n + |a_n| z}{(1 - \overline{a_n} z) a_n} \right| \leq$$

$$\leq (1 - |a_n|) \frac{|a_n| + |a_n||z|}{|a_n - |a_n|^2 z|} \leq$$

$$\leq (1 - |a_n|) \frac{|a_n|(1 + |z|)}{|a_n| - |a_n|^2 |z|} =$$

$$= (1 - |a_n|) \frac{1 + |z|}{1 - |a_n||z|}.$$

Ahora, si K es un conjunto compacto en $D(0, 1)$, entonces existe $0 < r < 1$ tal que $|z| \leq r < 1$ para todo $z \in K$. Por tanto, de la desigualdad anterior deducimos que

$$\left| 1 - \frac{|a_n|}{a_n} \left(\frac{a_n - z}{1 - \overline{a_n} z} \right) \right| \leq (1 - |a_n|) \frac{1 + r}{1 - |a_n| r} \quad \forall z \in K.$$

Dado que $\sum_{n \geq 1} (1 - |a_n|) < \infty$, deducimos que la serie $\sum_{n \geq 1} \left| 1 - \frac{|a_n|}{a_n} \left(\frac{a_n - z}{1 - \overline{a_n} z} \right) \right|$ converge uniformemente sobre K. Finalmente, el teorema 5.1 nos permite afirmar que el producto infinito $\prod_{n \geq 1} \frac{|a_n|}{a_n} \left(\frac{a_n - z}{1 - \overline{a_n} z} \right)$ define una función analítica en $D(0, 1)$.

5.2   Productos de Weierstrass

En esta sección consideraremos el problema de construir una función entera, no idénticamente nula, cuyos ceros vengan dados por una sucesión de números complejos distintos $\alpha_1, \alpha_2, \ldots, \alpha_n, \ldots$ prefijada de antemano. Esta sucesión ha de cumplir una serie de requisitos iniciales, como por ejemplo que $|\alpha_n| \to \infty$ cuando $n \to \infty$ (de lo contrario, la función sería idénticamente nula). Otro hecho a tener en cuenta es que los factores $(z - \alpha_n)$ no garantizan la convergencia del producto infinito. Consideraremos entonces otro tipo de factores introducidos por Weierstrass.

Definición 5.3 (Factores canónicos o elementales) *Llamaremos factores canónicos o elementales a las funciones*

$$E_0(z) = 1 - z$$

y

$$E_m(z) = (1 - z) \exp\left(z + \frac{z^2}{2} + \ldots + \frac{z^m}{m}\right), \quad m \in \mathbb{N}.$$

Nota 5.1 *Notar que todos los factores canónicos son funciones enteras con un único cero simple en $z = 1$. Además, si $|z| < 1$ entonces $\left(z + \frac{z^2}{2} + \ldots + \frac{z^m}{m}\right) \to -\log(1 - z)$*
y

$$\lim_{m \to \infty} E_m(z) = (1 - z) \exp(-\log(1 - z)) = 1.$$

Lema 5.2 *Para todo $m \in \mathbb{N} \cup \{0\}$, se cumple que*

$$|1 - E_m(z)| \leq |z|^{m+1}, \quad \text{para } z \text{ tal que } |z| \leq 1.$$

Prueba. El caso $m = 0$ es trivial. Fijemos $m > 0$ y realicemos un estudio acerca de la función $f(z) = 1 - E_m(z)$. Es claro que $f(0) = 0$ y, derivando, obtenemos que

$$E_m'(z) = -z^m \exp\left(z + \frac{z^2}{2} + \ldots + \frac{z^m}{m}\right),$$

por lo que

$$f'(z) = z^m \exp\left(z + \frac{z^2}{2} + \ldots + \frac{z^m}{m}\right).$$

Ahora no es difícil deducir que

$$f^{(k+1)}(0) = \begin{cases} 0 & \text{si } 0 \leq k \leq m - 1 \\ m! & \text{si } k = m \end{cases}, \tag{5.2}$$

lo que implica que f tiene en $z = 0$ un cero de orden $m + 1$ (véase la definición 3.9). Además, como en (5.2), se puede comprobar que $f^{(n)}(0) \geq 0$ para todo $n \in \mathbb{N} \cup \{0\}$. En consecuencia,

$$f(z) = z^{m+1} g(z),$$

donde $g(z) = \sum_{n \geq 0} a_n z^n$ es una función entera con $g(0) = a_0 \neq 0$ y $a_m \geq 0 \ \forall m \in \mathbb{N}$. Además,

$$\left| \frac{f(z)}{z^{m+1}} \right| = |g(z)| = \left| \sum_{n \geq 0} a_n z^n \right| \leq \sum_{n \geq 0} |a_n| |z|^n. \tag{5.3}$$

Ahora, si $|z| \leq 1$, deducimos de (5.3) que

$$\left| \frac{f(z)}{z^{m+1}} \right| \leq \sum_{n \geq 0} |a_n| = \sum_{n \geq 0} a_n.$$

Por tanto, como $\sum_{n \geq 0} a_n = g(1) = f(1) = 1$, concluimos que

$$|1 - E_m(z)| \leq |z|^{m+1} \sum_{n \geq 0} a_n = |z|^{m+1}.$$

$\square$

Teorema 5.2 (Construcción de una función entera) *Sea $\{a_n\}_{n=1}^{\infty}$ una sucesión de números complejos (no nulos) tales que $\lim_{n \to \infty} |a_n| = \infty$. Si $m_n \geq n - 1$, el producto $f(z) = \prod_{n=1}^{\infty} E_{m_n} \left(\frac{z}{a_n} \right)$ es una función entera cuyos ceros vienen dados por $a_1, a_2 \ldots$*

Prueba. Para cada $n \in \mathbb{N}$ escojamos números naturales $m_n \geq n - 1$. Por el lema 5.2, si $\left| \frac{z}{a_n} \right| \leq 1$, sabemos que

$$\left| 1 - E_{m_n} \left(\frac{z}{a_n} \right) \right| = \left| E_{m_n} \left(\frac{z}{a_n} \right) - 1 \right| \leq \left| \frac{z}{a_n} \right|^{m_n + 1}. \tag{5.4}$$

Fijemos un compacto arbitrario $K \subset \mathbb{C}$ y $r > 0$ con $|z| \leq r$ para todo $z \in K$ y supongamos que $|a_n| > 2r$ (recordemos que $\lim_{n \to \infty} |a_n| = \infty$). Entonces, para cada $z \in K$, se cumple que $\left| \frac{z}{a_n} \right| < \frac{1}{2}$ y, por (5.4), conseguimos que

$$\left| 1 - E_{m_n} \left(\frac{z}{a_n} \right) \right| \leq \left| \frac{z}{a_n} \right|^{m_n + 1} \leq \left(\frac{1}{2} \right)^{m_n + 1} \leq \left(\frac{1}{2} \right)^n.$$

Luego, si $z \in K$, tenemos que

$$\sum_{n=1}^{\infty} \left| E_{m_n} \left(\frac{z}{a_n} \right) - 1 \right| \leq \sum_{n=1}^{\infty} \left(\frac{1}{2} \right)^n < \infty,$$

por lo que la convergencia de la serie es uniforme sobre K (observemos que la serie geométrica de la derecha no depende de z). Dado que K es un conjunto compacto arbitrario, podemos aplicar el teorema 5.1 para concluir que $f(z) = \prod_{n=1}^{\infty} E_{m_n}\left(\frac{z}{a_n}\right)$ define una función entera. $\square$

Nota 5.2 *En el teorema anterior hemos obtenido una función entera expresada en forma de producto infinito y que presenta infinitos ceros. Es necesario indicar que este hecho no es incompatible con la definición 5.1 en la que no se admitía una cantidad infinita de ceros, ya que en aquella definición se manejaban productos infinitos de constantes complejas (no productos infinitos de funciones). De hecho, si fijamos $z \in \mathbb{C}$, el producto infinito $\prod_{n=1}^{\infty} E_{m_n}\left(\frac{z}{a_n}\right)$ satisface tal definición.*

Nota 5.3 *Por el corolario 3.2 sabemos que el conjunto de ceros $Z(f)$ de cualquier función entera f no idénticamente nula es numerable. De hecho, esta propiedad se deduce del hecho que $Z(f)$ no tiene puntos de acumulación. Si partimos ahora de cualquier conjunto M sin puntos de acumulación, probaremos a continuación que existe una función entera cuyo conjunto de ceros $Z(f)$ viene dado por M.*

Corolario 5.1 *Sea $M \subset \mathbb{C}$ un conjunto sin puntos de acumulación y $m : M \to \mathbb{N}$ una aplicación que asigna a cada $a \in M$ un número natural $m(a) \in \mathbb{N}$. Entonces existe una función entera f tal que $Z(f) = M$ y la multiplicidad de cada cero a es $m(a)$.*

Prueba. Dado $M \subset \mathbb{C}$ un conjunto sin puntos de acumulación, entonces $\mathbb{C} = \bigcup_{n \in \mathbb{N}} K_n$, con $K_n = \overline{D}(0, n)$, y $M \cap K_n$ es finito, es decir, $M = \bigcup_{n \in \mathbb{N}} (M \cap K_n)$ es numerable. Si M es finito, el resultado es trivial. Supongamos entonces que M es infinito (numerable) y lo podemos ordenar formando una sucesión $M = \{z_1, z_2, \ldots\}$ tal que $0 \le |z_1| \le |z_2| \le |z_3| \le \ldots$ Observar que $\lim_{n \to \infty} |z_n| = \infty$ ya que M no tiene puntos de acumulación. Sea ahora $\{a_k\}_{k \ge 1}$ la sucesión obtenida a partir de $\{z_n\}_{n \ge 1}$ repitiendo términos de acuerdo con la función m (el término z_j se repite $m(z_j)$ veces). Observar que también se cumple $\lim_{n \to \infty} |a_n| = \infty$.

i) Supongamos que $0 \notin M$. En tal caso, por el teorema 5.2 obtenemos una función entera $f(z) = \prod_{n=1}^{\infty} E_{m_n}\left(\frac{z}{a_n}\right)$ cumpliendo las condiciones requeridas.

ii) Supongamos que $0 \in M$. En tal caso, aplicamos el caso i) al conjunto dado por $M_0 = M \setminus \{0\}$ y finalmente obtenemos una función entera de la forma $f(z) = z^{m(0)} \prod_{n=1}^{\infty} E_{m_n}\left(\frac{z}{a_n}\right)$ que verifica las condiciones.

                                                                                        $\square$

El siguiente paso consiste en optimizar de manera práctica los números naturales m_n para los cuales el teorema anterior nos permita deducir la analiticidad del producto infinito. El objetivo es que estos m_n no dependan del índice n.

Definición 5.4 (Exponente de convergencia) *Sea $\{a_n\}_{n=1}^{\infty}$ una sucesión de números complejos no nulos con $\lim\limits_{n \to \infty} |a_n| = \infty$. El coeficiente*

$$\mu = \inf\{k > 0 : \sum_{n \geq 1} \frac{1}{|a_n|^k} < \infty\}$$

se conoce con el nombre de exponente de convergencia de la sucesión $\{a_n\}_{n \geq 1}$.

Observación 5.2 *Observar que el exponente de convergencia asociado a una sucesión puede tomar cualquier valor comprendido entre 0 e ∞ (incluyendo ambos). En particular, el exponente de convergencia es 0 cuando $\sum_{n \geq 1} \frac{1}{|a_n|^k}$ converge $\forall k > 0$ y el exponente de convergencia es ∞ cuando $\sum_{n \geq 1} \frac{1}{|a_n|^k}$ diverge para cualquier $k > 0$.*

Ejemplos 5.5

1. *Sea $a_n = 2^n$, $n = 1, 2, \ldots$ Dado que $\sum_{n \geq 1} \frac{1}{(2^n)^k} < \infty$ para cualquier $k > 0$ (se trata de una serie geométrica de razón $\frac{1}{2^k} < 1$), el exponente de convergencia asociado a la sucesión $\{a_n\}_{n \geq 1}$ es 0.*

2. *Sea $b > 0$ y $a_n = n^b$, $n = 1, 2, \ldots$ Dado que $\sum_{n \geq 1} \frac{1}{(n^b)^k} < \infty$ cuando $bk > 1$ (se trata de una serie p-Riemann), el exponente de convergencia asociado a la sucesión $\{a_n\}_{n \geq 1}$ es $\frac{1}{b}$.*

   Como podemos observar, asignando valores a b, con este ejemplo podemos conseguir cualquier valor para el exponente de convergencia.

3. *Sea $a_n = \ln n$, $n = 2, 3, \ldots$ Dado que $\sum_{n \geq 2} \frac{1}{(\ln n)^k}$ diverge para cualquier $k > 0$, el exponente de convergencia asociado a la sucesión $\{a_n\}_{n \geq 1}$ es ∞. En efecto, notemos que*

$$\lim_{n \to \infty} \frac{n}{(\ln n)^k} = \infty,$$

   ya que la regla de l'Hôpital permite probar que $\lim_{x \to \infty} \frac{x}{(\ln x)^k} = \infty$ para cualquier $k > 0$. De esta forma, existe $\Delta > 1$ tal que $\frac{n}{(\ln n)^k} \geq \Delta$, es decir, $\frac{1}{(\ln n)^k} \geq \Delta \frac{1}{n}$.

Por tanto, $\sum_{n\geq 2} \dfrac{1}{(\ln n)^k} \geq \Delta \sum_{n\geq 2} \dfrac{1}{n}$ *y de aquí deducimos la divergencia de la citada serie.*

El siguiente resultado sobre la construcción de una función entera a través de un producto infinito mejora el teorema 5.2 en el sentido de que la cantidad de sumandos del término exponencial que interviene en los factores canónicos no depende del índice del productorio.

Teorema 5.3 (Construcción de una función entera (bis)) *Sea $\{a_n\}_{n=1}^{\infty}$ una sucesión de números complejos (no nulos) tales que $\lim\limits_{n\to\infty} |a_n| = \infty$ y cuyo exponente de convergencia μ sea finito ($\mu < \infty$). Si h es un entero no negativo tal que $h > \mu - 1$, entonces el producto infinito $\prod_{n=1}^{\infty} E_h\left(\dfrac{z}{a_n}\right)$ define una función entera cuyos ceros vienen dados por $a_1, a_2, \ldots$*

Prueba. La demostración sigue el patrón de la realizada en el teorema 5.2. Sea $h > \mu - 1$. Por el lema 5.2, si $\left|\dfrac{z}{a_n}\right| \leq 1$, sabemos que

$$\left|1 - E_h\left(\frac{z}{a_n}\right)\right| = \left|E_h\left(\frac{z}{a_n}\right) - 1\right| \leq \left|\frac{z}{a_n}\right|^{h+1}.$$

Fijemos $r > 0$ arbitrario con $|z| \leq r$ y $|a_n| > 2r$, entonces $\left|\dfrac{z}{a_n}\right| < \dfrac{1}{2}$ y, por definición de μ, tenemos que

$$\sum_{n=1}^{\infty} \left|E_h\left(\frac{z}{a_n}\right) - 1\right| \leq r^{h+1} \sum_{n=1}^{\infty} \frac{1}{|a_n|^{h+1}} < \infty.$$

Ahora, dado que $r > 0$ es arbitrario, obtenemos la convergencia uniforme sobre compactos del plano y, por el teorema 5.1, el producto $f(z) = \prod_{n=1}^{\infty} E_h\left(\dfrac{z}{a_n}\right)$ define una función entera. $\square$

Observación 5.3 *En el teorema anterior, observemos que en el caso de que μ sea un número entero y $\sum_{n\geq 1} \dfrac{1}{|a_n|^{\mu}}$ sea convergente, entonces podemos tomar $h = \mu - 1$.*

Ejemplo 5.6 *Sea $a_n = n(\ln n)^2$, $n = 2, 3, \ldots$ Veamos que el exponente de convergencia asociado a esta sucesión es $\mu = 1$. En efecto,*

$$\sum_{n\geq 2} \frac{1}{n^k(\ln n)^{2k}} = \sum_{n\geq 2} \frac{1}{n^k} \frac{1}{(\ln n)^{2k}} \leq \sum_{n\geq 2} \frac{1}{n^k}$$

y esta última serie converge cuando $k > 1$. Por tanto, $\mu \leq 1$. Ahora, si $k < 1$ entonces

$$\lim_{n\to\infty} \frac{\frac{1}{n^k(\ln n)^{2k}}}{\frac{1}{n}} = \lim_{n\to\infty} \frac{n^{1-k}}{(\ln n)^{2k}} = \infty$$

y existe $\Delta \geq 1$ tal que

$$\sum_{n\geq 2} \frac{1}{n^k(\ln n)^{2k}} \geq \Delta \sum_{n\geq 2} \frac{1}{n}.$$

Por tanto, $\sum_{n\geq 2} \frac{1}{n^k(\ln n)^{2k}}$ diverge y, consecuentemente, $\mu = 1$. Además, notemos que, para $k = 1$, la serie $\sum_{n\geq 2} \frac{1}{n(\ln n)^2}$ converge por el criterio de la integral, ya que

$$\int_2^\infty \frac{1}{n(\ln n)^2} = \frac{1}{\ln 2}.$$

Por tanto, en el teorema anterior se puede tomar $h = 0$.

Teorema 5.4 (Teorema de factorización de Weierstrass) *Sea f una función entera no idénticamente nula con un cero en $z = 0$ de orden $m \in \mathbb{N} \cup \{0\}$ (tomamos $m = 0$ si $f(0) \neq 0$) y otros ceros $a_1, a_2, \ldots$ repetidos según su multiplicidad. Entonces*

$$f(z) = e^{g(z)} z^m \prod_{n\geq 1} E_{m_n}\left(\frac{z}{a_n}\right)$$

para una cierta función entera g y números enteros no negativos m_n.

Prueba.

i) Supongamos que f tiene una cantidad finita de ceros $a_1, a_2, \ldots, a_n$ En tal caso, el cociente

$$\frac{f(z)}{z^m(z - a_1)(z - a_2)\cdots(z - a_n)}$$

presenta singularidades evitables en cada cero de f y al eliminarlas se consigue una función entera (recuérdese la observación 3.9). Ahora, por la nota 2.11 (que proviene del teorema 2.13, condición e)), existe una función entera g tal que

$$\frac{f(z)}{z^m(z - a_1)(z - a_2)\cdots(z - a_n)} = e^{g(z)}$$

y, por tanto,

$$f(z) = e^{g(z)} z^m (z - a_1)(z - a_2)\cdots(z - a_n),$$

lo que demuestra el teorema en este caso (tomando $m_k = 0$ para $k = 1, \ldots, n$).

ii) Supongamos que f tiene una cantidad infinita de ceros $a_1, a_2, \ldots, a_n \ldots$ En tal caso, $\lim\limits_{n \to \infty} |a_n| = \infty$ (de lo contrario la función sería idénticamente nula). Además sabemos que para $m_n \geq n - 1$ el producto infinito $\prod_{n \geq 1} E_{m_n}\left(\frac{z}{a_n}\right)$ define una función entera (teorema 5.2), luego

$$\frac{f(z)}{z^m \prod_{n \geq 1} E_{m_n}\left(\frac{z}{a_n}\right)}$$

presenta singularidades evitables en cada cero de f y al eliminarlas se consigue una función entera (de nuevo, recuérdese la observación 3.9). Como antes, por la nota 2.11 existe una función entera g tal que

$$\frac{f(z)}{z^m \prod_{n \geq 1} E_{m_n}\left(\frac{z}{a_n}\right)} = e^{g(z)}$$

y, por tanto,

$$f(z) = e^{g(z)} z^m \prod_{n \geq 1} E_{m_n}\left(\frac{z}{a_n}\right).$$

$\square$

Observación 5.4 *En general, si el exponente de convergencia μ asociado a la sucesión $\{a_n\}_{n \geq 1}$ es finito, tomamos $m_n = h > \mu - 1$ para cada $n = 1, 2, \ldots$ Al igual que en la observación 5.3, cuando μ es entero y $\sum_{n \geq 1} \frac{1}{|a_n|^\mu} < \infty$ entonces podemos tomar $h = \mu - 1$.*

Nota 5.4 *En algunas referencias se conoce como teorema de Weierstrass al resultado de existencia de funciones analíticas en abiertos cualesquiera cuyo conjunto discreto de ceros está prefijado en tales abiertos (véase por ejemplo [30, Teorema 2.4, pág. 498]), al estilo del corolario 5.1.*

Definición 5.5 (Función meromorfa) *Diremos que una función f es meromorfa en un abierto U cuando f es analítica en U excepto posiblemente en singularidades aisladas que son polos.*

Corolario 5.2 (Caracterización de las funciones meromorfas) *Una función f es meromorfa en $\mathbb{C}$ si, y solo si, $f(z) = \dfrac{g(z)}{h(z)}$ con g y h funciones enteras, siendo h no idénticamente nula.*

Prueba. Si $f(z) = \frac{g(z)}{h(z)}$, $z \in \mathbb{C}$, con g y h funciones enteras y h no idénticamente nula, entonces f es meromorfa, donde los polos de f son los ceros de la función h. Recíprocamente, si f es meromorfa en $\mathbb{C}$ denotemos por $b_1, b_2, \ldots, b_n, \ldots$ a sus polos (observemos que este conjunto de polos no tiene puntos de acumulación, ya que en caso contrario tendríamos singularidades no aisladas). Utilizando el corolario 5.1 (consecuencia del teorema 5.2), construimos una función entera h cuyos ceros sean justamente los puntos $b_1, b_2, \ldots$ En tal caso, la función $g(z) := f(z)h(z)$, $z \in \mathbb{C}$, presenta singularidades evitables en los puntos $b_1, b_2, \ldots$ y al eliminarlas se consigue una función entera. Luego $f(z) = \frac{g(z)}{h(z)}$ para todo $z \in \mathbb{C}$, tal como se quería probar. $\qquad\square$

Corolario 5.3 *Sea $M \subset \mathbb{C}$ un conjunto sin puntos de acumulación y $m : M \to \mathbb{N}$ una aplicación que asigna a cada $a \in M$ un número natural $m(a) \in \mathbb{N}$. Entonces existe una función meromorfa g cuyo conjunto de polos coincide con M y el orden de cada polo a es $m(a)$.*

Prueba. Por el corolario 5.1, obtenemos una función entera f tal que $Z(f) = M$ y la multiplicidad de cada cero $a \in Z(f)$ es $m(a)$. Ahora, tomando $g(z) = \frac{1}{f(z)}$, $z \in \mathbb{C}$, obtenemos el resultado. $\qquad\square$

Nota 5.5 *Más generalmente, el teorema de Mittag-Leffler permite especificar los coeficientes (que resultan una cantidad finita) de las potencias negativas del desarrollo de Laurent en cada polo [7, Teorema 6.3.1].*

A continuación trataremos de sacar provecho al teorema de factorización de Weierstrass para obtener, por ejemplo, la factorización de la función seno. Para ello, en primer lugar necesitamos probar las siguientes dos igualdades que enunciaremos en forma de lemas (para más detalles se puede consultar por ejemplo [47]). Más adelante, con el uso del teorema de factorización de Hadamard, daremos otra prueba de la factorización de la función seno (véase el ejemplo 5.9).

Lema 5.3 $\dfrac{\pi^2}{\operatorname{sen}^2(\pi z)} = \displaystyle\sum_{n=-\infty}^{\infty} \dfrac{1}{(z-n)^2}$.

Prueba. Sea $f(z) = \dfrac{\pi^2}{\operatorname{sen}^2(\pi z)}$, $z \in \mathbb{C}$. Entonces f es meromorfa y par, con polos dobles en los enteros $z = n$, $n \in \mathbb{Z}$. De hecho, para cada $n \in \mathbb{Z}$, se tiene que

$$\lim_{z \to n} f(z)(z-n)^2 = \lim_{z \to n} \left(\frac{\pi(z-n)}{\operatorname{sen}\pi z} \right)^2 = 1$$

y la función $f(z)(z-n)^2 = b_0 + b_1(z-n) + b_2(z-n)^2 + \ldots$ es entera para cada $n \in \mathbb{Z}$. Es decir,

$$(z-n)^2 \pi^2 = \operatorname{sen}^2(\pi z)\left(b_0 + b_1(z-n) + b_2(z-n)^2 + \ldots\right)$$

y, teniendo en cuenta el desarrollo en serie de Taylor de $\operatorname{sen}(\pi z)$, equivale a

$$(z-n)^2 \pi^2 = \left(\pi^2 z^2 - \frac{2\pi^4 z^4}{3!} + \frac{\pi^6 z^6}{(3!)^2} + \ldots\right)\left(b_0 + b_1(z-n) + b_2(z-n)^2 + \ldots\right).$$

Igualando coeficientes, obtenemos $b_0 = 1$ y $b_1 = 0$. Por tanto,

$$f(z) = \frac{1}{(z-n)^2} + \sum_{k \geq 0} a_k(z-n)^2 \text{ (con } a_k = 0 \text{ si } k \text{ es impar).}$$

En consecuencia, la función $F(z) = \displaystyle\sum_{n=-\infty}^{+\infty} \frac{1}{(z-n)^2}$ tiene los mismos polos que f (y del mismo orden) y con los mismos coeficientes del desarrollo de Laurent para las potencias negativas que f, esto nos conduce a que $f(z) - \displaystyle\sum_{n=-\infty}^{+\infty} \frac{1}{(z-n)^2} = g(z)$, siendo g una función entera (en realidad presenta singularidades evitables en cada $z = n$, $n \in \mathbb{Z}$). Observar que la serie $\displaystyle\sum_{n=-\infty}^{+\infty} \frac{1}{(z-n)^2}$ es una función periódica de periodo 1 y nos limitaremos a estudiar su convergencia uniforme sobre compactos en la banda $0 < \operatorname{Re} z < 1$. Sea K un compacto de dicha banda en el que cada punto $z = x + iy \in K$ satisface $|y| \geq 1$, entonces cada $n \in \mathbb{Z}$ satisface $|z-n|^2 = (x-n)^2 + y^2 \geq (n-1)^2 + 1$ y

$$\sum_{n=-\infty}^{+\infty} \frac{1}{(z-n)^2} \leq \sum_{n=-\infty}^{+\infty} \frac{1}{(n-1)^2 + 1} < \infty.$$

Si K es ahora un compacto de la banda $0 < \operatorname{Re} z < 1$ tal que cada $z = x + iy \in K$ satisface $|y| \leq 1$, entonces existe $\delta > 0$ tal que $|z| > \delta$, $|z-1| > \delta$, $|z-2| > 1$, $|z-3| > 2$, $|z+1| > 1$, $|z+2| > 2$,..., en general, $|z-n| > n-1$ y $|z+n| > n$ para cada $n \in \mathbb{N}$ y, por tanto,

$$\sum_{n=-\infty}^{+\infty} \frac{1}{(z-n)^2} \leq \ldots + \frac{1}{n^2} + \ldots + \frac{1}{1^2} + \frac{1}{\delta^2} + \frac{1}{\delta^2} + +\frac{1}{1^2} + \ldots + +\frac{1}{(n-1)^2} + \ldots < \infty.$$

En consecuencia, g es una función entera y periódica de periodo 1 (ya que f también lo es). Además, tomando límites cuando $z \to \infty$ (nos restringiremos a $0 \le \operatorname{Re} z \le 1$ y $|y| \ge 1$) se tiene que

$$\lim_{y \to \infty} \frac{\pi^2}{\operatorname{sen}^2 \pi z} = \lim_{y \to \infty} \sum_{n=-\infty}^{+\infty} \frac{1}{(z-n)^2} = 0 \qquad (5.5)$$

y entonces g es acotada en $\{z \in \mathbb{C} : 0 \le x \le 1; \ |y| \ge 1\}$. Como también lo es en $\{z \in \mathbb{C} : 0 \le x \le 1; \ |y| \le 1\}$ y g es periódica de periodo 1, llegamos a que g está acotada en todo $\mathbb{C}$. Ahora, por el teorema de Liouville, g es una constante y, por (5.5), esta constante es igual a 0, es decir, $g(z) = 0 \ \forall z \in \mathbb{C}$. Por tanto,

$$\frac{\pi^2}{\operatorname{sen}^2 \pi z} = \sum_{n=-\infty}^{\infty} \frac{1}{(z-n)^2}.$$

$\square$

Como corolario de la igualdad anteriormente probada, obtenemos el siguiente resultado que fue probado por L. Euler en 1750 y que nos proporciona el inverso de la probabilidad de que al elegir al azar dos números naturales, estos sean primos entre sí.

Corolario 5.4 $\dfrac{1}{1^2} + \dfrac{1}{2^2} + \dfrac{1}{3^2} + \ldots + \dfrac{1}{n^2} + \ldots = \dfrac{\pi^2}{6}.$

Prueba. Haciendo $z = \frac{1}{2}$ en la igualdad del lema 5.3, se tiene que

$$\pi^2 = \sum_{n=-\infty}^{\infty} \frac{1}{\left(\frac{1}{2} - n\right)^2} = \sum_{n=-\infty}^{\infty} \frac{4}{(2n-1)^2} = 4 \cdot 2 \cdot \sum_{n \ge 1} \frac{1}{(2n-1)^2}.$$

Por tanto,

$$\sum_{n \ge 1} \frac{1}{(2n-1)^2} = \frac{\pi^2}{8}.$$

Ahora,

$$\sum_{n \ge 1} \frac{1}{n^2} = \sum_{n \ge 1} \frac{1}{(2n)^2} + \sum_{n \ge 1} \frac{1}{(2n-1)^2} = \frac{1}{4} \sum_{n \ge 1} \frac{1}{n^2} + \frac{\pi^2}{8}$$

y, por tanto, tenemos que

$$\sum_{n \ge 1} \frac{1}{n^2} = \frac{\frac{\pi^2}{8}}{1 - \frac{1}{4}} = \frac{\pi^2}{6}.$$

$\square$

Lema 5.4 $\pi \cotg(\pi z) = \dfrac{1}{z} + \displaystyle\sum_{n \geq 1} \dfrac{2z}{z^2 - n^2}.$

Prueba. La función $f(z) = \pi \cotg(\pi z) = \pi \dfrac{\cos(\pi z)}{\text{sen}(\pi z)}$ presenta polos simples en los puntos $z = n$, $n \in \mathbb{Z}$. De hecho,

$$\lim_{z \to n} f(z)(z - n) = \lim_{z \to n} \pi \frac{\cos(\pi z)(z - n)}{\text{sen}(\pi z)} = 1$$

y entonces

$$f(z) = \frac{1}{z - n} + \sum_{k \geq 0} a_k(z - n)^k.$$

Ahora, como en el ejemplo anterior, la función

$$g(z) := f(z) - \sum_{n = -\infty}^{\infty} \frac{1}{z - n}$$

es entera. Veamos que su derivada es 0 y, por tanto, es constante. En efecto,

$$f'(z) = \frac{-\pi^2}{\text{sen}^2(\pi z)}$$

y

$$\sum_{n = -\infty}^{\infty} \frac{1}{z - n} = \frac{1}{z} + \sum_{n \geq 1} \frac{1}{z - n} + \sum_{n \geq 1} \frac{1}{z + n} = \frac{1}{z} + \sum_{n \geq 1} \frac{2z}{z^2 - n^2},$$

con lo que

$$\left(\sum_{n = -\infty}^{\infty} \frac{1}{z - n} \right)' = -\frac{1}{z^2} + \sum_{n \geq 1} \frac{2(z^2 - n^2) - 4z^2}{(z^2 - n^2)^2} = -\frac{1}{z^2} - 2\sum_{n \geq 1} \frac{z^2 + n^2}{(z^2 - n^2)^2}.$$

Es decir,

$$g'(z) = \frac{-\pi^2}{\text{sen}^2(\pi z)} + \frac{1}{z^2} + 2\sum_{n \geq 1} \frac{z^2 + n^2}{(z^2 - n^2)^2}$$

y, utilizando la fórmula del ejemplo anterior, concluimos que $g'(z) = 0$ y $g(z) = c$ para algún $c \in \mathbb{C}$. Ahora, como $g(z)$ es impar, entonces $c = 0$ y la fórmula queda probada. $\qquad\square$

Proposición 5.4 $\operatorname{sen}(\pi z) = \pi z \prod_{n \geq 1} \left(1 - \dfrac{z^2}{n^2}\right).$

Prueba. Sea $f(z) = \operatorname{sen}(\pi z)$, cuyos ceros vienen dados por $a_n = n$, $n \in \mathbb{Z}$. El exponente de convergencia asociado a $\{a_n\}_{n \geq 1}$ es claramente $\mu = 1$ y, dado que $\sum_{n \geq 1} \frac{1}{n} = \infty$, entonces tomamos $h = 1$ en el teorema de factorización de Weierstrass (véase la observación 5.4). Así, el término $\prod_{n \in \mathbb{Z} \setminus \{0\}} E_h \left(\frac{z}{a_n}\right)$ viene dado por

$$\prod_{n=1}^{\infty} E_1 \left(\frac{z}{n}\right) E_1 \left(\frac{z}{-n}\right) = \prod_{n=1}^{\infty} \left(1 - \frac{z^2}{n^2}\right).$$

Además, $z = 0$ es un cero de orden 1 de $f(z)$ y tomamos $m = 1$, con lo que nos queda

$$\operatorname{sen}(\pi z) = z e^{g(z)} \prod_{n=1}^{\infty} \left(1 - \frac{z^2}{n^2}\right). \tag{5.6}$$

Tomando logaritmos en (5.6), tenemos

$$\operatorname{Log} \operatorname{sen}(\pi z) = \operatorname{Log} z + g(z) + \sum_{n \geq 1} \operatorname{Log} \left(1 - \frac{z^2}{n^2}\right)$$

y, derivando,

$$\pi \frac{\cos(\pi z)}{\operatorname{sen}(\pi z)} = g'(z) + \frac{1}{z} + \sum_{n \geq 1} \frac{\frac{-2z}{n^2}}{\frac{n^2 - z^2}{n^2}} = g'(z) + \frac{1}{z} + \sum_{n \geq 1} \frac{2z}{z^2 - n^2}.$$

Usando ahora el lema 5.4, nos queda

$$\pi \frac{\cos(\pi z)}{\operatorname{sen}(\pi z)} = \pi \cot(\pi z) = g'(z) + \pi \cot(\pi z),$$

es decir, $g'(z) = 0$ y, por tanto, $g(z) = c$ para algún $c \in \mathbb{C}$. Por otra parte, observar que de (5.6) tenemos que

$$\frac{\operatorname{sen}(\pi z)}{z} = e^c \prod_{n=1}^{\infty} \left(1 - \frac{z^2}{n^2}\right)$$

y, tomando límites cuando $z \to 0$, se tiene $\pi = e^c$ y obtenemos la fórmula

$$\operatorname{sen}(\pi z) = \pi z \prod_{n \geq 1} \left(1 - \frac{z^2}{n^2}\right).$$

Equivalentemente,

$$\operatorname{sen} z = z \prod_{n \geq 1} \left(1 - \frac{z^2}{n^2 \pi^2}\right).$$

$\square$

5.3 Orden de crecimiento

Sea f una función entera y no constante y $r > 0$. Entonces sabemos que f es no acotada y por tanto, bajo la notación

$$M_f(r) = \text{máx}\{|f(z)| : |z| = r\},$$

tenemos que $M_f(r)$ es una función estrictamente creciente (por el principio del módulo máximo) y $\lim_{r \to \infty} M_f(r) = \infty$ (por el teorema de Liouville).

Proposición 5.5 *Sea f una función entera no constante. Consideremos*

$$\lambda_1 = \limsup_{r \to \infty} \frac{\ln(\ln M_f(r))}{\ln r}$$

y

$$\lambda_2 = \text{ínf}\{a \geq 0 : \exists r > 0 \text{ tal que } |f(z)| \leq e^{|z|^a} \ \forall z \in \mathbb{C} \setminus B(0, r)\}.$$

Entonces $\lambda_1 = \lambda_2$, donde $\lambda_2 = \infty$ si el conjunto que lo define es vacío.

Prueba.

i) Veamos que $\lambda_1 \geq \lambda_2$. Si $\lambda_1 = \infty$, esta desigualdad es trivial, con lo que supondremos $\lambda_1 < \infty$. Por definición de λ_1, dado $\varepsilon > 0$, existe $r_0 > 0$ tal que $\dfrac{\ln(\ln M_f(r))}{\ln r} \leq \lambda_1 + \varepsilon$ o $\ln(\ln M_f(r)) \leq (\lambda_1 + \varepsilon) \ln r \ \forall r \geq r_0$. Tomando exponenciales dos veces, tenemos

$$\ln M_f(r) \leq e^{(\lambda_1 + \varepsilon) \ln r} = r^{\lambda_1 + \varepsilon} \ \forall r \geq r_0$$

y finalmente

$$M_f(r) \leq e^{r^{\lambda_1 + \varepsilon}} \ \forall r \geq r_0.$$

Ahora, si $|z| = r$, por definición de $M_f(r)$, tenemos que

$$|f(z)| \leq e^{|z|^{\lambda_1 + \varepsilon}} \ \forall z \in \mathbb{C} \setminus B(0, r_0).$$

Por tanto, $\lambda_2 \leq \lambda_1 + \varepsilon$ y, dado que $\varepsilon > 0$ es arbitrario, entonces $\lambda_2 \leq \lambda_1$.

ii) Veamos que $\lambda_2 \geq \lambda_1$. Si $\lambda_2 = \infty$, esta desigualdad es trivial, con lo que supondremos $\lambda_2 < \infty$. Por definición de λ_2, dado $\varepsilon > 0$, existe $r_0 > 0$ suficientemente grande tal que

$$|f(z)| \leq e^{|z|^{\lambda_2 + \varepsilon}} \ \forall z \in \mathbb{C} \setminus B(0, r_0).$$

Por tanto, para $|z| = r$, con $r \geq r_0$, tenemos que $M_f(r) = \text{máx}\{|f(z)| : |z| = r\} \leq e^{|z|^{\lambda_2 + \varepsilon}}$ y, tomando logaritmos dos veces, llegamos a

$$\ln M_f(r) \leq |z|^{\lambda_2 + \varepsilon} = r^{\lambda_2 + \varepsilon}$$

y

$$\ln(\ln M_f(r)) \leq (\lambda_2 + \varepsilon) \ln r,$$

con lo que

$$\frac{\ln(\ln M_f(r))}{\ln r} \leq \lambda_2 + \varepsilon.$$

Por tanto, $\lambda_1 \leq \lambda_2 + \varepsilon$ y, dado que $\varepsilon > 0$ es arbitrario, entonces $\lambda_1 \leq \lambda_2$.

$\square$

Definición 5.6 (Orden de crecimiento de una función entera) *Dada una función entera $f : \mathbb{C} \to \mathbb{C}$, denominaremos orden (u orden de crecimiento) de f al valor $\lambda := \lambda_1 = \lambda_2$, donde λ_1 y λ_2 vienen definidos en la proposición anterior.*

Nota 5.6 *Sea $f(z) = \sum_{n \geq 0} a_n z^n$, $z \in \mathbb{C}$, una función entera no constante. Entonces el orden de f viene también dado por*

$$\lambda = \limsup_{n \to \infty} \frac{\ln n}{-\ln |a_n|^{1/n}} = \limsup_{n \to \infty} \frac{n \ln n}{\ln\left(\frac{1}{|a_n|}\right)}.$$

(Véase [6, pág. 149].)

Ejemplos 5.7

1. *Probaremos que el orden de un polinomio $P(z) = a_0 + a_1 z + \ldots + a_n z^n$ es $\lambda = 0$. En efecto, observar que para cualquier $\alpha > 0$ se tiene que*

$$\lim_{|z| \to \infty} \frac{e^{|z|^\alpha}}{|P(z)|} \geq \lim_{|z| \to \infty} \frac{e^{|z|^\alpha}}{|a_0| + |a_1||z| + \ldots + |a_n||z|^n} =$$

$$\lim_{|z| \to \infty} \frac{\frac{e^{|z|^\alpha}}{|z|^n}}{\frac{|a_0|}{|z|^n} + \frac{|a_1|}{|z|^{n-1}} + \ldots + |a_n|} = \infty.$$

En consecuencia,

$$\text{ínf}\{\alpha \geq 0 : \exists r > 0 \text{ tal que } |P(z)| \leq e^{|z|^\alpha} \; \forall z \in \mathbb{C} \setminus B(0, r)\} = 0.$$

2. *Sea $f(z) = e^{az}$, $z \in \mathbb{C}$, con $a \neq 0$. Probaremos que su orden es $\lambda = 1$. En efecto, para todo $\alpha > 1$, se cumple que*

$$|f(z)| = |e^{az}| \leq e^{|az|} \leq e^{|z|^\alpha}$$

para $|z|$ suficientemente grande. Por tanto $\lambda \leq 1$. Si $\alpha < 1$ y tomamos $z = x$, entonces $\lim\limits_{x \to \infty} \dfrac{|e^{ax}|}{e^{x^\alpha}} = \lim\limits_{x \to \infty} e^{\mathrm{Re}(ax) - x^\alpha} = \infty$ cuando $\mathrm{Re}\, a > 0$ (cuando $\mathrm{Re}\, a < 0$ tomamos $z = -x$ y cuando $\mathrm{Re}\, a = 0$ tomamos $z = iy$ o $z = -iy$ con $y \to \infty$), con lo que $\lambda \geq 1$.

Más generalmente, un procedimiento similar permite demostrar que el orden de $e^{a_0 + a_1 z + \ldots + a_n z^n}$, con $a_n \neq 0$, es n.

3. *Probaremos que el orden de $f(z) = e^{e^z}$ es ∞. En efecto esto es así, ya que tomando $z = \ln x$, $x > 0$, tenemos que*

$$\lim_{x \to \infty} \frac{|f(z)|}{e^{|z|^\alpha}} = \lim_{x \to \infty} \frac{e^x}{e^{(\ln x)^\alpha}} = \lim_{x \to \infty} e^{x - (\ln x)^\alpha} = \infty$$

para cualquier $\alpha > 0$.

Teorema 5.5 (Fórmula de Jensen) *Sea f una función analítica en un conjunto abierto $U \supset \overline{D}(0, R)$ para algún $R > 0$. Supongamos que f no tiene ceros en la circunferencia $|z| = R$ y que $f(0) \neq 0$. Denotemos por $a_1, a_2, \ldots, a_n$ los ceros de f, repetidos según su multiplicidad, en el disco $|z| < R$. Entonces*

$$\ln |f(0)| = \sum_{j=1}^{n} \ln \frac{|a_j|}{R} + \frac{1}{2\pi} \int_0^{2\pi} \ln |f(Re^{it})| \, dt.$$

Prueba. Consideremos la función

$$F(z) := f(z) \prod_{j=1}^{n} \frac{R^2 - \overline{a_j} z}{R(z - a_j)}.$$

Observar que F presenta singularidades evitables en los puntos $a_1, \ldots, a_n$ y, por tanto, podemos suponer que F es analítica en U y no tiene ceros en algún abierto, simplemente conexo, conteniendo $\overline{D}(0, R)$. Así, el teorema 2.13 garantiza la existencia de un logaritmo analítico $\mathrm{Log}\, F(z)$ de $F(z)$, cuya parte real es $\mathrm{Log}\, |F(z)|$. Ahora, por la fórmula integral de Poisson (teorema 2.25), aplicada a $z = 0$, se tiene que

$$\mathrm{Log}\, |F(0)| = \frac{1}{2\pi} \int_0^{2\pi} P_0(t) \, \mathrm{Log}\, |F(Re^{it})| \, dt,$$

es decir,

$$\mathrm{Log}\,|F(0)| = \frac{1}{2\pi}\int_0^{2\pi}\mathrm{Log}\,|F(Re^{it})|dt.$$

Observar también que si $|z| = R$, entonces

$$|F(z)| = |f(z)|\prod_{j=1}^{n}\frac{|R^2 - \overline{a_j}z|}{R|z - a_j|} = |f(z)|\frac{R}{|\overline{z}|}\prod_{j=1}^{n}\frac{|\overline{z}R - \overline{a_j}R|}{R|z - a_j|} = |f(z)|.$$

Por tanto,

$$\mathrm{Log}\,|F(0)| = \frac{1}{2\pi}\int_0^{2\pi}\mathrm{Log}\,|f(Re^{it})|dt,$$

lo que nos lleva a

$$\ln|f(0)| = \sum_{j=1}^{n}\ln\frac{|a_j|}{R} + \frac{1}{2\pi}\int_0^{2\pi}\ln|f(Re^{it})|dt.$$

$\square$

Teorema 5.6 *Sea $f : \mathbb{C} \to \mathbb{C}$ una función entera no constante de orden finito λ, y sean $a_1, a_2, \ldots$ los ceros de f repetidos según su multiplicidad. Entonces $\mu \leq \lambda$, donde μ es el exponente de convergencia asociado a esta sucesión.*

Prueba. Observar que si f tiene una cantidad finita de ceros, f es un polinomio y se tiene que $\mu = \lambda = 0$, con lo que el resultado sigue. Ordenemos $\{a_n\}_{n\geq 1}$ de modo que $|a_p| \leq |a_q|$ si $p \leq q$ y observar que $\lim_{n\to\infty}|a_n| = \infty$. Se trata de probar que para cualquier $k > \lambda$ la serie $\sum_{n\geq 1}\frac{1}{|a_n|^k}$ es convergente. Para ello, fijado $k > \lambda$, sea $a > 0$ con $\lambda < a < k$, entonces $|f(z)| < e^{|z|^a}$ y

$$\ln|f(z)| < |z|^a \tag{5.7}$$

para $|z| \geq R$ suficientemente grande (este valor de R se especifica a continuación). Ahora, por la fórmula de Jensen (teorema 5.5) aplicada a $\overline{D}(0, R)$ con $R = 2|a_n| + \varepsilon$, siendo n suficientemente grande y $\varepsilon > 0$ tal que $f(z)$ no tenga ningún cero a_m verificando $2|a_n| < |a_m| \leq 2|a_n| + \varepsilon$, se tiene que

$$\ln|f(0)| = \sum_{j=1}^{p}\ln\left(\frac{|a_j|}{2|a_n| + \varepsilon}\right) + \frac{1}{2\pi}\int_0^{2\pi}\ln|f((2|a_n| + \varepsilon)e^{it})|dt, \tag{5.8}$$

donde p es el número de ceros de f en $D(0,R)$. Utilizando (5.7), se deduce de (5.8) que

$$\ln|f(0)| \le \sum_{j=1}^{p} \ln\left(\frac{|a_j|}{2|a_n|+\varepsilon}\right) + (2|a_n|+\varepsilon)^a.$$

Dado que podemos hacer ε tender a 0, se tiene entonces que

$$\ln|f(0)| \le \sum_{j=1}^{p} \ln\left(\frac{|a_j|}{2|a_n|}\right) + (2|a_n|)^a. \tag{5.9}$$

Notar que $|a_j| \le 2|a_n|$, $j = 1, 2, \ldots, p$ (ya que $a_j \in D(0,R)$), es decir, $\ln\left(\frac{|a_j|}{2|a_n|}\right) \le 0$ y, por tanto, de (5.9) se llega a

$$\ln|f(0)| \le \sum_{j=1}^{n} \ln\left(\frac{|a_j|}{2|a_n|}\right) + (2|a_n|)^a \le \sum_{j=1}^{n} \ln\left(\frac{1}{2}\right) + (2|a_n|)^a = -n\ln 2 + (2|a_n|)^a,$$

con lo que

$$n \le \frac{2^a}{\ln 2}|a_n|^a - \frac{\ln|f(0)|}{\ln 2}. \tag{5.10}$$

Ahora, si $a < b < k$, dividiendo cada miembro de (5.10) por $|a_n|^b$ se tiene que

$$\frac{n}{|a_n|^b} \le \frac{2^a}{\ln 2}\frac{|a_n|^a}{|a_n|^b} - \frac{\ln|f(0)|}{\ln 2}\frac{1}{|a_n|^b}$$

y, haciendo $n \to \infty$ llegamos a

$$\lim_{n\to\infty} \frac{n}{|a_n|^b} = 0,$$

lo que significa que $|a_n|^b > n$ o $|a_n| > n^{1/b}$ para valores de n suficientemente grandes. En consecuencia

$$\sum_{n\ge 1} \frac{1}{|a_n|^k} \le \sum_{n\ge 1} \frac{1}{n^{k/b}} < \infty$$

y tenemos probado el resultado.   □

Teorema 5.7 *Sea $\{a_n\}_{n\ge 1}$ una sucesión de números complejos no nulos con $\lim_{n\to\infty}|a_n| = \infty$ y exponente de convergencia asociado $\mu < \infty$. Sea $E(z) = \prod_{n\ge 1} E_h\left(\frac{z}{a_n}\right)$, donde*

$$h = \begin{cases} \mu - 1 & si\ \mu \in \mathbb{Z}\ y\ \displaystyle\sum_{n\ge 1}\frac{1}{|a_n|^\mu} < \infty \\[2mm] \mu & si\ \mu \in \mathbb{Z}\ y\ \displaystyle\sum_{n\ge 1}\frac{1}{|a_n|^\mu} = \infty \\[2mm] [\mu] & si\ \mu \notin \mathbb{Z} \end{cases}.$$

Entonces el orden de E es μ.

Prueba. Por el teorema anterior sabemos que el orden λ de E satisface $\lambda \geq \mu$. Veamos la desigualdad contraria. Tomemos $|z| \leq \frac{1}{2}$, entonces

$$|E_h(z)| = \left|(1-z)e^{\sum_{j=1}^{h}\frac{z^j}{j}}\right| = \left|e^{\text{Log}(1-z)+\sum_{j=1}^{h}\frac{z^j}{j}}\right| = \left|e^{-\sum_{j\geq h+1}\frac{z^j}{j}}\right| \leq e^{\sum_{j\geq h+1}\frac{|z|^j}{j}} \leq$$

$$e^{\sum_{j\geq h+1}|z|^j} = e^{\frac{|z|^{h+1}}{1-|z|}} \leq e^{2|z|^{h+1}} \leq e^{|z|^h}.$$

Tomemos ahora $|z| > \frac{1}{2}$, entonces

$$|E_h(z)| = \left|(1-z)e^{\sum_{j=1}^{h}\frac{z^j}{j}}\right| \leq (1+|z|)e^{\sum_{j=1}^{h}|z|^j} = (1+|z|)e^{|z|^h\sum_{j=0}^{h-1}\frac{1}{|z|^j}} \leq$$

$$(1+|z|)e^{|z|^h\sum_{j=0}^{h-1}2^j} = (1+|z|)e^{|z|^h\frac{1-2^h}{1-2}} = (1+|z|)e^{|z|^h(2^h-1)} < e^{|2z|^h+\ln(1+|z|)}.$$

Escojamos k tal que $h \leq \mu \leq k < h+1$ y tal que $\sum_{n\geq 1}\frac{1}{|a_n|^k} < \infty$. Entonces, dado que $\lim_{x\to\infty}\dfrac{\ln(1+x)}{x^k} = 0$ (y $\ln(1+x) \leq x^k$ para x suficientemente grande), las dos desigualdades conseguidas implican que

$$|E_h(z)| \leq e^{C|z|^k}$$

para una cierta constante C y todo $z \in \mathbb{C}$. Cambiando z por $\frac{z}{a_n}$ queda

$$\left|E_h\left(\frac{z}{a_n}\right)\right| \leq e^{C\left|\frac{z}{a_n}\right|^k}, \ n \in \mathbb{N}.$$

En consecuencia, existe una constante K tal que

$$\left|\prod_{n\geq 1}E_h\left(\frac{z}{a_n}\right)\right| \leq e^{K|z|^k} < e^{|z|^{k+\varepsilon}},$$

para cualquier $\varepsilon > 0$ prefijado y $|z|$ suficientemente grande. Esto implica que $\lambda \leq k$ y, como k puede tomarse arbitrariamente cerca de μ, entonces $\lambda \leq \mu$. $\qquad\square$

Ejemplos 5.8

1. *Haremos uso del teorema 5.7 para calcular el orden de*

$$\prod_{n\geq 1}(1-2^{-n}z) = \prod_{n\geq 1}E_0\left(\frac{z}{a_n}\right), con\ a_n = 2^n.$$

Observar que para cualquier $k > 0$ se tiene que

$$\sum_{n \geq 1} \frac{1}{|a_n|^k} = \sum_{n \geq 1} \frac{1}{2^{nk}} < \infty,$$

luego el exponente de convergencia asociado a la sucesión $\{a_n\}_{n \geq 1}$ es 0 y, además, $h = \mu = 0$. En consecuencia, como el orden del producto canónico coincide con el exponente de convergencia, dicho orden es igual a 0.

2. *Calcularemos ahora el orden de*

$$\prod_{n \geq 2} \left(1 - \frac{z}{n^5 (\ln n)^2} \right) = \prod_{n \geq 2} E_0 \left(\frac{z}{a_n} \right), \quad con \ a_n = n^5 (\ln n)^2.$$

Notar que $\displaystyle\sum_{n \geq 2} \frac{1}{|a_n|^k} = \sum_{n \geq 2} \frac{1}{(n^5 (\ln n)^2)^k} < \infty$ si, y solo si, $k > \dfrac{1}{5}$, luego $\mu = \dfrac{1}{5}$.

En este caso, el coeficiente h del teorema 5.7 viene dado por $h = \left[\dfrac{1}{5} \right] = 0$ y, en consecuencia, el orden del producto es $\frac{1}{5}$.

Lema 5.5 *Sea $f : U \to \mathbb{C}$ una función analítica en un abierto $U \supset \overline{D}(0, R)$, con $R > 0$. Consideremos $M = \text{máx}\{|\text{Re } f(z)| : |z| = R\}$ y supongamos que $f(0) = 0$. Entonces se cumple que*

$$|f(z)| \leq \frac{2|z|M}{R - |z|} \quad si \ 0 < |z| < R.$$

Prueba. Consideremos la función

$$F(z) := \frac{f(z)}{z(2M - f(z))}, \quad z \in U,$$

que la podemos considerar analítica en un abierto $V \subset U$ conteniendo $\overline{D}(0, R)$ (ya que, por una parte, $f(0) = 0$ y, por otra parte, la igualdad $f(z) = 2M$ implica $\text{Im } f(z) = 0$ y $\text{Re } f(z) = 2M$, lo que no ocurre para valores $z \in V$ tales que $|z| \leq R$ debido al corolario 2.13). Observar entonces que la función f puede ser expresada como

$$f(z) = \frac{2MzF(z)}{1 + zF(z)}, \quad z \in V. \tag{5.11}$$

Si $|z| = R$ entonces $|2M - \text{Re } f(z)| \geq M \geq |\text{Re } f(z)|$ y, por tanto, para aquellos z con $f(z) \neq 0$ se tiene que

$$|F(z)| = \frac{|f(z)|}{|z|\sqrt{(2M - \text{Re } f(z))^2 + (\text{Im } f(z))^2}} \leq \frac{|f(z)|}{|z|\sqrt{(\text{Re } f(z))^2 + (\text{Im } f(z))^2}} = \frac{1}{|z|} = \frac{1}{R}.$$

Si $f(z) = 0$, la desigualdad $|F(z)| \leq \frac{1}{R}$ es trivial. En consecuencia, por el principio del módulo máximo (teorema 2.22), se tiene que $|F(z)| \leq \frac{1}{R}$ para todo $z \in V$ tal que $|z| \leq R$. Por tanto, a partir de (5.11), para $0 < |z| < R$ se cumple que

$$|f(z)| \leq \frac{2|z|M}{R|1 + zF(z)|} = \frac{2|z|M}{|R + RzF(z)|} \leq \frac{2|z|M}{(R - R|F(z)||z|)},$$

ya que $|zF(z)| \leq |z|\frac{1}{R} \leq 1$ para $|z| \leq R$. Finalmente, dado que $R|F(z)| \leq 1$ para todo $z \in V$ tal que $|z| \leq R$, concluimos que

$$|f(z)| \leq \frac{2|z|M}{(R - R|F(z)||z|)} \leq \frac{2|z|M}{R - |z|}.$$

$\square$

Teorema 5.8 (Teorema de factorización de Hadamard) *Sea f una función entera de orden finito λ con un cero en $z = 0$ de orden $m \in \mathbb{N} \cup \{0\}$ (tomamos $m = 0$ si $f(0) \neq 0$) y otros ceros $a_1, a_2, \ldots$ repetidos según su multiplicidad. Entonces*

$$f(z) = e^{P(z)} z^m \prod_{n \geq 1} E_h\left(\frac{z}{a_n}\right),$$

donde P es un polinomio de grado menor o igual que λ y

$$h = \begin{cases} \mu - 1 & si \ \mu \in \mathbb{Z} \ y \ \sum_{n \geq 1} \dfrac{1}{|a_n|^\mu} < \infty \\[2mm] \mu & si \ \mu \in \mathbb{Z} \ y \ \sum_{n \geq 1} \dfrac{1}{|a_n|^\mu} = \infty \\[2mm] [\mu] & si \ \mu \notin \mathbb{Z} \end{cases},$$

siendo μ el exponente de convergencia asociado a $\{a_n\}_{n \geq 1}$.

Prueba. Por el teorema de factorización de Weierstrass (teorema 5.4) y la observación 5.4, ya sabemos que

$$f(z) = e^{g(z)} z^m \prod_{n \geq 1} E_h\left(\frac{z}{a_n}\right) = e^{g(z)} z^m \prod_{n \geq 1} \left(1 - \frac{z}{a_n}\right) e^{u_n(z)},$$

para una cierta función entera $g(z) = \sum_{n \geq 0} d_n z^n$ y $u_n(z) = \sum_{j=1}^{h} \frac{z^j}{ja_n^j}$. Nos queda probar que g es un polinomio de grado menor o igual que λ o, equivalentemente, $d_n = 0$

para $n > \lambda$. Ordenemos $\{a_n\}_{n\geq 1}$ de forma que $|a_p| \leq |a_q|$ si $p \leq q$. Tomemos $R > 1$ y $n(R)$ el mayor número natural satisfaciendo $|a_{n(R)}| \leq R$. Entonces

$$f(z) = e^{g(z)} z^m \prod_{n=1}^{n(R)} \left(1 - \frac{z}{a_n}\right) e^{u_n(z)} \prod_{n \geq n(R)+1} \left(1 - \frac{z}{a_n}\right) e^{u_n(z)} = z^m \prod_{n=1}^{n(R)} \left(1 - \frac{z}{a_n}\right) g_R(z),$$

donde $g_R(z) = e^{g(z)} e^{\sum_{n=1}^{n(R)} u_n(z)} \prod_{n \geq n(R)+1} \left(1 - \frac{z}{a_n}\right) e^{u_n(z)}$. Ahora, si $|z| = 2R$ entonces

$$|f(z)| = (2R)^m |g_R(z)| \prod_{n=1}^{n(R)} \left|1 - \frac{z}{a_n}\right| \geq (2R)^m |g_R(z)| \prod_{n=1}^{n(R)} \left(\frac{2R-R}{R}\right) \geq |g_R(z)|.$$

Así pues $M_f(2R) = \text{máx}\{|f(z)| : |z| = 2R\} \geq M_{g_R}(2R) = \text{máx}\{|g_R(z)| : |z| = 2R\}$ y, por el principio del módulo máximo (teorema 2.22), $|g_R(z)| \leq M_{g_R}(2R) \leq M_f(2R)$ si $|z| < R$. Observar también que la función entera $g_R(z)$ no se anula en $D(0,R)$, con lo que tiene un logaritmo analítico $\text{Log}\, g_R(z)$ (teorema 2.13) que viene dado por la observación 5.1 por

$$\text{Log}\, g_R(z) = P(z) + \sum_{n=1}^{n(R)} u_n(z) + \sum_{n \geq n(R)+1} \left(\text{Log}\left(1 - \frac{z}{a_n}\right) + u_n(z)\right). \qquad (5.12)$$

Además, como $|g_R(z)| \leq M_f(2R)$ si $|z| < R$, entonces $\ln |g_R(z)| \leq \ln M_f(2R)$, lo que significa, para $|z| < R$, que

$$\text{Re}(\text{Log}\, g_R(z)) \leq \ln M_f(2R). \qquad (5.13)$$

Por otra parte, sea c_n el coeficiente n-ésimo de la serie de Taylor de $\text{Log}\, g_R(z)$ centrado en $z = 0$. Por (5.13) se cumple que

$$\text{Re}(\text{Log}\, g_R(z) - c_0) \leq \ln M_f(2R) - \text{Re}\, c_0$$

y, por tanto, por el lema 5.5, para $|z| = \frac{R}{2}$ se tiene que

$$|\text{Log}\, g_R(z) - c_0| \leq 2\left(\ln M_f(2R) - \text{Re}\, c_0\right).$$

Ahora, por la estimación de Cauchy (teorema 2.16), para $k \geq 1$ y $|z| = \frac{R}{2}$ se tiene que

$$|c_k| \leq \frac{2^{k+1}(\ln M_f(2R) - \text{Re}\, c_0)}{R^k}. \qquad (5.14)$$

Observar que $h \leq \mu \leq \lambda$ (por el teorema 5.6) y, por tanto, los polinomios $u_n(z) = \sum_{j=1}^{h} \frac{z^j}{j a_n^j}$ son de grado menor o igual que λ. Así, desarrollando cada sumando de (5.12) en serie de Taylor centrado en $z = 0$ y teniendo en cuenta que

$$\operatorname{Log}\left(1 - \frac{z}{a_n}\right) = -\sum_{k \geq 1} \frac{z^k}{a_n^k k},$$

si $k > \lambda$ tenemos que

$$c_k = d_k - \sum_{n \geq n(R)+1} \frac{1}{k a_n^k}.$$

Consecuentemente, de (5.14) se tiene que

$$|d_k| \leq \frac{2^{k+1}(\ln M_f(2R) - \operatorname{Re} c_0)}{R^k} + \sum_{n \geq n(R)+1} \frac{1}{|a_n|^k}. \tag{5.15}$$

Fijado $k > \lambda$, haciendo $R \to \infty$ entonces $\sum_{n \geq n(R)+1} \frac{1}{|a_n|^k} \to 0$ (por ser la cola de una serie convergente, ya que $k > \lambda \geq \mu$). Además, por definición de orden, tenemos $\ln M_f(2R) < (2R)^{\lambda+\varepsilon}$ para $\varepsilon > 0$ prefijado y todo R suficientemente grande. Tomando $\varepsilon > 0$ tal que $\lambda + \varepsilon < k$, haciendo $R \to \infty$ en (5.15), concluimos que $d_k = 0$ para $k > \lambda$, tal como queríamos probar. $\qquad\square$

Corolario 5.5 *Sea f una función entera de orden finito $\lambda \notin \mathbb{Z}$. Entonces f toma todos los valores complejos una infinidad de veces.*

Prueba. Sea $a \in \mathbb{C}$. Observar que f y la función $g(z) := f(z) - a$, $z \in \mathbb{C}$, son dos funciones enteras con el mismo orden, con lo cual nos basta probar que f tiene infinitos ceros. Supongamos, por reducción al absurdo, que f tiene una cantidad finita de ceros $a_1, a_2, \ldots, a_n$ repetidos según su multiplicidad, entonces $h(z) := \frac{f(z)}{\prod_{j=1}^{n}(z-a_j)}$ presenta singularidades evitables y, eliminándolas, obtenemos una función entera, sin ceros y del mismo orden que f. Aplicando ahora el teorema de factorización de Hadamard (teorema 5.8),

$$\frac{f(z)}{\prod_{j=1}^{n}(z-a_j)} = e^{P(z)},$$

donde P es un polinomio de grado $m \leq \lambda$. En realidad, como λ no es entero, entonces $m < \lambda$. Sin embargo, el orden de h coincide con el orden de $e^{P(z)}$ que resulta ser el grado de P, es decir, m. Por tanto, hemos obtenido $\lambda = m$, lo que representa una contradicción. $\qquad\square$

Utilizando el teorema de factorización de Hadamard, podemos dar una demostración alternativa para la factorización de la función $\operatorname{sen} z$ dada en la proposición 5.4.

Ejemplo 5.9 *Sea $f(z) = \text{sen}(\pi z)$ cuyos ceros (simples) vienen dados por $a_n = n$, $n \in \mathbb{Z}$. El exponente de convergencia asociado a $\{a_n\}_{n\geq 1}$ es claramente $\mu = 1$ y, dado que $\sum_{n\geq 1} \frac{1}{n} = \infty$, entonces tomamos $h = 1$ en el teorema de factorización de Hadamard. Así, el término $E(z) = \prod_{n\in\mathbb{Z}\setminus\{0\}} E_h\left(\frac{z}{a_n}\right)$ viene dado por*

$$E(z) = \prod_{n=1}^{\infty} E_1\left(\frac{z}{n}\right) E_1\left(\frac{z}{-n}\right) = \prod_{n=1}^{\infty}\left(1 - \frac{z^2}{n^2}\right).$$

Además, $z = 0$ es un cero de orden 1 de f y tomamos $m = 1$, con lo que el teorema de factorización de Hadamard, teniendo en cuenta que $\lambda = 1$, nos queda

$$\text{sen}(\pi z) = zE(z)e^{a_0 + a_1 z}.$$

Ahora, dado que

$$\pi = \lim_{z\to 0}\frac{\text{sen}(\pi z)}{z} = \lim_{z\to 0} E(z)e^{a_0 + a_1 z} = e^{a_0},$$

entonces

$$\text{sen}(\pi z) = \pi z E(z)e^{a_1 z}.$$

Por otra parte, dado que $E(0) = 1$ (por ser todos los productos parciales iguales a 1) y $E'(0) = 0$ (por ser E un producto convergente que da lugar a una función entera par y en virtud de que $E'(0) = \lim_{h\to 0}\frac{E(h)-E(0)}{h} = \lim_{h\to 0}\frac{E(-h)-E(0)}{-h} = -\lim_{h\to 0}\frac{E(h)-E(0)}{h}$), tenemos que

$$\lim_{z\to 0}\left(\frac{\text{sen}(\pi z)}{\pi z}\right)' = \lim_{z\to 0}(E'(z)e^{a_1 z} + E(z)a_1 e^{a_1 z}) = a_1$$

y

$$\lim_{z\to 0}\left(\frac{\text{sen}(\pi z)}{\pi z}\right)' = \lim_{z\to 0}\left(\frac{\pi z - \frac{\pi^3 z^3}{3!} + \frac{\pi^5 z^5}{5!} + \dots}{\pi z}\right)' =$$

$$= \lim_{z\to 0}\left(1 - \frac{\pi^2 z^2}{3!} + \frac{\pi^4 z^4}{5!} + \dots\right)' =$$

$$= \lim_{z\to 0}\left(-\frac{2\pi^2 z}{3!} + \frac{4\pi^4 z^3}{5!} + \dots\right) = 0.$$

Luego $a_1 = 0$ y se tiene que

$$\text{sen}(\pi z) = \pi z \prod_{n=1}^{\infty}\left(1 - \frac{z^2}{n^2}\right).$$

Como consecuencia de la factorización anterior, si hacemos $z = \frac{1}{2}$ tenemos que

$$1 = \operatorname{sen}\left(\frac{\pi}{2}\right) = \frac{\pi}{2} \prod_{n=1}^{\infty} \left(1 - \frac{1}{(2n)^2}\right)$$

y, por tanto,

$$\frac{\pi}{2} = \frac{1}{\left(1 - \frac{1}{2}\right)\left(1 + \frac{1}{2}\right)} \cdot \frac{1}{\left(1 - \frac{1}{4}\right)\left(1 + \frac{1}{4}\right)} \cdot \frac{1}{\left(1 - \frac{1}{6}\right)\left(1 + \frac{1}{6}\right)} \cdots =$$

$$= \frac{1}{\dfrac{1}{2}\,\dfrac{3}{2}} \cdot \frac{1}{\dfrac{3}{4}\,\dfrac{5}{4}} \cdot \frac{1}{\dfrac{5}{6}\,\dfrac{7}{6}} \cdots =$$

$$= \frac{2}{1} \cdot \frac{2}{3} \cdot \frac{4}{3} \cdot \frac{4}{5} \cdot \frac{6}{5} \cdot \frac{6}{7} \cdots$$

Esta representación de $\frac{\pi}{2}$ es conocida como fórmula de Wallis.

Ejemplo 5.10 *Sea $f(z) = e^z - 1$ cuyos ceros (simples) vienen dados por $a_n = 2\pi n i$, $n \in \mathbb{Z}$. El exponente de convergencia asociado a $\{a_n\}_{n \geq 1}$ es claramente $\mu = 1$ y, dado que $\sum_{n \geq 1} \frac{1}{n} = \infty$, entonces tomamos $h = 1$ en el teorema de factorización de Hadamard. Así, el término $E(z) = \prod_{n \in \mathbb{Z} \setminus \{0\}} E_h\left(\frac{z}{a_n}\right)$ viene dado por*

$$E(z) = \prod_{n=1}^{\infty} E_1\left(\frac{z}{2\pi n i}\right) E_1\left(\frac{z}{-2\pi n i}\right) = \prod_{n=1}^{\infty} \left(1 + \frac{z^2}{4n^2\pi^2}\right).$$

Además, $z = 0$ es un cero de orden 1 de f y tomamos $m = 1$. Así, teniendo en cuenta que claramente $\lambda = 1$, el teorema de factorización de Hadamard desemboca en

$$e^z - 1 = z E(z) e^{a_0 + a_1 z}$$

para algunas constantes $a_0, a_1 \in \mathbb{C}$. Entonces

$$\frac{e^z - 1}{z} = E(z) e^{a_0 + a_1 z} \tag{5.16}$$

y tomando límites cuando $z \to 0$ tenemos

$$e^{a_0} = 1.$$

Por otra parte, derivando en (5.16), tenemos que

$$\left(\frac{e^z - 1}{z}\right)' = E'(z) e^{a_0 + a_1 z} + E(z) a_1 e^{a_0 + a_1 z},$$

es decir,

$$\frac{ze^z - e^z + 1}{z^2} = E'(z)e^{a_0 + a_1 z} + E(z)a_1 e^{a_0 + a_1 z}.$$

Teniendo en cuenta que $E(0) = 1$ y $E'(0) = 0$ (por ser E un producto convergente que da lugar a una función entera par), si en la expresión anterior tomamos límites cuando $z \to 0$ obtenemos

$$\frac{1}{2} = a_1 e^{a_0} = a_1.$$

En consecuencia,

$$e^z - 1 = ze^{\frac{1}{2}z} \prod_{n=1}^{\infty} \left(1 + \frac{z^2}{4n^2\pi^2}\right).$$

5.4   Las funciones gamma de Euler y zeta de Riemann

En la primera parte de esta sección construiremos, en forma de producto infinito, la función gamma de Euler para valores del plano complejo. La construcción en el caso real puede ser vista por ejemplo en [28, Sección 5.7].

La sucesión $a_n = -n$, $n = 1, 2, \ldots$, tiene exponente de convergencia igual a 1, por lo que el teorema 5.3 asegura que el producto infinito

$$f(z) = \prod_{n=1}^{\infty} E_1\left(\frac{z}{-n}\right) = \prod_{n=1}^{\infty} \left(1 + \frac{z}{n}\right) e^{-\frac{z}{n}}$$

define una función entera cuyos ceros son exactamente $-1, -2 \ldots$ Veamos a continuación una importante propiedad que verifica esta función.

Lema 5.6 *La función entera $f(z) = \prod_{n=1}^{\infty} \left(1 + \frac{z}{n}\right) e^{-\frac{z}{n}}$ satisface la relación*

$$f(z - 1) = e^{\gamma} z f(z), \ z \in \mathbb{C},$$

donde $\gamma = \lim_{n\to\infty} \left(\sum_{k=1}^{n} \frac{1}{k} - \ln n\right) = \lim_{n\to\infty} \left(\sum_{k=1}^{n} \frac{1}{k} - \ln(n+1)\right)$ es la constante de Euler-Mascheroni.

Prueba. Consideremos la función $g(z) = f(z - 1)$, $z \in \mathbb{C}$, que es entera y cuyos ceros (simples) vienen dados por $0, -1, -2, \ldots$, por lo que el teorema de factorización de Hadamard nos permite escribir

$$g(z) = e^{az+b} z f(z), \ z \in \mathbb{C},$$

para algunos $a, b \in \mathbb{C}$, ya que f es de orden 1 (por el teorema 5.7) y, por tanto, g también es de orden 1. Ahora, tengamos en cuenta que

$$g(1) = e^{a+b} f(1) = e^{a+b} \prod_{n=1}^{\infty} \left(1 + \frac{1}{n}\right) e^{-\frac{1}{n}} = e^{a+b} \lim_{n\to\infty} \prod_{k=1}^{n} \left(1 + \frac{1}{k}\right) e^{-\frac{1}{k}} =$$

$$= e^{a+b} \lim_{n\to\infty} \left(\frac{2}{1}\frac{3}{2} \cdots \frac{n+1}{n} e^{-1-\frac{1}{2}-\cdots-\frac{1}{n}}\right) = e^{a+b} \lim_{n\to\infty} e^{-\sum_{k=1}^{n} \frac{1}{k}} e^{\ln(n+1)} = e^{a+b} e^{-\gamma},$$

lo que implica (por ser $g(1) = f(0) = 1$, ya que los productos parciales son todos 1) que $a + b - \gamma = 2\pi i m$, con $m \in \mathbb{Z}$. Además,

$$g'(0) = \lim_{z\to 0} \frac{g(z) - g(0)}{z} = \lim_{z\to 0} \frac{g(z)}{z} = \lim_{z\to 0} e^{az+b} f(z) = e^b f(0) = e^b$$

y también $g'(z) = f'(z-1)$, esto es

$$g'(0) = f'(-1) = \lim_{z\to -1} \frac{f(z) - f(-1)}{z+1} = \lim_{z\to -1} \frac{f(z)}{z+1} =$$

$$= \lim_{z\to -1} \frac{(1+z)e^{-z} \cdot \left(1 + \frac{z}{2}\right) e^{-\frac{z}{2}} \cdots}{z+1} =$$

$$= e^{1+\frac{1}{2}+\frac{1}{3}+\cdots} \left(1 - \frac{1}{2}\right)\left(1 - \frac{1}{3}\right) \cdots =$$

$$= e^{1+\frac{1}{2}+\frac{1}{3}+\cdots} \left(\frac{1}{2} \cdot \frac{2}{3} \cdots\right) =$$

$$= e^{\sum_{n=1}^{\infty} \frac{1}{n}} e^{-\ln(n+1)} = e^{\gamma}.$$

Por tanto, $e^b = e^{\gamma}$ y $a = 2\pi i m + \gamma - b = 2\pi i r$ para algún $r \in \mathbb{Z}$. En consecuencia,

$$g(z) = e^{\gamma} z f(z) e^{2\pi i r z}, \quad z \in \mathbb{C}.$$

Finalmente, probaremos por reducción al absurdo que $r = 0$. En efecto, sabemos que $f(x) \in \mathbb{R}$ y $g(x) \in \mathbb{R}$ para todo $x \in \mathbb{R}$, pero $g\left(\frac{1}{4r}\right) = e^{\gamma} \frac{1}{4r} f\left(\frac{1}{4r}\right) e^{\frac{\pi}{2} i}$ sería un número imaginario puro, lo que conlleva $r = 0$ y

$$f(z-1) = e^{\gamma} z f(z), \quad z \in \mathbb{C}.$$

□

Definición 5.7 (La función gamma de Euler) *Se define la función gamma de Euler, denotada por* Γ, *como*

$$\Gamma(z) = \frac{1}{e^{\gamma z} z f(z)},$$

donde $f(z) = \prod_{n=1}^{\infty} \left(1 + \frac{z}{n}\right) e^{-\frac{z}{n}}$, $z \in \mathbb{C}$, *y* γ *es la constante de Euler-Mascheroni.*

Por el desarrollo anterior, notemos que Γ es analítica en $\mathbb{C}$ excepto en $0, -1, -2, -3, \ldots$ donde tiene polos simples (véase también la figura A.12 incluida en el Apéndice A.2).

Algunas propiedades importantes de la función gamma se formulan en la siguiente proposición.

Proposición 5.6 (Propiedades de la función Γ) *Sea Γ la función gamma de Euler.*

i) $\Gamma(z+1) = z\Gamma(z)$ *para todo* $z \in \mathbb{C} \setminus \{0, -1, -2, \ldots\}$. *En particular,* $\Gamma(n+1) = n!$, $n = 0, 1, 2, \ldots$

ii) (Fórmula de los complementos) $\Gamma(z)\Gamma(1-z) = \frac{\pi}{\operatorname{sen}(\pi z)}$ *para todo* $z \in \mathbb{C} \setminus \mathbb{Z}$.

iii) (Fórmula de Gauss) $\Gamma(z) = \lim_{n \to \infty} \frac{n! n^z}{z(z+1) \cdots (z+n)}$ *para todo* $z \in \mathbb{C} \setminus \{0, -1, -2, \ldots\}$.

iv) $\Gamma(z) = \int_0^\infty t^{z-1} e^{-t}\, dt$ *para todo* z *tal que* $\operatorname{Re} z > 0$.

Prueba. i) Por definición, para cada $z \in \mathbb{C} \setminus \{0, -1, -2, \ldots\}$ tenemos que

$$\Gamma(z+1) = \frac{1}{e^{\gamma(z+1)}(z+1)f(z+1)} = \frac{1}{e^{\gamma z}e^{\gamma}(z+1)\frac{f(z)}{e^{\gamma(z+1)}}} = \frac{z}{e^{\gamma z}z f(z)} = z\Gamma(z).$$

En particular, para los valores $z = 2, 3, \ldots$, obtenemos que $\Gamma(2) = 1\Gamma(1)$, $\Gamma(3) = 2\Gamma(2) = 2\Gamma(1)$, $\Gamma(4) = 3\Gamma(3) = 3 \cdot 2 \cdot \Gamma(1)$, $\ldots, \Gamma(n+1) = n\Gamma(n) = n!\Gamma(1)$. Ahora bien, tengamos en cuenta que $\Gamma(1) = \frac{1}{e^{\gamma}f(1)} = \frac{1}{e^{\gamma}\prod_{n=1}^\infty (1+\frac{1}{n})e^{-\frac{1}{n}}} = \frac{1}{e^{\gamma}e^{-\gamma}} = 1$, por lo que $\Gamma(n+1) = n!$ para cada $n \in \mathbb{N}$.

ii) Por el ejemplo 5.9, sabemos que $\operatorname{sen}(\pi z) = \pi z \prod_{n=-\infty, n\neq 0}^\infty \left(1 - \frac{z}{n}\right) e^{\frac{z}{n}} = \pi z f(z) f(-z)$ para cada $z \in \mathbb{C}$. Ahora, si cambiamos z por $z - 1$, nos queda la igualdad $\operatorname{sen}(\pi(z-1)) = \pi(z-1)f(z-1)f(-z+1)$ y, por el lema 5.6, llegamos a $-\operatorname{sen}(\pi z) = \pi(z-1)e^{\gamma}zf(z)f(1-z)$. Esto es equivalente a

$$\operatorname{sen}(\pi z) = \pi(1-z)e^{\gamma(1-z)}e^{\gamma z}zf(z)f(1-z),$$

por lo que

$$\operatorname{sen}(\pi z) = \pi \frac{1}{\Gamma(z)} \frac{1}{\Gamma(1-z)},$$

tal como queríamos probar

iii) El resultado sigue del siguiente razonamiento:

$$\frac{1}{\Gamma(z)} = e^{\gamma z} z f(z) = e^{\gamma z} z \prod_{n=1}^{\infty} \left(1 + \frac{z}{n}\right) e^{-\frac{z}{n}} =$$

$$= e^{\gamma z} z \lim_{n\to\infty} \left(\frac{1+z}{1} \frac{2+z}{2} \cdots \frac{n+z}{n} e^{-\frac{z}{1} - \frac{z}{2} - \cdots - \frac{z}{n}}\right) =$$

$$= e^{\gamma z} z \lim_{n\to\infty} \left(\frac{(z+1)(z+2)\cdots(z+n)}{n!} e^{-z\left(\sum_{k=1}^{n} \frac{1}{k} - \ln n + \ln n\right)}\right) =$$

$$= e^{\gamma z} e^{-\gamma z} z \lim_{n\to\infty} e^{-z \ln n} \frac{(z+1)(z+2)\cdots(z+n)}{n!} =$$

$$= \lim_{n\to\infty} \frac{z(z+1)(z+2)\cdots(z+n)}{n! n^z}.$$

iv) Para valores $x > 0$, si utilizamos integración por partes (con $u = \left(1 - \frac{t}{n}\right)^n$ y $dv = t^{x-1}\, dt$), tenemos que

$$\int_0^n \left(1 - \frac{t}{n}\right)^n t^{x-1}\, dt = \frac{1}{x} \int_0^n \left(1 - \frac{t}{n}\right)^{n-1} t^x\, dt.$$

Si reiteramos el proceso n veces, obtenemos

$$\int_0^n \left(1 - \frac{t}{n}\right)^n t^{x-1}\, dt =$$

$$= \frac{1}{x}\frac{n}{n}\frac{1}{x+1}\frac{n-1}{n}\frac{1}{x+2}\frac{n-2}{n} \cdots \frac{1}{x+(n-1)}\frac{n-(n-1)}{n} \int_0^n \left(1 - \frac{t}{n}\right)^0 t^{x+n-1}\, dt =$$

$$= \frac{n!}{n^n x(x+1)\cdots(x+n-1)} \frac{n^{x+n}}{x+n} =$$

$$= \frac{n! n^x}{x(x+1)\cdots(x+n)}.$$

Ahora, si tomamos límite cuando $n \to \infty$ y tenemos en cuenta iii), se tiene que

$$\Gamma(x) = \int_0^\infty e^{-t} t^{x-1}\, dt.$$

Si $x = \operatorname{Re} z > 0$, sabemos que $I(z) = \int_0^\infty t^{z-1} e^{-t}\, dt$ es una función analítica. En efecto, observemos en primer lugar que $\left|\int_0^\infty t^{z-1} e^{-t}\, dt\right| \leq \int_0^\infty t^{x-1} e^t\, dt = \Gamma(x) < \infty$, ya que $|t^w| = |e^{w \ln t}| = e^{\operatorname{Re} w \ln t} = t^{\operatorname{Re} w}$ para todo $w \in \mathbb{C}$. En segundo lugar, notemos que las integrales $I_n(z) = \int_0^n t^{z-1} e^{-t}\, dt$, $n \in \mathbb{N}$, nos definen funciones holomorfas en

$\{z \in \mathbb{C} : \operatorname{Re} z > 0\}$ (véase por ejemplo la nota 2.3) y convergen uniformemente sobre los compactos de $\{z \in \mathbb{C} : \operatorname{Re} z > 0\}$ a la integral I. Por tanto, el teorema de la convergencia analítica (teorema 3.4), muestra que la integral I define una función analítica. Finalmente, el principio de identidad de las funciones analíticas (corolario 3.1) completa la prueba. $\square$

A continuación consideraremos la función zeta de Riemann, que da lugar a una de los conocidos problemas del milenio.

Definición 5.8 (Función zeta de Riemann) *Denominaremos función zeta de Riemann en la banda* $\{z \in \mathbb{C} : \operatorname{Re} z > 1\}$ *a la función dada por* $\zeta(z) = \sum_{n \geq 1} \frac{1}{n^z}$.

Observemos que $\zeta(z)$ está bien definida, ya que $\sum_{n \geq 1} \left| \frac{1}{n^z} \right| = \sum_{n \geq 1} \frac{1}{n^x} < \infty$ para todo $x = \operatorname{Re} z > 1$. De hecho, la serie converge absolutamente y uniformemente sobre los compactos de $\{z \in \mathbb{C} : \operatorname{Re} z > 1\}$, por lo que la función ζ es analítica en $\{z \in \mathbb{C} : \operatorname{Re} z > 1\}$. Su derivada es, por tanto, $\zeta'(z) = -\sum_{n \geq 1} \frac{\ln n}{n^z}$ para todo z tal que $\operatorname{Re} z > 1$.

La representación de $\zeta(z)$ en forma de producto infinito viene dada por la llamada fórmula de Euler que, a su vez, la relaciona con los números primos.

Proposición 5.7 (Fórmula de Euler) *La función zeta de Riemann satisface la igualdad*

$$\zeta(z) = \prod_{n \geq 1} \frac{1}{1 - p_n^{-z}}, \quad \operatorname{Re} z > 1,$$

donde $p_1, p_2, \ldots$ *son los números primos.*

Prueba. Si $x = \operatorname{Re} z > 1$, notemos que $|p_j^{-z}| = \frac{1}{p_j^x} < 1$ para cada $j = 1, 2, \ldots$, lo que significa que $\frac{1}{1 - p_j^{-z}}$ es el resultado de la serie geométrica $\sum_{n \geq 0} p_j^{-nz}$. Entonces, por el teorema fundamental de la aritmética, tenemos que

$$\prod_{n \geq 1} \frac{1}{1 - p_n^{-z}} = \lim_{n \to \infty} \prod_{k=1}^{n} \frac{1}{1 - p_k^{-z}} = \lim_{n \to \infty} \left(\frac{1}{1 - p_1^{-z}} \cdot \frac{1}{1 - p_2^{-z}} \cdots \frac{1}{1 - p_n^{-z}} \right) =$$

$$= \lim_{n \to \infty} \left(\left(1 + p_1^{-z} + p_1^{-2z} + \ldots\right) \left(1 + p_2^{-z} + p_2^{-2z} + \ldots\right) \cdots \left(1 + p_n^{-z} + p_n^{-2z} + \ldots\right) \right) =$$

$$= \lim_{n \to \infty} \left(1 + p_1^{-z} + p_2^{-z} + \ldots + p_n^{-z} + \ldots + (p_1^{-j_1 z} p_2^{-j_2 z} \cdots p_n^{-j_n z}) + \ldots \right) =$$

$$= \lim_{n \to \infty} \left(1 + p_1^{-z} + p_2^{-z} + \ldots + p_n^{-z} + \ldots + (p_1^{j_1} p_2^{j_2} \cdots p_n^{j_n})^{-z} + \ldots \right) =$$

$$= \lim_{n \to \infty} (1 + 2^{-z} + 3^{-z} + \ldots + n^{-z}) = \sum_{n \geq 1} \frac{1}{n^z} = \zeta(z).$$

$\square$

La función zeta de Riemann se puede extender a todo el plano complejo como una función meromorfa con un polo simple en $z = 1$. Para lograr este resultado, se utiliza primeramente la siguiente conexión entre las funciones zeta de Riemann y gamma de Euler.

Proposición 5.8 *Se satisface la igualdad*

$$\zeta(z)\Gamma(z) = \sum_{n \geq 1} \int_0^\infty e^{-nt} t^{z-1} \, dt, \quad \operatorname{Re} z > 1.$$

Prueba. Sabemos por la proposición 5.6, apartado iv), que $\Gamma(z) = \int_0^\infty e^{-t} t^{z-1} \, dt$, válida para todo z tal que $\operatorname{Re} z > 0$. Si hacemos el cambio de variable $t = nu$, con $n \in \mathbb{N}$, entonces

$$\Gamma(z) = n^z \int_0^\infty e^{-nu} u^{z-1} \, du.$$

Por tanto,

$$n^{-z} \Gamma(z) = \int_0^\infty e^{-nt} t^{z-1} \, dt.$$

Ahora, si $\operatorname{Re} z > 1$ y sumamos para los distintos valores de $n = 1, 2, \ldots$, obtenemos

$$\zeta(z)\Gamma(z) = \sum_{n \geq 1} n^{-z} \Gamma(z) = \sum_{n \geq 1} \int_0^\infty e^{-nt} t^{z-1} \, dt.$$

$\square$

Dado que los signos de la integral y sumatorio se pueden intercambiar en virtud de [32, Sección 9.4.1], concluimos que

$$\zeta(z)\Gamma(z) = \int_0^\infty \frac{1}{e^t - 1} t^{z-1} \, dt, \quad \operatorname{Re} z > 1.$$

A partir de este resultado, se puede demostrar (véase [32, Teorema 9.6]) que para valores de $z \neq 1$ la función zeta de Riemann $\zeta(z)$ satisface la igualdad

$$\zeta(z) = 2(2\pi)^{z-1} \Gamma(1-z) \zeta(1-z) \operatorname{sen}\left(\frac{\pi z}{2}\right).$$

Los puntos $-2, -4, \ldots$ son llamados los ceros triviales de $\zeta(z)$ y la banda $\{z \in \mathbb{C} : 0 \leq \operatorname{Re} z \leq 1\}$ es llamada la banda crítica. La conocida hipótesis de Riemann, formulada en 1859 por este gran matemático alemán, afirma que todos los ceros no triviales de la función zeta de Riemann (los que están incluidos en la banda crítica) están situados en la línea vertical $\{z \in \mathbb{C} : \operatorname{Re} z = \frac{1}{2}\}$.

Otro resultado importante en este contexto, demostrado a partir de métodos propios del análisis complejo, es el llamado teorema de los números primos, que afirma que $\lim\limits_{x\to\infty} \dfrac{\pi(x)\ln x}{x} = 1$, donde $\pi(x)$ es el número de primos menores o iguales a x (véase [32, Teorema 9.8]). Este teorema, demostrado de forma independiente por Hadamard y de la Vallée Poussin en los últimos años del siglo XIX, dota de un cierto orden la distribución (aparentemente *aleatoria*) de los números primos en el conjunto de los números naturales en el sentido de que los números primos grandes quedan asintóticamente aproximados por la fórmula $p_n \sim n\ln n$ (ya que $\pi(p_n) = n$ y $\pi(n\ln n) \sim \frac{n\ln n}{\ln(n\ln n)} \sim n$), donde p_n es el n-ésimo número primo. Sin embargo, se trata únicamente de una aproximación, pero no de una fórmula explícita exacta. ¿Se pueden encontrar estimaciones precisas del error que se comete al utilizar esta aproximación? A este respecto, Riemann logró encontrar una expresión de la función contador de primos, $\pi(x)$, en la que aparecen los ceros no triviales de $\zeta(z)$ a modo de controladores de las oscilaciones de los números primos alrededor de sus posiciones esperadas.

Por tanto, las repercusiones de la hipótesis de Riemann alcanzan una descomunal importancia. Este enigma matemático, el más antiguo de los siete del milenio, ha tratado de ser abordado por reputados científicos de distintos ámbitos (también desde el contexto de la física, por ejemplo convirtiendo la función zeta de Riemann en solución de una ecuación similar a las usadas en física cuántica, en las que los ceros de una ecuación corresponden a los niveles de energía de un sistema cuántico). A pesar de saber que billones de ceros no triviales de la función zeta están en la línea crítica (aunque, claro está, billones de ceros no es comparable con infinitos ceros) y que muchos métodos utilizados han facilitado intuiciones interesantes, hasta la fecha no se ha podido establecer una demostración de la hipótesis de Riemann en términos exclusivamente matemáticos (que son los que le darían validez).

5.5   Problemas

Ejercicio 5.1 *Demostrar las siguientes igualdades con productos infinitos:*

$$a)\ \prod_{n\geq 3} \frac{n^2-4}{n^2-1} = \frac{1}{4}, \qquad b)\ \prod_{n\geq 2}\left(1 - \frac{2}{n(n+1)}\right) = \frac{1}{3},$$

$$c)\ \prod_{n\geq 1}\left(1 + \frac{(-1)^{n+1}}{n}\right) = 1, \quad d)\ \prod_{n\geq 2}\frac{n^3-1}{n^3+1} = \frac{2}{3}.$$

Ejercicio 5.2 *Probar que* $-\ln(1-x) = x + g(x)\cdot x^2$, $x \in \mathbb{R}$, *con* $|x| < 1$ *y* $g(x) \to \frac{1}{2}$ *cuando* $x \to 0$. *Deducir que si* $a_1, a_2, \ldots, a_n, \ldots \in \mathbb{R}$ *son tales que* $\sum\limits_{n\geq 1} a_n$ *converge,* *entonces*

$$\prod_{n \geq 1}(1 - a_n) \ \text{converge} \iff \sum_{n \geq 1} a_n^2 \ \text{converge}.$$

Ejercicio 5.3 *Determinar si son o no convergentes los siguientes productos infinitos:*

$$a) \ \prod_{n \geq 1}\left(1 - 2^{-n}\right), \qquad b) \ \prod_{n \geq 1}\left(1 - \frac{1}{n+1}\right),$$

$$c) \ \prod_{n \geq 2}\left(1 + \frac{(-1)^n}{\sqrt{n}}\right), \quad d) \ \prod_{n \geq 1}\left(1 - \frac{1}{n^2}\right).$$

Ejercicio 5.4 *Sea*

$$z_n = \begin{cases} \dfrac{1}{\sqrt{m}} & si \ \frac{n+1}{2} = m \ para \ algún \ m \in \mathbb{N} \\[2mm] -\dfrac{1}{\sqrt{m}} + \dfrac{1}{m} & si \ \frac{n}{2} = m \ para \ algún \ m \in \mathbb{N} \end{cases}.$$

Probar que el producto infinito $\prod_{n \geq 1}(1 + z_n)$ converge pero no es absolutamente convergente.

Ejercicio 5.5

i) Probar que el producto infinito

$$\prod_{n \geq 1}\left(1 + a^n z\right), \ |a| < 1,$$

 define una función entera.

ii) Sea $a_1 < a_2 < \ldots < a_n < \ldots$ una sucesión estrictamente creciente de números reales no nulos que cumple $\sum_{n \geq 1} \frac{1}{|a_n|^2} < \infty$. Demostrar que el producto

$$\prod_{n \geq 1}\left(1 - \frac{z}{a_n}\right) e^{z/a_n}$$

 converge uniformemente sobre los compactos de $\mathbb{C}$ y define una función entera.

Ejercicio 5.6 *Dadas f y g funciones enteras, probar que el orden de $(f+g)$ y el orden de $(f \cdot g)$ es menor o igual que el máximo de los órdenes de f y g. Dar ejemplos donde la desigualdad sea estricta.*

Ejercicio 5.7 *Hallar el orden de las siguientes funciones enteras:*

i) $f_1(z) = \operatorname{sen} z$;

ii) $f_2(z) = \operatorname{senh} z$;

iii) $f_3(z) = \operatorname{sen}(\operatorname{sen} z)$;

iv) $f_4(z) = \cos(z^2) \cdot \operatorname{sen}(z^2)$;

v) $f_5(z) = \prod_n \left(1 - \dfrac{z}{n^a}\right) \exp\left(\dfrac{z}{n^a} + \dfrac{z^2}{2n^{2a}}\right)$, $\frac{1}{3} < a \leq \frac{1}{2}$;

Ejercicio 5.8 *Dado $a > 0$, probar que las siguientes series definen funciones enteras y calcular su orden:*

i) $f(z) = \displaystyle\sum_{n=1}^{\infty} \dfrac{z^n}{n^{an}}$;

ii) $g(z) = \displaystyle\sum_{n=1}^{\infty} \dfrac{z^n}{(n!)^a}$.

Ejercicio 5.9 *Consideremos una función entera, no constante, de orden finito λ y con ceros en $a_n = n^{\frac{5}{3}} + in^{\frac{5}{3}}$, $n = 1, 2, 3 \ldots$ Calcular los posibles valores de λ.*

Ejercicio 5.10 *Aplicar el teorema de factorización de Hadamard para probar que no existe una función entera de orden $\lambda \in (1,2)$ cuyo conjunto de ceros sea $\{n^2 + in^2, n = 1, 2, \ldots\}$.*

Ejercicio 5.11 *Aplicar el teorema de factorización de Hadamard para probar las siguientes igualdades:*

i) $\cos z = \displaystyle\prod_{n \geq 0} \left(1 - \dfrac{4z^2}{(2n+1)^2\pi^2}\right)$;

ii) $\operatorname{senh} z = z \displaystyle\prod_{n \geq 1} \left(1 + \dfrac{z^2}{n^2\pi^2}\right)$;

iii) $\cosh z = \displaystyle\prod_{n \geq 0} \left(1 + \dfrac{4z^2}{(2n+1)^2\pi^2}\right)$.

Ejercicio 5.12 *Sean $a, b, c, d \in \mathbb{C} \setminus \mathbb{Z}$ tales que $a + b = c + d$. Probar que*

$$\prod_{n \geq 1} \frac{(n+a)(n+b)}{(n+c)(n+d)} = \frac{\Gamma(c+1)\Gamma(d+1)}{\Gamma(a+1)\Gamma(b+1)},$$

donde Γ es la función gamma de Euler.

Ejercicio 5.13

a) *Probar que el producto infinito $z \prod_{n \geq 1} \left(1 + \frac{z}{\sqrt{n}}\right) e^{\frac{-z}{\sqrt{n}} + \frac{z^2}{2n}}$ define una función entera.*

b) *Si f es la función del apartado a), probar que $f(z)f(-z)\Gamma(-z^2) = e^{g(z)}$, para una cierta función entera g (donde Γ es la función gamma de Euler).*

Ejercicio 5.14 *¿Verdadero o falso? Justificar la respuesta.*

a) *El exponente de convergencia asociado a una sucesión no nula de números complejos no puede ser $+\infty$.*

b) *El orden de la suma de dos funciones enteras coincide con el máximo de los órdenes de ambas funciones.*

c) *El orden del producto de dos funciones enteras coincide con la suma de los órdenes de ambas funciones.*

d) *El orden de la función $\operatorname{sen} z \cdot \cos z$ es 2.*

e) *El producto infinito $\prod_{n \geq 1} \left(1 + \frac{1}{n^2 z}\right)$ define una función analítica en $\mathbb{C} \setminus \{0\}$ con una singularidad esencial en $z = 0$.*

f) *El producto infinito $\prod_{n=-\infty, n \neq 0}^{\infty} \left(1 - \frac{z}{n}\right) e^{\frac{z}{n}}$ define una función entera.*

g) *El producto infinito $\prod_{n \geq 1} \left(1 + z^{2^n}\right)$ define una función analítica en $\mathbb{C} \setminus \{1\}$ que coincide con $\frac{1}{1-z}$.*

h) *Sea $A = \overline{\{z_n : n \geq 1\}}$ el conjunto clausura de los números complejos $\{z_n\}_{n \geq 1}$ que forman una sucesión acotada. Si $\{c_n\}_{n \geq 1}$ es una sucesión de números complejos tal que $\sum_{n \geq 1} |c_n|$ converge, entonces el producto $\prod_{n \geq 1} \left(1 + \frac{c_n}{z_n - z}\right)$ define una función analítica en $U = \mathbb{C} \setminus A$.*

i) *Dado $b > 0$, el producto infinito $\prod_{n=1}^{\infty} E_n(z n^{-b})$ define una función entera, donde $E_n(z) = (1-z)e^{z + \frac{z^2}{2} + \dots + \frac{z^n}{n}}$ para cada $n \in \mathbb{N}$.*

j) $\operatorname{sen}(\operatorname{sen} z) = z e^{g(z)} \prod_{n \geq 1} E_{m_n}\left(\frac{z}{a_n}\right)$, *donde* $\{a_n\}_{n \geq 1}$ *son los ceros no nulos de* $\operatorname{sen}(\operatorname{sen} z)$ *y* $E_{m_n}(z)$ *son los productos canónicos para ciertos enteros no negativos* m_n.

k) $\operatorname{Res}(\Gamma, -n) = \frac{(-1)^n}{n!}$ *para cualquier* $n \in \mathbb{N}$.

l) $\Gamma\left(\frac{1}{2} + n\right) \Gamma\left(\frac{1}{2} - n\right) = (-1)^n \pi$ *para cualquier* $n \in \mathbb{N}$.

Soluciones de los problemas

Capítulo 1

1.1   a) $-i$;   b) $-i$;   c) $\frac{1}{5} + \frac{3}{5}i$;   d) -8;   e) 0.

1.2   a) $|9i| = 9$, $\operatorname{Arg}(9i) = \frac{\pi}{2}$ y $\arg(9i) = \{\frac{\pi}{2} + 2k\pi : k \in \mathbb{Z}\}$;

     b) $|-3| = 3$, $\operatorname{Arg}(-3) = \pi$ y $\arg(-3) = \{(2k+1)\pi : k \in \mathbb{Z}\}$;

     c) $|1 + i| = \sqrt{2}$, $\operatorname{Arg}(1 + i) = \frac{\pi}{4}$ y $\arg(1 + i) = \{\frac{\pi}{4} + 2k\pi : k \in \mathbb{Z}\}$;

     d) $|-1 - i| = \sqrt{2}$, $\operatorname{Arg}(-1 - i) = \frac{-3\pi}{4}$ y $\arg(1 + i) = \{\frac{-3\pi}{4} + 2k\pi : k \in \mathbb{Z}\}$;

     e) $|2 + 5i| = \sqrt{29}$, $\operatorname{Arg}(2 + 5i) = \arctan \frac{5}{2}$ y $\arg(2 + 5i) = \{\arctan \frac{5}{2} + 2k\pi : k \in \mathbb{Z}\}$;

     f) $|2 - 5i| = \sqrt{29}$, $\operatorname{Arg}(2 - 5i) = -\arctan \frac{5}{2}$ y $\arg(2 - 5i) = \{-\arctan \frac{5}{2} + 2k\pi : k \in \mathbb{Z}\}$;

     g) $|-2 + 5i| = \sqrt{29}$, $\operatorname{Arg}(-2 + 5i) = -\arctan \frac{5}{2} + \pi$ y $\arg(-2 + 5i) = \{-\arctan \frac{5}{2} + (2k+1)\pi : k \in \mathbb{Z}\}$;

     h) $|-2 - 5i| = \sqrt{29}$, $\operatorname{Arg}(-2 - 5i) = \arctan \frac{5}{2} - \pi$ y $\arg(-2 - 5i) = \{\arctan \frac{5}{2} + (2k-1)\pi : k \in \mathbb{Z}\}$;

     i) $|bi| = |b|$, $\operatorname{Arg}(bi) = \begin{cases} \frac{\pi}{2}, & \text{si } b > 0 \\ \frac{-\pi}{2}, & \text{si } b < 0 \end{cases}$ y $\arg(bi) = \begin{cases} \frac{\pi}{2} + 2k\pi, & \text{si } b > 0 \\ \frac{-\pi}{2} + 2k\pi, & \text{si } b < 0 \end{cases}$, $k \in \mathbb{Z}$.

1.3   a) $(2 + i)(3 + i) = 5 + 5i$, $\operatorname{Arg}(5 + 5i) = \operatorname{Arg}(2 + i) + \operatorname{Arg}(3 + i)$ y $\frac{\pi}{4} = \operatorname{Arg}(5 + 5i) = \arctan \frac{1}{2} + \arctan \frac{1}{3}$.

     b) $(5 - i)^4(1 + i) = 956 - 4i$, $\operatorname{Arg}(956 - 4i) = 4\operatorname{Arg}(5 - i) + \operatorname{Arg}(1 + i) \in (-\pi, \pi)$, $\operatorname{Arg}(1 + i) = \operatorname{Arg}(956 - 4i) - 4\operatorname{Arg}(5 - i)$ y $\frac{\pi}{4} = -\arctan \frac{1}{239} + 4\arctan \frac{1}{5}$.

1.4 a) $A_1\cos(wt + \alpha_1) + \ldots + A_n\cos(wt + \alpha_n) = \operatorname{Re}\left(A_1 e^{i(wt + \alpha_1)} + \ldots + A_n e^{i(wt + \alpha_n)}\right) = \operatorname{Re}\left(Ae^{i(wt + \alpha)}\right)$
$= A\cos(wt + \alpha)$, donde $Ae^{i\alpha} = A_1 e^{i\alpha_1} + \ldots + A_n e^{i\alpha_n}$.

     b) Se deduce de las igualdades $\frac{\partial^2 \psi(x,t)}{\partial x^2} = -k^2\psi(x,t)$ y $\frac{\partial^2 \psi(x,t)}{\partial t^2} = -w^2\psi(x,t)$.

1.5 i)-xii) Aplicar definiciones.

     xiii) $|z_1 + z_2|^2 = (z_1 + z_2)(\overline{z_1} + \overline{z_2}) = |z_1|^2 + |z_2|^2 + 2\operatorname{Re}(z_1\overline{z_2}) \le (|z_1| + |z_2|)^2$.

     xiv) $|z_1 + z_2| \ge ||z_1| - |z_2|| \Leftrightarrow -|z_1 + z_2| \le |z_1| - |z_2| \le |z_1 + z_2| \Leftrightarrow$
$|z_2| \le |z_1| + |z_1 + z_2|$ y $|z_1| \le |z_1 + z_2| + |z_2|$, que son ciertas por xiii) (por ejemplo $|z_2| = |z_2 + z_1 - z_1| \le |z_1| + |z_1 + z_2|$).

1.6   a) (Raíces cúbicas de $8i$) $2e^{i\frac{\pi}{6}} = \sqrt{3} + i$, $2e^{i\frac{5\pi}{6}} = -\sqrt{3} + i$ y $2e^{i\frac{3\pi}{2}} = -2i$.

b) (Raíces sextas de -8) $\sqrt{2}e^{i\frac{-\pi}{6}} = \frac{\sqrt{6}}{2} - i\frac{\sqrt{2}}{2}$, $\sqrt{2}e^{i\frac{\pi}{6}} = \frac{\sqrt{6}}{2} + i\frac{\sqrt{2}}{2}$, $\sqrt{2}e^{i\frac{\pi}{2}} = i\sqrt{2}$
$\sqrt{2}e^{i\frac{5\pi}{6}} = -\frac{\sqrt{6}}{2} + i\frac{\sqrt{2}}{2}$, $\sqrt{2}e^{i\frac{7\pi}{6}} = -\frac{\sqrt{6}}{2} - i\frac{\sqrt{2}}{2}$ y $\sqrt{2}e^{i\frac{3\pi}{2}} = -i\sqrt{2}$.

c) (Raíces cuadradas de $\sqrt{8} - \sqrt{8}i$) $2e^{i\frac{-\pi}{8}}$ y $2e^{i\frac{7\pi}{8}}$.

d) (Raíces cúbicas de $-2 + 2i$) $\sqrt{2}e^{i\frac{5\pi}{12}}$, $\sqrt{2}e^{i\frac{13\pi}{12}}$ y $\sqrt{2}e^{i\frac{7\pi}{4}}$.

1.7 $(\cos\theta + i\,\mathrm{sen}\,\theta)^n = \cos(n\theta) + i\,\mathrm{sen}(n\theta),\ n \in \mathbb{N}$
$$\begin{cases} \xrightarrow{n=2} \begin{cases} \cos^2\theta - \mathrm{sen}^2\theta = \cos(2\theta) \\ 2\,\mathrm{sen}\,\theta\cos\theta = \mathrm{sen}(2\theta) \end{cases} \\[2em] \xrightarrow{n=3} \begin{cases} \cos^3\theta - 3\cos\theta\,\mathrm{sen}^2\theta = \cos(3\theta) \\ 3\cos^2\theta\,\mathrm{sen}\,\theta - \mathrm{sen}^3\theta = \mathrm{sen}(3\theta) \end{cases} \end{cases}$$

1.8   Si $|w| \le 1$ satisface $w^3 + 3w + 5 = 0$, entonces $5 = |w^3 + 3w| \le |w|^3 + 3|w| \le 1 + 3 = 4$, que representa una contradicción.

1.9   a) Si $z = e^{i\theta}$, con $\theta \in [0, 2\pi)$, entonces $z^n = 1 \Leftrightarrow e^{in\theta} = 1$, por lo que $\theta = \frac{2\pi k}{n}$ con $k = 0, 1, \ldots, n-1$ $(n \ge 2)$.

b) Si $w_k = e^{\frac{i2\pi k}{n}}$ con $k = 1, \ldots, n-1$ $(k \neq 0$ para que $w \neq 1)$, entonces

$$1 + w_k + \ldots + w_k^{n-1} = 1 + e^{\frac{i2\pi k}{n}} + e^{\frac{i4\pi k}{n}} + \ldots + e^{\frac{i2\pi k(n-1)}{n}} = \sum_{j=0}^{n-1}\left(e^{\frac{i2\pi k}{n}}\right)^j = \frac{1 - \left(e^{\frac{i2\pi k}{n}}\right)^n}{1 - e^{\frac{i2\pi k}{n}}} = 0.$$

Si $\alpha = e^{\frac{2\pi i}{n}}$, entonces $0 = 1 + w_k + \ldots + w_k^{n-1} = 1 + \alpha + \ldots + \alpha^{n-1} = \alpha + \ldots + \alpha^{n-1} + \alpha^n$.

c) Si $\alpha = e^{\frac{2\pi i}{n}}$, tenemos que $\alpha \cdot \alpha^2 \cdots \alpha^n = \alpha^{1+2+\ldots+n} = \alpha^{\frac{n(n+1)}{2}} = e^{i(n+1)\pi} = \pm 1$.

d) Si $w \in \mathbb{C}$ es tal que $w^7 = 1$ con $w \neq 1$, entonces $1 + w + w^2 + \ldots + w^6 = 0$ y
$\frac{w}{1+w^2} + \frac{w^2}{1+w^4} + \frac{w^3}{1+w^6} = \frac{w(1+w^4)(1+w^6)+w^2(1+w^2)(1+w^6)+w^3(1+w^2)(1+w^4)}{(1+w^2)(1+w^4)(1+w^6)} =$
$\frac{w+w^7+w^5+w^{11}+w^2+w^8+w^4+w^{10}+w^3+w^7+w^5+w^9}{1+w^6+w^4+w^{10}+w^2+w^8+w^6+w^{12}} = \frac{w+1+w^5+w^4+w^2+w+w^4+w^3+w^3+1+w^5+w^2}{1+w^6+w^4+w^3+w^2+w+w^6+w^5} =$
$\frac{-2w^6}{w^6} = -2$.

1.10 $z^{13} = w$ y $w^{11} = z \Rightarrow w = w^{143} \Rightarrow w^{142} = 1 \Rightarrow \mathrm{Im}\,w = \mathrm{sen}\left(\frac{\pi k}{71}\right)$, $k = 0, 1, \ldots, 141 \Rightarrow n = 71$.

1.11 $a = b = 0$ es ya una solución. Si $z = a + ib = re^{i\theta} \neq 0$, con $\theta \in [0, 2\pi)$, entonces
$(a + bi)^{2024} = a - bi \Leftrightarrow r^{2024}e^{i2024\theta} = re^{-i\theta} \Leftrightarrow r^{2023}e^{i2025\theta} = 1$. Por tanto, $r = 1$ y los valores de $\theta \in [0, 2\pi)$ son de la forma $\theta = \frac{2\pi k}{2025}$ con $k = 0, 1, \ldots, 2024$. Por tanto, el número de pares ordenados que satisfacen la ecuación dada son 2026.

1.12   Si $z = a + ib$ con $a, b \in \mathbb{R}$ y $b \neq 0$, entonces $\mathrm{Im}\,z^5 = 5a^4b - 10a^2b^3 + b^5 \Rightarrow$
$\frac{\mathrm{Im}(z^5)}{(\mathrm{Im}\,z)^5} = 5\left(\frac{a}{b}\right)^4 - 10\left(\frac{a}{b}\right)^2 + 1 = 5t^2 - 10t + 1 = 5(t-1)^2 - 4$, con $t = \left(\frac{a}{b}\right)^2 \Rightarrow$
$\mathrm{mín}\left\{\frac{\mathrm{Im}(z^5)}{(\mathrm{Im}\,z)^5} : z \in \mathbb{C} \setminus \mathbb{R}\right\} = -4$ y se alcanza en $t = 1 \Leftrightarrow a^2 = b^2$, que proporciona los valores complejos de la forma $z_1 = a(1 + i)$ y $z_2 = a(1 - i)$ con $a \neq 0$.

1.13   (El formato del problema recuerda al enunciado del último teorema de Fermat).

a) Notemos que $x = 2e^{i\frac{\pi}{3}}$ e $y = 2e^{-i\frac{\pi}{3}}$. Si p es un número primo mayor que 5 entonces $p = 6k \pm 1$ con $k \in \mathbb{N}$ y $x^p + y^p = 2^p e^{i\frac{(6k\pm1)\pi}{3}} + 2^p e^{-i\frac{(6k\pm1)\pi}{3}} = 2^p\left(e^{\pm i\frac{\pi}{3}} + e^{\mp i\frac{\pi}{3}}\right) = 2^p = z^p$.

b) Bajo la elección tomada, tenemos que $x^n + y^n = 2^n\left(e^{i\frac{\pi}{3}} + e^{-i\frac{\pi}{3}}\right) = 2^n = z^n$ $(n \in \mathbb{Z} \setminus \{0\})$.

1.14   Tengamos en cuenta que:

• Una circunferencia de centro $z_0 \in \mathbb{C}$ y radio $r > 0$ viene dada en el plano complejo por los valores $z \in \mathbb{C}$ que satisfacen la expresión $|z - z_0| = r$. Por tanto, un disco cerrado de centro z_0 y radio r viene dado por los valores $z \in \mathbb{C}$ que satisfacen $|z - z_0| \le r$.

• La elipse es el lugar geométrico de todos los puntos de un plano tales que la suma de las distancias a otros dos puntos fijos llamados focos es constante (e igual a la longitud del eje mayor que corresponde a la mayor distancia entre dos puntos cualesquiera de la elipse). Su achatamiento se mide a través de la llamada excentricidad, definida por el cociente entre la mitad de la distancia entre los focos y la mitad del eje mayor. Si la excentricidad es 0 tenemos una circunferencia, y si la excentricidad es 1 tenemos un segmento (o elipse degenerada).

(En el apartado iv) tenemos una curva tal que la suma de las distancias de sus puntos a los dos fijos 2 y -2 es igual a 5, por lo que se trata de una elipse de semieje mayor $\frac{5}{2}$.)

• Una hipérbola en el plano complejo es el lugar geométrico de los puntos de un plano tales que el valor absoluto de la diferencia de sus distancias a dos puntos fijos, llamados focos, es una constante positiva (menor que la distancia entre los dos focos, llamada distancia focal). Por tanto, una hipérbola viene determinada por la condición $||z - w_1| - |z - w_2|| = l$, donde w_1 y w_2 son los focos y $l > 0$. Como es conocido, en coordenadas cartesianas una hipérbola (horizontal y vertical, respectivamente) viene dada por una ecuación canónica del tipo $\left(\frac{x-x_0}{a}\right)^2 - \left(\frac{y-y_0}{b}\right)^2 = 1$ o $\left(\frac{y-y_0}{b}\right)^2 - \left(\frac{x-x_0}{a}\right)^2 = 1$.

(En el apartado v) tenemos una curva tal que la diferencia de las distancias a los puntos 2 y -2, en este orden, es 3. De hecho, se trata de la rama izquierda de la hipérbola de semieje real $\frac{3}{2}$ y focos en los puntos 2 y -2.)

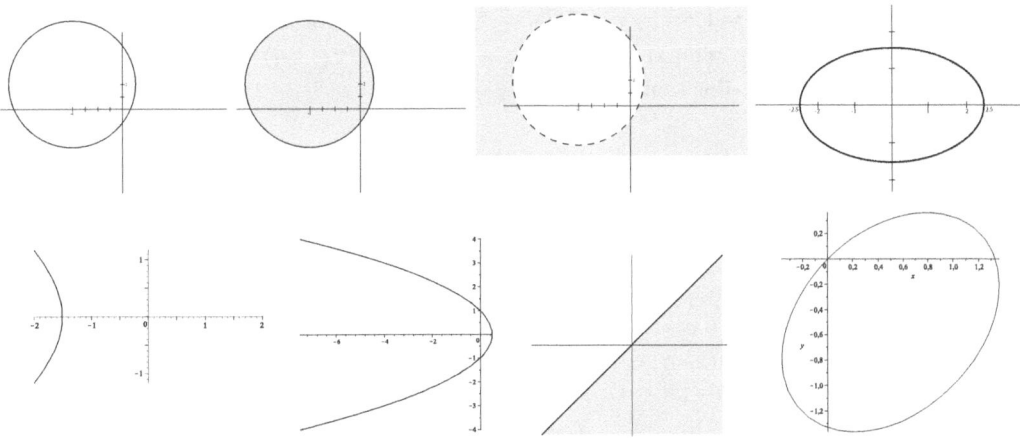

Figura 5.1: Imagen en el plano de los conjuntos del problema 1.14

1.15 A la vista de que $|z|^2 = z\overline{z}$ para cualquier $z \in \mathbb{C}$, tenemos que $|z_1 + z_2|^2 + |z_1 - z_2|^2 = (z_1+z_2)(\overline{z_1}+\overline{z_2}) + (z_1-z_2)(\overline{z_1}-\overline{z_2}) = \left(|z_1|^2 + |z_2|^2 + (z_1\overline{z_2} + \overline{z_1}z_2)\right) + \left(|z_1|^2 + |z_2|^2 - (z_1\overline{z_2} + \overline{z_1}z_2)\right) = 2(|z_1|^2 + |z_2|^2)$.

1.16 Consideremos $z_1 = r_1 e^{i\theta_1}$ y $z_2 = r_2 e^{i\theta_2}$, con $\theta_1, \theta_2 \in (-\pi, \pi]$ y $r_1, r_2 > 0$.

a) Dado que $z_1\overline{z_2} = r_1 r_2 e^{i(\theta_1 - \theta_2)}$, entonces $\text{Re}(z_1\overline{z_2}) = |z_1||z_2| \Leftrightarrow r_1 r_2 \cos(\theta_1 - \theta_2) = r_1 r_2 \Rightarrow \cos(\theta_1 - \theta_2) = 1 \Rightarrow \theta_1 - \theta_2 = 2k\pi$ con $k \in \mathbb{Z}$. Por tanto, $k = 0$, esto es $\text{Arg}\, z_1 = \text{Arg}\, z_2$.

b) $|z_1 + z_2| = |z_1| + |z_2| \Leftrightarrow |z_1 + z_2|^2 = |z_1|^2 + |z_2|^2 + 2|z_1||z_2| \Leftrightarrow (z_1+z_2)(\overline{z_1} + \overline{z_2}) = |z_1|^2 + |z_2|^2 + 2|z_1||z_2| \Leftrightarrow |z_1|^2 + |z_2|^2 + z_1\overline{z_2} + \overline{z_1}z_2 = |z_1|^2 + |z_2|^2 + 2|z_1||z_2| \Leftrightarrow z_1\overline{z_2} + \overline{z_1}z_2 = 2|z_1||z_2| \Leftrightarrow 2\text{Re}(z_1\overline{z_2}) = 2|z_1||z_2| \Leftrightarrow_{a)} \text{Arg}\, z_1 = \text{Arg}\, z_2$.

c) $|z_1-z_2| = ||z_1|-|z_2|| \Leftrightarrow (z_1-z_2)(\overline{z_1}-\overline{z_2}) = |z_1|^2+|z_2|^2-2|z_1||z_2| \Leftrightarrow -z_1\overline{z_2}-\overline{z_1}z_2 = -2|z_1||z_2|$
$\Leftrightarrow -2\operatorname{Re}(z_1\overline{z_2}) = -2|z_1||z_2| \Leftrightarrow_{a)} \operatorname{Arg} z_1 = \operatorname{Arg} z_2$.

d) $(1+\overline{z_1}z_2)(1+z_1\overline{z_2}) - (z_1+z_2)(\overline{z_1}+\overline{z_2}) = 1+|z_1|^2|z_2|^2 - |z_1|^2 - |z_2|^2$ y $(1-z_1\overline{z_1})(1-z_2\overline{z_2}) = 1 - |z_2|^2 - |z_1|^2 + |z_1|^2|z_2|^2$.

e) $|z_1+z_2|^2 < |1+\overline{z_1}z_2|^2 \Leftrightarrow (z_1+z_2)(\overline{z_1}+\overline{z_2}) < (1+\overline{z_1}z_2)(1+z_1\overline{z_2}) \Leftrightarrow (1+\overline{z_1}z_2)(1+z_1\overline{z_2}) - (z_1+z_2)(\overline{z_1}+\overline{z_2}) > 0 \Leftrightarrow_{d)} (1-|z_1|^2)(1-|z_2|^2) > 0$, que es cierto.

1.17 i) y ii) Las igualdades $\sqrt{a \cdot b} = \sqrt{a} \cdot \sqrt{b}$ y $\sqrt{\frac{a}{b}} = \frac{\sqrt{a}}{\sqrt{b}}$ son ciertas para valores positivos de a y b (pero no en general). Más generalmente, las igualdades $(a \cdot b)^x = a^x \cdot b^x$ y también $\left(\frac{a}{b}\right)^x = \frac{a^x}{b^x}$ son válidas cuando a y b son positivos y x es un número real. Sin embargo, bajo otras circunstancias, observemos que estas igualdades no son ciertas ni siquiera para las ramas principales, ya que

$$((-1)\cdot(-1))^{\frac{1}{2}} = 1 \neq (-1)^{\frac{1}{2}} \cdot (-1)^{\frac{1}{2}} = -1 \text{ o también } i = \left(\frac{1}{-1}\right)^{\frac{1}{2}} = i \neq \frac{1^{\frac{1}{2}}}{(-1)^{\frac{1}{2}}} = \frac{1}{i} = -i.$$

iii) $1^z = e^{2\pi k i z}$, $k \in \mathbb{Z}$ (por ejemplo si $z = \frac{\ln x}{2\pi i}$, con $x > 0$, entonces $1^z = e^{k \ln x}$, $k \in \mathbb{Z}$, que proporciona los valores $1, x, x^2, \dots$).

iv) La igualdad $(e^x)^y = e^{xy}$ es cierta cuando se toman $x, y \in \mathbb{R}$, pero no en el caso más general de manejar números complejos en el que se ha de utilizar la expresión $(e^z)^w = e^{w \log e^z}$ (y recordemos que $\log e^z$ no es en general igual a z cuando $z \in \mathbb{C}$, véase la observación 1.7).

1.18 a) $z = 0$ es solución. Si $z = re^{i\theta}$, con $r > 0$ y $\theta \in [0, 2\pi)$, entonces $\overline{z} = z^{n-1} \Leftrightarrow re^{-i\theta} = r^{n-1}e^{i(n-1)\theta} \Leftrightarrow r^{n-2}e^{in\theta} = 1 \Leftrightarrow_{n \neq 2} r = 1$ y $\theta = \frac{2\pi k}{n}$ con $k = 0, 1, \dots, n-1$.

b) $\operatorname{sen} z + \cos z = i\sqrt{2} \Leftrightarrow e^{iz}(1+i) + e^{-iz}(i-1) = -2\sqrt{2} \Leftrightarrow e^{2iz}(1+i) + 2\sqrt{2}e^{iz} + (i-1) = 0 \Leftrightarrow e^{iz} = \frac{-\sqrt{2}}{1+i} = -\frac{\sqrt{2}}{2}(1-i)$. Por tanto, $iz = \log(-\frac{\sqrt{2}}{2}(1-i)) = i\left(\frac{3\pi}{4} + 2\pi k\right)$ y las soluciones son: $z = \pi\left(\frac{3}{4} + 2k\right)$, $k \in \mathbb{Z}$.

1.19 Sea $\lambda = \frac{z_2-z_1}{z_3-z_1} = \frac{z_1-z_3}{z_2-z_3}$. Entonces $z_2 - z_1 = \lambda(z_3 - z_1)$, $z_1 - z_3 = \lambda(z_2 - z_3)$ y, por tanto, $z_2 - z_3 = \lambda(z_2 - z_1)$. En consecuencia, $\lambda = \frac{z_2-z_1}{z_3-z_1} = \frac{z_1-z_3}{\lambda(z_2-z_1)}$ y deducimos que $z_1 - z_3 = \lambda^2(z_2 - z_1)$, que equivale a $-(z_2 - z_1) = \lambda^3(z_2 - z_1)$, es decir, $-1 = \lambda^3$, por lo que $|\lambda| = 1$ y $|z_2 - z_1| = |z_3 - z_1| = |z_2 - z_3|$.

1.20 a) Si $z = x + iy$, entonces $\operatorname{Im}\left(z + \frac{1}{z}\right) = 0 \Leftrightarrow \operatorname{Im}\left(\overline{z}\left(z^2 + 1\right)\right) = 0 \Leftrightarrow 2x^2y - y(x^2 - y^2) - y = 0 \Leftrightarrow x^2y + y^3 - y = 0 \Leftrightarrow y = 0$ o $x^2 + y^2 = 1$.

b) $|z-\alpha| = |1-\overline{\alpha}z| \Leftrightarrow (z-\alpha)(\overline{z}-\overline{\alpha}) = (1-\overline{\alpha}z)(1-\alpha\overline{z}) \Leftrightarrow |z|^2+|\alpha|^2-\overline{\alpha}z-\alpha\overline{z} = 1+|\alpha|^2|z|^2-\alpha\overline{z}-\overline{\alpha}z \Leftrightarrow |z|^2(1-|\alpha|^2) = 1 - |\alpha|^2 \Leftrightarrow |z| = 1$.

1.21 $\left|\frac{1-z}{1+z}\right| = \left|\frac{1-x-iy}{1+x+iy}\right| = p \Leftrightarrow (1-x)^2+y^2 = p^2((1+x)^2+y^2) \Leftrightarrow 1+x^2+y^2-2x = p^2+p^2x^2+2p^2x+p^2y^2 \Leftrightarrow x^2(1-p^2) + y^2(1-p^2) - 2x(1+p^2) + (1-p^2) = 0$

$$\begin{cases} \xrightarrow{p \neq 1,\ p > 0} & x^2 + y^2 - 2x\frac{1+p^2}{1-p^2} + 1 = 0 \Leftrightarrow \left(x - \frac{1+p^2}{1-p^2}\right)^2 + y^2 = \left(\frac{1+p^2}{1-p^2}\right)^2 - 1 \text{ (circunferencia)} \\ \xrightarrow{p=1} & x = 0 \Leftrightarrow z = iy,\ y \in \mathbb{R} \text{ (eje OY)} \end{cases}$$

1.22 Se prueba de forma análoga al caso real (véanse las pruebas de [27, Proposiciones 3.38 y 3.47, y Corolario 3.48]).

1.23 Si $x = r\cos\theta$, $y = r\operatorname{sen}\theta$ y $U(r, \theta) = u(r\cos\theta, r\operatorname{sen}\theta)$, $V(r, \theta) = v(r\cos\theta, r\operatorname{sen}\theta)$, entonces
$$\begin{pmatrix} \frac{\partial U}{\partial r} & \frac{\partial V}{\partial r} \\ \frac{\partial U}{\partial \theta} & \frac{\partial V}{\partial \theta} \end{pmatrix} = \begin{pmatrix} \cos\theta & \operatorname{sen}\theta \\ -r\operatorname{sen}\theta & r\cos\theta \end{pmatrix} \cdot \begin{pmatrix} \frac{\partial u}{\partial x} & \frac{\partial v}{\partial x} \\ \frac{\partial u}{\partial y} & \frac{\partial v}{\partial y} \end{pmatrix}.$$ Si se cumple C-R, podemos escribir
$$\begin{pmatrix} \frac{\partial U}{\partial r} & \frac{\partial V}{\partial r} \\ \frac{\partial U}{\partial \theta} & \frac{\partial V}{\partial \theta} \end{pmatrix} = \begin{pmatrix} \frac{\partial u}{\partial x}\cos\theta - \frac{\partial v}{\partial x}\operatorname{sen}\theta & \frac{\partial u}{\partial x}\operatorname{sen}\theta + \frac{\partial v}{\partial x}\cos\theta \\ -r\left(\frac{\partial u}{\partial x}\operatorname{sen}\theta + \frac{\partial v}{\partial x}\cos\theta\right) & r\left(\frac{\partial u}{\partial x}\cos\theta - \frac{\partial v}{\partial x}\operatorname{sen}\theta\right) \end{pmatrix},$$ lo que implica $\frac{\partial U}{\partial r} = \frac{1}{r}\frac{\partial V}{\partial \theta}$

y $\frac{\partial V}{\partial r} = \frac{-1}{r}\frac{\partial U}{\partial \theta}$. El recíproco es también cierto. Finalmente, se tiene que $e^{-i\theta}\left(\frac{\partial U}{\partial r} + i\frac{\partial V}{\partial r}\right) = e^{-i\theta}\left(\frac{\partial u}{\partial x}(\cos\theta + i\,\text{sen}\,\theta) + i\frac{\partial v}{\partial x}(\cos\theta + i\,\text{sen}\,\theta)\right) = e^{-i\theta}\left(\frac{\partial u}{\partial x}e^{i\theta} + i\frac{\partial v}{\partial x}e^{i\theta}\right) = \frac{\partial u}{\partial x} + i\frac{\partial v}{\partial x} = f'(z)$.

1.24 a) • Dado $z \in \mathbb{C}$, se trata de calcular los valores $w \in \mathbb{C}$ tales que $\cos w = z \Leftrightarrow e^{2iw} - 2ze^{iw} + 1 = 0$
$\Leftrightarrow e^{iw} = z \pm \sqrt{z^2 - 1} \Leftrightarrow w = -i\log(z + (z^2 - 1)^{\frac{1}{2}})$.

• $\text{sen}(w) = z \Leftrightarrow e^{2iw} - 2ize^{iw} - 1 = 0 \Leftrightarrow e^{iw} = iz \pm \sqrt{-z^2 + 1} \Leftrightarrow w = -i\log(iz + (1 - z^2)^{\frac{1}{2}})$.

• $\tan w = z \Leftrightarrow e^{iw} - e^{-iw} = iz\left(e^{iw} + e^{-iw}\right) \Leftrightarrow e^{2iw}(1 - iz) = 1 + iz \Leftrightarrow_{z \neq \pm i} e^{2iw} = \frac{1+iz}{1-iz} \Leftrightarrow$
$w = \frac{-i}{2}\log\left(\frac{i-z}{i+z}\right) \Leftrightarrow w = \frac{i}{2}\log\left(\frac{i+z}{i-z}\right)$.

b) $\text{sen}^{-1}(-i) = -i\log(1 + (2)^{\frac{1}{2}}) \xrightarrow{\text{rama principal}} \text{arcsen}(-i) = -i\ln(1 + \sqrt{2}) \Rightarrow$
$(\text{arcsen}(-i))^2 + \left(\ln(1 + \sqrt{2})\right)^2 = 0$.

1.25 $\text{senh}(x + iy) \leq 0 \Leftrightarrow e^{i(x+iy)} - e^{-i(x+iy)} \leq 0 \Leftrightarrow e^{-y}(\cos x + i\,\text{sen}\,x) - e^{y}(\cos x - i\,\text{sen}\,x) \leq 0 \Leftrightarrow$
$(e^{-y} + e^{y})\,\text{sen}\,x = 0$ y $(e^{-y} - e^{y})\cos x \leq 0 \Leftrightarrow x + iy = (2k+1)\pi + iy$ con $y \leq 0$ o $x + iy = 2k\pi + iy$
con $y \geq 0$ $(k \in \mathbb{Z})$.

1.26 $\frac{\partial^2 u}{\partial x^2} + \frac{\partial^2 u}{\partial y^2} = \frac{2x(x^2 - 3y^2)}{(x^2+y^2)^3} + \frac{2x(3y^2 - x^2)}{(x^2+y^2)^3} = 0$ (de hecho, $\frac{\partial u}{\partial x} = \frac{y^2 - x^2}{(x^2+y^2)^2} + 1$ y $\frac{\partial u}{\partial y} = \frac{-2xy}{(x^2+y^2)^2}$).

$\frac{\partial v}{\partial y} = \frac{y^2 - x^2}{(x^2+y^2)^2} + 1 \Rightarrow v(x,y) = \frac{-y}{(x^2+y^2)} + y + \phi(x)$. Por tanto, $\frac{2xy}{(x^2+y^2)^2} + \phi'(x) = \frac{2xy}{(x^2+y^2)^2} \Rightarrow$
$v(x,y) = \frac{-y}{x^2+y^2} + y + C$. Si $v(1,0) = 0$, entonces $C = 0$.

En consecuencia, $f(z) = \frac{x}{x^2+y^2} + x + i\left(\frac{-y}{x^2+y^2} + y\right) = (x + iy) + \frac{x-iy}{x^2+y^2} = z + \frac{\bar{z}}{|z|^2} = z + \frac{1}{z}$.

1.27 a) $\frac{\partial^2 u}{\partial x^2} + \frac{\partial^2 u}{\partial y^2} = \frac{-2x^2 + 2y^2}{(x^2+y^2)^2} + \frac{-2y^2 + 2x^2}{(x^2+y^2)^2} = 0$.

b) $\log(x + iy) = \ln(x^2 + y^2) + i\arg(x + iy)$. Las conjugadas armónicas de $u(x,y) = \ln(x^2 + y^2)$
vienen dadas a partir de la función argumento, que no es posible definirla con continuidad en
$\mathbb{C} \setminus \{0\}$ (pero sí en un subconjunto simplemente conexo resultante de eliminar un rayo partiendo
del origen).

1.28 Sea $u(x,y) = \phi(xy)$. La parte real de una función entera es armónica, por lo que $0 = \frac{\partial^2 u}{\partial x^2} + \frac{\partial^2 u}{\partial y^2} = (x^2 + y^2)\phi''(xy) \Rightarrow \phi''(t) = 0 \;\forall t \in \mathbb{R} \Rightarrow \phi(t) = at + b \;\forall t \in \mathbb{R} \Rightarrow u(x,y) = axy + b \;\forall x,y \in \mathbb{R}$. Por
C-R, $\frac{\partial v}{\partial x} = -ax \Rightarrow v(x,y) = \frac{-a}{2}x^2 + g(y) \Rightarrow \frac{\partial v}{\partial y} = g'(y) = ay \Rightarrow v(x,y) = \frac{a}{2}(y^2 - x^2) + c, c \in \mathbb{R}$
$\Rightarrow f(z) = axy + \frac{ia}{2}(y^2 - x^2) + cte \Rightarrow f(z) = \frac{-ia}{2}z^2 + cte$, con $a \in \mathbb{R}$ y $cte \in \mathbb{C}$.

1.29 $\det(Jf(z)) = \frac{\partial u}{\partial x}\frac{\partial v}{\partial y} - \frac{\partial u}{\partial y}\frac{\partial v}{\partial x} = \left(\frac{\partial u}{\partial x}\right)^2 + \left(\frac{\partial v}{\partial x}\right)^2 = \left|\frac{\partial u}{\partial x} + i\frac{\partial v}{\partial x}\right|^2 = |f'(z)|^2$.

1.30 i) $RiwQe^{iwt} + L(iw)^2 Qe^{iwt} + \frac{Qe^{iwt}}{C} = V_0 e^{iwt} \Leftrightarrow iwQe^{iwt}\left(R + Liw + \frac{1}{iwC}\right) = V_0 e^{iwt} \Leftrightarrow$
$iwQ = \frac{V_0}{R + iwL - \frac{i}{wC}} \Leftrightarrow iwQ = \frac{V}{R + Liw - \frac{i}{wC}}$.

ii) $Z = R + iwL - \frac{i}{wC} = \sqrt{R^2 + \left(wL - \frac{1}{wC}\right)^2}\, e^{i\theta}$, donde ϕ es un argumento de Z
(como $\arctan\left(\frac{wL - \frac{1}{wC}}{R}\right)$) $\Rightarrow \mathcal{I} = \frac{V_0}{\sqrt{R^2 + \left(wL - \frac{1}{wC}\right)^2}} e^{wt - \phi} \Rightarrow \text{Re}\,\mathcal{I} = \frac{V_0}{\sqrt{R^2 + \left(wL - \frac{1}{wC}\right)^2}} \cos(wt - \phi)$.
(Si $w = \frac{1}{\sqrt{LC}}$, entonces $\phi = 0$, la impedancia toma su valor mínimo, la intensidad es máxima y,
en tal caso, se dice que el circuito entra en resonancia eléctrica.)

1.31 Dado $t > 0$, $z_P(t) - z_T(t) = re^{\frac{2\pi i t}{\tau}} - e^{2\pi i t} = r\cos\left(\frac{2\pi t}{\tau}\right) - \cos(2\pi t) + i(r\,\text{sen}\left(\frac{2\pi t}{\tau}\right) - \text{sen}(2\pi t)) = \rho(t)e^{i\theta(t)}$, donde $\rho(t) = |z_P(t) - z_T(t)|$ y $\theta(t)$ se calcula a partir de la expresión
$\arctan\left(\frac{r\,\text{sen}\left(\frac{2\pi t}{\tau}\right) - \text{sen}(2\pi t)}{r\cos\left(\frac{2\pi t}{\tau}\right) - \cos(2\pi t)}\right)$. De hecho, $\theta'(t) = \frac{2\pi}{1+\theta(t)^2}\frac{\eta(t)}{\left(r\cos\left(\frac{2\pi t}{\tau}\right) - \cos(2\pi t)\right)^2}$, con

$$\eta(t) = \left(\tfrac{r}{\tau}\cos\left(\tfrac{2\pi t}{\tau}\right) - \cos(2\pi t)\right)\left(r\cos\left(\tfrac{2\pi t}{\tau}\right) - \cos(2\pi t)\right) + \left(\tfrac{r}{\tau}\operatorname{sen}\left(\tfrac{2\pi t}{\tau}\right) - \operatorname{sen}(2\pi t)\right) \cdot$$

$$\cdot\left(r\operatorname{sen}\left(\tfrac{2\pi t}{\tau}\right) - \operatorname{sen}(2\pi t)\right) = 1 + \tfrac{r^2}{\tau} - r\left(1 + \tfrac{1}{\tau}\right)\cos\left(2\pi t\left(1 - \tfrac{1}{\tau}\right)\right)$$

$$\Rightarrow \theta'(t) = 0 \leftrightarrow \eta(t) = 0 \leftrightarrow \cos\left(2\pi t\left(1 - \tfrac{1}{\tau}\right)\right) = \tfrac{\tfrac{r}{\tau}+r}{\tfrac{r}{\tau}+1} \xrightarrow{\tau^2 = Cr^3,\ C>0} \cos\left(2\pi t\left(1 - \tfrac{1}{\tau}\right)\right) = \tfrac{\sqrt{Cr}+r}{\sqrt{Cr^3}+1}$$

$(r > 0)$. Por tanto, en función de $r > 0$, no es descartable localizar $t_0 > 0$ tal que $\eta(t_0) = 0$ y la función $\theta(t)$ puede poseer algún máximo o mínimo local.

1.32 a) Dado que A es una matrix con coeficientes reales, notemos que $A \cdot \begin{pmatrix} c_1 \\ c_2 \end{pmatrix} = \lambda \begin{pmatrix} c_1 \\ c_2 \end{pmatrix}$ es equivalente a $A \cdot \begin{pmatrix} \overline{c_1} \\ \overline{c_2} \end{pmatrix} = \overline{\lambda}\begin{pmatrix} \overline{c_1} \\ \overline{c_2} \end{pmatrix}$, por lo que $\begin{pmatrix} \overline{c_1} \\ \overline{c_2} \end{pmatrix}$ es un autovector asociado a $\overline{\lambda}$.

b) Por hipótesis, tenemos que $\begin{cases} x_1(t) = c_1 e^{\lambda t} \\ x_2(t) = c_2 e^{\lambda t} \end{cases}$, esto es

$$\begin{cases} x_1(t) = (\operatorname{Re}(c_1) + i\operatorname{Im}(c_1))\,e^{(\alpha+i\beta)t} = e^{\alpha t}e^{i\beta t}\operatorname{Re}(c_1) + ie^{\alpha t}e^{i\beta t}\operatorname{Im}(c_1) \\ x_2(t) = (\operatorname{Re}(c_2) + i\operatorname{Im}(c_2))\,e^{(\alpha+i\beta)t} = e^{\alpha t}e^{i\beta t}\operatorname{Re}(c_2) + ie^{\alpha t}e^{i\beta t}\operatorname{Im}(c_2) \end{cases},$$

es solución del sistema. Por tanto, por la identidad de Euler, tenemos que

$$\begin{cases} x_1(t) = e^{\alpha t}\left(\cos(\beta t)\operatorname{Re}(c_1) - \operatorname{sen}(\beta t)\operatorname{Im}(c_1)\right) + ie^{\alpha t}\left(\operatorname{sen}(\beta t)\operatorname{Re}(c_1) + \operatorname{sen}(\beta t)\operatorname{Im}(c_1)\right) \\ x_2(t) = e^{\alpha t}\left(\cos(\beta t)\operatorname{Re}(c_2) - \operatorname{sen}(\beta t)\operatorname{Im}(c_2)\right) + ie^{\alpha t}\left(\operatorname{sen}(\beta t)\operatorname{Re}(c_2) + \operatorname{sen}(\beta t)\operatorname{Im}(c_2)\right) \end{cases}$$

Dado que las partes real e imaginaria son soluciones del mismo sistema lineal, el resultado sigue.

1.33 $\tfrac{a_0}{2} + \sum_{n\geq 1}\left(a_n\cos\left(\tfrac{n\pi x}{L}\right) + b_n\operatorname{sen}\left(\tfrac{n\pi x}{L}\right)\right) =$

$\tfrac{a_0}{2} + \sum_{n\geq 1}\tfrac{a_n}{2}\left(e^{i\frac{n\pi x}{L}} + e^{-i\frac{n\pi x}{L}}\right) + \tfrac{b_n}{2i}\left(e^{i\frac{n\pi x}{L}} + e^{-i\frac{n\pi x}{L}}\right) =$

$\tfrac{a_0}{2} + \sum_{n\geq 1}\left(\tfrac{a_n - ib_n}{2}\right)e^{i\frac{n\pi x}{L}} + \tfrac{a_n + ib_n}{2}e^{-i\frac{n\pi x}{L}} = \sum_{n=-\infty}^{\infty} c_n e^{i\frac{n\pi x}{L}}$,

con $c_0 = \tfrac{a_0}{2}$, $c_n = \tfrac{a_n - ib_n}{2}$ y $c_{-n} = \tfrac{a_n + ib_n}{2}$, $n > 0$.

1.34 a) $\boxed{F}$ $\left(i^i = e^{i\log i} = e^{i(i\pi/2 + i2\pi k)} = e^{-\pi/2}e^{-2\pi k},\ k \in \mathbb{Z}\right)$;

b) $\boxed{F}$ (por las condiciones C-R);

c) $\boxed{V}$ (si g fuese derivable en un punto $z_0 \neq 0$, la función $h(z) = \tfrac{9z^2}{g(z)} = \overline{z} - i$ sería derivable en z_0, pero no satisface C-R en ningún punto);

d) $\boxed{V}$ $\left(\lim_{y\to\infty}\cos(iy) = \lim_{y\to\infty}\tfrac{e^{-y}+e^{y}}{2} = \infty\right)$;

e) $\boxed{V}$ $\left(\prod_{k=1}^{n}\left(\cos(kx) + i\operatorname{sen}(kx)\right) = e^{ix\sum_{k=1}^{n}k} = e^{\frac{ixn(n+1)}{2}} = 1 \Leftrightarrow x = \tfrac{4\pi k}{n(n+1)},\ k \in \mathbb{Z}\right)$;

f) $\boxed{V}$ (por las condiciones C-R, pero cuidado porque $u(x,y)$ y $v(x,y)$ se definen a trozos);

g) $\boxed{F}$ (la función no es continua en $z = 0$, ya que $\lim_{y\to 0}h(iy) \neq 0$);

h) $\boxed{V}$ (por C-R se tiene que $f(z) = u(x) + iv(y)$ con $z = x + iy \Rightarrow f'(z) = \tfrac{\partial u}{\partial x} + i\tfrac{\partial v}{\partial x} = \tfrac{\partial u}{\partial x}$ $\Rightarrow$ Por C-R se tiene que $\tfrac{\partial^2 u}{\partial x^2} = \tfrac{\partial^2 v}{\partial y^2} = 0 \Rightarrow \tfrac{\partial u}{\partial x} = cte \Rightarrow u(x) = cx + d_1$ y $v(y) = cy + d_2 \Rightarrow$ $f(z) = c(x + iy) + (d_1 + d_2)$, que es un polinomio de grado menor o igual que 1);

i) $\boxed{V}$ $\left(\cos z = 2 \Leftrightarrow e^{2iz} - 4e^{iz} + 1 = 0 \Leftrightarrow e^{iz} = 2 \pm \sqrt{3} \Leftrightarrow iz = \log(2 \pm \sqrt{3}) \Leftrightarrow z = -i\left(\ln(2 \pm \sqrt{3}) + i2\pi k\right),\ k \in \mathbb{Z}\right)$;

j) $\boxed{F}$ (no se satisface C-R en un entorno perforado del origen);

k) $\boxed{V}$ $(\operatorname{sen}(i\,\overline{z}) = \frac{e^{-\overline{z}}-e^{\overline{z}}}{2i}$ y $\overline{\operatorname{sen}(iz)} = \frac{\overline{e^{-z}-e^{z}}}{-2i}$. Por tanto, $\operatorname{sen}(i\,\overline{z}) = \overline{\operatorname{sen}(iz)} \Leftrightarrow e^{-\overline{z}} = e^{\overline{z}} \Leftrightarrow$ $1 = e^{2\overline{z}} \Leftrightarrow z = \pi ki,\ k \in \mathbb{Z})$;

l) $\boxed{V}$ (consecuencia de la definición de función tangente y de las igualdades $\operatorname{sen}(iz) = i\operatorname{senh}(z)$ y $\cos(iz) = \cosh(z)$).

Capítulo 2

2.1 $\left|\int_{\gamma} \operatorname{Log} z\, dz\right| \leq \operatorname{máx}\{|\ln|z| + i\operatorname{Arg} z| : z \in \gamma^{*}\} \cdot L(\gamma) = \left(\frac{\pi}{2}\right)^{2}$.

2.2   a) $4\pi i$;   b1) $\left(1 - \frac{i}{2}\right)\sqrt{5}$;   b2) -2;   b3) $2i$;   b4) 0.

2.3 • $I = \int_{-\frac{\pi}{2}}^{\frac{\pi}{2}} \frac{1}{e^{it}} i e^{it}\, dt = \pi i$;

• $\operatorname{Log} z$ es una primitiva de $\frac{1}{z}$ en un conjunto abierto que no contiene $(-\infty, 0]$, por lo que $I = \operatorname{Log} i - \operatorname{Log}(-i) = \pi i$.

2.4 a) $h(z) = (f \cdot g)'(z)$, $z \in U$, es continua en U y su primitiva en U es $F(z) = f(z)g(z)$, $z \in U$. Por tanto, $\int_{\gamma} h(z)\, dz = f(z)g(z)\Big]_{z_1}^{z_2}$, lo que demuestra el resultado.

b) $\int_{\gamma} \operatorname{Log} z\, dz = z\operatorname{Log} z\Big]_{Re^{-\frac{\pi}{2}i}}^{Re^{\frac{\pi}{2}i}} - \int_{\gamma} z \cdot \frac{1}{z}\, dz =$
$Re^{\frac{\pi}{2}i}(\ln R + \frac{\pi}{2}i) - Re^{-\frac{\pi}{2}i}(\ln R - \frac{\pi}{2}i) - (Re^{\frac{\pi}{2}i} - Re^{-\frac{\pi}{2}i}) = 2Ri(-1 + \ln R)$.

2.5 a) 0 $(I = \int_{\gamma} 1\, dz - 2\int_{\gamma} \frac{1}{z^2+1}\, dz = i\int_{\gamma} \frac{1}{z-i}\, dz - i\int_{\gamma} \frac{1}{z+i}\, dz = 0)$;

b) $2\pi i$ $(I = \frac{2\pi i}{n!} f^{(n-1)}(1) = 2\pi i$, donde $f(z) = z^n)$;

c) $-\pi i$ $(I = \frac{2\pi i}{2!} f'(0) = -\pi i$, donde $f(z) = \frac{\cos z}{z-1})$;

d) $\frac{\pi}{2^8}$ $(I = \frac{2\pi i}{3!} f''(2i) = \frac{\pi}{2^8}$, donde $f(z) = \frac{1}{(z+2i)^3})$;

e) $\begin{cases} 2\pi i & \text{si } n = 1, 2 \\ 0 & \text{si } n > 2 \end{cases}$ (Observar que $\frac{z^{n+1}}{z^n-1} = z + \frac{z}{z^n-1}$. El caso $n = 1$ nos lleva a

$\frac{z^2}{z-1} = z + 1 + \frac{1}{z-1}$ y, por tanto, $I_1 = 2\pi i$. El caso $n = 2$ nos lleva a $\frac{z}{z^2-1} = \frac{\frac{1}{2}}{z-1} + \frac{\frac{1}{2}}{z+1}$, por lo que $I_2 = \left(\frac{1}{2} + \frac{1}{2}\right)2\pi i = 2\pi i$. El caso $n > 2$ nos lleva a $\frac{z}{z^n-1} = \frac{A_1}{z-\alpha_1} + \ldots + \frac{A_n}{z-\alpha_n}$, con $\alpha_1, \ldots, \alpha_n$ las raíces de la unidad. En este caso, si comparamos los coeficientes de grado $n-1 > 1$ de la igualdad $A_1(z-\alpha_2)\cdots(z-\alpha_n) + A_2(z-\alpha_1)(z-\alpha_3)\cdots(z-\alpha_n)\ldots + A_n(z-\alpha_1)\cdots(z-\alpha_{n-1}) = z$, obtenemos que $A_1 + A_2 + \ldots + A_n = 0$ y, por tanto, $I_n = (A_1 + A_2 + \ldots + A_n)2\pi i = 0)$.

2.6 Aplicación directa del teorema de Liouville.

2.7 Por aplicación directa del principio del módulo máximo, las únicas funciones que satisfacen las condiciones dadas son respectivamente las funciones constantes $f \equiv 7$ y $g \equiv -3$.

2.8 Por la primera condición tenemos que $f(z) = z^3 g(z)$, con g entera y $g(0) \neq 0 \to$ $f'(z) = 3z^2 g(z) + z^3 g'(z) = z^2(3g(z) + zg'(z)) \xrightarrow{\text{segunda condición}} |3g(z) + zg'(z)| \leq 5 \xrightarrow{\text{Liouville}}$ $3g(z) + zg'(z) = \text{cte}$ y $f'(z) = \text{cte} \cdot z^2 \xrightarrow{f(z)=z^3 g(z)} f(z) = \text{cte} \cdot \frac{z^3}{3} \xrightarrow{\text{tercera condición}} \text{cte} = 3$.

2.9 La función $h(z) = f(z) - g(z)$, $z \in D(0,1)$, es holomorfa en $D(0,1)$, continua en $\overline{D}(0,1)$ y satisface que $\operatorname{Re} h(z) = 0$ para todo $z \in \operatorname{Fr}(D(0,1))$, por lo que el corolario 2.13 nos asegura que $\operatorname{Re} h(z) = 0$ para todo $z \in \overline{D}(0,1)$. Ahora, por las condiciones C-R, existe $a \in \mathbb{R}$ tenemos que $\operatorname{Im} h(z) = a$ para todo $z \in D(0,1)$, por lo que $f(z) - g(z) = ai = \text{cte}$ para todo $z \in \overline{D}(0,1)$.

2.10 Por reducción al absurdo, si $f(z) \neq 0$ para todo $z \in D(0,1)$ y $\{f(z_n)\}_{n \geq 1}$ no es acotada cualquiera que sea $\{z_n\} \to 1$ con $z_n \in D(0,1)$, entonces la función $g(z) = \frac{1}{f(z)}$, $z \in D(0,1)$, es holomorfa en $D(0,1)$ y $\lim_{|z| \to 1} g(z) = 0$. Por el P.M.Máximo, esto significa que $g(z) = 0$ $\forall z \in D(0,1)$ (en efecto, si existiera $z_0 \in D(0,1)$ tal que $g(z_0) \neq 0$, entonces la existencia de $z_1 \in D(0,1)$, con $1 > |z_1| > |z_0|$, tal que $|g(z_1)| < |g(z_0)|$ y el P.M.Máximo aplicado en $D(0,|z_1|)$ nos daría la contradicción). Dado que $g(z) = 0$ es un absurdo, la propiedad queda probada.

2.11 Si $z = x + iy$, entonces $\operatorname{Re}(z^3) = x^3 - 3xy^2$. Por el corolario 2.13 basta considerar la frontera del cuadrado unidad (realizar el análisis en cada uno de los cuatro segmentos que componen la frontera del cuadrado unidad) y concluir que $\max\{\operatorname{Re} z : z \in [0,1] \times [0,1]\} = 1$, cuyo valor se alcanza en el punto $z = 1$ ($x = 1$ e $y = 0$).

2.12 Por reducción al absurdo, si $f(z) \neq 0$ para todo $z \in D(0,1)$, el P.M.Mínimo aplicado a $\overline{D}(0,1)$ nos daría una contradicción, ya que $|f(0)| = 1$ y $|f(z)| > 1$ para todo $z \in \operatorname{Fr}(D(0,1))$.

2.13 • f es inyectiva, ya que $f(z_1) = f(z_2)$ $\Leftrightarrow$ $R^2(z_1 - z_2) = |a|^2(z_1 - z_2)$ $\Leftrightarrow$ $(z_1 - z_2)(R^2 - |a|^2) = 0 \Leftrightarrow z_1 = z_2$.

• f es holomorfa en $D(0,R)$, ya que $R^2 - \overline{a}z \neq 0$ $\forall z \in D(0,R)$.

• $|z| = R \Rightarrow R(z - a) = z\left(R - a\frac{\overline{z}}{R}\right) \Rightarrow R|z - a| = |R^2 - a\overline{z}| = |R^2 - \overline{a}z| \Rightarrow |f(z)| = 1$. Por el P.M.Máximo, deducimos que $f(D(0,R)) \subset D(0,1)$.

• La inversa de f es $f^{-1}(z) = \frac{R(Rz+a)}{R+\overline{a}z}$ y es holomorfa en $D(0,1)$. Además, $|f^{-1}(z)| = R$ cuando $|z| = 1$ (ya que $|Rz + a| = |R + \overline{a}z|$ si $|z| = 1$). Por el P.M.Máximo, deducimos que $f^{-1}(D(0,1)) \subset D(0,R)$.

• Por tanto, $f(f^{-1}(D(0,1))) = D(0,1) \subset f(D(0,R)) \subset D(0,1)$, es decir, $f(D(0,R)) = D(0,1)$.

2.14 Sean $z_1, z_2 \in D(0,1)$ tales que $f(z_1) = z_1$ y $f(z_2) = z_2$. Consideremos la transformación de Möbius $g(z) = \frac{z - z_1}{1 - \overline{z_1}z}$ (que sabemos que aplica el disco unidad en sí mismo). Entonces la función $h(z) = (g \circ f \circ g^{-1})(z)$ también aplica $D(0,1)$ en $D(0,1)$, satisface $h(0) = 0$ (porque $g(z_1) = 0$ y $g^{-1}(0) = z_1$) y $h(g(z_2)) = g(z_2)$. Por el lema de Schwarz, concluimos que h es la identidad, lo que implica que f es la identidad.

2.15 Por la fórmula integral de Poisson (con $z_0 = 0$ y $0 \leq r < R$), tenemos que $\operatorname{Re}(f(re^{i\theta})) = \frac{1}{2\pi} \int_0^{2\pi} \frac{R^2 - r^2}{|Re^{it} - re^{i\theta}|^2} \operatorname{Re}(f(Re^{it}))\, dt$. Dado que $\frac{R^2 - r^2}{|Re^{it} - re^{i\theta}|^2} \leq \frac{R+r}{R-r}$, tenemos que $|\operatorname{Re}(f(re^{i\theta}))| \leq \frac{1}{2\pi} \frac{R+r}{R-r} \int_0^{2\pi} |\operatorname{Re}(f(Re^{it}))|\, dt$. Dado que $\frac{R-r}{R+r} \leq \frac{R^2 - r^2}{|Re^{it} - re^{i\theta}|^2}$ (ya que $(R + r)^2 \geq |Re^{it} - re^{i\theta}|^2 = |R - re^{i(\theta-t)}|^2 = R^2 + r^2 - 2rR\cos(t - \theta)$), tenemos que $\frac{1}{2\pi} \frac{R-r}{R+r} \int_0^{2\pi} |\operatorname{Re}(f(Re^{it}))|\, dt \leq |\operatorname{Re}(f(re^{i\theta}))|$. Por la propiedad del valor medio de Gauss, tenemos que $u(0) = \frac{1}{2\pi} \int_0^{2\pi} u(Re^{it})\, dt$. Por tanto, dado que $\operatorname{Re} f \geq 0$, el resultado sigue.

2.16 a) $I = \frac{\pi}{108}$ (consecuencia de la fórmula integral de Poisson con $R = 3$, $r = 1$, $z_0 = 0$, $\theta = 0$ y $f(z) = \left(\frac{z}{3}\right)^3$).

b) $I = \frac{2\pi}{35} \frac{\operatorname{sen}(3\theta)}{6^3}$ (consecuencia de la fórmula integral de Poisson con $R = 6$, $r = 1$, $z_0 = 0$ y $f(z) = -i\left(\frac{z}{6}\right)^3$).

2.17 i) Dado que f es entera y sin ceros, el corolario 2.5 demuestra que g es entera. Además, $g'(z) = \frac{f'(z)}{f(z)}$ para todo $z \in \mathbb{C}$.

ii) Es claro que f satisface $f'(z) = f(z)\frac{f'(z)}{f(z)}$ y la función e^g satisface $e^{g(z)}g'(z) = e^{g(z)}\frac{f'(z)}{f(z)}$ (también $e^{g(0)} = f(0)$, por la observación 1.7), por lo que ambas funciones son solución de la ecuación diferencial dada. Por tanto, por el principio de unicidad para las ecuaciones diferenciales, f y e^g deben ser iguales.

2.18 a) Notemos que $|(1-z)P(z)| = |a_0 + (a_1 - a_0)z + (a_2 - a_1)z^2 + \ldots + (a_n - a_{n-1})z^n - a_n z^{n+1}| \geq |a_n|z|^{n+1} - |Q(z)||$, donde $Q(z) = a_0 + (a_1 - a_0)z + (a_2 - a_1)z^2 + \ldots + (a_n - a_{n-1})z^n$. Si $|z| = 1$ tenemos que $|Q(z)| \leq a_n$ y $\left|z^n Q\left(\frac{1}{z}\right)\right| = |a_0 z^n + (a_1 - a_0)z^{n-1} + (a_2 - a_1)z^{n-2} + \ldots + (a_n - a_{n-1})| \leq a_n$. El P.M.Máximo asegura que $\left|z^n Q\left(\frac{1}{z}\right)\right| \leq a_n$ para todo $z \in \mathbb{C}$ tal que $|z| \leq 1$, por lo que $|Q(z)| \leq a_n|z|^n$ cuando $|z| \geq 1$. En consecuencia, si $|z| > 1$ tenemos que $|(1-z)P(z)| \geq a_n|z|^{n+1} - |Q(z)| \geq a_n(|z|^{n+1} - |z|^n) = a_n|z|^n(|z|-1) \neq 0$. Por tanto, los ceros de P están en $\{z \in \mathbb{C} : |z| \leq 1\}$.

b) El polinomio $R(z) = z^n P(1/z) = a_0 z^n + a_1 z^{n-1} + \ldots + a_n$ satisface las condiciones del apartado a), por lo que sus raíces están en $\{z \in \mathbb{C} : |z| \leq 1\}$. Si $z \neq 0$ (notemos que $P(0) \neq 0$), observemos que $R(z) = 0 \leftrightarrow P(1/z) = 0$, por lo que las raíces de P están en $\{z \in \mathbb{C} : |z| \geq 1\}$.

2.19 i) $f(z) = e^{\frac{1}{2}\operatorname{Log} z}$ es holomorfa en $\mathbb{C} \setminus \{x \in \mathbb{R} : x \leq 0\}$. En coordenadas polares, la función f se expresa como $\sqrt{r}e^{i\frac{\theta}{2}}$, donde $\theta = \operatorname{Arg} z$. Por tanto, $\phi(r, \theta) = \sqrt{r}\cos\left(\frac{\theta}{2}\right)$ y el campo conservativo asociado a ϕ (que se deriva del gradiente de ϕ) es $\left(\frac{1}{2\sqrt{r}}\cos\left(\frac{\theta}{2}\right), -\frac{\sqrt{r}}{2}\operatorname{sen}\left(\frac{\theta}{2}\right)\right)$.

ii) $\cos\theta = \cos^2\frac{\theta}{2} - \operatorname{sen}^2\frac{\theta}{2} \Rightarrow \cos^2\frac{\theta}{2} = \frac{\cos\theta + 1}{2} = \frac{x+r}{2r} \Rightarrow \sqrt{r}\cos\left(\frac{\theta}{2}\right) = \sqrt{r}\sqrt{\frac{x+r}{2r}} \Rightarrow$ $\phi(x, y) = \frac{1}{\sqrt{2}}\sqrt{x + \sqrt{x^2 + y^2}}$. Por tanto, $\phi(x, y) = \text{cte} \Rightarrow \sqrt{x^2 + y^2} = c - x \Rightarrow y^2 = c^2 - 2cx$ (parábola con eje horizontal que abre hacia la izquierda).

iii) $\operatorname{sen}^2\frac{\theta}{2} = \cos^2\frac{\theta}{2} - \cos\theta = \frac{x+r}{2r} - \frac{x}{r} = \frac{-x+r}{2r} \Rightarrow \sqrt{r}\operatorname{sen}\left(\frac{\theta}{2}\right) = \sqrt{r}\sqrt{\frac{-x+r}{2r}}$. Las líneas de flujo $\operatorname{Im} f(x+iy) = \text{cte}$ son de la forma $\frac{1}{\sqrt{2}}\sqrt{-x + \sqrt{x^2 + y^2}} = \text{cte} \Rightarrow \sqrt{x^2 + y^2} = c + x \Rightarrow y^2 = c^2 + 2cx$ (parábola con eje horizontal que abre hacia la derecha).

2.20 a) $\boxed{F}$ (si $|a| > r$ el resultado es 0, y si $|a| < r$ el resultado es 1);

b) $\boxed{F}$ ($\operatorname{sen} z$ es un contraejemplo);

c) $\boxed{V}$ (por el principio del módulo mínimo);

d) $\boxed{F}$ (contraejemplo: $U = \{z \in \mathbb{C} : \operatorname{Im} z > 0\}$, $f(z) = e^{-iz} \Rightarrow |f(z)| = 1 \ \forall z \in \operatorname{Fr}(U)$ y $|f(iy)| \xrightarrow{y \to \infty} \infty$);

e) $\boxed{F}$ (f se anula en $0 \in U$);

f) $\boxed{F}$ (el P.M.Máximo garantiza que la única función es $f(z) = -3$);

g) $\boxed{F}$ (el teorema de Morera asegura que la función es holomorfa, pero no con primitiva. Contraejemplo: $U = \mathbb{C} \setminus \{0\}$ y $f(z) = \frac{1}{z}$);

h) $\boxed{F}$ (contraejemplo: $U = \mathbb{C} \setminus \{0\}$, $f(z) = \frac{1}{z}$, $\gamma^* = C(0, 1)$);

i) $\boxed{V}$ (por la proposición 2.10, incluyendo su prueba);

j) $\boxed{V}$ (aplicación de la fórmula integral de Poisson con la función $f(z) = \frac{z}{2}$, $R = 2$, $r = 1$, $z_0 = 2$, $\theta = 0$);

k) $\boxed{V}$ (aplicación del Lema de Schwarz);

l) $\boxed{V}$ (por i) tenemos que $f(z) = z^5 g(z)$, con g entera y $g(0) \neq 0 \to f'(z) = 5z^4 g(z) + z^5 g'(z) = z^4(5g(z) + zg'(z)) \xrightarrow{ii)} |5g(z) + zg'(z)| \leq 9 \xrightarrow{\text{Liouville}} 5g(z) + zg'(z) = \text{cte}$ y $f'(z) = \text{cte} \cdot z^4 \xrightarrow{f(z) = z^5 g(z)} f(z) = \text{cte} \cdot \frac{z^5}{5} \xrightarrow{iii)} \text{cte} = 5$);

m) $\boxed{V}$ El hecho de que los módulos de dos polinomios P y Q sean iguales conlleva mismas raíces (por el teorema 2.20) y, también, misma multiplicidad (en caso contrario, los módulos se comportarían de manera distinta cerca de la raíz con distinta multiplicidad). Por tanto, $P(z) = cQ(z)$ con $c \in \mathbb{C}$ tal que $|c| = 1$.

Capítulo 3

3.1 a) Los ceros de f son $z_k = i\frac{(2k+1)\pi - 2}{(2k+1)\pi}$, $k \in \mathbb{Z}$, y $\lim_{k \to \infty} z_k = i$.

b) La función g tiene ceros en los puntos $w_n = 1 - \frac{1}{n\pi}$, $n \in \mathbb{Z}$ y $\lim_{n \to \infty} w_n = 1$.

3.2 Consecuencia del principio de prolongación analítica, con $S = \{z \in \mathbb{C} : z = x + ix^3, x \in \mathbb{R}\} \subset \mathbb{C}$.

3.3 a) Por reducción al absurdo, si f y g no son idénticamente nulas en U, existe $w \in U$ tal que $f(w) \neq 0$ o $g(w) \neq 0$ (supongamos por ejemplo $f(w) \neq 0$). Por continuidad, $f(z) \neq 0$ para todo $z \in D(w, r)$ para algún $r > 0$. Por tanto, la igualdad $(f \cdot g)(z) = 0$ para todo $z \in D(w, r)$ nos permite afirmar que $g(z) = 0$ para todo $z \in D(w, r)$ y, por el principio de prolongación analítica, $g(z) = 0$ para todo $z \in U$, que es una contradicción.

b) Por continuidad, tenemos que $(f \cdot g)(0) = \lim_{n \to \infty}(f \cdot g)(z_n) = 0$. Por tanto, la función analítica $f \cdot g$ es 0 sobre el conjunto $S = \{z \in U : z = \frac{1}{n}$ para algún $n = 2, 3, \ldots\} \cup \{0\} \subset U$. Por el principio de prolongación analítica, deducimos que $(f \cdot g)(z) = 0$ para todo $z \in U$ y el apartado a) completa la prueba.

3.4 Por continuidad, sabemos que z_0 es un cero de f y g. Además, por analiticidad, podemos escribir $\frac{f(z)}{g(z)} = \frac{a_m(z - z_0)^m + a_{m+1}(z - z_0)^{m+1} + \ldots}{b_k(z - z_0)^k + b_{k+1}(z - z_0)^{k+1} + \ldots}$ y $\frac{f'(z)}{g'(z)} = \frac{a_m m(z - z_0)^{m-1} + a_{m+1}(m+1)(z - z_0)^m + \ldots}{b_k k(z - z_0)^{k-1} + b_{k+1}(k+1)(z - z_0)^k + \ldots}$ con $a_m, b_k \neq 0$. Si $m > k$, el límite en ambos casos es 0. Si $m < k$ es límite en ambos casos es ∞ (en términos de módulo). Si $m = k$, el límite en ambos casos es $\frac{a_k}{b_k}$.

3.5 a) 2; b) e; c) 1; d) 1; e) 1; f) $\frac{1}{4}$; g) $\begin{cases} \frac{1}{|a|} & \text{si } |a| > 1 \\ 1 & \text{si } |a| \leq 1 \end{cases}$

En los apartados c), d) y e), las series de potencias se deben reescribir respectivamente como

$\sum_{k \geq 0} a_k z^k$, con $a_k = \begin{cases} 2 & \text{si } k = 1 \\ 1 & \text{si } k = n! \text{ para algún } n \in \mathbb{N}, n > 1, \\ 0 & \text{en otro caso} \end{cases}$

$a_k = \begin{cases} 3 & \text{si } k = 1 \\ 2^n & \text{si } k = n! \text{ para algún } n \in \mathbb{N}, n > 1 \\ 0 & \text{en otro caso} \end{cases}$ y $a_k = \begin{cases} 1 & \text{si } k = 2^n \text{ para algún } n \in \mathbb{N} \\ 0 & \text{en otro caso} \end{cases}$.

En el apartado g), tener en cuenta que $\lim_{n \to \infty} \frac{|a_{n+1}|}{|a_n|} = \begin{cases} \lim_{n \to \infty} \frac{|a|^{n+1}\left|1 + \frac{n+1}{a^{n+1}}\right|}{|a|^n \left|1 + \frac{n}{a^n}\right|} = |a| & \text{si } |a| > 1 \\ \lim_{n \to \infty} \frac{n\left|1 + \frac{1}{n} + \frac{a^{n+1}}{n}\right|}{n\left|1 + \frac{a^n}{n}\right|} = 1 & \text{si } |a| \leq 1 \end{cases}$.

3.6 Como f es analítica en z_0, sabemos que existe $r > 0$ tal que $f(z) = \sum_{n \geq 0} a_n(z - z_0)^n$ para $z \in D(z_0, r)$, con $a_n = \frac{f^{(n)}(z_0)}{n!}$ (y el radio de convergencia de esta serie es mayor o igual que r).

Sin embargo, si la condición del enunciado fuera posible tendríamos que $\left(\limsup_{n\to\infty}|a_n|^{\frac{1}{n}}\right)^{-1} =$ $\left(\limsup_{n\to\infty}\left|\frac{f^{(n)}(z_0)}{n!}\right|^{\frac{1}{n}}\right)^{-1} \leq \left(\limsup_{n\to\infty} b_n^{\frac{1}{n}}\right)^{-1} = 0$, lo que supondría una contradicción.

3.7 a) Se demuestra por la fórmula de Leibniz $(f\cdot g)^{(n)}(z) = \sum_{k=0}^{n}\binom{n}{k}f^{(k)}(z)g^{(n-k)}(z)$ (que a su vez se prueba por inducción) y teniendo en cuenta que $a_n = \frac{f^{(n)}(z_0)}{n!}$ y $b_n = \frac{g^{(n)}(z_0)}{n!}$.

b) Dado que $e^z = \sum_{n\geq 0}\frac{z^n}{n!} = 1 + z + \frac{z^2}{2} + \frac{z^3}{6} + \dots$ y $\frac{1}{1-z} = \sum_{n\geq 0} z^n = 1 + z + z^2 + z^3 + \dots$ (con $|z| < 1$), tenemos que $\frac{e^z}{1-z} = 1 + 2z + \left(1+1+\frac{1}{2}\right)z^2 + \left(1+1+\frac{1}{2}+\frac{1}{6}\right)z^3 + \dots$ $= 1 + 2z + \frac{5}{2}z^2 + \frac{8}{3}z^3 + \dots$ (con $|z| < 1$).

3.8 Si z_0 fuera una singularidad evitable de f, tras eliminarla se tendría que f es analítica en $U\cup\{z_0\}$ y con el principio de identidad se tendría que f' sería idénticamente nula, lo que no es cierto. Si z_0 fuese un polo, se tendría que $\lim_{z\to z_0}|f(z)| = \infty$, pero según las hipótesis hay una sucesión $\{z_n\}_{n\geq 1} \to z_0$ de puntos de U tal que $f(z_n) = 0$ y, por tanto, $\lim_{n\to\infty} f(z_n) = 0$, lo que supondría una contradicción. Por tanto, z_0 es una singularidad de tipo esencial de f. Por tanto, las funciones f y g del ejercicio 1 tienen respectivamente una singularidad esencial en $z = i$ y $z = 1$.

3.9 a) $z = 1$ y $z = -1$ son polos simples. $z = 0$ es un polo de orden 3. $z = \infty$ es una singularidad evitable.

b) $z = i$ y $z = -i$ son polos simples. $z = 0$ es una singularidad esencial. $z = \infty$ es una singularidad evitable.

c) $z_n = \frac{2}{\pi(2n+1)}$, $n \in \mathbb{Z}$, son polos simples. $z = 0$ es una singularidad no aislada. $z = \infty$ es una singularidad evitable.

d) $z_n = \left(\frac{\pi}{2}+n\pi\right)i$ son polos simples. $z = \infty$ es una singularidad no aislada. Si $k \neq 0$, $z = 0$ es un polo de orden 2025.

e) $z_1 = -a+\sqrt{a^2-1}$ y $z_2 = -a-\sqrt{a^2-1}$ son polos de orden 2. Si $p \leq 4$, $z = \infty$ es una singularidad evitable. Si $p > 4$, $z = \infty$ es un polo de orden $p - 4$. Si $p < 0$ ($p \in \mathbb{Z}$), $z = 0$ es un polo de orden $-p$.

3.10 $z = -2$ hay una singularidad aislada de tipo esencial debido a que el desarrollo de Laurent es de la forma $f(z) = (z-3)\operatorname{sen}\frac{1}{z+2} = (z+2-5)\left(\frac{1}{z+2} - \frac{1}{3!}\cdot\frac{1}{(z+2)^3} + \frac{1}{5!}\cdot\frac{1}{(z+2)^5} - \frac{1}{7!}\cdot\frac{1}{(z+2)^7}+\cdots\right) =$ $1 - \frac{5}{z+2} - \frac{1}{3!}\cdot\frac{1}{(z+2)^2} + \frac{5}{3!}\cdot\frac{1}{(z+2)^3} + \frac{1}{5!}\cdot\frac{1}{(z+2)^4} - \frac{5}{5!}\cdot\frac{1}{(z+2)^5}+\cdots$

3.11 a) Las singularidades de f son $\begin{cases} z = 0 & \Rightarrow \text{ polo de orden 5} \\ z_n = 2\pi n,\ n\in\mathbb{Z}\setminus\{0\} & \Rightarrow \text{ polo de orden 2} \\ z = \infty & \Rightarrow \text{ singularidad no aislada} \end{cases}$

b) Dado que f tiene un polo de orden 5 en $z = 0$, sabemos que el desarrollo en serie de Laurent centrado en $z = 0$ de la función $f(z)z^5$ no tiene potencias negativas, por lo que $f(z)\cdot z^5 = \frac{e^z z^2}{1-\cos z} = a_0 + a_1 z + a_2 z^2 + \cdots$, con $a_0, a_1, \dots \in \mathbb{C}$.

Por tanto, $(a_0 + a_1 z + a_2 z^2 + \cdots)\cdot\left(\frac{z^2}{2!} - \frac{z^4}{4!} + \frac{z^6}{6!} - \cdots\right) = z^2\left(1 + \frac{z}{1!} + \frac{z^2}{2!}+\cdots\right)$. Si dividimos por z^2 nos queda $(a_0 + a_1 z + a_2 z^2 + \cdots)\cdot\left(\frac{1}{2!} - \frac{z^2}{4!} + \frac{z^4}{6!} - \cdots\right) = 1 + \frac{z}{1!} + \frac{z^2}{2!}$, por lo que $a_0 = 2$; $a_1\cdot\frac{1}{2!} = \frac{1}{1!} \Rightarrow a_1 = 2$; $a_2\cdot\frac{1}{2!} + a_0\left(-\frac{1}{4!}\right) = \frac{1}{2!} \Rightarrow \frac{a_2}{2} - \frac{2}{4!} = \frac{1}{2!} \Rightarrow a_2 = \frac{4}{4!} + \frac{2}{2!} = \frac{1}{6} + 1 = \frac{7}{6}$. En consecuencia, $f(z) = \frac{1}{z^5}\left(2 + 2z + \frac{7}{6}z^2 + \cdots\right) = \frac{2}{z^5} + \frac{2}{z^4} + \frac{7}{6}\cdot\frac{1}{z^3} + \cdots$

c) $\int_\Gamma \frac{e^z}{1-\cos z}\,dz = \int_\Gamma f(z)\cdot z^3\,dz = \int_\Gamma \frac{f(z)}{z^{-4+1}}\,dz = 2\pi i\, a_{-4} = 4\pi i$.

3.12 $f(z) = \frac{g(z)}{(z-i)^2}$, con $g(z) = \text{sen}(\pi i z)$.

a) $g^{(k)}(i) = \begin{cases} 0 & \text{si } k = 2m, m \in \mathbb{N} \\ -(\pi i)^k & \text{si } k = 4m+1, m \in \mathbb{N} \\ (\pi i)^k & \text{si } k = 4m+3, m \in \mathbb{N} \end{cases} \Rightarrow$

$g(z) = -\pi i(z-i) + \frac{(\pi i)^3}{3!}(z-i)^3 - \frac{(\pi i)^5}{5!}(z-i)^5 + \ldots \Rightarrow f(z) = \frac{-\pi i}{z-i} + \frac{(\pi i)^3}{3!}(z-i) - \frac{(\pi i)^5}{5!}(z-i)^3 + \ldots$

b) $z = i$ es un polo simple. $z = \infty$ es una singularidad esencial ($\lim_{k\to\infty} f\left(\frac{1}{z_k}\right) = 0$ y $\lim_{k\to\infty} \left| f\left(\frac{1}{w_k}\right) \right| = \infty$, con $z_k = \frac{i}{k}$ y $w_k = \frac{1}{k} \Rightarrow$ No existe $\lim_{z\to 0} f\left(\frac{1}{z}\right)$).

3.13 Los puntos de la forma $z = (1-b)i$, con $b \geq 0$, son singularidades no aisladas (recordar que $\log_{\frac{\pi}{2}} z$ es analítica en $\mathbb{C} \setminus \{bi : b \geq 0\}$). $z = \infty$ es una singularidad no aislada. $z = 10$ es un polo de orden 2021. $z = -2ai$ es una singularidad no aislada. Si $a > 1$, $z = ai$ es un polo de orden 2020. Si $a = 1$, $z = i$ es una singularidad no aislada.

3.14 a) $\boxed{V}$. La función diferencia es entera y tiene una cantidad no numerable de ceros en $\mathbb{C} = \cup_{n\in\mathbb{N}} D(0,n)$, por lo que tiene un número no numerable de ceros en algún disco cerrado $D(0,n)$ para algún $n \in \mathbb{N}$ y, por consiguiente, se anula sobre un conjunto de puntos que tiene un punto límite. Por el principio de identidad deducimos que ambas funciones son idénticas en todo $\mathbb{C}$.

b) $\boxed{V}$. Si $|z| = 1$ se tiene que $|f(z)| \leq 0$ y, por el principio de identidad, concluimos que f es idénticamente igual a 0.

c) $\boxed{F}$. Aplicación del Lema de Schwarz, ya que el radio de convergencia de la serie es 1, $f(0) = 0$ y $f'(0) = 1$, por lo que en caso de ser cierto tendríamos que $f(z) = az$ con $|a| = 1$, lo que es un absurdo. Una forma alternativa es obtener la expresión algebraica $f(z) = \frac{z}{(1-z)^2}$, $|z| < 1$, fruto de que $f(z) - zf(z) = \sum_{n\geq 1} z^n$, y deducir que $\lim_{z\to 1, |z|<1} |f(z)| = \infty$.

d) $\boxed{V}$. $z = 0$ es un polo de orden 3 de la función $f(z) = \frac{1}{z^2 \text{senh } z} \Rightarrow f(z) = \frac{b_{-3}}{z^3} + \frac{b_{-2}}{z^2} + \frac{b_{-1}}{z} + \sum_{n\geq 0} b_n z^n$, con $0 < |z| < \pi$. Además, $b_{2n} = 0$ $\forall n \in \mathbb{Z}$ porque f es impar. Por tanto, $1 = z^2 f(z) \text{senh } z = z^2 \left(\frac{b_{-3}}{z^3} + \frac{b_{-1}}{z} + b_1 z + \ldots\right)\left(z + \frac{z^3}{3!} + \frac{z^5}{5!} + \ldots\right)$, por lo que $b_{-3} = 1$, $b_{-1} = -\frac{1}{6}$ y $b_1 = \frac{7}{360}$.

e) $\boxed{V}$. Sea $g(z) = \sum_{n=-\infty}^{\infty} a_n z^n$, con $0 < |z| < 2$. Si g tuviera un polo de orden $m \geq 1$ en $z = 0$, tendríamos que $z^{m-1} g(z) = \frac{a_{-m}}{z} + a_{-m+1} + a_{-m+2}z + \ldots + a_1 z^m + \ldots$ y $\int_{|z|=1} z^{m-1} g(z)\, dz = 2\pi i \, \text{Res}(z^{m-1}g(z), 0) = 2\pi i a_{-m} \neq 0$. De forma similar, si g tuviera una singularidad esencial en $z = 0$ y $k \in \mathbb{N}$ es tal que $a_{-k} \neq 0$, tendríamos que $z^{k-1} g(z) = \ldots + \frac{a_{-k-1}}{z^2} + \frac{a_{-k}}{z} + a_{-k+1} + a_{-k+2}z + \ldots + a_1 z^k + \ldots$ y $\int_{|z|=1} z^{k-1} g(z)\, dz = 2\pi i \, \text{Res}(z^{k-1}g(z), 0) = 2\pi i a_{-k} \neq 0$.

f) $\boxed{F}$. $z = 0$ es una singularidad no aislada debido a que $z_k = \frac{2}{(2k+1)\pi}$, $k \in \mathbb{Z}$, son singularidades esenciales de la función.

g) $\boxed{V}$. $z = \infty$ es una singularidad aislada evitable de tal función, ya que el desarrollo en serie de Laurent de $e^{\tan z}$ en $z = 0$ tiene únicamente potencias no negativas.

h) $\boxed{F}$. $z = 9$ es una singularidad esencial y $\text{Res}(f, 9) = 1$.

i) $\boxed{V}$. $z_k = (2k+1)\pi i$ son polos simples de g y $\text{Res}(f, z_k) = \lim_{z\to z_k} g(z)(z - (2k+1)\pi i) = -2$.

j) $\boxed{F}$. El radio de convergencia de la serie de potencias del enunciado es 1. Por tanto, la función $f(z) = \sum_{n\geq 1} \frac{(z+7)^n}{n}$ es analítica en $D(-7, 1)$ (por los teoremas 3.2 y 3.5). Esto significa que $z = -6$ no es una singularidad aislada de f.

k) $\boxed{V}$. Consecuencia del corolario 3.2.

l) $\boxed{F}$. Por reducción al absurdo, la función $h_1(z) := h(z) - w_0$, $z \in \mathbb{C}$, tendría infinitos ceros localizados en un conjunto acotado del plano, por lo que tendrían asociado un punto de acumulación (por el teorema de Bolzano-Weierstrass). Por tanto, el principio de identidad conllevaría que h_1 es idénticamente nula y, por tanto, h idénticamente constante.

Capítulo 4

4.1 a) $\boxed{I = 0}$. $\int_{\gamma_r} z \operatorname{sen}\left(\frac{1}{z}\right) dz = 2\pi i \operatorname{Res}(z \operatorname{sen}\left(\frac{1}{z}\right), 0) = 0$, ya que el desarrollo de Laurent de $z \operatorname{sen}\left(\frac{1}{z}\right)$ es $z\left(\frac{1}{z} - \frac{1}{3!z^3} + \frac{1}{5!z^5} + \dots\right) = 1 - \frac{1}{3!}\frac{1}{z^2} + \frac{1}{5!}\frac{1}{z^4} + \dots$

b) $\boxed{I = \pi i}$. La función $f(z) = \frac{3}{z^2 \operatorname{sen} z}$ tiene un polo de orden 3 en $z = 0$ (el resto de singularidades caen fuera de $D(0, r)$, con $0 < r < \pi$). Además, $\operatorname{Res}(f, 0) = \frac{1}{2}$, ya que
$$\frac{3}{z^2 \operatorname{sen} z} = \frac{3}{z^2\left(z - \frac{z^3}{6} + \frac{z^5}{5!} + \dots\right)} = \frac{3}{z^3}\left(1 - \frac{z^2}{6} + \frac{z^4}{5!} \dots\right)^{-1} = \frac{3}{z^3}\left(1 + \frac{z^2}{6} + \left(\frac{1}{36} - \frac{1}{5!}\right)z^4 + \dots\right).$$

4.2 $\boxed{I = \dfrac{\pi}{36}}$. Observar que $I = \int_0^\pi \frac{\cos(2x)}{5 - 3\cos x} dx = \frac{1}{2}\int_{-\pi}^\pi \frac{\cos(2x)}{5 - 3\cos x} dx$. Con el cambio de variable $z = e^{ix}$ ($z^2 = e^{2ix}$), $-\pi \le x \le \pi$, obtenemos $I = \frac{i}{2}\int_{C(0,1)} \frac{z^4 + 1}{z^2(3z^2 - 10z + 3)} dz$. La función $f(z) = \frac{z^4 + 1}{z^2(3z^2 - 10z + 3)}$ tiene dos singularidades aisladas ($z = 0$ polo doble y $z = \frac{1}{3}$ polo simple) dentro del círculo unidad, con $\operatorname{Res}(f, 0) = \frac{10}{9}$ y $\operatorname{Res}(f, \frac{1}{3}) = \frac{-41}{36}$. Por tanto, tenemos que $I = \frac{i}{2}2\pi i \left(\frac{10}{9} - \frac{41}{36}\right) = \frac{\pi}{36}$.

4.3 a) $\boxed{I = \dfrac{\pi}{2}}$. Consideramos la función $f(z) = \frac{e^{iz}}{z}$ y $\gamma_{r,R}$ el camino representado en la figura 4.8. Entonces $0 = \int_{\gamma_{r,R}} f(z) dz = \int_{-R}^{-r} f(x) dx + \int_r^R f(x) dx + \int_{\gamma_r} f(z) dz + \int_{\gamma_R} f(z) dz = \int_r^R \left(\frac{e^{ix} - e^{-ix}}{x}\right) dx + i\int_\pi^0 e^{ire^{i\theta}} d\theta + \int_{\gamma_R} f(z) dz$. El lema de Jordan asegura $\left|\int_{\gamma_R} f(z) dz\right| \xrightarrow{R \to \infty} 0$. Además, se tiene que $\lim_{r \to 0} \int_\pi^0 e^{ire^{i\theta}} d\theta = \int_\pi^0 i\, d\theta = -\pi i$. Por tanto, $\lim_{r \to 0, R \to \infty} 2i\int_r^R \frac{\operatorname{sen} x}{x} dx = \pi i$, por lo que $I = \frac{\pi}{2}$ (la integral es convergente por la paridad del integrando).

b) $\boxed{I = -5\pi}$. La función $f(z) = \frac{z}{z^2 - 5z + 6}$ tiene dos singularidades aisladas $z = 2$ y $z = 3$. Consideraremos $\Gamma_{r_1, r_2, R}$ un camino del estilo del representado en la figura 4.6 (con dos agujeros en las singularidades 2 y 3). Por el teorema de los residuos sabemos que $0 = \int_{\Gamma_{r_1, r_2, R}} f(z)e^{i\pi z} dz = \int_{-R}^{2 - r_1} e^{i\pi x} f(x) dx + \int_{2 + r_2}^{3 - r_2} e^{i\pi x} f(x) dx + \int_{3 + r_2}^R e^{i\pi x} f(x) dx + \int_{\gamma_{r_1}} e^{i\pi z} f(z) dz + \int_{\gamma_{r_2}} e^{i\pi z} f(z) dz + \int_{\gamma_R} e^{i\pi z} f(z) dz$.

• $\int_{\gamma_{r_1}} e^{i\pi z} f(z) dz = \int_\pi^0 e^{i\pi(2 + r_1 e^{it})} \frac{2 + r_1 e^{it}}{r_1 e^{it}(-1 - r_1 e^{it})} r_1 i e^{it} dt = i\int_0^\pi e^{i\pi(2 + r_1 e^{it})} \frac{2 + r_1 e^{it}}{1 + r_1 e^{it}} dt$
$\Rightarrow \lim_{r_1 \to 0} \int_{\gamma_{r_1}} e^{i\pi z} f(z) dz = 2\pi i$.

• $\int_{\gamma_{r_2}} e^{i\pi z} f(z) dz = \int_\pi^0 e^{i\pi(3 + r_2 e^{it})} \frac{3 + r_2 e^{it}}{(1 + r_2 e^{it}) r_2 e^{it}} r_2 i e^{it} dt = i\int_\pi^0 e^{i\pi(3 + r_2 e^{it})} \frac{3 + r_2 e^{it}}{1 + r_2 e^{it}} dt$
$\Rightarrow \lim_{r_2 \to 0} \int_{\gamma_{r_2}} e^{i\pi z} f(z) dz = 3\pi i$.

• $\lim_{R \to \infty} \int_{\gamma_R} e^{i\pi z} f(z) dz = 0$ (por el lema de Jordan).

• En consecuencia, tomando límites cuando $r_1, r_2 \to 0$ y $R \to \infty$, y tomando partes imaginarias, concluimos que $V.P.\left(\int_{-\infty}^\infty \frac{x \operatorname{sen}(\pi x)}{(x-2)(x-3)} dx\right) = -5\pi$.

c) $\boxed{I = \dfrac{\pi(\cos 2 - \operatorname{sen} 2)}{e^2}}$. Observar que $\frac{\operatorname{sen}(2x)+\cos(2x)}{x^2+2x+2} = \operatorname{Re}\left(\frac{-ie^{2ix}+e^{2ix}}{x^2+2x+2}\right)$. Consideremos la función $f(z) = \frac{e^{2iz}}{z^2+2z+2}$ (con dos singularidades: $-1 \pm i$) y el camino Γ_R como el de la figura 4.17. Por el lema de Jordan, se tiene $\lim_{R\to\infty} \int_{\gamma_R} f(z)\,dz = 0$. Además, $\operatorname{Res}(f, -1 + i) = \frac{e^{-2-2i}}{2i}$. Finalmente, por el teorema de los residuos, y en virtud de la convergencia de la integral, obtenemos $I = \frac{\pi(\cos 2 - \operatorname{sen} 2)}{e^2}$.

4.4 $\boxed{I = \dfrac{2i}{a+1}}$. Si $f(z) = \frac{1}{a^z \operatorname{sen}(\pi z)}$ y γ es el rectángulo sugerido (recorrido en el sentido de las agujas del reloj), $\int_\gamma f(z)\,dz = -2\pi i \operatorname{Res}(f,1) = -2\pi i\left(\frac{-1}{a\pi}\right) = \frac{2i}{a}$. De hecho, se tiene que $\int_\gamma f(z)\,dz = \int_{-y}^{y} if(b+ti)\,dt + \int_{y}^{-y} if(b+1+ti)\,dt + \int_{b}^{b+1} f(t+iy)\,dt + \int_{b+1}^{b} f(t-iy)\,dt$. Notar que $\int_{y}^{-y} if(b+1+ti)\,dt = \frac{1}{a}\int_{-y}^{y} if(b+ti)\,dt$ (porque $\operatorname{sen}(\pi(b+1+it)) = -\operatorname{sen}(\pi(b+it))$). Además, se cumple $\left|\int_{b}^{b+1} f(t+iy)\,dt\right| \leq \text{máx}\left\{\frac{1}{a^t|\operatorname{sen}(\pi(t+iy))|} : t \in [b, b+1]\right\} = $
$\text{máx}\left\{\frac{2}{a^t|e^{i(\pi(t+iy))} - e^{-i(\pi(t+iy))}|} : t \in [b, b+1]\right\} \leq \text{máx}\left\{\frac{2}{a^t|e^{\pi y} - e^{-\pi y}|} : t \in [b, b+1]\right\} \xrightarrow{y\to\infty} 0$.
Análogamente, $\left|\int_{b+1}^{b} f(t-iy)\,dt\right| \xrightarrow{y\to\infty} 0$. Por tanto, $\frac{2i}{a} = \left(1 + \frac{1}{a}\right)\lim_{y\to\infty}\int_{-y}^{y} if(b+ti)\,dt$, por lo que $\int_\Gamma \frac{dz}{a^z \operatorname{sen}(\pi z)} = \frac{2i}{a+1}$.

4.5 a) $\boxed{I = \pi \ln 2}$. Observar que $f(z) = \frac{\operatorname{Log}(z+i)}{z^2+1}$ es analítica en el semiplano superior H excepto en $z = i$, donde presenta un polo simple. Si Γ_R el camino representado en la figura 4.17, tenemos que $\int_{\Gamma_R} \frac{\operatorname{Log}(z+i)}{z^2+1}\,dz = \int_{-R}^{0} \frac{\operatorname{Log}(x+i)}{x^2+1}\,dx + \int_{0}^{R} \frac{\operatorname{Log}(x+i)}{x^2+1}\,dx + \int_{\gamma_R} \frac{\operatorname{Log}(z+i)}{z^2+1}\,dz = 2\pi i \operatorname{Res}(f,i) = 2\pi i \frac{\operatorname{Log}(2i)}{2i} = \pi\left(\ln 2 + i\frac{\pi}{2}\right)$.

• Si $|z| = R$, dado que $|f(z)| = \left|\frac{\operatorname{Log}(z+i)}{z^2+1}\right| = \left|\frac{\ln|z+i| + i\operatorname{Arg}(z+i)}{z^2+1}\right| \leq \frac{\ln(R+1)+2\pi}{R^2-1}$, podemos afirmar que la última integral tiende a 0.

• Si hacemos $x = -t$ en la primera integral, se tiene que $I_1 = \int_{0}^{R} \frac{\operatorname{Log}(i-t)}{t^2+1}\,dt$ luego, $I_1 + I_2 = \int_{0}^{R} \frac{\operatorname{Log}(i-t)+\operatorname{Log}(i+t)}{t^2+1}\,dt = \int_{0}^{R} \frac{\ln|i-t|+\ln|i+t|+i(\operatorname{Arg}(i-t)+\operatorname{Arg}(i+t))}{t^2+1}\,dt = \int_{0}^{R} \frac{\ln(1+t^2)+i(\operatorname{Arg}(-1-t^2))}{t^2+1}\,dt = \int_{0}^{R} \frac{\ln(1+x^2)}{x^2+1}\,dx + i\pi \int_{0}^{R} \frac{dt}{1+t^2} = \int_{0}^{R} \frac{\ln(1+x^2)}{1+x^2}\,dx + i\pi \arctan t\big|_{0}^{R}$.

• Concluimos que $\pi\left(\ln 2 + i\frac{\pi}{2}\right) = \int_{0}^{\infty} \frac{\ln(1+x^2)}{1+x^2}\,dx + i\pi\frac{\pi}{2}$, luego $\int_{0}^{\infty} \frac{\ln(1+x^2)}{1+x^2}\,dx = \pi \ln 2$ (notar que la integral el convergente debido a que el integrando es una función par y, por tanto, coincide con el valor principal).

b) El cambio de variable $x = \tan t$ $(dx = \frac{1}{\cos^2 t}dt)$ nos conduce a la integral $-2\int_{0}^{\frac{\pi}{2}} \ln(\cos t)\,dt$, por lo que $\int_{0}^{\frac{\pi}{2}} \ln(\cos t)\,dt = -\frac{\pi}{2}\ln 2$. Además, $\int_{0}^{\frac{\pi}{2}} \ln(\operatorname{sen} t)\,dt = \int_{\frac{\pi}{2}}^{0} \ln(\operatorname{sen}\left(\frac{\pi}{2} - y\right))(-dy) = \int_{0}^{\frac{\pi}{2}} \ln(\cos t)\,dt = -\frac{\pi}{2}\ln 2$.

4.6 $\boxed{I = \dfrac{\pi}{16\sqrt{2}} = \dfrac{\pi\sqrt{2}}{32}}$. Si $f(z) = \frac{1}{z^4+2^4}$, sus singularidades son los polos simples $\sqrt{2}(1+i)$, $\sqrt{2}(1-i)$, $\sqrt{2}(-1+i)$ y $\sqrt{2}(-1-i)$ (raíces cuartas de -16). La suma de los residuos de las singularidades del semiplano superior es $\frac{1}{4(\sqrt{2}(1+i))^3} + \frac{1}{4(\sqrt{2}(-1+i))^3} = \frac{1}{16\sqrt{2}(i-1)} + \frac{1}{16\sqrt{2}(i+1)} = \frac{-i}{16\sqrt{2}}$, por lo que $\int_{\Gamma_R} f(z)\,dz = \int_{\gamma_R} f(z)\,dz + \int_{-R}^{R} f(x)\,dx = \frac{\pi}{8\sqrt{2}}$, donde $\Gamma_R = \gamma_R \cup [-R, R]$ es el camino cerrado representado en la figura 4.1. Si $|z| = R$, tenemos que $\left|\int_{\gamma_R} \frac{1}{z^4+2^4}\,dz\right| \leq \text{máx}\left\{\left|\frac{1}{z^4+2^4}\right| : z \in \gamma_R\right\} \cdot \pi R \leq \frac{\pi R}{R^4-2^4} \xrightarrow{R\to\infty} 0$. Por tanto, a la vista de que el integrando es una función par, concluimos que $\int_{0}^{\infty} \frac{1}{x^4+2^4}\,dx = \frac{1}{2}\int_{-\infty}^{+\infty} \frac{1}{x^4+2^4}\,dx = \frac{\pi}{16\sqrt{2}}$.

4.7 $\boxed{I = \dfrac{\pi}{2}e^{-a}\operatorname{sen} a}$. Si $f(z) = \frac{ze^{iaz}}{z^4+4}$, sus singularidades son los polos simples $1+i$, $1-i$, $-1+i$ y $-1-i$ (raíces cuartas de -4). Los residuos de las singularidades del semiplano superior son $\operatorname{Res}(f, 1+i) = \frac{e^{-a}e^{ia}}{8i}$ y $\operatorname{Res}(f, -1+i) = \frac{e^{-a}e^{-ia}}{-8i}$, por lo que $\int_{\Gamma_R} f(z)\,dz = \int_{\gamma_R} f(z)\,dz + \int_{-R}^{R} f(x)\,dx = \frac{\pi}{4}e^{-a}(e^{ia} - e^{-ia}) = \frac{\pi}{2}e^{-a}\operatorname{sen} ai$, donde $\Gamma_R = \gamma_R \cup [-R, R]$ es el camino cerrado representado en la figura 4.1. Sabiendo que $\left|\frac{z}{z^4+4}\right| \le \frac{R}{R^4-4}$ para $|z| = R$, por el lema de Jordan es claro que $\left|\int_{\gamma_R} f(z)\,dz\right| \xrightarrow{R\to\infty} 0$. Por tanto, a la vista de que el integrando es una función par, concluimos que $\int_{-\infty}^{+\infty} \frac{x\operatorname{sen}(ax)}{x^4+4}\,dx = \operatorname{Im}\left(\int_{-\infty}^{+\infty} \frac{xe^{iax}}{x^4+4}\,dx\right) = \frac{\pi}{2}e^{-a}\operatorname{sen} a$.

4.8 $\boxed{I = \dfrac{\pi}{2n}}$. Consideramos la función $f(z) = \frac{z^{n-1}}{1+z^{2n}}$ cuyas singularidades (raíces $2n$-ésimas de -1) son los vértices de un polígono regular de $2n$ lados, centrado en el origen, cuyos ángulos consecutivos son de $\frac{2\pi}{2n} = \frac{\pi}{n}$ radianes. De hecho, la única singularidad que cae dentro del recinto dado es el polo simple $z = e^{i\frac{\pi}{2n}}$ con residuo asociado $\frac{1}{2ni}$. Por tanto, obtenemos la igualdad $\frac{\pi}{n} = \int_{\gamma_R} f(z)\,dz = \int_0^R \frac{x^{n-1}}{1+x^{2n}}\,dx + \int_{L_R} f(z)\,dz + \int_{\Gamma_R} f(z)\,dz$. Ahora observemos que $\left|\int_{\Gamma_R} f(z)\,dz\right| \le \max\left\{\left|\frac{z^{n-1}}{1+z^{2n}}\right| : z \in \Gamma_R\right\} \cdot R\frac{\pi}{n} \le \frac{R^n\pi}{n(R^{2n}-1)} \xrightarrow{R\to\infty} 0$ y, a través del cambio de variable $z = \rho e^{i\frac{\pi}{n}}$, $\int_{L_R} f(z)\,dz = \int_R^0 \frac{\rho^{n-1}}{1+\rho^{2n}} e^{i\pi}\,d\rho = \int_0^R \frac{\rho^{n-1}}{1+\rho^{2n}}\,d\rho$. Por tanto, $I = \frac{\pi}{2n}$.

4.9 $\boxed{I = \dfrac{\pi}{\operatorname{sen}(a\pi)}}$.

• Consideremos la función $f(z) = \frac{e^{az}}{1+e^z}$ cuyas singularidades son $z_k = i(2k+1)\pi$, $k \in \mathbb{Z}$. La única singularidad que cae dentro del recinto dado es el polo simple $z_0 = \pi i$ y $\operatorname{Res}(f, \pi i) = -e^{a\pi i}$. Por tanto, $-2\pi i e^{a\pi i} = \int_{\Gamma_R} f(z)\,dz = \int_{-R}^{R} f(x)\,dx + \int_{[R, R+2\pi i]} f(z)\,dz + \int_{[R+2\pi i, -R+2\pi i]} f(z)\,dz + \int_{[-R+2\pi i, -R]} f(z)\,dz$. Ahora, tengamos en cuenta que $\left|\int_{[R, R+2\pi i]} f(z)\,dz\right| = \left|\int_0^{2\pi} \frac{e^{aR}e^{ati}}{1+e^Re^{ti}} i\,dt\right| \le \max\left\{\left|\frac{e^{aR}e^{ati}}{1+e^Re^{ti}}\right| : 0 \le t \le 2\pi\right\} \cdot 2\pi \le 2\pi\frac{e^{aR}}{1-e^R} \xrightarrow{R\to\infty} 0$. Análogamente se tiene que $\left|\int_{[-R+2\pi i, -R]} f(z)\,dz\right| \xrightarrow{R\to\infty} 0$. Además, $\int_{[R+2\pi i, -R+2\pi i]} f(z)\,dz = -e^{a2\pi i}\int_R^{-R} \frac{e^{ax}}{1+e^x}\,dx$. Por tanto, $\int_{-R}^{R} \frac{e^{ax}}{1+e^x}\,dx = \frac{2\pi i e^{a\pi i}}{e^{a2\pi i}-1} = \frac{2\pi i}{e^{a\pi i}-e^{-a\pi i}} = \frac{\pi}{\operatorname{sen}(a\pi)}$. Dado que la integral es convergente, al tomar límites ($R \to \infty$) llegamos a que $I = \frac{\pi}{\operatorname{sen}(a\pi)}$.

• Otra forma de llegar al resultado es utilizar el cambio de variable $y = e^x$ que conduce a la integral $\int_0^\infty \frac{y^{a-1}}{1+y}\,dy = \frac{\pi}{\operatorname{sen}(a\pi)}$ (cuyo valor es resultado de utilizar el ejemplo 4.15).

4.10 Las funciones $f(z) = ze^{\alpha-z} - 1$ y $g(z) = ze^{\alpha-z}$, con $\alpha > 1$, satisfacen $|f(z) - g(z)| = 1 = e^0 < e^{\alpha-x} = |z||e^{\alpha-x-iy}| = |g(z)|$ cuando $|z| = 1$. Por el teorema de Rouché, concluimos que f tiene un único cero en $D(0,1)$ (los mismos que g).

4.11 Tomamos $g(z) = z^4 + iz^3 + 3z^2 + 2iz + 2$ y $f(z) = z^4 + 3z^2 + 2$ (con dos raíces en el semiplano superior). Si $|z| = R$ para R suficientemente grande, se tiene que $|g(z) - f(z)| = |iz^3 + 2iz| \le R^3 + 2R < R^4 - 3R^2 - 2 \le |z|^4 - |3z^2 + 2| \le |f(z)|$. Si $z = x$, con $-R \le x \le R$, entonces $|g(x) - f(x)| = |ix^3 + 2ix| = |x^3 + 2x| < (x^2+1)(x^2+2) = x^4 + 3x^2 + 2 = |f(x)|$ (si $x \le 0$ es trivial, y si $x > 0$ es claro que $x(x^2+2) < (x^2+1)(x^2+2)$). Por el teorema de Rouché se concluye el resultado.

4.12 Sea $P_n(z) = 1 + 2z + 3z^2 + \ldots + nz^{n-1}$ y $Q(z) = \frac{1}{(1-z)^2}$ (notar que $P_n(z) \xrightarrow{n\to\infty} Q(z)$ para $z \in D(0,s)$ con $0 < s < 1$). Si $|z| = r < s < 1$, entonces existe n suficientemente grande tal que $|P_n(z) - Q(z)| < \frac{1}{4} \le \frac{1}{(1+r)^2} \le \frac{1}{|1-z|^2} = |Q(z)|$. Por el teorema de Rouché se concluye el resultado.

4.13 Notar que $3^z = -1 \leftrightarrow e^{z\ln 3} = -1 \leftrightarrow z_k = \frac{(2k+1)\pi i}{\ln 3}$, $k \in \mathbb{Z}$. Por tanto, fijado $n \in \mathbb{N}$, el número de ceros de $f(z) = 1 + 3^z$ en el interior del rectángulo dado es $2n$, desde $k = -n$ a $k = n - 1$. Tomaremos $g(z) = 1 + 2^z + 3^z$ y $f(z) = 1 + 3^z$.

- $z = -1 + iy$, $y \in \mathbb{R}$ $(x = -1) \Rightarrow |f(z) - g(z)| = |2^z| = 2^x = \frac{1}{2} < \frac{2}{3} = 1 - 3^x = 1 - |3^z| \le |1 + 3^z| = |f(z)|$.
- $z = 2 + iy$, $y \in \mathbb{R}$ $(x = 2) \Rightarrow |f(z) - g(z)| = |2^z| = 2^x = 4 < 8 = 3^x - 1 \le |1 + 3^z| = |f(z)|$.
- $z = x \pm i\frac{2\pi n}{\ln 3}$, $x \in \mathbb{R}$ $(y = \pm\frac{2\pi n}{\ln 3}) \Rightarrow |f(z) - g(z)| = |2^z| = 2^x < 1 + 3^x = 1 + 3^x e^{iy\ln 3} = |1 + 3^z| = |f(z)|$.

Por tanto, el número de ceros de f y g en el interior del rectángulo es el mismo, esto es, $2n$.

4.14 i) exactamente n soluciones, ya que $|ae^{-z}| = |a|e^{-x} \le |a|e^0 < 1 = |(z-1)^n|$ para todo $z \in C(1,1)$.

ii) exactamente n soluciones, ya que $|ae^{-z}| = |a|e^{-x} < |a|e^0 \le 2^{-n} = |(z-1)^n|$ para todo $z \in C(1, \frac{1}{2})$.

4.15 i) Consecuencia de la proposición 4.9 y del hecho que $\frac{|f(z)|}{|z-x_0|} \le \frac{M}{|z|^{k+1} - |x_0||z|^k} \le \frac{M}{|z|^{k+1}}$ para $|z|$ suficientemente grande.

ii) Tomar partes real e imaginaria en la igualdad del apartado i).

4.16 i) $\frac{1}{z^2} \sum_{n=-\infty}^{\infty} a_n \frac{1}{z^n} = \ldots + a_{-n}z^{n-2} + \ldots + a_{-1}z^{-1} + a_0 z^{-2} + \ldots$, lo que conlleva el resultado.

ii) Por una parte, $\int_{C(0,R)} f(z)\, dz = \int_0^{2\pi} f(Re^{it}) iRe^{it}\, dt$. Por otra parte, la función $f\left(\frac{1}{z}\right)$, y por tanto la función $g(z)$, no tiene singularidades en $\{z \in \mathbb{C} : |z| < \frac{1}{R}\}$ salvo en $z = 0$, por lo que

$$2\pi i \operatorname{Res}(g,0) = \int_{C(0,\frac{1}{R})} g(z)\, dz = \int_0^{2\pi} R^2 e^{-2it} f(Re^{-it}) \frac{i}{R} e^{it}\, dt = -\int_0^{-2\pi} iRe^{is} f(Re^{is})\, dt =$$

$$\int_{-2\pi}^0 iRe^{is} f(Re^{is})\, dt = \int_0^{2\pi} iRe^{i(u-2\pi)} f(Re^{i(u-2\pi)})\, dt = \int_0^{2\pi} iRe^{is} f(Re^{is})\, dt = \int_{C(0,R)} f(z)\, dz.$$

4.17 Por las condiciones dadas, tenemos que el desarrollo de Laurent de f centrado en $z = 1$ es de la forma $\frac{a_{-4}}{(z-1)^4} + \ldots + \frac{-1}{z-1} + \sum_{n\ge 0} a_n(z-1)^n$, con $a_{-4} \ne 0$. Por tanto, el desarrollo en serie de la función $g(z) = f(z)(z-1)^4$ es $a_{-4} + a_{-3}(z-1) + a_{-2}(z-1)^2 - (z-1)^3 + a_0(z-1)^4 + a_1(z-1)^5 + \ldots$, por lo que el teorema 3.6 asegura que $g'(z) = (z-1)^3 (f'(z)(z-1) + 4f(z)) = a_{-3} + 2a_{-2}(z-1) - 3(z-1)^2 + 4a_0(z-1)^3 + 5a_1(z-1)^4 + \ldots$. Es decir, $f'(z)(z-1) = -4f(z) + \frac{a_{-3}}{(z-1)^3} + \frac{2a_{-2}}{(z-1)^2} - \frac{3}{z-1} + 4a_0 + 5a_1(z-1) \ldots = \frac{-4a_{-4}}{(z-1)^4} - \frac{3a_{-3}}{(z-1)^3} - \frac{2a_{-2}}{(z-1)^2} + \frac{1}{z-1} + a_1(z-1) + \ldots$. En consecuencia, $z = 1$ es un polo de orden 5 de f' y $\operatorname{Res}(f',1) = 0$.

4.18 a) $\boxed{V}$ $\left(\int_{C(0,1)} e^{\frac{9}{z}}\, dz = 2\pi i \operatorname{Res}(e^{\frac{9}{z}}, 0) = 18\pi i\right)$;

b) $\boxed{V}$ $\left(\int_{C(0,1)} \frac{1}{4\left(z-\frac{1}{2}\right)\left(z+\frac{1}{2}\right)}\, dz = 2\pi i \left(\operatorname{Res}(f, \frac{1}{2}) + \operatorname{Res}(f, -\frac{1}{2})\right) = 2\pi i \left(\frac{1}{4} - \frac{1}{4}\right) = 0\right)$;

c) $\boxed{F}$ $(2 + \sqrt{5}$ es una singularidad aislada de f que se encuentra fuera del disco unidad, por lo que $n(\gamma, 2 + \sqrt{5}) = 0)$;

d) $\boxed{F}$ (contraejemplo: $f(z) = $ cte);

e) $\boxed{V}$ (proceso análogo al del ejemplo 4.13 con $a = \sqrt{5}$).

f) $\boxed{F}$ (el cambio $z = e^{i\theta}$ nos conduce a la integral $\int_{C(0,1)} \frac{-i}{(2i)^{2n}} f(z)\, dz = 2\pi i \operatorname{Res}(f,0) =$
$2\pi i \binom{2n}{n}(-1)^n \frac{(-i)}{(2i)^{2n}} = \frac{\pi}{2^{2n-1}} \binom{2n}{n}$, donde $f(z) = \frac{(z^2-1)^{2n}}{z^{2n+1}} = \frac{1}{z^{2n+1}} \sum_{k=0}^{2n} \binom{2n}{k}(-1)^{2n-k} z^{2k}$.
Recordar que $(a+b)^n = \sum_{k=0}^{n} \binom{n}{k} a^k b^{n-k}$);

g) $\boxed{V}$ (análogo al ejemplo 4.10);

h) $\boxed{V}$ (análogo al ejercicio 4.6);

i) $\boxed{V}$ (consecuencia del teorema de Rouché: $g(z) = z^7 - 5z^4 + z^2 - 2$ y $f(z) = -5z^4 + z^2 - 2$
satisfacen $|g(z) - f(z)| = |z|^7 = 1 < 2 = 5 - (|z|^2 + 2) \leq |5z^4| - |z^2 - 2| \leq |f(z)|$ y f tiene 4
raíces en $D(0,1)$);

j) $\boxed{V}$ (consecuencia del teorema de Rouché: las funciones $h(z) = 2z^5 + 8z - 1$, $f_1(z) = 2z^5$ y
$f_2(z) = 8z - 1$ satisfacen:
• Si $|z| = 2$, entonces $|h(z) - f_1(z)| = |8z - 1| \leq 17 < |2z^5| = 64 = |f_1(z)|$;
• Si $|z| = 1$ entonces $|h(z) - f_2(z)| = 2|z|^5 = 2 < 7 = |8|z| - 1| \leq |8z - 1| = |f_2(z)|$.
$\Rightarrow h$ tiene 4 raíces en $D(0,2) \setminus D(0,1)$);

k) $\boxed{V}$ (consecuencia del teorema de Rouché: $g(z) = a - z - e^{-z}$ y $f(z) = a - z$ satisfacen
$\checkmark$ $z = iy,\ y \in \mathbb{R}$ $(x = 0) \Rightarrow |g(z) - f(z)| = |e^{-z}| = e^{-x} = 1 < a \leq \sqrt{a^2 + y^2} = |a - iy| = |f(z)|$
$\checkmark$ $|z| = R$ y $x = \operatorname{Re} z \geq 0 \Rightarrow |g(z) - f(z)| = |e^{-z}| = e^{-x} \leq 1 < R - a \leq |a - z| = |f(z)|$, con R
suficientemente grande);

l) $\boxed{F}$ (consecuencia del teorema de Rouché: $g(z) = e^z - 2z - 1$ y $f(z) = -2z$ satisfacen
$|g(z) - f(z)| = |e^z - 1| = \left| z + \frac{z^2}{2} + \frac{z^3}{3!} + \dots \right| \leq e - 1 < 2 = |f(z)|$ para todo $z \in \mathbb{C}$ tal que
$|z| = 1$. Por tanto, la ecuación tiene 1 cero en $D(0,1)$).

Capítulo 5

5.1 a) $\lim_{n\to\infty} \prod_{k=3}^{n} \frac{k^2-4}{k^2-1} = \lim_{n\to\infty} \prod_{k=3}^{n} \frac{(k-2)(k+2)}{(k-1)(k+1)} = \lim_{n\to\infty} \frac{1\cdot 5}{2\cdot 4} \frac{2\cdot 6}{3\cdot 5} \frac{3\cdot 7}{4\cdot 6} \cdots$
$\cdots \frac{(n-4)\cdot n}{(n-3)\cdot(n-1)} \frac{(n-3)\cdot(n+1)}{(n-2)\cdot n} \frac{(n-2)\cdot(n+2)}{(n-1)\cdot(n+1)} = \lim_{n\to\infty} \frac{1}{4} \frac{n+2}{n-1} = \frac{1}{4}$.

b) $\lim_{n\to\infty} \prod_{k=2}^{n} \left(1 - \frac{2}{k(k+1)}\right) = \lim_{n\to\infty} \prod_{k=2}^{n} \frac{(k-1)(k+2)}{k(k+1)} = \lim_{n\to\infty} \frac{1\cdot 4}{2\cdot 3} \frac{2\cdot 5}{3\cdot 4} \frac{3\cdot 6}{4\cdot 5} \cdots$
$\cdots \frac{(n-3)\cdot n}{(n-2)\cdot(n-1)} \frac{(n-2)\cdot(n+1)}{(n-1)\cdot n} \frac{(n-1)\cdot(n+2)}{n\cdot(n+1)} = \lim_{n\to\infty} \frac{1}{3} \frac{(n+2)}{n} = \frac{1}{3}$.

c) $\lim_{n\to\infty} \prod_{k=1}^{n} \left(1 + \frac{(-1)^{k+1}}{k}\right) = \begin{cases} \lim_{n\to\infty} \frac{2}{1} \frac{1}{2} \frac{4}{3} \frac{3}{4} \cdots \frac{n}{n-1} \frac{n-1}{n} = \lim_{n\to\infty} 1 = 1 & \text{si } n \text{ es par} \\ \lim_{n\to\infty} \frac{2}{1} \frac{1}{2} \frac{4}{3} \frac{3}{4} \cdots \frac{n-1}{n-2} \frac{n-2}{n-1} \frac{n+1}{n} = \lim_{n\to\infty} \frac{n+1}{n} = 1 & \text{si } n \text{ es impar} \end{cases}$

d) $\lim_{n\to\infty} \prod_{k=2}^{n} \frac{k^3-1}{k^3+1} = \lim_{n\to\infty} \prod_{k=2}^{n} \frac{(k-1)(k^2+k+1)}{(k+1)(k^2-k+1)} = \lim_{n\to\infty} \frac{1\cdot 7}{3\cdot 3} \frac{2\cdot 13}{4\cdot 7} \frac{3\cdot 21}{5\cdot 13} \frac{4\cdot 31}{6\cdot 21} \cdots$
$\cdot \frac{(n-2)(n^2-n+1)}{n(n^2-3n+3)} \frac{(n-1)(n^2+n+1)}{(n+1)(n^2-n+1)} = \lim_{n\to\infty} \frac{2}{3} \frac{(n^2+n+1)}{n(n+1)} = \frac{2}{3}$.

5.2 Dado que $\ln(1-x) = -\sum_{n\geq 1} \frac{x^n}{n} = -x - \frac{x^2}{2} - \frac{x^3}{3} - \dots$ con $|x| < 1$, es claro que $-\ln(1-x) =$
$x + g(x)x^2$, con $g(x) = \frac{1}{2} + \frac{1}{3}x + \dots \xrightarrow{x\to 0} \frac{1}{2}$. Ahora, si $\sum_{n\geq 1} a_n$ converge, existe $n_0 \in \mathbb{N}$ tal
que $|a_n| < 1 \ \forall n \geq n_0$. Por tanto, $\prod_{n\geq n_0}(1 - a_n)$ converge $\leftrightarrow \sum_{n\geq n_0} \ln(1 - a_n)$ converge $\leftrightarrow$
$\sum_{n\geq n_0}(a_n + g(a_n)a_n^2)$ converge $\leftrightarrow \sum_{n\geq n_0} g(a_n)a_n^2$ converge $\leftrightarrow \sum_{n\geq n_0} a_n^2$ converge.

5.3 a) Converge por aplicación del ejercicio 5.2, con $a_n = \left(\frac{1}{2}\right)^n$. Alternativamente, es fácil ver el
producto también es absolutamente convergente, por lo que es convergente.

b) No converge, ya que $\prod_{n\geq 1} \frac{n}{n+1} = \lim_{n\to\infty} \frac{1}{2}\frac{2}{3}\cdots\frac{n}{n+1} = \lim_{n\to\infty}\frac{1}{n+1} = 0$.

c) No converge por aplicación del ejercicio 5.2, con $a_n = \frac{(-1)^{n+1}}{\sqrt{n}}$ $(\Rightarrow a_n^2 = \frac{1}{n})$.

d) Converge por aplicación del ejercicio 5.2, con $a_n = \frac{1}{n^2}$.

5.4 $\prod_{n\geq 1}(1+z_n) = \lim_{n\to\infty}\prod_{k=1}^{n}(1+z_k) = \lim_{n\to\infty}(1+1)(1+(-1+1))\left(1+\frac{1}{\sqrt{2}}\right)$ $\left(1+\left(-\frac{1}{\sqrt{2}}+\frac{1}{2}\right)\right)\cdots = \prod_{n\geq 1}\left(1+\frac{1}{\sqrt{n}}\right)\left(1-\frac{1}{\sqrt{n}}+\frac{1}{n}\right) = \prod_{n\geq 1}\left(1-\frac{1}{n}+\frac{1}{n}+\frac{1}{n\sqrt{n}}\right) = $ $\prod_{n\geq 1}\left(1+\frac{1}{n\sqrt{n}}\right)$, que es convergente.

Por otra parte, $\prod_{n\geq 1}(1+|z_n|) = \lim_{n\to\infty}\prod_{k=1}^{n}(1+|z_k|) = \prod_{n\geq 1}\left(1+\frac{1}{\sqrt{n}}\right)\left(1+\frac{1}{\sqrt{n}}-\frac{1}{n}\right) = $ $\prod_{n\geq 1}\left(1+\frac{1}{n}+\frac{2}{\sqrt{n}}-\frac{1}{n}-\frac{1}{n\sqrt{n}}\right) = \prod_{n\geq 1}\left(1+\frac{2}{\sqrt{n}}-\frac{1}{n\sqrt{n}}\right)$, que no es convergente debido a que $\sum_{n\geq 1}\left(\frac{2}{\sqrt{n}}-\frac{1}{n\sqrt{n}}\right) \geq \sum_{n\geq 1}\frac{2}{\sqrt{n}} = \infty$ (por el uso de la proposición 5.2).

5.5 i) Dado que $|a| < 1$, la serie $\sum_{n\geq 1}|a|^n < \infty$. Por tanto, $\sum_{n\geq 1}a^n z$ converge uniformemente sobre los compactos de $\mathbb{C}$ y el resultado sigue del teorema 5.1.

ii) Por las hipótesis dadas, el exponente de convergencia μ asociado a la sucesión $\{a_n\}_{n\geq 1}$ es menor o igual que 2. Por el teorema 5.3 (y su demostración) y la observación 5.3 (para el caso $\mu = 2$), sabemos que el producto $f(z) = \prod_{n\geq 1}E_1\left(\frac{z}{a_n}\right) = \prod_{n\geq 1}\left(1-\frac{z}{a_n}\right)e^{\frac{z}{a_n}}$ converge uniformemente sobre los compactos de $\mathbb{C}$ y define una función entera cuyos ceros son precisamente los a_n.

5.6 Sean λ_f y λ_g los órdenes respectivos de f y g. Supondremos sin pérdida de generalidad que $0 < \lambda_f, \lambda_g < \infty$ y $\lambda_g \leq \lambda_f$. Dado que $M_{f+g}(r) = \max\{|(f+g)(z)| : |z| = r\} \leq M_f(r)+M_g(r)$ para todo $r > 0$, tenemos que $\lambda_{f+g} = \limsup_{r\to\infty}\frac{\ln(\ln M_{f+g}(r))}{\ln r} \leq \limsup_{r\to\infty}\frac{\ln(\ln(M_f(r)+M_g(r)))}{\ln r} \leq$ $\limsup_{r\to\infty}\frac{\ln(\ln(e^{r^{\lambda_f+\varepsilon}}+e^{r^{\lambda_g+\varepsilon}}))}{\ln r} \leq \limsup_{r\to\infty}\frac{\ln(\ln(2e^{r^{\lambda_f+\varepsilon}}))}{\ln r} \leq \lambda_f + \varepsilon$ para todo $\varepsilon > 0 \Rightarrow$ $\lambda_{f+g} \leq \lambda_f$.

$\diamond$ La desigualdad es estricta para $f(z) = e^{z^2}$ y $g(z) = e^z - e^{z^2}$, ya que $\lambda_{f+g} = 1 < 2 = \lambda_f = \lambda_g$. Además, como $M_{f\cdot g}(r) = M_f(r)\cdot M_g(r)$ para todo $r > 0$, $\lambda_{f\cdot g} = \limsup_{r\to\infty}\frac{\ln(\ln M_{f\cdot g}(r))}{\ln r} \leq$ $\limsup_{r\to\infty}\frac{\ln(\ln(M_f(r)+\ln(M_g(r)))}{\ln r} \leq \limsup_{r\to\infty}\frac{\ln(r^{\lambda_f+\varepsilon}+r^{\lambda_g+\varepsilon})}{\ln r} \leq$ $\leq \limsup_{r\to\infty}\frac{\ln(r^{\lambda_f+\varepsilon}(1+r^{\lambda_g-\lambda_f-\varepsilon}))}{\ln r} \leq \lambda_f + \varepsilon$ para todo $\varepsilon > 0 \Rightarrow \lambda_{f\cdot g} \leq \lambda_f$.

$\diamond$ La desigualdad es estricta para $f(z) = e^z$ y $g(z) = e^{-z}$, ya que $\lambda_{f\cdot g} = 0 < 1 = \lambda_f = \lambda_g$.

5.7 i) $\boxed{1}$. $f_1(z) = \text{sen } z \Rightarrow |f_1(z)| \leq \frac{e^{|iz|}+e^{|-iz|}}{2} = e^{|z|} < e^{|z|^\alpha}$ para todo $\alpha > 1$. Además, si $z = ir$, con $r > 0 \Rightarrow \lim_{r\to\infty}\frac{|f_1(z)|}{e^{r^\alpha}} = \lim_{r\to\infty}\frac{1}{2}\left(e^{-r-r^\alpha}-e^{r-r^\alpha}\right) = \infty$ si $0 \leq \alpha < 1$.

ii) $\boxed{1}$. $f_2(z) = \text{senh } z \Rightarrow |f_2(z)| \leq \frac{e^{|z|}+e^{|-z|}}{2} = e^{|z|} < e^{|z|^\alpha}$ para todo $\alpha > 1$. Además, si $z = r$, con $r > 0 \Rightarrow \lim_{r\to\infty}\frac{|f_2(z)|}{e^{r^\alpha}} = \lim_{r\to\infty}\frac{1}{2}\left(e^{r-r^\alpha}-e^{-r-r^\alpha}\right) = \infty$ si $0 \leq \alpha < 1$.

iii) $\boxed{\infty}$. Consecuencia de que $|f(z)| > e^{|z|^\alpha}$ $\forall \alpha > 0$ para $|z|$ suficientemente grande. De hecho, si $z = iy$ $(y > 0)$, $|f(z)| = |\text{sen}(i\,\text{senh } y)| = \text{senh}(\text{senh } y)$, por lo que $\lim_{y\to\infty}\frac{|f(z)|}{e^{|z|^\alpha}} = $ $\lim_{y\to\infty}\frac{\text{senh}(\text{senh } y)}{e^{y^\alpha}} = \lim_{y\to\infty}\frac{1}{2}\left(e^{\sinh y - y^\alpha}-e^{-\sinh y - y^\alpha}\right) = \infty$, ya que $\lim_{y\to\infty}\text{senh } y - y^\alpha = $ $\lim_{y\to\infty}\frac{y^\alpha}{2}\left(\frac{e^y}{y^\alpha}-\frac{e^{-y}}{y^\alpha}-2\right) = \infty$.

iv) $\boxed{2}$. $f_4(z) = \frac{\text{sen}(2z^2)}{2} \Rightarrow |f_4(z)| \leq \frac{1}{2}\frac{e^{|2z^2 i|}+e^{|-2z^2 i|}}{2} = \frac{1}{2}e^{2|z|^2} < \frac{1}{2}e^{|z|^\alpha}$ para todo $\alpha > 2$ y $|z|$ sufte. grande. Además, si $z = \frac{r}{\sqrt{2}}e^{i\frac{\pi}{4}} \Rightarrow |f_4(z)| = \frac{1}{2}\left|\text{sen}(r^2 i)\right| = \frac{1}{2}\text{senh}(r^2) \Rightarrow \lim_{r\to\infty}\frac{|f_4(z)|}{e^{r^\alpha}} = \lim_{r\to\infty}\frac{1}{4}\left(e^{r^2-r^\alpha} - e^{-r^2-r^\alpha}\right) = \infty$ si $\alpha < 2$.

v) $\boxed{\frac{1}{a}}$. $\prod_n \left(1 - \frac{z}{n^a}\right)\exp\left(\frac{z}{n^a} + \frac{z^2}{2n^{2a}}\right) = \prod_{n\geq 1} E_2\left(\frac{z}{a_n}\right)$, con $a_n = n^a$, $n = 1, 2, \ldots$. El exponente de convergencia asociado a $\{a_n\}_{n\geq 1}$ es $\frac{1}{a} \in [2, 3)$. Por tanto, $\left[\frac{1}{a}\right] = 2$ y el orden de la función es $\frac{1}{a}$ como consecuencia del teorema 5.7.

5.8 i) El radio de convergencia de la serie de potencias es $r = \left(\limsup \frac{1}{n^a}\right)^{-1} = \infty$. Por la nota 5.6, su orden de crecimiento es $\lambda = \limsup_{n\to\infty}\frac{n\ln n}{\ln(n^{an})} = \frac{1}{a}$.

ii) Por la fórmula de Stirling, el radio de convergencia de la serie de potencias dada es
$r = \left(\limsup \frac{1}{n!^{\frac{a}{n}}}\right)^{-1} = \left(\limsup \frac{1}{(n^n e^{-n}\sqrt{2\pi n})^{\frac{a}{n}}}\right)^{-1} = \left(\limsup \frac{1}{(n^a e^{-a}(2\pi n)^{\frac{a}{2n}})}\right)^{-1} = \infty$. Por la nota 5.6, su orden de crecimiento es $\lambda = \limsup_{n\to\infty}\frac{n\ln n}{\ln(n!^a)} = \limsup_{n\to\infty}\frac{n\ln n}{a\ln(n^n e^{-n}\sqrt{2\pi n})} = \limsup_{n\to\infty}\frac{n\ln n}{a\left(n\ln n - n + \frac{1}{2}\ln(2\pi) + \frac{1}{2}\ln n\right)} = \frac{1}{a}$.

5.9 El exponente de convergencia asociado a la sucesión $a_n = n^{\frac{5}{3}} + in^{\frac{5}{3}}$, $n = 1, 2, \ldots$ es $\mu = \frac{3}{5}$, por lo que $[\mu] = 0$. Por el teorema de factorización de Hadamard, la función entera f que cumple las condiciones del enunciado es de la forma $f(z) = e^{P(z)}\prod_{n\geq 1}\left(1 - \frac{z}{a_n}\right)$, donde P es un polinomio de grado $m \geq 0$ (con $m \leq \lambda$, siendo λ el orden de f). Si $m = 0$, entonces λ coincide con el orden del producto de los factores canónicos, que es $\mu = \frac{3}{5}$ (por el teorema 5.7). Si $m > 0$, por el ejercicio 5.6, λ es menor o igual que el máximo entre el orden de P (que es m) y el orden del producto de los factores canónicos (que es $\frac{3}{5}$), por lo que $\lambda \leq m$. Dado que sabemos que $m \leq \lambda$ deducimos que $\lambda = m$. En consecuencia, todos los posibles valores de λ son $\frac{3}{5}, 1, 2, 3, \ldots$

5.10 El exponente de convergencia asociado a la sucesión $a_n = n^2 + in^2$, $n = 1, 2, \ldots$ es $\mu = \frac{1}{2}$, por lo que $[\mu] = 0$. Por reducción al absurdo, supongamos que existe una función entera f satisfaciendo las hipótesis del enunciado, entonces el teorema de factorización de Hadamard afirma que $f(z) = e^{g(z)}\prod_{n\geq 1} E_0\left(\frac{z}{a_n}\right)$ con g un polinomio de grado 0 o 1 $(\leq \lambda \in (1, 2))$. Si $g(z) = A$ (polinomio de grado 0), es claro que el orden de f (que es $\lambda \in (1, 2)$) debe coincidir con el orden de $\prod_{n\geq 1} E_0\left(\frac{z}{a_n}\right)$ (que es $\frac{1}{2}$, por el teorema 5.7), lo que es una contradicción. Si $g(z) = A + Bz$ con $B \neq 0$ (polinomio de grado 1), entonces por el ejercicio 5.6 el orden de f es menor o igual que el máximo entre los órdenes de $\prod_{n\geq 1} E_0\left(\frac{z}{a_n}\right)$ (cuyo orden es $\frac{1}{2}$) y e^{A+Bz} (cuyo orden es 1), lo que es una contradicción.

5.11 i) $\cos z = \prod_{n\geq 0}\left(1 - \left(\frac{2z}{(2n+1)\pi}\right)^2\right)$. En efecto, los ingredientes son:

$\checkmark$ $a_n = (2n+1)\frac{\pi}{2}$, $n \in \mathbb{Z}$ (los ceros de $\cos z$) $\Rightarrow \mu = 1$.

$\checkmark$ $h = 1 \Rightarrow E(z) = \prod_{n\in\mathbb{Z}} E_1\left(\frac{z}{a_n}\right) = \prod_{n\geq 0}\left(1 - \left(\frac{2z}{(2n+1)\pi}\right)^2\right)$.

$\checkmark$ $\lambda = 1 \xrightarrow{\text{Teo. fact. Hadamard}} \cos z = e^{Az+B}E(z)$.

$\checkmark$ $z = 0 \Rightarrow 1 = e^B$.

$\checkmark$ $-\text{sen } z = Ae^{Az}E(z) + e^{Az}E'(z) \xrightarrow{z=0} 0 = A$.

ii) $\text{senh } z = z\prod_{n\geq 1}\left(1 + \frac{z^2}{n^2\pi^2}\right)$. En efecto, los ingredientes son:

$\checkmark$ $a_n = n\pi i$, $n \in \mathbb{Z}$ (los ceros de $\text{senh } z$) $\Rightarrow \mu = 1$ y $m = 1$ (0 es un cero simple).

✓$h = 1 \Rightarrow E(z) = \prod_{n \in \mathbb{Z}, n \neq 0} E_1\left(\frac{z}{a_n}\right) = \prod_{n \geq 1}\left(1 - \left(\frac{z}{n\pi i}\right)^2\right) = \prod_{n \geq 1}\left(1 + \frac{z^2}{n^2 \pi^2}\right).$

✓$\lambda = 1 \xrightarrow{\text{Teo. fact. Hadamard}} \operatorname{senh} z = z e^{Az+B} E(z).$

✓$\frac{\operatorname{senh} z}{z} = e^{Az+B} E(z) \xrightarrow{z \to 0} 1 = e^B.$

✓$\frac{\operatorname{senh} z}{z} = 1 + \frac{z^2}{3!} + \frac{z^4}{5!} + \ldots = e^{Az} E(z) \xrightarrow{\text{Derivamos}} \frac{2z}{3!} + \frac{4z^3}{5!} + \ldots = A e^{Az} E(z) + e^{Az} E'(z) \xrightarrow{z \to 0}$
$0 = A.$

iii) $\cosh z = \prod_{n \geq 0}\left(1 + \left(\frac{2z}{(2n+1)\pi}\right)^2\right).$ En efecto, los ingredientes son:

✓$a_n = (2n+1)\frac{\pi}{2} i,\ n \in \mathbb{Z}$ (los ceros de $\cosh z$) $\Rightarrow \mu = 1.$

✓$h = 1 \Rightarrow E(z) = \prod_{n \in \mathbb{Z}} E_1\left(\frac{z}{a_n}\right) = \prod_{n \geq 0}\left(1 + \left(\frac{2z}{(2n+1)\pi}\right)^2\right).$

✓$\lambda = 1 \xrightarrow{\text{Teo. fact. Hadamard}} \cosh z = e^{Az+B} E(z).$

✓$z = 0 \Rightarrow 1 = e^B.$

✓$\operatorname{senh} z = A e^{Az} E(z) + e^{Az} E'(z) \xrightarrow{z=0} 0 = A.$

5.12 Si $z \in \mathbb{C} \setminus \{0, -1, -2, \ldots\}$, sabemos que $\Gamma(z+1) = z\Gamma(z) = \dfrac{1}{e^{\gamma z} \prod_{n \geq 1}\left(1 + \frac{z}{n}\right) e^{\frac{-z}{n}}}$. Entonces

$$\prod_{n \geq 1} \frac{(n+a)(n+b)}{(n+c)(n+d)} = \lim_{M \to \infty} \prod_{n=1}^{M} \frac{\left(1 + \frac{a}{n}\right)\left(1 + \frac{b}{n}\right)}{\left(1 + \frac{c}{n}\right)\left(1 + \frac{d}{n}\right)} \frac{e^{-\frac{a}{n}} e^{-\frac{b}{n}}}{e^{-\frac{c}{n}} e^{-\frac{d}{n}}} = \frac{\frac{e^{-\gamma a}}{\Gamma(a+1)} \frac{e^{-\gamma b}}{\Gamma(b+1)}}{\frac{e^{-\gamma c}}{\Gamma(c+1)} \frac{e^{-\gamma d}}{\Gamma(d+1)}} = \frac{\Gamma(c+1)\Gamma(d+1)}{\Gamma(a+1)\Gamma(b+1)}.$$

5.13 a) El exponente de convergencia asociado a $\{-\sqrt{n}\}_{n \geq 1}$ es 2. Por el teorema 5.3, sabemos que
$\prod_{n \geq 1} E_2\left(\frac{z}{a_n}\right) = \prod_{n \geq 1}\left(1 + \frac{z}{\sqrt{n}}\right) e^{\frac{-z}{\sqrt{n}} + \frac{z^2}{2n}}$ define una función entera y el resultado sigue.

b) $f(z) f(-z) = -z^2 \prod_{n \geq 1}\left(1 - \frac{z^2}{n}\right) e^{\frac{z^2}{n}}$ y $\Gamma(z^2) = -\frac{1}{z^2} e^{\gamma z^2} \prod_{n \geq 1}\left(\frac{n}{n - z^2}\right) e^{-\frac{z^2}{n}}$. Por tanto,
$f(z) f(-z) \Gamma(-z^2) = e^{g(z)}$, con $g(z) = \gamma z^2$ (entera).

5.14 a) $\boxed{F}$ (véase el ejemplo 5.5.3);

b) $\boxed{F}$ (si f es una función de orden mayor o igual que 1, la función $f + (-f) = 0$ no satisface la propiedad);

c) $\boxed{F}$ (el producto de las funciones e^z y e^{-z} es 1 y, por tanto, la propiedad no se satisface);

d) $\boxed{F}$ ($\operatorname{sen} z \cos z = \frac{1}{2} \operatorname{sen}(2z)$, que tiene orden 1. Esta última afirmación también se puede deducir de la nota 5.6);

e) $\boxed{V}$ (consecuencia del teorema 5.1, ya que $\sum_{n \geq 1} \frac{1}{n^2 z}$ converge uniformemente sobre los compactos de $\mathbb{C} \setminus \{0\}$. El hecho de que $z = 0$ sea una singularidad esencial es consecuencia del ejercicio 3.8);

f) $\boxed{V}$ (consecuencia del teorema 5.3. Alternativamente, observar que $\prod_{n=-\infty, n \neq 0}^{\infty}\left(1 - \frac{z}{n}\right) e^{\frac{z}{n}} = \prod_{n \geq 1}\left(1 - \frac{z^2}{n^2}\right)$ y aplicar el teorema 5.1);

g) $\boxed{F}$ (define una función analítica en $D(0,1)$ como consecuencia del teorema 5.1, pero es claro que no en todo $\mathbb{C}$ porque el término general del productorio no tiende a 1 para valores $|z| > 1$. Sin embargo, si $|z| < 1$ es cierto que $\prod_{n \geq 1}\left(1 + z^{2^n}\right) = \frac{1}{1-z}$, ya que $(1 - z^2)(1 + z^2) = 1 - z^4$, $(1 - z^4)(1 + z^4) = 1 - z^8$, $(1 - z^8)(1 + z^8) = 1 - z^{16}$ y, por tanto, $(1 - z^2) \prod_{n=1}^{m}\left(1 + z^{2^n}\right) = 1 - z^{2^{m+1}}$ y $\lim_{m \to \infty} \prod_{n=1}^{m}\left(1 + z^{2^n}\right) = \lim_{m \to \infty} \frac{1 - z^{2^{m+1}}}{1 - z^2} = \frac{1}{1 - z^2}$. Por tanto, tenemos que $\prod_{n \geq 0}\left(1 + z^{2^n}\right) = \frac{1+z}{1-z^2} = \frac{1}{1-z}$);

h) $\boxed{V}$ (consecuencia del teorema 5.1, ya que $\sum_{n \geq 1} \left| \frac{c_n}{z_n - z} \right|$ converge uniformemente sobre los compactos de U. Este tipo de series reciben el nombre de series de Borel);

i) $\boxed{V}$ (consecuencia del teorema 5.2);

j) $\boxed{V}$ (consecuencia del teorema de factorización de Weierstrass aplicado a $f(z) = \operatorname{sen}(\operatorname{sen} z)$ y de que $f(0) = 0$ y $f'(0) \neq 0$. Notar también que no es posible aplicar el teorema de factorización de Hadamard a f debido a que su orden de crecimiento es ∞);

k) $\boxed{V}$ (consecuencia de la fórmula de Gauss y de que $\lim_{z \to -n} \Gamma(z)(z+n) = \lim_{z \to -n} \frac{\Gamma(z+1)(z+n)}{z}$ $= \lim_{z \to -n} \frac{\Gamma(z+2)(z+n)}{z(z+1)} = \ldots = \lim_{z \to -n} \frac{\Gamma(z+n)(z+n)}{z(z+1)\cdots(z+n-1)} = \lim_{z \to -n} \frac{\Gamma(z+n+1)}{z(z+1)\cdots(z+n-1)} = \frac{\Gamma(1)}{(-1)^n n!}$);

l) $\boxed{V}$ (consecuencia de la fórmula de los complementos, proposición 5.6.ii), con $z = \frac{1}{2} + n$);

Representación gráfica de funciones complejas de variable compleja

A.1 Primeros enfoques para la visualización de funciones complejas

El método estándar de representación gráfica de una función compleja de variable compleja $f : \mathrm{Dom}\, f \subset \mathbb{C} \to \mathbb{C}$ (con $z \mapsto f(z)$) requiere de un espacio de 4 dimensiones de coordenadas $\mathrm{Re}\, z, \mathrm{Im}\, z, \mathrm{Re}(f(z))$ y $\mathrm{Im}(f(z))$ (que identifican claramente a la función). De hecho, el grafo de f se toma como el conjunto de puntos

$$\mathrm{Graf}(f) = \{(\mathrm{Re}\, z, \mathrm{Im}\, z, \mathrm{Re}(f(z)), \mathrm{Im}(f(z))) : z \in \mathrm{Dom}\, f\} \subset \mathbb{R}^4.$$

Por tanto, se hace necesario desarrollar otros métodos de visualización que permitan captar las propiedades fundamentales de estas funciones.

Un primer acercamiento para conseguir una visualización factible de funciones complejas es la representación por separado de las partes real e imaginaria de la función, lo que genera gráficas de 3 dimensiones con los puntos de la forma $(\mathrm{Re}\, z, \mathrm{Im}\, z, \mathrm{Re}(f(z)))$ y $(\mathrm{Re}\, z, \mathrm{Im}\, z, \mathrm{Im}(f(z)))$, con $z \in \mathrm{Dom}\, f$. Dado que no es posible ver todas las partes de la superficie simultáneamente, con este método a veces se hace difícil identificar correctamente por ejemplo los ceros de la función. En esta misma línea, también podemos obtener gráficas de 3 dimensiones para representar el módulo o el argumento principal de la función, con puntos de la forma $(\mathrm{Re}\, z, \mathrm{Im}\, z, |f(z)|)$ y $(\mathrm{Re}\, z, \mathrm{Im}\, z, \mathrm{Arg}(f(z)))$ (con $z \in \mathrm{Dom}(f) \setminus \{z \in \mathbb{C} : f(z) = 0\}$). Sin embargo, con estos gráficos 3D también se pierde bastante información, al no poder tener una representación conjunta.

Un segundo enfoque de visualización es acudir al estudio de la transformación que provoca la función prefijada f en ciertos conjuntos incluidos en el dominio del plano complejo. De esta forma, se consideran dos planos complejos dados por $(\operatorname{Re} z, \operatorname{Im} z)$ y $(\operatorname{Re}(f(z)), \operatorname{Im}(f(z)))$, con $z \in \operatorname{Dom} f$. Una práctica habitual es definir dos conjuntos de rectas en el primer plano, uno formado por rectas paralelas al eje real y otro formado por rectas paralelas al eje imaginario, y representar posteriormente en el segundo plano la imagen de dicha cuadrícula bajo la transformación f. Esta representación nos proporciona información que puede ser útil para determinar si la función a representar no es conforme (o para aventurarse a conjeturar que sí lo es). La necesidad de utilizar dos gráficas es también un inconveniente de este método de representación, que dista de ser completamente operativo.

Dada una función compleja $f : \operatorname{Dom} f \subset \mathbb{C} \to \mathbb{C}$, una tercera aproximación consiste en la representación del campo de vectores bidimensionales con origen en el punto $(\operatorname{Re} z, \operatorname{Im} z)$ y llegada $(\operatorname{Re}(f(z)), \operatorname{Im}(f(z)))$, con $z \in \operatorname{Dom} f$. Sin embargo, no es posible representar la imagen de f en una gran cantidad de puntos del plano complejo, ya que no podríamos distinguir correctamente todos los vectores. Dependiendo de la función, los vectores pueden ser muy grandes y sobreponerse unos a otros, por lo que se utiliza una malla finita formada por unos cuantos puntos equiespaciados y se suele proceder a estandarizar su tamaño según el rango del módulo de f.

A.2   Método de coloreado del dominio

Dado un punto del plano complejo donde se evalúa la función $f : \operatorname{Dom} f \subset \mathbb{C} \to \mathbb{C}$, el método anterior de mapeo consiste en asignarle el vector determinado por su imagen mediante f. Si en lugar de manejar un campo vectorial, asignamos a cada punto del dominio de f un determinado color (atendiendo a algún procedimiento concreto), entonces podremos representar un número de puntos muy elevado, generando un coloreado de la región escogida. Pero ¿cómo asignamos un color concreto a cada uno de estos puntos? Para responder a esta cuestión, estudiemos el método de coloreado del dominio.

Dado $z \in \mathbb{C} \setminus \{0\}$, definimos la fase de z por la expresión $\frac{z}{|z|}$, es decir, $e^{i\theta}$, donde θ es un argumento de z. Por tanto, la fase de un número complejo se encuentra siempre en la circunferencia unidad compleja. Conviene hacer notar que si $U \subset \mathbb{C}$ es un conjunto conexo y $f, g : U \to \mathbb{C}$ son funciones meromorfas (véase la definición 5.5), no idénticamente nulas, que presentan misma fase en U, entonces $f(z) = cg(z)$ para todo $z \in U$ y algún $c > 0$. En efecto, por hipótesis tenemos que $\frac{f(z)}{|f(z)|} = \frac{g(z)}{|g(z)|}$, esto es $\frac{f(z)}{g(z)} = \frac{|f(z)|}{|g(z)|} > 0$ para todo $z \in U$ que no son ceros ni polos de f y g. En consecuencia, $\frac{f(z)}{g(z)}$ es una función constante de acuerdo al corolario 1.1 (en el que se verifica la condición a)).

Utilizaremos el modelo de color HSL (Hue, Saturation y Lightness, que se podría traducir como tono o matiz, saturación y luminosidad o brillo). Cada parámetro de un color en el modelo HSL toma valores en el intervalo $[0, 1]$, por lo que todo color estará representado por una 3-tupla de la forma (c_1, c_2, c_3) con $c_j \in [0,1]$, $j = 1,2,3$. En realidad, el color asignado a cada punto $z \in \mathbb{C}$ perteneciente al dominio de una función compleja f vendrá dado por una 3-tupla de la forma $(\phi_1(f(z)), \phi_2(f(z)), \phi_3(f(z)))$, donde $\phi_1, \phi_2, \phi_3 : \mathbb{C} \to [0,1]$ son las respectivas aplicaciones que nos proporcionan un tono de color (en nuestro caso según la fase de $f(z)$), una saturación y una luminosidad (en nuestro caso según el módulo de $f(z)$).

Fijada una función f meromorfa, a efectos prácticos se suele considerar la saturación máxima, por lo que tomaremos $\phi_2(z) = 1$ para todo $z \in \mathbb{C}$. El tono de color lo podemos asignar a cada $z \in \mathbb{C} \setminus \{0\}$ de acuerdo a una prefijada rueda de colores, por lo que podemos definir $\phi_2 : \mathbb{C} \to [0,1]$ como

$$\phi_2(z) = \begin{cases} \frac{\operatorname{Arg}(f(z))}{2\pi} & \text{si } \operatorname{Arg}(f(z)) \geq 0 \\ \frac{\operatorname{Arg}(f(z))+2\pi}{2\pi} & \text{si } \operatorname{Arg}(f(z)) < 0 \end{cases},$$

que se hace corresponder unívocamente con la fase de $f(z)$ (cuando z no es un cero ni un polo de f). Véase por ejemplo la rueda de colores proporcionada por la figura A.1, en la que aparecen, ordenados alfabéticamente y en sentido antihorario, los colores primarios azul (con ángulo asociado $-\frac{2\pi}{3}$), rojo (con ángulo asociado 0) y verde (con ángulo asociado $\frac{2\pi}{3}$), pero cualquier mapa de colores es susceptible de poder utilizarse. Respecto a la luminosidad, en algunos casos se toma la función constante $\phi_3(z) = \frac{1}{2}$, ya que las luminosidades 0 y 1 corresponden a los colores negro y blanco, respectivamente. La gráfica resultante de tomar constante el parámetro de luminosidad se suele denominar *retrato de fase*. En otros casos, cuya gráfica resultante puede ser referida como *retrato de fase con módulo identificado con luminosidad*, la luminosidad de cada $z \in \operatorname{Dom} f$ es variable en términos del módulo $|f(z)|$.

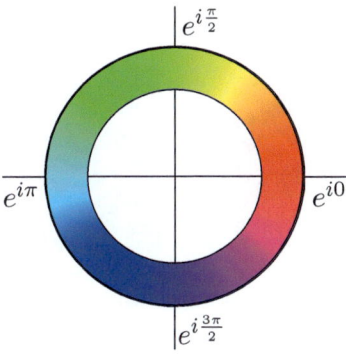

Figura A.1: Rueda de colores

Según hemos señalado anteriormente, los retratos de fase de funciones meromorfas constituyen una técnica de visualización muy potente, ya que una función meromorfa está prácticamente caracterizada por su fase (salvo constante). En los retratos de fase con módulo identificado con luminosidad, dado que el rango del módulo de la función podría ser muy grande (como ocurre cuando la función presenta polos), conviene hacer notar que una única función de luminosidad dada directamente por el módulo de f dividido por el máximo del módulo en la región representada podría no dar buenos resultados (originando una imagen muy oscura). Por esta razón, se suele acudir a una función de luminosidad definida a trozos según el comportamiento en la región a representar. Una mejora de estas gráficas o retratos se obtiene cuando insertamos las líneas de contorno de la fase de f (curvas isocromáticas en las que f tiene fase constante) y/o las líneas de contorno del módulo de f (o curvas de nivel en las que f tiene módulo constante). Algunos detalles concretos sobre la representación de estas curvas de nivel, y otros enfoques utilizados, se pueden consultar en [49, Sección 2.5].

A partir de unas pautas sencillas sobre las reglas de coloración, y a través de una única imagen en el plano, estos gráficos nos permiten identificar y distinguir los ceros y los polos de las funciones meromorfas (de hecho, son puntos en los que confluyen todos los colores, y el número de veces que se repite cada color fluctúa en función del orden del cero o polo). Más generalmente, el método de coloreado del dominio ofrece evidencia visual de importantes resultados del análisis de variable compleja que hemos tratado en este manual (y otros mencionados como los teoremas de Picard). Para esto último, es claro que el conocimiento de las propiedades básicas de las funciones complejas es el que permite obtener una buena y rápida interpretación de las imágenes obtenidas (sin necesidad de acudir a la expresión matemática de la función). Estos gráficos se pueden incluso utilizar para formular conjeturas sobre las funciones estudiadas y afrontar posteriormente con detalle su demostración formal. En cualquier caso, este método visual (y geométrico) constituye una forma complementaria de enfocar el aprendizaje de las principales propiedades de las funciones complejas de variable compleja.

Veamos algunos ejemplos concretos.

Figura A.2: Retratos de fase de las respectivas funciones $f_k(z) = z^k$ para $k = -2, -1, 1, 2$

- $\boxed{f_k(z) = z^k \text{ con } k \in \mathbb{Z} \setminus \{0\}}$. En los retratos de fase de estas funciones (véase la figura A.2 para $k = -2, -1, 1, 2$) se puede apreciar que todos los tonos de colores confluyen en el punto $z = 0$, aunque de manera diferente dependiendo de k (los polos y los ceros pueden ser distinguidos por la orientación de los tonos de colores que aparecen en el entorno del origen). De hecho, fijado $k \in \mathbb{Z} \setminus \{0\}$, el tono del color da k vueltas alrededor de $z = 0$ (si $k \in \mathbb{N}$, alrededor de $z = 0$ recorrido en sentido antihorario encontramos k secuencias ordenadas de colores azul-rojo-verde-azul; si $-k \in \mathbb{N}$, alrededor de $z = 0$ recorrido en sentido antihorario encontramos k secuencias ordenadas de colores azul-verde-rojo-azul). Es decir, para un cero los colores tienen la misma orientación como el círculo de color y para un polo la orientación es la contraria. Además, por la fórmula de Moivre, la fase de estas funciones es constante a lo largo de los rayos que emergen del origen.

- En general, si $\boxed{f \text{ es una función meromorfa con un cero o polo de orden } k \in \mathbb{N}}$ en un punto $z_0 \in \mathbb{C}$, entonces el teorema de Taylor o de Laurent nos proporciona los respectivos desarrollos en serie de la forma $f(z) = \sum_{n \geq k} a_n (z - z_0)^n = (z - z_0)^k g_1(z)$ (con $a_k \neq 0$, g_1 analítica y $g_1(z_0) \neq 0$) o $f(z) = \sum_{n \geq -k} a_n (z - z_0)^n = (z - z_0)^{-k} g_2(z)$ (con $a_{-k} \neq 0$, g_2 meromorfa y $g_2(z_0) \neq 0$), por lo que en un pequeño entorno perforado de z_0, la función analítica f tiene un respectivo comportamiento similar (tras aplicar una cierta rotación) al de la función potencia $f_k(z) = z^k$ o $f_k(z) = z^{-k}$ cerca de $z = 0$. Así, en tales puntos confluyen todos los colores, y el número de veces que se repite cada color fluctúa en función del orden del cero o polo del mismo modo que ocurre con las funciones $f_k(z)$ del punto anterior.

- $\boxed{f(z) = \frac{(z^2+1)^2}{z+1} \text{ y } g(z) = (z^2 + 1)^2 (\overline{z} + 1)}$. Aunque no se cumpla que $f(z) = cg(z)$ para algún $c > 0$, ambas funciones tienen el mismo retrato de fase (pero g no es analítica ni meromorfa). Los valores i y $-i$ son ceros de orden 2 y -1 es un polo de f (véase la figura A.3).

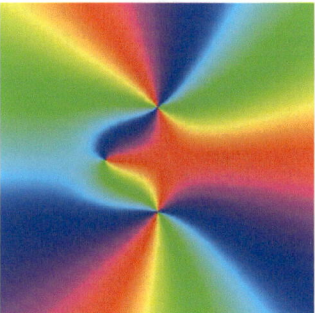

Figura A.3: Retrato de fase de las funciones $\frac{(z^2+1)^2}{z+1}$ y $(z^2 + 1)^2(\overline{z} + 1)$

- $f(z) = z^5 - z^4 - z + 1 = (z-1)^2(z+i)(z-i)(z+1)$. En el retrato de fase (véase la figura A.4) observamos la confluencia de todos los colores en los puntos $z = -1$ (cero simple), $z = i$ (cero simple), $z = -i$ (cero simple) y $z = 1$ (cero doble). Además, en términos del principio del argumento, el número de veces que encontramos la secuencia ordenada de colores azul-rojo-verde-azul cuando recorremos la traza de un camino cerrado γ^* recorrido en sentido antihorario, empezando por un punto azul, coincide con el número de ceros de f en el interior del recinto delimitado por γ^* (contando multiplicidad).

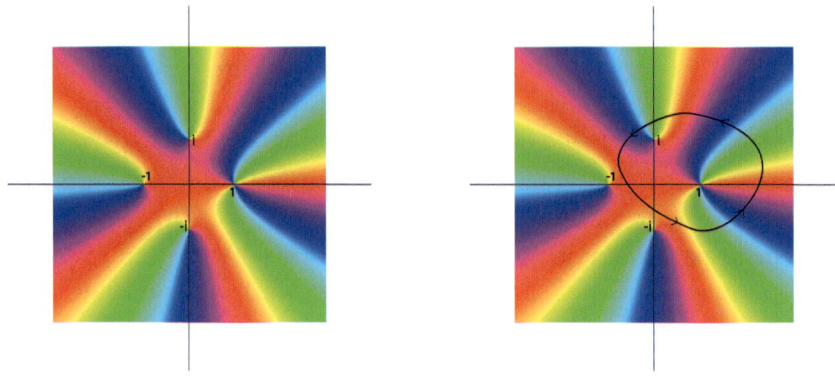

Figura A.4: Retrato de fase de la función $z^5 - z^4 - z + 1$, sin y con la traza de un camino cerrado

- $f(z) = e^z$. En el retrato de fase (figura A.5) se puede apreciar que e^z es una función $2\pi i$-periódica sin ceros (no existe ningún punto en el que confluyan todos los tonos de colores). Además, la fase de e^z solo depende de la parte imaginaria de z (de hecho, la fase es $e^{i\,\mathrm{Im}\,z}$ y en el gráfico se observan líneas horizontales de tonos de colores que se repiten a una distancia 2π en el eje imaginario) y el módulo de e^z depende únicamente de la parte real de z (de hecho, el módulo es $e^{\mathrm{Re}\,z}$, lo que indica que, si incorporásemos la luminosidad en el retrato de fase, el parámetro de la luminosidad fluctuaría desde un valor cercano a 0 (color negro) a un valor cercano a 1 (color blanco)).

- $f(z) = \mathrm{sen}\, z$ y $g(z) = \cos z$. En los respectivos retratos de fase (figura A.6) identificamos los ceros simples de $\mathrm{sen}\, z$ y $\cos z$ como puntos π-espaciados en el eje real en los que confluyen todos los colores y el tono del color da una vuelta alrededor de ellos. Además, en el propio eje real vemos que aparecen únicamente los tonos cyan y rojo, divididos de forma alterna en subintervalos de longitud π, lo que indica que ambas funciones toman valores reales en el eje real. En este sentido, si nos fijamos en cualquier recta paralela al eje real, los tonos de colores se repiten en subintervalos de longitud 2π, lo que significa que ambas funciones son

2π-periódicas (es decir, $f(z + 2k\pi) = f(z)$ y $g(z + 2k\pi) = g(z)$ para cada $k \in \mathbb{Z}$ y $z \in \mathbb{C}$). Finalmente, el parámetro de luminosidad nos haría apreciar que ambas funciones no están acotadas en $\mathbb{C}$ y, de hecho, que el módulo de ambas funciones aumenta según nos alejamos del eje real (los colores se harían más claros).

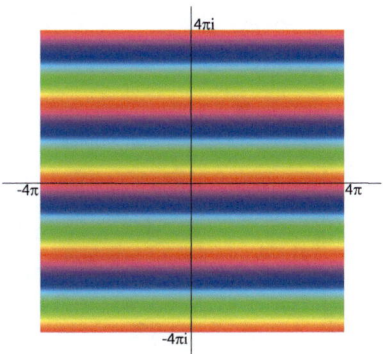

Figura A.5: Retrato de fase de la función e^z

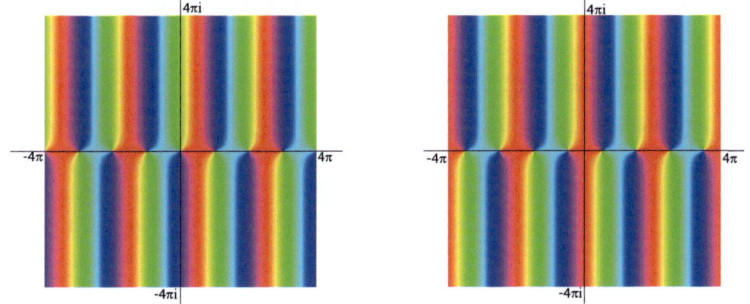

Figura A.6: Retratos de fase de las funciones sen z y cos z

- $\boxed{f(z) = \tan z \text{ y } g(z) = \cot g\, z}$. En el retrato de fase asociado a la función tangente (primer gráfico de la figura A.7) apreciamos rápidamente en el eje real sus ceros y sus polos simples. Más allá de estos puntos, los tonos de colores en el propio eje real son rojo y cyan, lo que indica que la función toma valores reales en este eje. De hecho, los tonos de colores se repiten en subintervalos de longitud π en cualquier recta paralela al eje real (particularmente en el eje real), lo que significa que $\tan z$ (y también $\cot g\, z$) es π-periódica (es decir, $f(z + k\pi) = f(z)$ para cada $k \in \mathbb{Z}$ y $z \in \mathbb{C}$). Otra propiedad que se puede apreciar es que el tono de color asociado a un punto z del plano es el complementario al tono asociado con

$-z$, lo que está acorde al hecho de que $\tan(-z) = -\tan z$ para cada $z \in \mathrm{Dom}\, f$. Finalmente, el parámetro de luminosidad nos haría apreciar que el módulo de $\tan z$ no aumenta considerablemente cuando nos alejamos del eje real, pues, a simple vista, la luminosidad variaría muy poco (aunque no es constante). A partir del gráfico de la función cotangente, se visualizan rápidamente las propiedades que se dan entre las funciones recíprocas. De hecho, las tonalidades de los colores están invertidas, lo que significa que los polos de una función son los ceros de la otra.

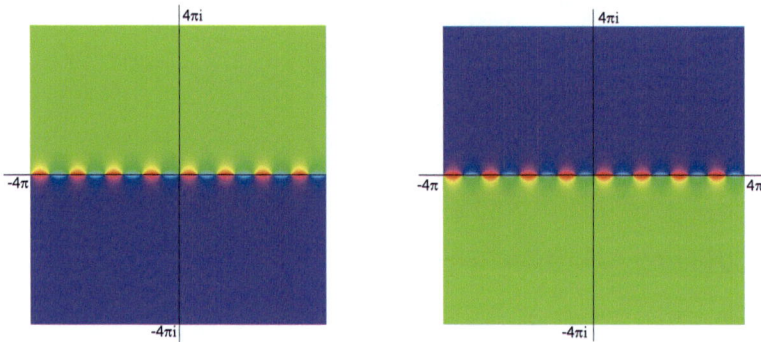

Figura A.7: Retratos de fase de las funciones $\tan z$ y $\cotg z$

- $\boxed{f(z) = \frac{\operatorname{sen} z}{z}}$. Esta función tiene una singularidad evitable en $z = 0$, por lo que no nos debería extrañar que su retrato de fase no muestre ningún rasgo identificativo en el origen (el comportamiento en $z = 0$ es como el de una función analítica con $\lim_{z \to 0} f(z) = 1$). Por lo demás, se aprecian también los ceros simples de f, que coinciden con los de la función $\operatorname{sen} z$ excepto $z = 0$ (véase la figura A.8).

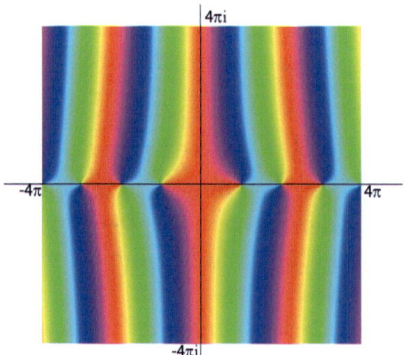

Figura A.8: Retrato de fase de la función $\frac{\operatorname{sen} z}{z}$

■ $\boxed{f(z) = \frac{z^{17}+i}{z^{17}(iz-1)}}$. Esta función tiene una singularidad evitable en $z = -i$, un polo de orden 17 en $z = 0$ y un total de 16 ceros (notemos que $z = -1$ es una raíz simple de $z^{17} + i$ que se compensa con la raíz del término $(iz - 1)$ del denominador). El retrato de fase de f se puede observar en la figura A.9. Este ejemplo nos sirve también para introducir el principio del argumento generalizado al caso de funciones meromorfas (véase [7, Sección 4.2.7]): *Sea $f : U \to \mathbb{C}$ una función meromorfa en un abierto U y no idénticamente nula en ninguna componente conexa de U. Si γ es un camino cerrado en U, que no pasa por ningún cero ni polo de f, homólogo a 0 en U, entonces*

$$n(f \circ \gamma, 0) = \sum_{w \in Z(f)} m(f, w)n(\gamma, w) - \sum_{w \in P(f)} m(f, w)n(\gamma, w),$$

donde $m(f, w)$ indica el orden del cero o polo de f en w, y $Z(f)$ y $P(Z)$ denotan a los conjuntos respectivos de ceros y polos de f.

En términos de este principio, el número de veces que encontramos la secuencia ordenada de colores azul-rojo-verde-azul menos el número de secuencias azul-verde-rojo-azul, cuando recorremos la traza de un camino cerrado γ^* recorrido en sentido antihorario, empezando por un punto azul, coincide con el número de ceros de f en el interior del recinto delimitado por γ^* (contando multiplicidad) menos el número de polos de f en el interior del recinto delimitado por γ^* (contando multiplicidad). En el caso de la segunda gráfica de la figura A.9 llegamos al valor -10.

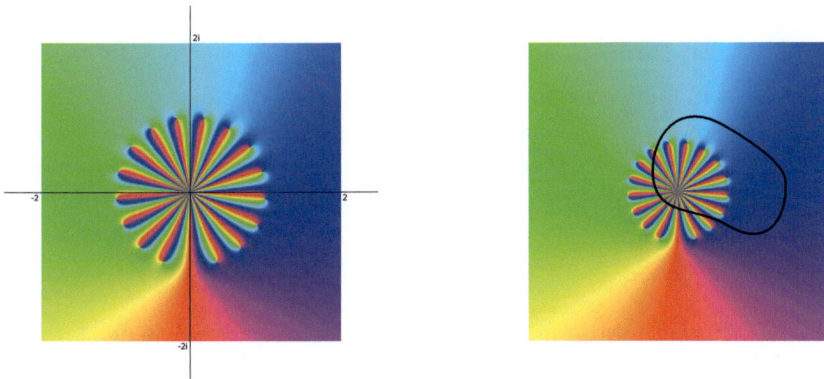

Figura A.9: Retrato de fase de la función $\frac{z^{17}+i}{z^{17}(iz-1)}$, sin y con la traza de un camino cerrado

- $\boxed{f(z) = e^{\frac{1}{z}}}$. En el retrato de fase (figura A.10) observamos que los tonos de colores se alternan reiteradamente conforme nos acercamos al origen, y no dan vueltas alrededor de dicho punto, lo que significa que la función no se puede extender analíticamente al origen y que 0 no es un polo de f. Además, si incorporamos la luminosidad en el gráfico, se debería apreciar la propiedad consistente en afirmar que f toma todos los valores distintos de cero en cualquier entorno perforado de $z = 0$, lo que indica que $z = 0$ es una singularidad esencial de f y, más aún, se aprecia la sorprendente característica del teorema de Casorati-Weierstrass (teorema 3.10) o el teorema grande de Picard (véase la nota 3.3).

Figura A.10: Retrato de fase de la función $e^{\frac{1}{z}}$ (sin y con zoom en el origen, respectivamente)

- $\boxed{f(z) = \operatorname{sen}\left(\frac{1}{z}\right)}$. En torno al origen, el retrato de fase de esta función (véase la figura A.11) presenta un comportamiento similar al del ejemplo anterior (recordemos que la función debe tomar infinitas veces cada valor complejo en cualquier entorno reducido de 0). Este ejemplo también nos sirve para señalar que el conjunto de ceros de una función analítica no tiene puntos de acumulación en su dominio, pero sí puede hacerlo en la clausura (que es justamente lo que ocurre con esta función).

- $\boxed{f(z) = \Gamma(z), \text{ la función gamma de Euler}}$. En el retrato de fase de la versión compleja del factorial (véase la figura A.12) observamos rápidamente los polos simples en los enteros no positivos. Esta función también toma valores reales en el eje real (salvo en los polos, donde no está definida) a tenor de que los tonos de los colores son rojo y cyan en tal eje (de hecho $\Gamma(z) > 0$ si $z > 0$). Si incorporamos la luminosidad en el gráfico (véase la segunda gráfica de la misma figura), apreciaríamos grandes zonas oscuras en las que la función toma módulos pequeños, especialmente en el semiplano $\{z \in \mathbb{C} : \operatorname{Re} z < 0\}$ fuera de las zonas cercanas a los polos, y también que la luminosidad aumenta a medida que avanzamos en el semieje real positivo.

Figura A.11: Retrato de fase de la función sen $\left(\frac{1}{z}\right)$

 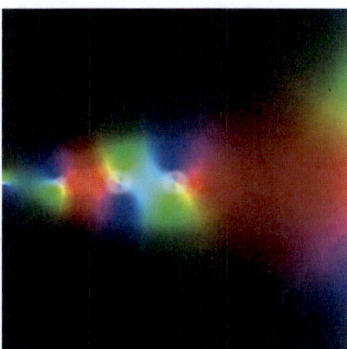

Figura A.12: Retrato de fase y retrato de fase con módulo identificado con luminosidad asociado a $\Gamma(z)$

- $\boxed{f(z) = \zeta(z), \text{ la función zeta de Riemann}}$. Lo primero que llama la atención en el retrato de fase de esta función (véase la figura A.13) es el tono rojizo que aparece en el semiplano $\{z \in \mathbb{C} : \operatorname{Re} z > 1\}$, lo que indica valores de fase cercanos al punto $e^{i0} = 1$ de la circunferencia unidad (de hecho $\zeta(z) > 0$ si $z > 0$ y $\zeta(z) \to 1$ cuando $\operatorname{Re} z \to \infty$). También identificamos en el gráfico el polo simple existente en el punto $z = 1$, los ceros triviales (simples) en los puntos $\{-2n : n \in \mathbb{N}\}$ y los ceros no triviales (simples) que pertenecen a la región o banda crítica $\{z \in \mathbb{C} : 0 < \operatorname{Re} z < 1\}$, que concretamente se sitúan en la región representada en la línea vertical crítica $\{z \in \mathbb{C} : \operatorname{Re} z = \frac{1}{2}\}$.

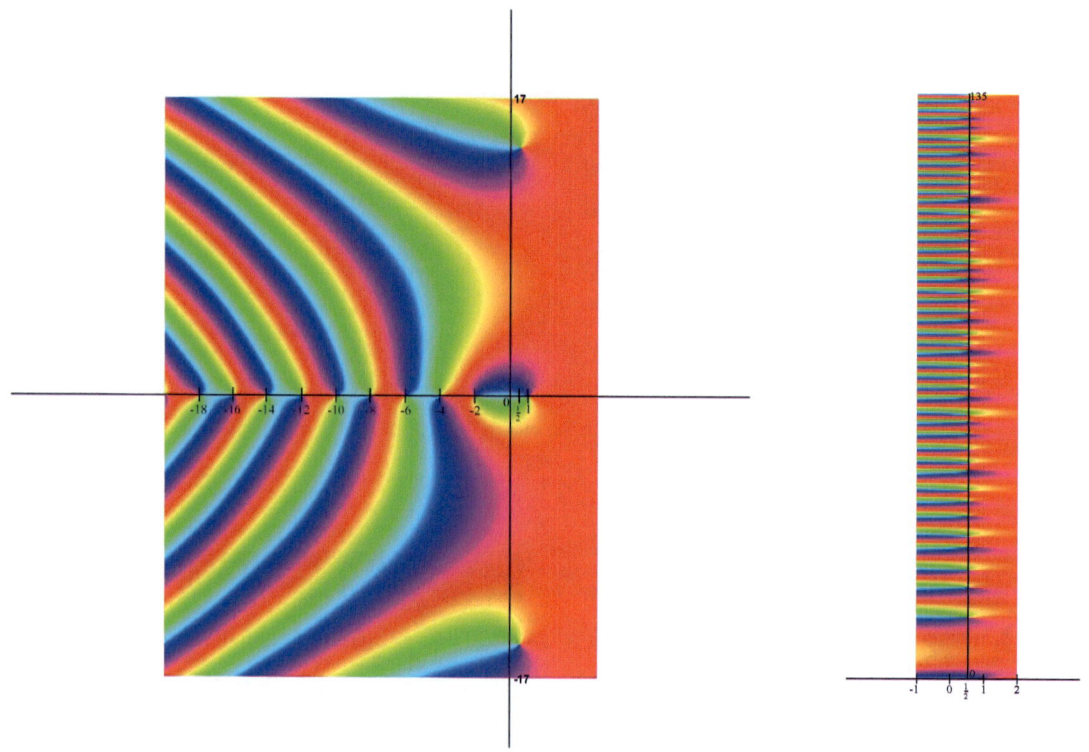

Figura A.13: Retratos de fase de la función zeta de Riemann $\zeta(z)$

A.3 Superficies de Riemann

Las correspondencias multivaluadas aparecen de forma natural al estudiar funciones de variable compleja. A este respecto, recordemos que $\arg z$ denota el conjunto de todos los argumentos de un número complejo $z \neq 0$ (incluyendo las vueltas de 2π), lo que da lugar a una correspondencia multivaluada (entendiendo que se hace corresponder a cada z todas sus imágenes). Si queremos manejar una auténtica aplicación o función, podemos elegir una de las ramas, por ejemplo la que toma su imagen en $[0, 2\pi)$ o en

$[-\pi, \pi)$. Un inconveniente de fijar una rama viene dado por el hecho de que falla la continuidad en algún rayo específico del dominio de la función (respecto a los casos expuestos, la función argumento en $[0, 2\pi)$ no es continua en el semieje real positivo y la función argumento en $[-\pi, \pi)$ no es continua en el semieje real negativo). Además, ya sabemos que la elección del semieje de discontinuidad puede ser arbitraria (basta con tomar un intervalo cualquiera de longitud 2π y fijarse en el rayo regenerado por los extremos de tal intervalo).

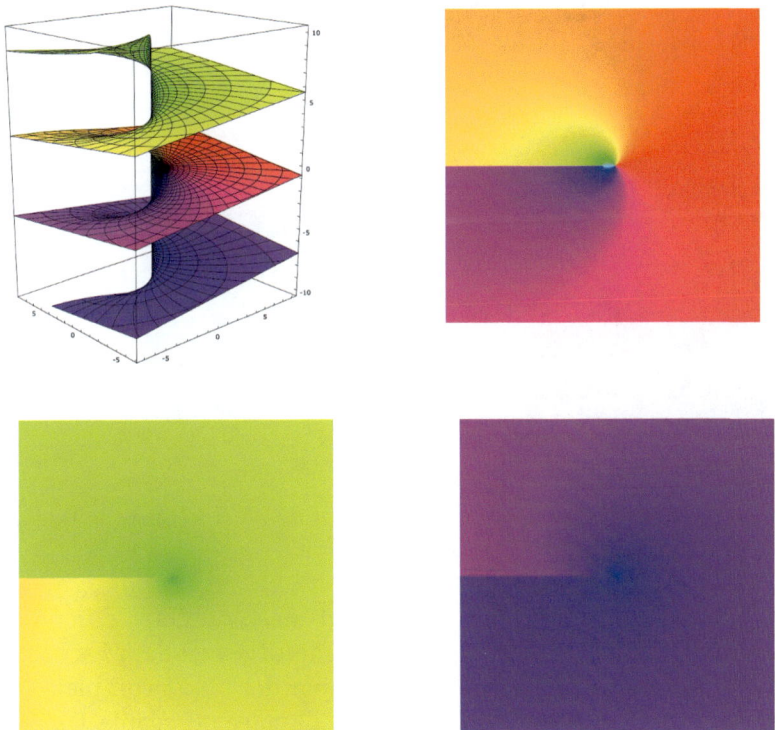

Figura A.14: Parte superior: superficie de Riemann asociada a la parte imaginaria de $\log z$ y retrato de fase asociado a $\operatorname{Log} z$. Parte inferior: retratos de fase asociados a $\operatorname{Log} z + 2\pi i$ y $\operatorname{Log} z - 2\pi i$

En este escenario, las llamadas *superficies de Riemann*, estudiadas por primera vez por Bernhard Riemann, permiten reconsiderar estos inconvenientes y se consideran hoy en día el escenario natural para estudiar el comportamiento global de este tipo de correspondencias multivaluadas. Aunque la definición formal de superficie de Riemann (encuadrada en la rama de geometría algebraica) es más complicada de introducir, en nuestro contexto la representación mental (o práctica) que hay detrás de esta noción es la de que *cortando y pegando* es posible obtener una nueva superficie que se puede considerar como una versión deformada del plano complejo (en el sentido de que, a nivel local, tengamos una apariencia o representación similar a la de parches del plano).

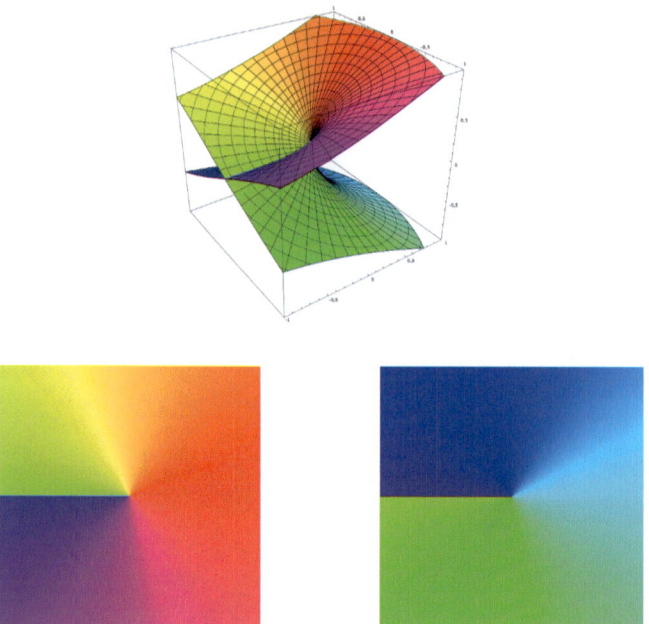

Figura A.15: Superficie de Riemann asociada a la parte real de $z^{\frac{1}{2}}$ y retratos de fase asociados a las dos ramas de $z^{\frac{1}{2}}$ (rama principal $e^{\frac{1}{2}(\operatorname{Log} z)}$ y $e^{\frac{1}{2}(\operatorname{Log} z + 2\pi i)}$)

Con el objetivo de tener una representación visual más concreta, describiremos a continuación la forma de construir la superficie de Riemann asociada a los argumentos de un número complejo no nulo. Consideremos una copia del plano complejo y asignemos a cada valor $z \neq 0$ un argumento en $[-\pi, \pi)$ (la llamaremos copia 0). Tomemos otra copia del plano y asignemos a cada $z \in \mathbb{C} \setminus \{0\}$ un argumento en $[\pi, 3\pi)$ (la llamaremos copia 1). En general, por cada número entero m podemos considerar una copia del plano (la copia m-ésima) en la que cada $z \in \mathbb{C} \setminus \{0\}$ se asocia con un argumento en $[(2m-1)\pi, (2m+1)\pi)$. A continuación, imaginemos la situación de *cortar* (como unas tijeras) el semieje real negativo en cada copia del plano, lo que genera en la m-ésima copia dos bordes con argumentos $(2m-1)\pi$ y $(2m+1)\pi$. Así, la superficie de Riemann se obtiene *pegando* estas copias recortadas en el sentido de identificar el borde de argumento $(2m-1)\pi$ de la $(m-1)$-copia con el borde de argumento $(2m-1)\pi$ de la m-ésima copia, y proceder de forma reiterada para cada $m \in \mathbb{Z}$ (a modo de representación visual en una región acotada concreta, véase el primer gráfico de la figura A.14).

La construcción así realizada recubre infinitas veces el plano complejo y nos lleva a una verdadera función continua (ahora no hay multivaluación). En efecto, el punto de módulo $r > 0$ y argumento $\theta \in \mathbb{R}$ de la superficie de Riemann es ahora distinto del punto de mismo módulo r y argumento $\theta + 2\pi m$ ($m \in \mathbb{Z} \setminus \{0\}$). Además, la elección del corte en el proceso de construcción de la superficie de Riemann asociada a los argumentos no influye en las propiedades de la superficie final obtenida (cualquier semieje produciría el mismo resultado final, no solo el semieje real negativo).

El ejemplo anterior está conectado con el manejo de la parte imaginaria del conjunto de todos los logaritmos de un número complejo $z \neq 0$ (véase la definición 1.17), dados por

$$\log z := \operatorname{Log} z + 2k\pi i = \ln|z| + i(\operatorname{Arg} z + 2k\pi), \ k \in \mathbb{Z},$$

donde $\operatorname{Arg} z$ es el argumento principal (con valores en $(-\pi, \pi]$) y $\operatorname{Log} z = \ln|z| + i \operatorname{Arg} z$ es el logaritmo principal. En el segundo gráfico de la figura A.14, sobre el logaritmo principal, se aprecian claramente las singularidades no aisladas de tal función en el semieje real negativo. Los retratos de fase de las ramas dadas por $\operatorname{Log} z + 2\pi i$ y $\operatorname{Log} z - 2\pi i$ también se pueden ver en la misma figura.

Figura A.16: Retratos de fase asociados a las tres ramas de $z^{\frac{2}{3}}$: $e^{\frac{2}{3}(\operatorname{Log} z)}$ (rama principal), $e^{\frac{2}{3}(\operatorname{Log} z + 2\pi i)}$ y $e^{\frac{2}{3}(\operatorname{Log} z - 2\pi i)}$

Otras correspondencias multivaluadas conocidas, en consonancia con diferentes hojas o ramas, surgen a partir de las expresiones $z^{\frac{1}{n}}$, $n = 2, 3, \ldots$ (en particular las raíces cuadradas o cúbicas) y las asociadas a las funciones arcoseno, arcocoseno o arcotangente (en la figura A.17 se pueden ver los retratos de fase asociados a las ramas principales de estas funciones y, de nuevo, las singularidades no aisladas se hacen bien visibles).

En el caso de la correspondencia $f(z) = z^{\frac{1}{2}}$, y tomando $z = re^{i\theta}$ con $r > 0$ y $\theta \in \mathbb{R}$, tenemos que

$$f(z) = f(re^{i\theta}) = r^{\frac{1}{2}}e^{i\frac{\theta}{2}}$$

y, si $k \in \mathbb{Z}$, obtenemos

$$f(z) = f(re^{i(\theta+2\pi k)}) = r^{\frac{1}{2}} e^{i\frac{\theta}{2}} e^{i\pi k} = \begin{cases} r^{\frac{1}{2}} e^{i\frac{\theta}{2}} & \text{si } k = 2n, \ n \in \mathbb{Z} \\ -r^{\frac{1}{2}} e^{i\frac{\theta}{2}} & \text{si } k = 2n+1, \ n \in \mathbb{Z} \end{cases}.$$

(Véase también el ejemplo 1.10). Así, siguiendo la misma directriz marcada en la construcción de la superficie de Riemann del ejemplo anterior (en aquel caso con infinitas ramas), podemos realizar un corte en forma de rayo que se extiende desde el origen hasta el infinito en la dirección del ángulo argumento de la raíz cuadrada (la línea que provoca la discontinuidad). De esta manera, las dos hojas o ramas (en el sentido de formas diferentes en las que se define la función) se unen a lo largo del corte, formando una superficie de Riemann continua y sin bordes (véase la figura A.15). Otro ejemplo representativo se puede visualizar en la figura A.16, en la que se muestran los retratos de fase asociados a las tres ramas de la correspondencia $z^{\frac{2}{3}}$. Esta forma de proceder está asociada con el problema de extender una función analítica a un dominio mayor (usualmente conocido como continuación o prolongación analítica de funciones) y, en particular, con el teorema de monodromía (véase [7, Sección 4.9]).

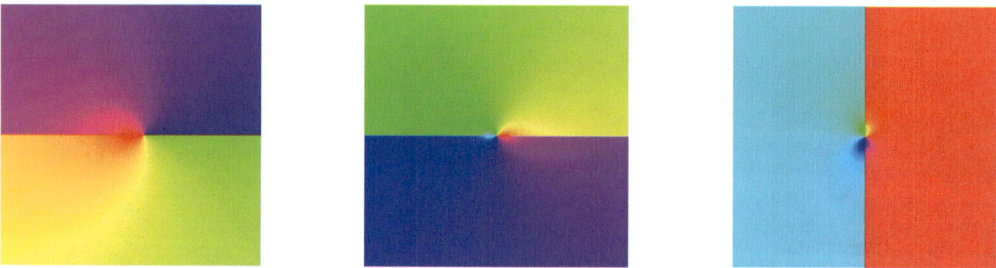

Figura A.17: Retratos de fase asociados a las ramas principales de las funciones $\arccos z$, $\text{arcsen } z$ y $\arctan z$

La esfera de Riemann

Recordemos que el plano complejo extendido viene dado por $\hat{\mathbb{C}} = \mathbb{C} \cup \{\infty\}$. En contraste con la línea real para la cual los símbolos $+\infty$ y $-\infty$ se suelen utilizar, en el caso de los números complejos solo manejaremos el símbolo ∞ debido a que $\mathbb{C}$ no tiene un orden natural. De hecho, en el conjunto $\hat{\mathbb{C}}$ se definen las operaciones $\infty + \infty = \infty$, $\infty \cdot \infty = \infty$, $z + \infty = \infty$, $\frac{z}{\infty} = 0$ y $z \cdot \infty = \infty$ (si $z \neq 0$) para $z \in \mathbb{C}$.

La dificultad de tratar directamente con el punto del infinito hizo que se introdujera la esfera de Riemann a modo de representación geométrica de los números complejos extendidos. De hecho, el plano complejo extendido se hace corresponder de manera biyectiva con la superficie de la esfera unitaria centrada en el origen y cuyo polo norte corresponde con el punto ∞. Por esta razón, el plano complejo extendido también se conoce con el nombre de plano complejo compactificado. En realidad, los esfuerzos encaminados a esta representación se remontan dos milenios atrás, cuando C. Ptolomeo (siglo II) creó un método para representar puntos de una esfera (en particular la esfera celestial) sobre una superficie plana. Posteriormente, en el siglo XIX, y a través de la denominada proyección estereográfica, fue B. Riemann el que propuso utilizar la dirección contraria para representar números complejos.

Veamos la construcción precisa de esta biyección entre $\hat{\mathbb{C}}$ y la esfera unitaria $S \subset \mathbb{R}^3$ dada por $S = \{(x, y, z) \in \mathbb{R}^3 : x^2 + y^2 + z^2 = 1\}$. Comencemos por considerar la esfera S cortada en dos trozos por el plano complejo con el centro de la esfera $(0, 0, 0)$ coincidiendo con el origen del plano (véase la figura B.1). Imaginemos $\mathbb{C}$ como el plano XY (2-dimensional) integrado en el espacio XYZ (3-dimensional). Así, el círculo unidad del plano complejo es el ecuador de S, y los dos puntos de S a distancia máxima de $\mathbb{C}$ son el polo norte y el polo sur. Si $P = (x, y) \in \mathbb{R}^2$ (o $x + iy \in \mathbb{C}$), a través de un segmento de línea unimos P con el *polo norte* N de la esfera. El punto $\pi(P)$ de intersección de este segmento con la esfera se llama proyección estereográfica de P. Bajo esta proyección, el punto ∞ (que no tiene representación en el plano) se corresponde con el polo norte N de la esfera. De hecho, si $\pi(P)$ se aproxima a N, entonces la distancia del correspondiente punto z del plano al origen se hace arbitrariamente grande.

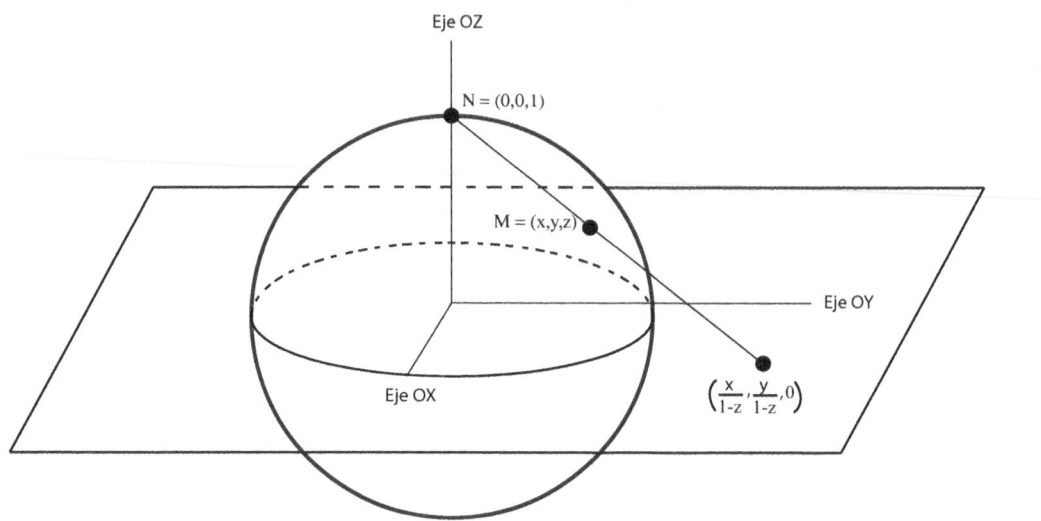

Figura B.1: Representación de la esfera de Riemann

En coordenadas cartesianas, esta aplicación envía un punto cualquiera $(x, y) \in \mathbb{R}^2$ (o $x + iy \in \mathbb{C}$) al punto de la esfera de coordenadas

$$\left(\frac{2x}{x^2 + y^2 + 1}, \frac{2y}{x^2 + y^2 + 1}, \frac{x^2 + y^2 - 1}{x^2 + y^2 + 1} \right).$$

En efecto, si (x, y) (o $(x, y, 0)$) es un punto del plano, entonces el vector director de la semirrecta que llega a N es $(-x, -y, 1)$ (de hecho, la ecuación paramétrica es $(x, y, 0) + t(-x, -y, 1) = (x(1-t), y(1-t), t)$, $t \in \mathbb{R}$). Por tanto, $x^2(1-t)^2 + y^2(1-t)^2 + t^2 = 1$ si, y solo si, $(1-t)^2(x^2 + y^2) = (1-t)(1+t)$, lo que es equivalente a $(1-t)(x^2 + y^2) = 1 + t$ o $t(1 + x^2 + y^2) = x^2 + y^2 - 1$. En consecuencia, $t = \frac{x^2 + y^2 - 1}{x^2 + y^2 + 1}$ y llegamos al resultado.

Recíprocamente, en coordenadas cartesianas, si fijamos el punto $N = (0, 0, 1)$ y tomamos otro punto cualquiera $M = (x, y, z)$ de la esfera, debemos trazar una semirrecta con origen en N y pasando por M. Esta semirrecta, de vector director $(x, y, z-1)$ (y de ecuación paramétrica $(0, 0, 1) + t(x, y, z-1)$, $t \geq 0$), interseca con el plano $z = 0$ (o XY) en un único punto P, que viene dado por el parámetro t verificando $1 + t(z - 1) = 0$, es decir, $t = \frac{1}{1-z}$. Por tanto, obtenemos que $P = (\frac{x}{1-z}, \frac{y}{1-z})$. En definitiva, este procedimiento da lugar a una aplicación concreta biyectiva en la que un punto de la esfera unidad distinto a N, con coordenadas cartesianas (x, y, z), se hace corresponder unívocamente con el punto $(\frac{x}{1-z}, \frac{y}{1-z})$ del plano (o con el número complejo $\frac{x}{1-z} + i\frac{y}{1-z}$).

Equivalentemente, si trabajamos con las coordenadas esféricas ($x = r \operatorname{sen} \theta \cos \varphi$, $y = r \operatorname{sen} \theta \operatorname{sen} \varphi$, $z = r \cos \theta$, con $0 < \theta < \pi$, $0 \leq \varphi < 2\pi$ y $r = 1$ en nuestro caso), dado que $\operatorname{sen}\theta = 2\operatorname{sen}(\frac{\theta}{2})\cos(\frac{\theta}{2})$ y $\operatorname{sen}^2\frac{\theta}{2} = \frac{1-\cos\theta}{2}$, un punto (x,y,z) de la esfera unidad, con $z < 1$, se hace corresponder a través de la proyección estereográfica con el número complejo

$$
\begin{aligned}
\frac{x}{1-z} + i\frac{y}{1-z} &= \frac{\operatorname{sen}\theta\cos\varphi}{1-\cos\theta} + i\frac{\operatorname{sen}\theta\operatorname{sen}\varphi}{1-\cos\theta} = \frac{\operatorname{sen}\theta}{1-\cos\theta}e^{i\varphi} = \\
&\frac{2\operatorname{sen}\frac{\theta}{2}\cos\frac{\theta}{2}}{2\operatorname{sen}^2\frac{\theta}{2}}e^{i\varphi} = \frac{\cos\frac{\theta}{2}}{\operatorname{sen}\frac{\theta}{2}}e^{i\varphi}.
\end{aligned}
\tag{B.1}
$$

En relación a la figura B.1, recordemos que el valor de θ de las coordenadas esféricas corresponde al ángulo entre los segmentos OM y ON, y φ es el argumento del punto $x + iy$ en el intervalo $[0, 2\pi)$ (si $x = y = 0$, tomamos el valor $\varphi = 0$).

Algunas propiedades relevantes de esta biyección son las siguientes:

- El hemisferio inferior de la esfera se aplica o se corresponde con el disco unidad (abierto).

- El hemisferio superior de la esfera se aplica al exterior del círculo unidad, dado en este caso por $\{z \in \mathbb{C} : |z| > 1\} \cup \{\infty\}$.

- La imagen de un círculo sobre la esfera que pasa por N es una línea en $\hat{\mathbb{C}}$ (una línea en $\mathbb{C}$ con el punto del infinito).

- La imagen de otros círculos son círculos propios.

- Si adoptamos la idea de que las líneas son círculos de radio infinito, entonces la proyección estereográfica aplica círculos en círculos.

De esta forma, dado un número complejo $z = x + iy$, podemos considerar varias representaciones: como un par (x, y) de números reales, como un vector de componentes x e y (con módulo asociado $|z|$ y ángulo dado por su argumento principal) y ahora también como un punto de la esfera de Riemann (con coordenadas cartesianas calculadas anteriormente).

La esfera de Bloch en la computación cuántica

Es conocido que cada bit representa el valor 0 o el valor 1 en correspondencia con los dos estados físico-electrónicos de un circuito (0 si no hay presencia de voltaje y 1 en caso de sí haber). Para representar cantidades mayores de información se utilizan cadenas de bits. Por ejemplo, cada byte (8 bits) representa a uno de los $2^8 = 256$ posibles valores compuestos de ceros y unos (solo un valor a la vez), cantidad más que suficiente para asignar un numero en binario a cada signo del teclado y así digitalizar cualquier texto.

En la computación cuántica (una propuesta de modelo computacional que utiliza ampliamente el álgebra lineal y la variable compleja) existe un concepto similar apodado bit cuántico o qubit (derivado del inglés *quantum bit*). En concreto, un qubit es la unidad de información básica en este modelo de computación y, por similitud al caso clásico, representa un sistema cuántico cimentado en dos estados (cuánticos) que denotaremos por $|0\rangle$ y $|1\rangle$.

En este sentido, conviene hacer notar que el funcionamiento de los dispositivos cuánticos se basa en el manejo y codificación de la información como una serie de estados cuánticos sobre los que se permite la realización simultánea de diversas operaciones. De hecho, la información almacenada en un qubit está contenida en lo que se llama el estado cuántico propio del sistema en el que se encuentra, y se manipula según los postulados de la mecánica cuántica (con tal de explotar las propiedades y efectos cuánticos inherentes a las partículas subatómicas, como los protones, electrones y neutrones).

Grosso modo, un estado cuántico se puede interpretar como un estado indefinido en el que la respuesta a una cuestión no es ni sí ni no, ni blanco ni negro, sino ambas cosas a la vez o, más bien, con una infinidad de matices, dadas también en términos probabilísticos. De hecho, los resultados de las mediciones cuánticas (a modo de procesamiento de información) se interpretan usando el concepto de probabilidad. El conocido experimento mental del gato de Schrödinger (por Erwin Schrödinger) puede servir para ilustrar este concepto (aunque el gato no se encuentra en el mundo subatómico).

En la situación clásica, un bit solo puede tomar los valores 0 o 1 y queda claro cuál de los dos puede tomar. Ahora, en la situación cuántica, si procesamos la información del qubit (a través de algún proceso concreto de medición), obtenemos los estados $|0\rangle$ o $|1\rangle$, en correspondencia con lo que ocurre con un bit si se leen para un uso convencional. Sin embargo, antes de procesar la información, es posible concebir al qubit como que abarca una infinidad de estados (o que puede estar en estados intermedios o de superposición) y, mientras ejecutemos un proceso de computación, podemos también cambiarlo de uno a otro. En términos más duchos, un qubit abarca estados que son combinación lineal de los estados base $|0\rangle$ y $|1\rangle$. En concreto, el estado arbitrario $|v\rangle$ de un qubit se expresa como

$$|v\rangle = \alpha|0\rangle + \beta|1\rangle = |\alpha|e^{i\varphi_1}|0\rangle + |\beta|e^{i\varphi_2}|1\rangle,$$

donde α y β son números complejos que llamaremos amplitudes de probabilidad, y φ_1 y φ_2 son argumentos respectivos de α y β. De hecho, las leyes de la mecánica cuántica establecen que el cuadrado del módulo de α y el cuadrado del módulo de β proporcionan la probabilidad de encontrar finalmente el qubit en los valores 0 y 1, respectivamente, y se ha de cumplir que $|\alpha|^2 + |\beta|^2 = 1$ (pues las probabilidades deben sumar 1). En definitiva, el espacio asociado a los estados de un qubit se puede describir acudiendo a $\mathbb{C} \times \mathbb{C}$, en correspondencia con los dos coeficientes complejos α y β asociados respectivamente a $|0\rangle$ y $|1\rangle$.

En contraposición con el enfoque convencional, hemos de remarcar que un qubit puede representar al mismo tiempo $2^1 = 2$ valores (aunque finalmente solo tome un valor) y, por tanto, ocho qubits pueden representar $2^8 = 256$ valores, lo que proporciona un gran crecimiento en la cantidad de memoria de trabajo (por ejemplo, bajo este enfoque, un dispositivo de 160 qubits equivaldría a uno tradicional de $2^{160} \approx 1{,}46 \cdot 1048$ bits, lo que también representa una enorme ganancia en realización de operaciones por segundo).

En sintonía con las leyes de la mecánica cuántica, un importante aspecto a tener en cuenta es que un estado arbitrario $|v\rangle = \alpha|0\rangle + \beta|1\rangle$ es equivalente al estado descrito por $e^{i\varphi}|v\rangle = e^{i\varphi}\alpha|0\rangle + e^{i\varphi}\beta|1\rangle$, con $\varphi \in \mathbb{R}$ y $|e^{i\varphi}| = 1$ (técnicamente se podrían describir los estados cuánticos a través de las llamadas clases de equivalencia). Por tanto, si $|v\rangle = |\alpha|e^{i\varphi_1}|0\rangle + |\beta|e^{i\varphi_2}|1\rangle$, entonces

$$e^{-i\varphi_1}|v\rangle = |\alpha||0\rangle + |\beta|e^{i(\varphi_2 - \varphi_1)}|1\rangle.$$

Ahora, como $0 \leq |\alpha| \leq 1$, tenemos garantizada la existencia de un valor del ángulo θ, con $0 \leq \theta \leq \pi$, tal que $|\alpha| = \operatorname{sen}\frac{\theta}{2}$ (en virtud de que el seno es una función continua que alcanza todos los valores comprendidos entre 0 y 1 en el intervalo $[0, \frac{\pi}{2}]$). Además, sabemos que

$$|\beta| = \sqrt{1 - |\alpha|^2} = \sqrt{1 - \operatorname{sen}^2\left(\frac{\theta}{2}\right)} = \cos\left(\frac{\theta}{2}\right) \geq 0.$$

Por tanto, si hacemos $\varphi = \varphi_2 - \varphi_1$ (lo podemos pasar a su equivalente en $[0, 2\pi)$), llegamos a

$$|\alpha||0\rangle + |\beta|e^{i(\varphi_2 - \varphi_1)}|1\rangle = \operatorname{sen}\left(\frac{\theta}{2}\right)|0\rangle + e^{i\varphi}\cos\left(\frac{\theta}{2}\right)|1\rangle.$$

Finalmente, si multiplicamos por $e^{-i\frac{\varphi}{2}}$, obtenemos la expresión

$$e^{-i\frac{\varphi}{2}}\operatorname{sen}\left(\frac{\theta}{2}\right)|0\rangle + e^{i\frac{\varphi}{2}}\cos\left(\frac{\theta}{2}\right)|1\rangle.$$

Gracias a ello, y tal como describiremos a continuación, la representación visual de los estados en los que podría encontrarse un qubit se puede llevar a cabo a través de la llamada esfera de Bloch, por el físico suizo Felix Bloch.

Comencemos por notar que cualquier número complejo c se puede hacer corresponder unívocamente con el par $(1, c)$ (es decir, la aplicación $f : \mathbb{C} \to \{1\} \times \mathbb{C}$ dada por $f(c) = (1, c)$ es biyectiva), y su operación inversa, definida más ampliamente sobre $\mathbb{C} \times \mathbb{C}$, hace que un par de números complejos (a, b), con $a, b \in \mathbb{C}$ y $b \neq 0$, siempre se puede hacer corresponder con un número complejo de la forma $\frac{b}{a}$ (el caso $a = 0$ nos llevaría al valor ∞). En esta operación inversa identificamos claramente los pares de números complejos que son proporcionales. En particular, el par $(1, \frac{b}{a})$ se asocia directamente con el par (a, b).

En virtud de (B.1), recordemos que un punto de la esfera unidad (distinto del polo norte y expresado en términos de los parámetros θ y φ de sus coordenadas esféricas) se hace corresponder con el número complejo $\frac{\cos\frac{\theta}{2}}{\operatorname{sen}\frac{\theta}{2}}e^{i\varphi}$ que, a su vez, lo podemos asociar directamente al par

$$\left(1, \frac{\cos\frac{\theta}{2}}{\operatorname{sen}\frac{\theta}{2}}e^{i\varphi}\right) = \left(1, \frac{e^{i\frac{\varphi}{2}}\cos\frac{\theta}{2}}{e^{-i\frac{\varphi}{2}}\operatorname{sen}\frac{\theta}{2}}\right).$$

Por tanto, por la identificación de proporcionalidad que acabamos de señalar, llegamos al par

$$\left(e^{-i\frac{\varphi}{2}}\operatorname{sen}\frac{\theta}{2}, e^{i\frac{\varphi}{2}}\cos\frac{\theta}{2}\right),$$

que ya sabemos que conduce a la representación

$$e^{-i\frac{\varphi}{2}}\operatorname{sen}\frac{\theta}{2}|0\rangle + e^{i\frac{\varphi}{2}}\cos\frac{\theta}{2}|1\rangle$$

de un estado genérico del qubit. En definitiva, dado un punto de la esfera descrito por los dos ángulos θ y φ (los de las coordenadas esféricas), podemos asociarlo a la notación $a|0\rangle + b|1\rangle$, con $a = e^{-i\frac{\varphi}{2}}\operatorname{sen}\frac{\theta}{2}$ y $b = e^{i\frac{\varphi}{2}}\cos\frac{\theta}{2}$.

Recíprocamente, si $|v\rangle = \alpha|0\rangle + \beta|1\rangle$, con $\alpha = |\alpha|e^{i\varphi_1}$ y $\beta = |\beta|e^{i\varphi_2}$, lo pasamos sin pérdida de generalidad a la expresión $e^{-i\frac{\varphi}{2}}\operatorname{sen}\frac{\theta}{2}|0\rangle + e^{i\frac{\varphi}{2}}\cos\frac{\theta}{2}|1\rangle$, con θ y φ calculados a partir de las igualdades $|\alpha| = \operatorname{sen} \frac{\theta}{2}$ (por lo que $|\beta| = \cos \frac{\theta}{2}$) y $\varphi = \varphi_2 - \varphi_1$ (en su equivalente en $[0, 2\pi)$), y de estos valores pasamos a la esfera de Bloch por su identificación unívoca de las coordenadas esféricas.

En particular, el valor $\theta = 0$ (siendo φ cualquiera) se corresponde con el estado $|1\rangle$ (en el polo norte), y el valor $\theta = \pi$ (siendo φ cualquiera) se corresponde con el estado $|0\rangle$ (en el polo sur). Es decir, estos dos estados base se encuentran en el eje OZ.

La posición concreta en la que el estado del qubit se encuentra en superposición determina las probabilidades respectivas de que el qubit finalmente se mida como $|0\rangle$ o $|1\rangle$. La aleatoriedad perfecta significa que el 50 % de las veces el qubit arrojará el valor 0 y el 50 % de las veces arrojará el valor 1, y esta situación se alcanza por ejemplo con las combinaciones lineales:

$$|+\rangle := \frac{\sqrt{2}}{2}|0\rangle + \frac{\sqrt{2}}{2}|1\rangle, \quad |-\rangle := \frac{\sqrt{2}}{2}|0\rangle - \frac{\sqrt{2}}{2}|1\rangle$$

o

$$|i\rangle := \frac{\sqrt{2}}{2}|0\rangle + i\frac{\sqrt{2}}{2}|1\rangle, \quad |-i\rangle := \frac{\sqrt{2}}{2}|0\rangle - i\frac{\sqrt{2}}{2}|1\rangle.$$

Notemos que $|+\rangle$ y $|-\rangle$ se encuentran en el eje OX (de hecho $|+\rangle$ se asocia con los valores $\theta = \frac{\pi}{2}$ y $\varphi = 0$, y $|-\rangle$ se asocia con los valores $\theta = \frac{\pi}{2}$ y $\varphi = \pi$). Además, $|i\rangle$ y $|-i\rangle$ se encuentran en el eje OY (de hecho $|i\rangle$ se asocia con los valores $\theta = \frac{\pi}{2}$ y $\varphi = \frac{\pi}{2}$, y $|-i\rangle$ se asocia con los valores $\theta = \frac{\pi}{2}$ y $\varphi = \frac{3\pi}{2}$).

Si volvemos al experimento del gato de Schrödinger, la superposición del estado del gato se podría representar por ejemplo en la forma $|\text{gato}\rangle = \frac{\sqrt{2}}{2}|\text{vivo}\rangle + \frac{\sqrt{2}}{2}|\text{muerto}\rangle$.

Finalmente, conviene notar que la figura geométrica que representa el conjunto de los vectores unitarios de $\mathbb{C} \times \mathbb{C}$ es la hiperesfera unidad 3-dimensional, dada por $\{(z_1, z_2) \in \mathbb{C} \times \mathbb{C} : |z_1|^2 + |z_2|^2 = 1\}$, cuya gráfica se puede tratar en $\mathbb{R}^4$. Por tanto, con la representación geométrica tratada anteriormente se consigue proyectar la hiperesfera 3-dimensional unidad (cuyos puntos representan estados arbitrarios de un qubit) en una superficie 2-dimensional que es la esfera de Bloch. La propiedad clave para haber podido llevar a cabo dicha representación es la de poder ignorar la llamada fase global, identificando los estados $|v\rangle$ y $e^{i\varphi}|v\rangle$ para cualquier valor del ángulo φ. Así, dos puntos en la hiperesfera son tratados como *iguales* si difieren únicamente en un múltiplo de un número complejo de módulo 1. Con esta equivalencia, los puntos de la esfera de Bloch (véase la figura C.1) pueden ser tratados como los posibles estados cuánticos de un qubit.

También en computación cuántica es importante destacar la *transformada cuántica de Fourier*, que es la analogía cuántica de la transformada de Fourier discreta y que se utiliza en muchos algoritmos cuánticos. Para más información, véase la referencia [41].

Otra herramienta matemática encuadrada en la teoría cuántica de campos y el análisis complejo es la *rotación de Wick*, que surge como una forma de adaptar las ecuaciones de la teoría cuántica a un marco relativista. Este procedimiento consiste en realizar un cambio de variable (o de coordenadas) en el tiempo t hacia un tiempo imaginario $\tau = it$, transformando un problema definido en el espacio-tiempo de Minkowski (una descripción del espacio-tiempo en coordenadas cartesianas y usada para describir los fenómenos físicos en el marco de la teoría especial de la relatividad de Einstein) a uno en el espacio euclídeo (con tiempo imaginario). Esta rotación permite simplificar cálculos en teoría cuántica de campos y mecánica estadística, facilitando también el análisis de integrales sobre caminos (véase por ejemplo la referencia [33]). De hecho, la rotación de Wick no solo resalta la potencia del análisis complejo como herramienta matemática, sino que también demuestra su capacidad para establecer puentes entre diferentes formulaciones físicas.

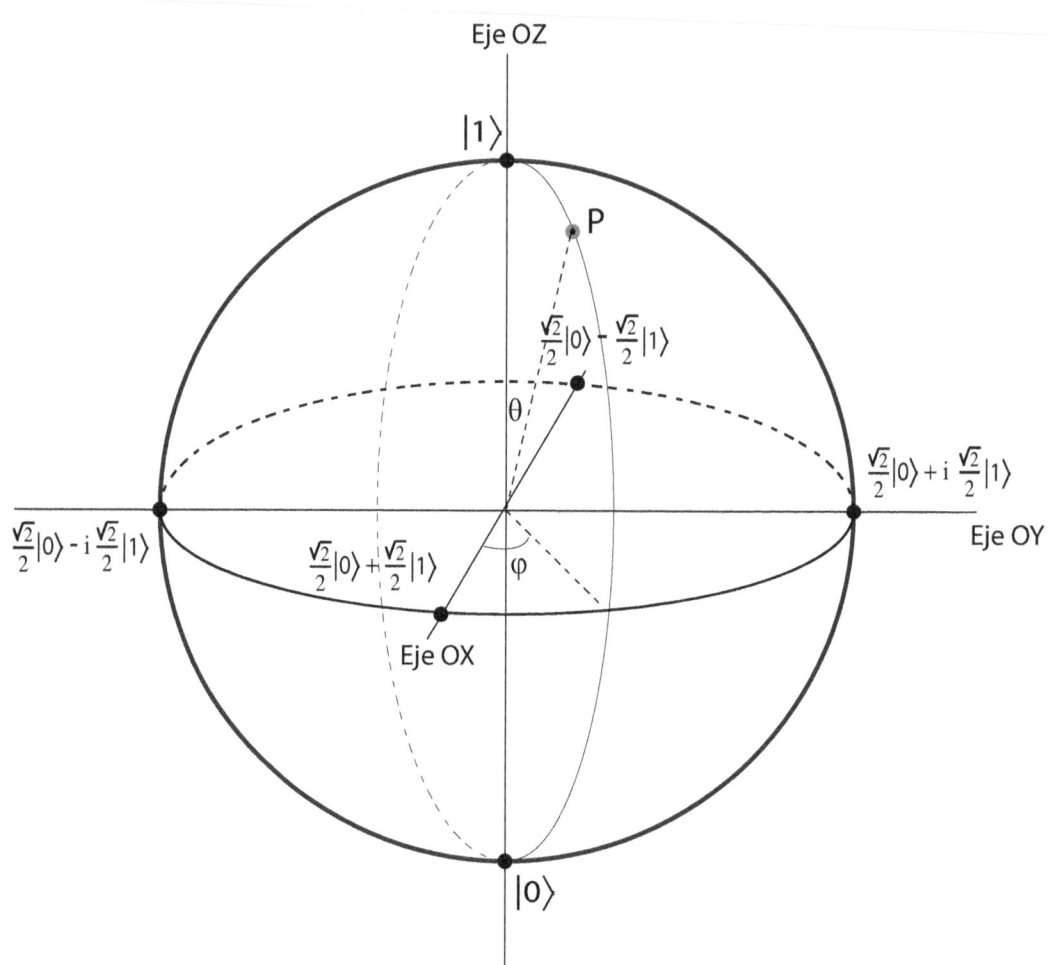

Figura C.1: Representación de la esfera de Bloch. Identificación de un punto genérico P de la esfera con el estado $e^{-i\frac{\varphi}{2}} \operatorname{sen} \frac{\theta}{2} |0\rangle + e^{i\frac{\varphi}{2}} \cos \frac{\theta}{2} |1\rangle$.

Índice alfabético

Índice de figuras

Bibliografía

[1]   Abbott, S.: *Understanding analysis*, Springer, New York, 2015.

[2]   Ahlfors, L. V.: *Complex analysis: an introduction to the theory of analytic functions of one complex variable*, McGraw-Hill, New York, 1979.

[3]   Alpay, D.: *A complex analysis problem book*, Birkhäuser, Basel, 2011.

[4]   Apostol, T. M.: *Mathematical analysis*, Addison-Wesley Publishing Company, Second Edition, Massachusetts, 1981.

[5]   Apostol, T. M.: *Análisis matemático*, Ed. Reverté, Segunda edición, Barcelona, 1976.

[6]   Ash, R. B.: *Complex variables*, Academic Pres, London, 1971.

[7]   Ash, R. B. y Novinger, W. P.: *Complex variables*, Dover Publications, Second Edition, New York, 2007.

[8]   Bak, T. y Newman, D. J.: *Complex analysis*, Springer, New York, 2011.

[9]   Burgos, J. de: *Cálculo infinitesimal de una variable*, McGraw-Hill/Interamericana de España, Madrid, 2007.

[10]   Burgos, J. de: *Cálculo infinitesimal de varias variables*, McGraw-Hill, Madrid, 2008.

[11]   Churchill, R. V. y Brown, J. W.: *Variable compleja y aplicaciones*, Quinta edición, Mc Graw Hill, Madrid, 1992.

[12]   Conde, J. M. y Sepulcre, J. M.: *Problemas no rutinarios de números complejos*, Ediciones Pirámide, Madrid, 2022.

[13]   Conway, J. B.: *Functions of one complex variable I*, Springer, Second Edition, New York, 2011.

[14]   Copson, E. T.: *Metric spaces*, Cambridge University Press, Cambridge, 1968.

[15]   Derrick, W. R.: *Variable compleja con aplicaciones*, Grupo Editorial Ibero-américa, California, 1987.

[16]   Descartes, R.: *La géométrie de René Descartes*, Nouv. éd., Hermann, Paris, 1886.

[17]   Fernández-Viña, J. A.: *Análisis matemático. V.1. Cálculo infinitesimal*, Tecnos, Madrid, 1992.

[18]   Gamelin, T. W.: *Complex analysis*, Springer, New York, 2001.

[19]   Kalman, D.: An elementary proof of Marden's theorem, *The American Mathematical Monthly*, Vol. 115, págs. 330-338, 2008.

[20]   Klein, F.: *Elementary mathematics from an advanced standpoint.* (E. R. Hedrick y C. A. Noble, Trans.). Dover, New York, 1945. (Original work published 1908).

[21]   Krantz, S. G.: *Complex variables: a physical approach with applications and MATLAB*, Chapman and Hall/CRC, New York, 2007.

[22]   Levinson, N. y Redheffer, R. M.: *Curso de variable compleja*, Reverté, Barcelona, 1975.

[23]   Linés, E.: *Análisis matemático IV: teoría de funciones complejas*, UNED, Madrid, 1988.

[24]   Manin, Y. I.: *Mathematics and Physics*, 1981. Foreward. Reprinted in Mathematics as Metaphor: Selected Essays of Yuri I. Manin, 2007.

[25]   Markushevich, A. I.: *Teoría de las funciones analíticas*, Mir, Moscú, 1987.

[26]   Muir, J.: *Of men and numbers*, Dell Publishing Co., Inc., New York, 1961.

[27]   Navarro, J. C. y Sepulcre, J. M.: *Anàlisi d'una variable real I*, Publicaciones Universidad de Alicante, Alicante, 2018.

[28]   Navarro, J. C. y Sepulcre, J. M.: *Anàlisi d'una variable real II*, Publicaciones Universidad de Alicante, Alicante, 2021.

[29]   Needham, T. *Visual complex analysis*, Oxford University Press, Oxford, 1997.

[30]   Palka, B. P.: *An introduction to complex function theory*, Springer, New York, 1995.

[31]   Pestana, D., Rodríguez, J. M. y Marcellán, F.: *Variable compleja: un curso práctico*, Sintesis, Madrid, 1999.

[32]   Pathak, H. K.: *Complex analysis and applications*, Springer, Singapur, 2019.

[33]   Peskin, M. E. y Schroeder, D. V.: *An Introduction to Quantum Field Theory*, Perseus Books Publishing, Reading, 1995.

[34]   Phillips, E. G.: *Funciones de una variable compleja y sus aplicaciones*, Dossat, Madrid, 1963.

[35]   Pólya, G.: Geometrisches über die Verteilung der Nullstellen gewisser ganzer transzendenter Funktionen, *Munch. Sitzungsber.*, Vol. 50, págs. 285-290, 1920.

[36]   Pólya, G. y Latta, G.: *Variable compleja*, Editorial Limusa, Mexico, 1991.

[37]   Rao, M. y Stetkaer, H: *Complex analysis: an invitation*, World Scientific, Singapore, 1991.

[38]   Rudin, W.: *Análisis real y complejo*, McGraw-Hill, Tercera edición, Madrid, 1987.

[39]   Segura, L. y Sepulcre, J. M.: A rational belief: The method of discovery in the complex variable, *Foundations of Science*, Vol. 21, págs. 189-194, 2016.

[40]   Segura, L. y Sepulcre, J. M.: Arithmetization and rigor as beliefs in the development of mathematics, *Foundations of Science*, Vol. 21, págs. 207-214, 2016.

[41]   Sepulcre, J. M.: *L'informatica quantistica e gli spazi vettoriali*, Vol. 12 de *La Matematica che trasforma il mondo*, Milán, RBA Italia, 2021. ISSN: 2724-1726.

[42]   Smirnov, V. I.: *A course of higher mathematics*, Vol. III, Part 2. Pergamon Press, Oxford, 1964.

[43]   Spivak, M.: *Calculus*, Cambridge University Press, Third Edition, 1994.

[44]   Stein, E. M. y Shakarchi, R.: *Complex analysis*, Princeton Lectures in Analysis, Princeton University Press, 2003.

[45]   Stillwell, J.: *Mathematics and its history*. Nueva York, Springer, 1989.

[46]   Trudgian, T.: Introducing complex numbers, *Australian senior mathematics journal*, Vol. 23 (2), págs. 59-62, 2009.

[47]   Vera, G.: *Variable compleja: problemas y complementos*, Electrolibris, Murcia, 2013.

[48]   Volkovski, L. I., Lunts, G. I. y Aramanovich, I. G.: *Problemas sobre la teoría de funciones de variable compleja*, Mir, Moscú, 1984.

[49]   Wegert, E.; *Visual complex functions: an introduction with phase portraits*, Birkhäuser, Basel, 2012.

[50]   Zill, D. G.: *Cálculo con geometría analítica*, Grupo Editorial Iberoamérica, México, 1987.

TÍTULOS PUBLICADOS

ÁLGEBRA LINEAL, *R. E. Larson, B. H. Edwards, D. C. Falvo, L. Abellanas Rapún.*

ÁLGEBRA LINEAL Y GEOMETRÍA, *P. Alberca Bjerregaard y D. Martín Barquero.*

ANÁLISIS DE DATOS EN LAS CIENCIAS DE LA ACTIVIDAD FÍSICA Y DEL DEPORTE, *M.ª I. Barriopedro y C. Muniesa.*

ANÁLISIS DE VARIABLE COMPLEJA. Teoría, aplicaciones y 100 problemas resueltos, *J. M. Sepulcre Martínez.*

CÁLCULO, *P. Alberca Bjerregaard y D. Martín Barquero.*

CURSO DE GENÉTICA MOLECULAR E INGENIERÍA GENÉTICA, *M. Izquierdo Rojo.*

ECOLOGÍA, *J. Rodríguez.*

ECUACIONES DIFERENCIALES II, *C. Fernández Pérez y J. M. Vegas Montaner.*

ELASTICIDAD Y RESISTENCIA DE MATERIALES, *M. Solaguren-Beascoa Fernández.*

ENTRENAMIENTO DE FUERZA PARA RECUPERACIÓN DE LESIONES I. Protocolo acelerado de ejercicios de recuperación, *R. Durán Custodio.*

ENTRENAMIENTO DE FUERZA PARA RECUPERACIÓN DE LESIONES II. Progresiones de ejercicios fase por fase, *R. Durán Custodio.*

ENZIMOLOGÍA, *I. Núñez de Castro.*

FÍSICA CUÁNTICA, *C. Sánchez del Río (coord.).*

FISIOLOGÍA VEGETAL, *J. Barceló Coll, G. Nicolás Rodrigo, B. Sabater García y R. Sánchez Tamés.*

FLEXIBILIDAD. Nuevas metodologías para el entrenamiento de la flexibilidad, *E. H. M. Dantas, M. C. de S. C. Conceição y A. Alías (coords.).*

INTEGRACIÓN DE FUNCIONES DE VARIAS VARIABLES, *J. A. Facenda Aguirre, F. J. Freniche Ibáñez.*

INTRODUCCIÓN A LA ESTADÍSTICA Y SUS APLICACIONES, *R. Cao Abad, M. Francisco Fernández, S. Naya Fernández, M. A. Presedo Quindimil, M. Vázquez Brage, J. A. Vilar Fernández, J. M. Vilar Fernández.*

MATEMÁTICAS BÁSICAS PARA EL ACCESO A LA UNIVERSIDAD, *Á. M. Ramos del Olmo y J. M.ª Rey Cabezas*

MÉTODOS NUMÉRICOS. Teoría, problemas y prácticas con MATLAB, *J. A. Infante del Río y J. M.ª Cabezas.*

PROBLEMAS, CONCEPTOS Y MÉTODOS DEL ANÁLISIS MATEMÁTICO. 1. Números reales, sucesiones y series, *M. de Guzmán y B. Rubio.*

PROBLEMAS, CONCEPTOS Y MÉTODOS DEL ANÁLISIS MATEMÁTICO. 2. Funciones, integrales, derivadas, *M. de Guzmán y B. Rubio.*

PROBLEMAS DE GENÉTICA RESUELTOS, Desde Mendel hasta la genética cuantitativa, *M. D. Llobat.*

SERIES DE FOURIER Y APLICACIONES. Un tratado elemental, con notas históricas y ejercicios resueltos, *A. Cañada Villar.*

TABLAS DE COMPOSICIÓN DE ALIMENTOS, *O. Moreiras, A. Carbajal, L. Cabrera y C. Cuadrado.*

TECNOLOGÍA MECÁNICA Y METROTECNIA, *P. Coca Rebollero y J. Rosique Jiménez.*

TERMODINÁMICA Y CINÉTICA QUÍMICA PARA CIENCIAS DE LA VIDA Y DEL MEDIOAMBIENTE. 100 problemas resueltos, *J. A. Anta, S. Calero y A. Cuetos.*

Si lo desea, en nuestra página web puede consultar el catálogo completo o descargarlo:

www.edicionespiramide.es